U0229118

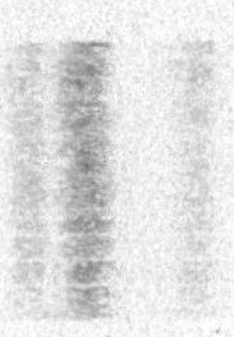

“十四五”时期国家重点出版物
出版专项规划项目

磷科学前沿与技术丛书

磷与火安全材料

Phosphorus and Fire-safe Materials

陈 力
徐英俊 等编著

·北京·

内容简介

本书为“磷科学前沿与技术丛书”分册之一。本书全面、系统地阐述了含磷化合物在提升材料火安全性能方面的应用，涉及建筑建材、电子电气、交通运输、航空航天等领域；介绍了含磷化合物在火安全材料中应用的热点及最新进展。内容包括含磷阻燃剂与阻燃作用机制、含磷添加型阻燃剂、单质磷与火安全材料、膨胀型阻燃剂、含磷本征阻燃高分子材料、有机磷阻燃剂的环境评价、含磷生物质阻燃剂等。适合高分子材料学、高分子化学与物理、精细化工、安全科学与工程等专业的大专院校师生及相关科技人员参考。

图书在版编目（CIP）数据

磷与火安全材料 / 陈力等编著 .—北京：化学工业出版社，2023.3
（磷科学前沿与技术丛书）
ISBN 978-7-122-42598-0

Ⅰ.①磷⋯ Ⅱ.①陈⋯ Ⅲ.①磷－高分子材料－防火材料 Ⅳ.①TB34

中国版本图书馆CIP数据核字（2022）第230586号

责任编辑：曾照华
文字编辑：姚子丽　师明远
责任校对：边　涛
装帧设计：王晓宇

出版发行：化学工业出版社
（北京市东城区青年湖南街13号　邮政编码100011）
印　　装：河北鑫兆源印刷有限公司
710mm×1000mm　1/16　印张21¼　彩插1　字数358千字
2023年11月北京第1版第1次印刷

购书咨询：010-64518888
售后服务：010-64518899
网　　址：http://www.cip.com.cn
凡购买本书，如有缺损质量问题，本社销售中心负责调换。

定　　价：168.00元

丛书序 FOREWORD

磷是构成生命体的基本元素，是地球上不可再生的战略资源。磷科学发展至今，早已超出了生命科学的范畴，成为一门涵盖化学、生物学、物理学、材料学、医学、药学和海洋学等学科的综合性科学研究门类，在发展国民经济、促进物质文明、提升国防安全等诸多方面都具有不可替代的作用。本丛书希望通过“磷科学”这一科学桥梁，促进化学、化工、生物、医学、环境、材料等多学科更高效地交叉融合，进一步全面推动“磷科学”自身的创新与发展。

国家对磷资源的可持续及高效利用高度重视，国土资源部于2016年发布《全国矿产资源规划（2016—2020年）》，明确将磷矿列为24种国家战略性矿产资源之一，并出台多项政策，严格限制磷矿石新增产能和磷矿石出口。本丛书重点介绍了磷化工节能与资源化利用。

针对与农业相关的磷化工突显的问题，如肥料、农药施用过量、结构失衡等，国家也已出台政策，推动肥料和农药减施增效，为实现化肥农药零增长“对症下药”。本丛书对有机磷农药合成与应用方面的进展及磷在农业中的应用与管理进行了系统总结。

相较于磷化工在能源及农业领域所获得的关注度及取得的成果，我们对精细有机磷化工的重视还远远不够。白磷活化、黑磷在催化新能源及生物医学方面的应用、新型无毒高效磷系阻燃剂、手性膦配体的设计与开发、磷手性药物的绿色经济合成新方法、从生命原始化学进化过程到现代生命体系中系统化的磷调控机制研究、生命起源之同手性起源与密码子起源等方面的研究都是今后值得关注的磷科学战略发展要点，亟需我国的科研工作者深入研究，取得突破。

本丛书以这些研究热点和难点为切入点，重点介绍了磷元素在生命起源过程和当今生命体系中发挥的重要催化与调控作用；有机磷化合物的合成、非手性膦配体及手性膦配体的合成与应用；计算磷化学领域的重要理论与新进展；磷元素在新材料领域应用的进展；含磷药物合成与应用。

本丛书可以作为国内从事磷科学基础研究与工程技术开发及相关交叉学科的科研工作者的常备参考书，也可作为研究生及高年级本科生等学习磷科学与技术的教材。书中列出大量原始文献，方便读者对感兴趣的内容进行深入研究。期望本丛书的出版更能吸引并培养一批青年科学家加入磷科学基础研究这一重要领域，为国家新世纪磷战略资源的循环与有效利用发挥促进作用。

最后，对参与本套丛书编写工作的所有作者表示由衷的感谢！丛书中内容的设置与选取未能面面俱到，不足与疏漏之处请读者批评指正。

赵玉芬

2023 年 1 月

前言 PREFACE

火是人类进入文明的标志，也是人类生存与发展的基本力量。正是因为掌握了火的使用方法，才造就了人类“宇宙之灵长，万物之精华”的超然地位。然而，和万物都有的两面性一致，火成就了人类，同时也能夺去一条条鲜活的生命——是为火灾。火灾的阴影始终伴随着人类历史的发展，人类抗御火灾的经历，同人与自然不断协调的过程，组成了人与火的历史。新世纪以来，随着国家经济的不断发展和国民生活水平的不断提高，火灾数量急剧增加、财产损失愈发严重。但值得庆幸的是，火灾致死、致伤人数下降明显。这一方面是由于消防资源的不断完善、城市消防水平的不断提升、民众消防认知的不断普及；另一方面，我们也不能忽视火安全材料在生产生活中的广泛应用所起到的不可忽视的作用。

火安全材料的核心是阻燃剂。阻燃并不是字面简单理解的“阻止材料燃烧”，甚至“不燃烧”的意思。能够实现“不燃烧”的效果固然最好，但由此付出的代价太过昂贵，甚或材料的使用性能，如力学性能、热性能、介电性能、耐老化性能等，受到严重的破坏。因此在多数情况下，在保证材料使用性能的前提下，阻燃的真正目的是实现延缓燃烧，从而延长逃生和救援时间，起到保护人民生命财产安全的作用。早期的阻燃研究多集中在开发含卤阻燃剂，因其具有高效、价廉且普适的优点，但随着人民生活水平的不断提升，对生态环境的不断关注，大家逐渐认识到含卤阻燃剂的诸多缺陷：持久性、生物累积性和生态环境毒性问题。人们在不断地寻找比含卤阻燃剂更为环境友好的替代品，譬如阻燃应用历史更为久远的金属氢氧化物，譬如同样历史悠久、但历久弥新的含磷阻燃剂，譬如现在方兴未艾的纳米阻燃剂等。其中，含磷阻燃剂阻燃效率高且可设计余地大，可以单质磷的形态存在，也可以是无机、有机、有机 - 无机杂化形态，广泛用于各种热塑性和热固性高分子材料，亦可用于防火领域和消防灭火领域。

材料的燃烧过程异常复杂，受点燃热通量、燃烧环境通风、传热等诸多因素影响，燃烧过程中除了释放大量的热造成烧灼，还产生多种窒息、中毒性气体和高温、遮蔽性的烟黑，这些才是火灾现场致死 / 伤的罪魁祸首。发展至今，火安全材料除了考虑延缓材料点燃和着火蔓延、降低热释放之外，抑制燃烧过程中有毒烟气的释放也是目前的研究重点。由于小分子阻燃剂和高分子基体较大的结构差异，阻燃剂与基体树脂相容性差、易迁移析出，造成阻燃效能不持久、材料综合性能恶化等缺陷。除物理添加共混以外，含磷本征阻燃高分子材料通过共聚、固化等方式将具有阻燃作用的含磷官能团通过共价键、离子键等牢固、稳定结合，使材料具有耐久的阻燃效果，且有利于保持材料固有的物化性能，也是目前火安全材料研究的重要方向。随着科技的发展，阻燃剂的绿色化已经成为阻燃技术发展的必然选择。采用自然界存在的生物质原料作为阻燃剂符合可持续发展的绿色战略要求，相关研究因此也成为火安全材料领域关注的热点。对于这类可再生、环境友好自然资源的充分合理利用，对于应对和缓解日益紧迫的生态和环境问题、能源和资源枯竭等问题无疑有着积极的意义和作用。本书对上述研究热点方向均有述及，同时总结了目前商品化有机磷阻燃剂的毒性研究进展、环境存在水平和人体暴露危害。希望通过本书，能够促进更为绿色环保的含磷阻燃剂和绿色阻燃技术的进一步发展。

十余年来，在四川大学王玉忠院士的指导下，多名本科生、硕士生、博士生与编著者一起，共同对一些典型的含磷阻燃剂及其火安全材料进行了探索。我们着重开展了本书所述及的新型高效含磷环保阻燃剂与阻燃高分子材料，尤其是环境友好含磷阻燃剂的分子创制、材料燃烧行为和阻燃作用机制的相关研究。该领域体现了化学、材料、安全多学科交叉融合，更侧重丰富多彩的实际应用，这都是我们科研工作的乐趣所在。我们的含磷阻燃剂和火安全材料研究工作是在国家自然科学基金委员会和科技部重点研发计划的数次资助下开展的，在此表示衷心的感谢。学问如浩瀚宇宙，今有寸得，虽只沧海一粟，然足慰余心矣。

本书的编著得到了赵玉芬院士和王玉忠院士的无私指导。得两位先生提携，辅以言传身教、耳提面命，师恩无垠，山高水长。在成书过程中，编著者也收到了丛书编委会的多位专家提出的许多宝贵建设性意见。本书部分章节的编写、修改和参考文献收集整理工作得到了多位已毕业和在读研究生的帮助，在此一并感谢。只言片语，难求顺达，寥寥数笔，仅抒胸臆。唯愿师长福寿安康，学生前程似锦。

限于编者学识水平，书中疏漏之处在所难免，恳请各位师长和广大读者朋友不吝批评指正。

陈力

2023 年 5 月

于四川大学望江校区达理楼

目录

CONTENTS

P
PHOSPHORUS 磷科学前沿与技术丛书
磷与火安全材料

1

绪论

1.1
“警钟长鸣”！严峻的火灾形势

火是人类进入文明的标志，也是人类生存与发展的基本力量。正是因为掌握了火的使用方法，才造就了人类“宇宙之灵长，万物之精华”的超然地位。考古学家分别在非洲肯尼亚的切苏旺加(Chesowanja)以及我国山西芮城西侯度、北京周口店猿人遗址发现了人类用火的痕迹。火的使用在人类历史发展过程中具有划时代的意义。火被用来加工食物、取暖以及自我保护，烧制的食物不仅味道好而且易于咀嚼和消化。高温加热的食物可以形成多种新的化合物，促使人体内脏、大脑、骨骼、口腔的进化加快。火还被用来驱赶野兽、加工工具，导致人类猎取动物的水平空前提高，大型动物也逐渐进入了原始人类的猎物名单。北京猿人的颅骨内腔结构证实，人类的分节语能力产生于旧石器时代早期，大约50万年前，这与人类开始正确认识并使用火发生在同一时期。自此，人类也开始从猿人阶段向现代人过渡。直立行走实际上不仅仅解放了人的双手，而且还引起了身体部位的某些相关变化，具体到发音器官上，随着人直立行走和颚部的隆起，人吻部就会萎缩，口腔和喉会形成一个直角，而这个直角是人类区别于其他动物的地方之一，非常有利于发出各种各样的声音。从当时人类发展情况看，熟食的利用使得人类的咀嚼器官逐渐萎缩，牙床变小，口腔内发音器官的活动余地逐渐变得更大，非常有利于人类语言当中的共鸣音和唇音的形成。

当然，就像一把双刃剑，火成就了人类，同时也在夺去一条条鲜活的生命。俗话说：水火无情，人命关天。火，一个矛盾的象征体，它可以取暖，照亮一切，也能带来痛苦、毁灭和死亡。火灾的阴影始终伴随着人类历史的发展，人类抗御火灾的经历同人与自然不断协调的过程，组成了人与火的历史。《甲骨文合集》刊载的第583版、第584版两条涂朱的甲骨卜辞，记录了商代武丁时期，奴隶夜间放火焚烧奴隶主的3座粮食仓库。这大概是有文字以来，人类最早的关于火灾的记录。

根据国家消防救援局发布的统计，2022 年共接报火灾 82.5 万起，死亡 2053 人、受伤 2122 人，直接财产损失 71.6 亿元，与 2021 年相比，火灾起数、死亡人数分别上升 7.8% 和 1.2%，受伤人数和财产损失分别下降 8.8% 和 0.9%。全年火灾警情首破 200 万起，全国消防救援队伍共接报处置警情 209.2 万起，系有统计记录以来警情任务最繁重的一年。其中，农村地区消防基础设施相对薄弱，老龄人口比重高，群众自防自救能力较差，生产经营场所以“小作坊”为主且多为耐火等级较低的自建民房，火灾占比较大，火灾风险突出。自建住宅火灾形势仍较严峻，发生较大火灾 31 起，尤以电气火灾风险最大，因电气故障引发的火灾占总数的 42.8%。高层建筑火灾明显上升，厂房火灾总量有所减少，但物资仓储场所火灾增幅较大。2022 年全国电动自行车保有量 3 亿多辆，火灾风险持续上升，全年共接报电动自行车(电动助力车)火灾 1.8 万起，多数为电动自行车充电电池故障所引发，相关风险应予持续关注[1-2]。

统计每一个单独年份的数据具有一定的偶然性。我们从新中国成立以来，每十年为一个统计周期，统计火灾数据年代均值(表 1.1)。不难看出，1950 年以来，我国火灾起数与火灾伤亡人数有升有降，波动幅度较大。新世纪以来，随着国家经济的不断发展和国民生活水平的不断提高，火灾数量急剧增加、财产损失愈发严重。但值得庆幸的是，火灾致死、致伤人数下降明显。这一方面是由于消防资源的不断完善、城市消防水平的不断提高、民众消防认知的不断普及；另一方面，我们也不能忽视火安全材料的日益普及起到的不可忽视的作用。

将我国的年均数据与美国进行对比，2003 ～ 2012 年期间，美国年均发生火灾 148.3 万起，约 3352 人因火灾死亡，17276 人因火灾受伤，直接财产损失 122.4 亿美元❶。可以看出，美国的火灾起数、受伤人数和直

❶ 需要说明的是，美国的火灾是指任何失去控制的燃烧，包括燃烧爆炸和消防队到火灾现场时已经被扑灭的火灾，不包括有控制的燃烧、未发生燃烧的超压爆炸、非消防队接警火灾、未发生火灾的烟气恐慌事件及未发生火灾的危险品应急处置等。火灾死亡人数是指在一年之内火灾直接导致的非消防人员(包括警察、民防人员、非消防机构的医疗救护人员和公用事业公司的工作人员等）的死亡人数。火灾受伤人数是指火灾造成的一年之内需要医疗人员治疗的有身体损伤或火灾后至少需要一天以上限制活动(例如火灾烟气的毒害、烧伤、擦伤、刺伤、骨折、心脏病、拉伤和扭伤等）的非消防人员人数；直接财产损失包括火灾烧毁的所有财物、建筑物、机械设备、车辆和植被等，但不包括停工停产或临时性保护措施所带来的间接财产损失。

接财产损失均比我国高。考虑到总人口的因素，美国火灾死亡人数在3亿人口中的比例和我国火灾死亡人数在13亿人口中的比例分别约为11人/百万人口和1人/百万人口，前者高了1个数量级[3]。

表1.1 新中国成立以来火灾数据年代均值表

年代	起数/万起	直接损失/亿元	死亡人数	受伤人数
1950～1959	6.01	0.61	2864	6981
1960～1969	7.29	1.37	4500	7930
1970～1979	7.95	2.43	4366	8776
1980～1989	3.76	3.21	2360	3385
1990～1999	7.58	10.65	2372	4394
2000～2009	20.69	14.52	2139	2409
2010～2019	25.94	34.01	1473	959
2020	25.20	40.09	1183	775
2021	74.8	67.5	1987	2225
2022	82.5	71.6	2053	2122

多年的实践证明，阻燃材料在减少火灾中人员的伤亡和财产损失、避免人们暴露于火灾中所承受的痛苦和对健康的损害等方面都是非常有效的。而且，由于采用符合国家标准规范的阻燃制品，既可防止和减少火灾的发生，又能节省消防资源、降低火灾对大气释放的污染物。

1.2 火安全与阻燃

阻燃，英文写作flame retardance或flame retardancy，并不是字面理解的“阻止材料燃烧”“不燃烧”的意思。诚然，能够达到“不燃烧”效果是阻燃材料的终极目标，但由此付出的代价太过昂贵，甚或材料的使用性能，如力学性能、热性能、介电性能、耐老化性能等，会被严重地破坏。因此，阻燃是通过物理或者化学的方法，向被阻燃物体表面或者内部引入具有阻燃元素或结构的物质(阻燃剂)或官能团，从而实现延缓甚至不燃烧、延长逃生和救援时间，最终起到保护人民生命财产安全的作用。阻燃的概念一直比较模糊。在过去，阻燃的概念仅仅包含了延缓燃烧、延长逃生救援时间的内涵。火安全(fire safety)除传统的阻燃概念以外，还包括燃烧过程中的热释放、烟气毒性问题等，可以更全面地评价材料抵御火灾的能力。发展到现在，阻燃和火安全在含义上的差异已经越来越模糊。

阻燃的核心是阻燃剂。阻燃剂又称难燃剂、耐火剂或防火剂，是赋予普通可燃高分子难燃性的功能性助剂。添加阻燃剂可抑制或减缓可燃高分子被点燃，并/或降低火焰蔓延的速率。阻燃剂主要用于阻燃合成和天然高分子材料(包括塑料、橡胶、纤维、木材、纸张、涂料胶黏剂等)。含有阻燃剂的材料与未阻燃的同类材料相比，前者不易被引燃，能抑制火焰传播，可以防止小火发展成灾难性的大火，大大降低火灾危险，有助于各种制品安全地使用。例如，电视整机的燃烧试验结果表明，如电视机外壳以UL-94 V0级阻燃的高抗冲聚苯乙烯(high impact polystyrene, HIPS)制造时，则无论引火源为小粒状燃料(质量约为0.15 g)抑或家用蜡烛(质量14 g)，电视机外壳被引燃片刻后，火焰即自行熄灭，外壳表面轻微受损(对小粒状燃料而言)或损伤厚度仅20 mm(对家用蜡烛而言)。但如电视机外壳以UL-94 V2级阻燃的HIPS制造，则电视机接触到小粒状燃料引火源就会燃烧，且火势很快蔓延。值得注意的是，阻燃材料并不意味着该材料具有完全抵抗火灾的能力，它主要的作用是可以减少火灾发生，并为身陷火灾现场的人们赢得宝贵的逃生时间。

为了使被阻燃基材达到一定的阻燃要求，一般需加入相当量的阻燃剂，这样在一定程度上会降低材料的某些性能。因此，人们应当根据材料的使用环境及使用需求，对材料进行适当程度的阻燃，而不能不分实际情况，一味要求材料具有过高的阻燃级别。换言之，应在材料阻燃性及其他使用性能间求得最佳的综合平衡。

此外，在提高材料阻燃性的同时，应尽量减少材料热分解或燃烧时生成的有毒和腐蚀性气体量和烟生成量，因为它们往往是火灾中最先产生且最具危险性的有害因素。据统计，火灾中人员的死亡，有 80% 左右是由于有毒气体和烟引起窒息造成的[4]。所以，阻燃技术的重要任务之一是抑烟、减毒，应力求使被阻燃材料在这方面优于或至少相当于未阻燃材料。由于这个原因，目前的抑烟剂总是与阻燃剂相提并论的。也就是说，当代“阻燃”的含义也包含了抑烟、减毒等火安全内容。

近年的研究证明，高分子材料的阻燃和抑烟、减毒是可以同时实现的。早在 1987 年，美国国家标准局（现为美国国家技术和标准研究院，National Institute of Standards and Technology，NIST）比较了以下 5 种典型塑料制品的阻燃试样及未阻燃试样的火灾危险性：

① 聚苯乙烯（polystyrene，PS）电视机外壳；

② 改性聚苯醚（modified polyphenylene oxide，MPPO）电子计算机外壳；

③ 聚氨酯（polyurethane，PU）泡沫塑料软椅；

④ 聚乙烯（polyethylene，PE）材质的绝缘层和电缆的橡胶护套；

⑤ 不饱和聚酯（unsaturated polyester，UPR）玻璃钢电路板。

试验的测定结果是：

① 发生火灾后可供疏散人员和抢救财产的时间，阻燃试样为未阻燃试样的 15 倍；

② 材料燃烧时的质量损失速率，阻燃试样不到未阻燃试样的 1/2；

③ 材料燃烧时的放热速率，阻燃试样为未阻燃试样的 1/4；

④ 材料燃烧生成的有毒气体量（通常换算成 CO 计），阻燃试样仅为未阻燃试样的 1/3；

⑤ 阻燃试样与未阻燃试样两者燃烧时生成的烟量相差无几，且阻燃材料并不产生毒性极其大的或不寻常的燃烧产物。

以上结果说明，只要配方和工艺合理，阻燃材料的火灾安全性能全面优于未阻燃的同类材料[5]。

传统观念认为，高分子材料在添加阻燃剂之后，由于阻燃材料倾向于不完全燃烧，燃烧时的烟和有毒气体产生量会增高，这是根据现行的一些小型实验装置 [如锥形燃烧量热仪（cone calorimetry）] 测定得出的结论。这类装置测定的往往是材料单位质量或单位面积下的烟和有毒气体产生量。但火灾现场形成的烟和有毒气体的总量，则与火灾中被燃烧的材料总量有关。因为阻燃材料的火焰传播速率低，所以材料的燃烧面积小，产生的烟及有毒气体的总量随之减少。举一个简单的例子。有两种室内用地板材料A和B，B的烟密度及毒性指数均为A的2倍，但A的火焰传播速率χ为B的2倍。当发生火灾时，在时间τ时，材料B的燃烧面积应为$1/(4\pi\chi^2\tau^2)$（χ是材料B的火焰传播速率），而材料A对应的燃烧面积应为$\pi\chi^2\tau^2$，即A的燃烧面积为B的4倍。尽管A的烟密度及毒性指数仅为B的1/2，但A产生的烟和有毒气体的总量则可能达到B的2倍以上。而且，阻燃材料的烟密度及毒性指数不一定比同类未阻燃材料高，而材料的火焰传播速率及热释放速率则可由于阻燃剂的使用而大幅度降低。例如丙烯腈-丁二烯-苯乙烯共聚物（acrylonitrile-butadiene-styrene copolymers，ABS）及HIPS，阻燃样品的热释放速率仅为未阻燃样品的1/2左右。热释放速率的降低可有效地降低火灾现场的环境温度和火灾传播速率，进而使得火灾现场的烟和有毒气体的实际生成量减少[6]。

现在，人们日益认识到，采用阻燃材料是防止和减少火灾的战略性措施之一。一些国家的实践也证明了这一点。近年来，我国很多专家呼吁，为了降低火灾危害，必须对易燃和可燃材料进行阻燃处理。2021年修订的《中华人民共和国消防法》第二十六条已明确规定“建筑构件、建筑材料和室内装修、装饰材料的防火性能必须符合国家标准；没有国家标准的，必须符合行业标准。人员密集场所室内装修、装饰，应当按照消防技术标准的要求，使用不燃、难燃材料”。而近年来颁布的若干标准也对这些阻燃制品及组件的阻燃性能等级和使用的产品数量进行了确定。

毫无疑问，阻燃剂及阻燃材料的研究、生产和应用，是关系到“环境和人类”的重大举措。可以预言，无论在我国，还是全球范围之内，“阻燃”都面临一个蓬勃发展的前景，并且将被愈来愈多的人所接受。

1.3
发展简况

火灾自古就有，人类对于火灾的重视和防范也伴随于人类社会发展的始终。早在《史记・五帝本纪》中就有记载，黄帝在安排国计民生时，就明确提出要有节制地使用火，以防范火灾，为此，黄帝还设置了专门管理用火安全的官员，称为“火政”。春秋早期在齐国任宰相，并使齐国一跃成为春秋“五霸”中第一位“霸主”的政治家管仲，把消防作为关系国家贫富的五件大事之一，并提出了“修火宪”的主张。战国时期,《墨子》一书就论述了思想家墨子关于防范和治理火灾方面的独到见解。《备城门》《杂守》《迎敌祠》等篇提出许多防火技术措施，既有设置、建造的具体要求，又有明确的数字规定。可以认为，这是我国早期消防技术规范的萌芽。我们祖先在同火灾作斗争的长期实践中，积累了丰富的经验。东汉史学家荀悦在《申鉴・杂言》中明确提出“防为上，救次之，戒为下”的“防患于未然(燃)”的思想。

近 50 年来，高分子材料的阻燃研究已取得了很大的进展和成功，而这方面的研究始于古代先贤对天然纤维素材料，如棉花和木材，所做的减小其燃烧性的努力。希腊历史学家希罗多德大概是有文字记载以来最早报道阻燃进展的人。他记载了古埃及人把木材浸渍在矾液(硫酸铝钾水溶液)中使其具有一定的阻燃性。大约两个世纪后，古罗马人“改进”了这一工艺，把醋加于上述混合物中。事实证明，醋在其中并没有起到什么实际的作用。后来，古罗马杰出的建筑学家和工程师维特鲁威乌斯在他的《建筑十书》中记载了阻燃木材的军事应用，即在早期的城堡上涂一厚层由毛发增强了的黏土以防纵火者的袭击。17 世纪，剧院老板们深受不时发生的歌剧院火灾之殇，他们委托法国建造商为巴黎剧院的帷幕研制出一种“不燃布”，这种不燃布是用黏土和石膏的混合物处理帆布而得。英国人怀尔德用矾液、硫酸亚铁和硼砂的混合物处理木材和纺织物，并发表了历史上第一份木材和纺织品阻燃处理的专利(British Patent 551)。

然而，对阻燃进行系统的科学研究始于法国著名的化学家盖-吕萨克。他于 1821 年受法国国王路易十八的委托，对剧院幕布进行阻燃处理。他发现硫酸、盐酸和磷酸的铵盐是黄麻和亚麻的非常有效的阻燃剂，并且其阻燃效果可由使用氯化铵、磷酸铵和硼砂的混合物得以显著改善。这一工作已经受了时间的考验，时至今日仍不失为一种有效的阻燃方法。因此，在有历史记载的早期，对纤维素材料阻燃处理最有效的元素集中在元素周期表的第ⅢA、ⅤA和ⅦA族。

1913 年，英国化学家帕金对当时流行的棉绒的阻燃进行了广泛的研究。例如，他将棉绒先用锡酸钠浸渍，再用硫酸铵溶液处理，然后水洗、干燥，使处理过程中生成的氧化锡阻燃剂进入纤维中。此外，他对纺织品的阻燃处理提出了一系列基本要求，如耐久性好、不应该损害织物手感、不影响印染、无毒、成本低等。遗憾的是，帕金的处理工艺并未赢得大众的认可，阻燃科研工作停滞不前的局面一直僵持到第二次世界大战。

合成高分子材料的新进展开启了阻燃化学的新纪元。合成高分子材料的出现对阻燃技术的发展有着特别重要的意义，因为那时人们发现，上述水溶性的无机盐对于这些疏水性极强的材料几乎没有什么用处。因此，现代的阻燃剂发展转向研制与有机高分子材料具有相容性的阻燃剂。对阻燃剂化学发展方向影响最大、里程碑式的重要进展可归纳为如下几个方面：

① **氯化石蜡和氧化锑**。第二次世界大战期间，军队的帆布帐篷需要阻燃和防水处理，这导致了氯化石蜡（chlorinated paraffin，CP）、氧化锑和胶黏剂复合阻燃剂的研制成功。历史上首次明确卤素-锑的复配具有协同阻燃作用，也是首次采用有机卤素化合物取代以前流行的无机盐作阻燃剂。该项技术很快应用到第二次世界大战期间处于研制阶段的聚氯乙烯（polyvinyl chloride，PVC）和 UPR 的阻燃处理上。由于 PVC 的加工需要增塑剂，因此 CP 的应用取得了成功。

② **反应型阻燃剂的问世**。CP 的增塑特性对于 PVC 的加工有利，但会降低 UPR 层压板物理性能，而且在许多使用环境中易渗出，降低或失去了阻燃效果。CP 的这些缺陷很快让人们认识到，一种反应型阻燃体系可能对聚酯更适合。人们思考，将含有阻燃官能团的结构通过共价键，在聚合阶段和 / 或最终制品成型（如纺丝）阶段结合到聚酯上，使

产品具有永久性的阻燃性能。第一个含有反应型阻燃单体的阻燃聚酯是 Hooker 电化公司在 20 世纪 50 年代初期研制出来的，阻燃功能性单体为氯菌酸(chlorendic acid，全称 1,4,5,6,7,7-六氯-5-降冰片烯-2,3-二羧酸，1,4,5,6,7,7-hexachloro-5-norbornene-2,3-dicarboxylic acid)。这一开创性的研究迅速推广到其他含卤素的反应性单体，如四溴邻苯二甲酸酐(tetrabromophthalic anhydride，TBPA)、二氯化苯乙烯(styrene dichloride，SDC)和四溴双酚 A(tetrabromobisphenol A，TBBPA)等，后者在各种聚合物体系中得到了广泛的应用。

③ **添加型阻燃剂的崛起**。阻燃剂的另一主要进展起因于一些新的热塑性高分子材料，如 PE、聚丙烯(polypropylene，PP)、尼龙(polyamide，PA)等需要可接受的阻燃体系。CP 的增塑剂方法或采用反应性单体对这些聚合物并不适用，这是因为它们减小或破坏了这些聚合物的结晶度，从而使材料固有性能严重恶化。此外，大多数卤素添加剂(包括 CP)在高的加工成型温度下不稳定。于是，人们在 1965 年开始采用热稳定性更高的添加型阻燃剂，确立了两种新的聚合物阻燃方法。一种是采用热稳定性好的有机化合物，如大名鼎鼎的得克隆(Dechlorane Plus，DCRP)，科学命名法命名为双(六氯环戊二烯)环辛烷 [bis(hexachlorocyclpentadiene) cyclooctane]。DCRP 含氯量达 65% 以上，熔点 350℃。它高的氯含量和类填料作用不仅增加了原始聚合物的热变形能力和弯曲模量，而且在高温和多水环境下基本上不迁移。时至今日，DCRP 仍是 PA 等高分子材料的首选阻燃剂。另一种代表性的添加型阻燃剂是水合氧化铝，或称氢氧化铝(aluminium hydroxide，ATH)，它主要是靠吸热脱水对高分子产生阻燃作用，受热分解放出的大量水蒸气进一步稀释了表面的可燃气体而起作用。因其热分解温度较低(245 ～ 320℃)，只适用于加工温度较低的高分子材料。这种阻燃剂的主要优点在于它较低的使用成本、低的烟生成量和分解时无卤化氢气体产生。

④ **革命性的膨胀型阻燃体系**。膨胀型阻燃体系主要包括三个要素：酸源，一般指具有脱水性的高沸点无机酸，或是能在受热时原位分解生成酸的盐或酯类，如硫酸、磷酸、硼酸及磷酸盐 / 酯等物质；碳源，一般指含碳多羟基化合物，如季戊四醇、乙二醇、酚醛树脂，或是生物质环糊精、淀粉等；气源，多为含氮的多碳化合物，如尿素、双氰胺、三

聚氰胺及其盐等。尽管20世纪30年代就公布了第一个膨胀型阻燃涂料的专利，但是把该体系的一个或多个组分结合到一般的高分子体系中而在着火温度下赋予膨胀成炭阻燃特性则只是近几十年的事。膨胀型阻燃体系具有高阻燃性，无熔滴滴落，对长时间或重复暴露在火焰中有极好的抵抗性，还具有无卤、无氧化锑、低烟、低毒、无腐蚀性气体产生等优点。因此，这一技术基本克服了传统阻燃技术中存在的缺点，被誉为阻燃技术的一次革命。

自20世纪80年代起，卤系阻燃剂遇到了二噁英(dioxin)问题的困扰。基于保护生态环境和人类健康考虑，人们开始积极开发和使用在“生产—运输贮存、再生—回收”这一循环中对环境无害的阻燃剂。因此，阻燃剂无卤化的呼声日高，一些跨国的阻燃高分子材料供应商也开始向市场提供无卤阻燃制品。从20世纪80年代末至今，欧盟一些国家对一些含卤阻燃剂进行了广泛的危害性评估[7]。根据这些评估结果，五溴二苯醚(pentabromodiphenyl ether，PBDE)及八溴二苯醚(octabromobiphenyl oxide，OBDPO)成为了指令中最早被禁止使用的两个“幸运儿”。毫无疑问，从长远发展来看，阻燃高分子材料将持续向低毒、低烟和无卤化的方向发展。

阻燃领域内另一个新成就是新型本征型阻燃高分子和高分子纳米复合材料的开发。

所谓本征型阻燃高分子，是指那些由于特有化学结构而本身具有良好阻燃性的高分子。近年来人们研制了一些新的本征型阻燃高分子体系，如芳香族酰胺/酰亚胺，特别引人注目的是一类含9,10-二氢-9-氧-10-磷杂菲-10-氧化物(9,10-dihydro-9-oxa-10-phosphaphenanthrene 10-oxide，DOPO)及其衍生物的本征型阻燃高分子，如环氧树脂及线型聚酯，其中相当多的品种已经实现了商品化。DOPO的分子结构如图1.1所示。

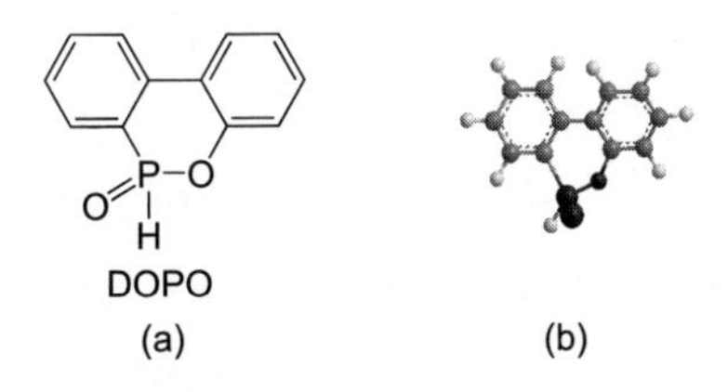

图1.1　DOPO的化学结构式(a)和分子模拟示意图(b)

高分子纳米复合材料则是20世纪80年代中期才出现的一类新型材料，对其阻燃性的研究则是最近二十余年的事。这类材料含有不高于10%(质量分数)的纳米无机物(主要是层状硅酸盐蒙脱土)，其热释放速率及质量损失速率比基材有大幅度(30%～70%)的降低，但对材料的LOI(极限氧指数)及UL-94垂直燃烧阻燃性指标方面则改善不大。如在其中加入常规阻燃剂，可在满足阻燃要求的前提下，降低阻燃剂用量及提高材料其他性能。目前，已有多种可用于制备阻燃高分子/无机物纳米复合材料的商品化纳米黏土。

从对阻燃剂及阻燃材料的要求而言，从20世纪70年代至今，也经历了4个发展阶段。在20世纪70年代，只要阻燃即可；80年代则同时要求阻燃及抑烟；90年代又加入了低毒的要求；进入21世纪，更加上了绿色环保、可持续发展的新要求[8]。

1.4
阻燃剂与环境

因为阻燃剂属于化学品，所以研究阻燃剂和阻燃材料是否会影响人类健康和生态环境，显然是十分必要的。对于这个问题，一要充分重视，二要科学分析，三要建立健全有效的安全规范，四要积极开发对环境友好的阻燃剂和阻燃材料。事实上，有关阻燃剂与环境的思考已经成为现在阻燃研究的热点课题[9]。

截止到2023年6月1日，以“flame retard*”为关键词，Web of Science检索显示在2014～2023年这十年间总共发表了超过27000篇论文，其中，超过30%涉及阻燃剂(特别是溴、氯等含卤阻燃剂)的生态环境影响等问题(图1.2)。

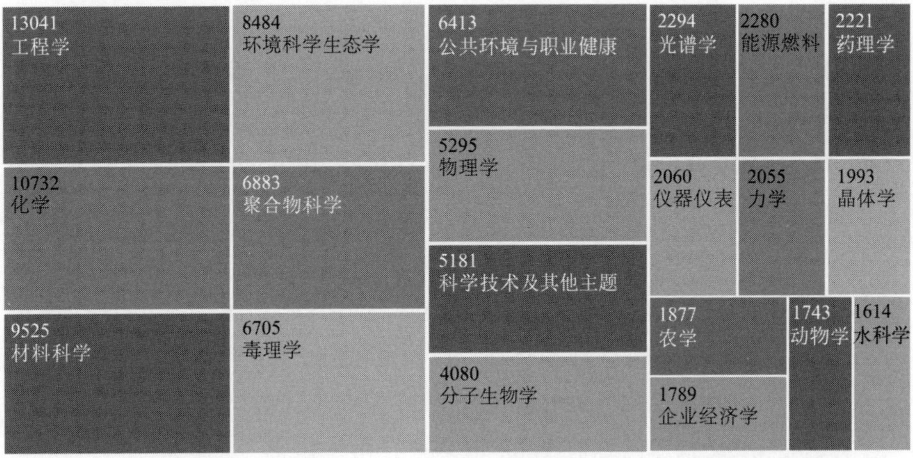

图 1.2　Web of Science 检索显示在 2014 ～ 2023 年间阻燃相关论文的主题分布

如前文述及，自 20 世纪 80 年代起，卤系阻燃剂就遇到了二噁英(dioxin)问题的困扰。二噁英指具有相似结构和理化特性的一组多氯取代的平面芳烃类化合物，由 2 组共 210 种氯代三环芳烃类化合物组成，包括 75 种多氯代二苯并二噁英(polychlorinated dibenzodioxins，PCDDs)和 135 种多氯代二苯并呋喃(polychlorinated dibenzofurans，PCDFs)。它们的毒性与氯原子取代的 8 个位置有关，其中毒性以 2,3,7,8-四氯代二苯并对二噁英(2,3,7,8-tetrachlorodibenzo-para-dioxin，TCDD)为最强，半致死量(LD_{50})按体重计为 1 μg/kg，相当于氰化钾毒性的 50 ～ 100 倍[10]。TCDD 还有极强的致癌性(致肝癌剂量按体重计为 10 ng/kg)和极低剂量的环境内分泌干扰作用在内的多种毒性作用。这类物质既非人为生产，又无任何用途，而是燃烧和各种工业生产的副产物。目前，木材防腐、焚烧排放、落叶剂的使用、杀虫剂的制备、纸张的漂白、汽车尾气排放和含卤阻燃剂的使用等是环境中二噁英的主要来源[11]。据统计，2013 年全球阻燃剂市场中消费量第一位和第二位分别为无机阻燃剂中的氢氧化铝(33%)和有机阻燃剂中的溴系(21%)，但在国内的阻燃剂市场中，含卤有机阻燃剂由于价格优势仍然是生产和消费的主体。

在环境领域，有机阻燃剂尤其是含卤类有机阻燃剂由于具有潜在环境风险而广受关注，其中受到关注最多的是溴代有机阻燃剂(brominated flame retardants，BFRs)。自 20 世纪 50 年代以来，BFRs 就被广泛用于电视机外壳和电线、电脑、手机、厨房电器、家具和纺织品、建筑材料以及各种塑料制品中。到目前为止，已商业生产的 BFRs 至少有 75 类，其中广泛使用且在环境领域研究关注较多的主要有以下 3 类：多溴联苯及其醚类［(polybrominated biphenyls (PBBs) 和 polybrominated diphenyl ethers (PBDEs)］、六溴环十二烷 (hexabromocyclododecanes，HBCDD) 和 TBBPA。PBDEs 有三种商品化的产品，按溴含量可分为 PBDE、OBDPO 和十溴联苯醚 (decabromodiphenyl oxide，DBDPE)。由于 PBDEs 被证实具有生物蓄积性、持久性和毒性，欧盟和美国的 10 个州率先于 2004 年禁止生产和使用商用 PBDE 和 OBDPO，随后美国其他州也自愿停止生产这两种阻燃剂。欧盟在 2008 年禁止在电子电器产品中添加 DBDPE。2009 年，PBDE 和 OBDPO 被列入《关于持久性有机污染物的斯德哥尔摩公约》(Stockholm Convention on Persistent Organic Pollutants，简称“公约”) 的附件 A 而被所有的缔约国禁止生产和使用。主要被添加于建筑外墙材料 (发泡 PS 和挤塑 PS) 中的 HBCDD 也于 2012 年被列入“公约”的持久性有机污染物 (persistent organic pollutants，POPs) 控制名单。

中国作为缔约国，按照“公约”要求已逐步或正在停止使用这几种被禁的 BFRs，但这些被淘汰的物质仍广泛存在于已经生产、仍在使用的产品中，而这一情况可能比人们预想的更加严重。近年来，中国疾病预防控制中心营养与食品安全所吴永宁课题组测定了 12 个省份的 1000 多份母乳样品，发现母乳样品中的含溴阻燃剂水平普遍高于动物性食品。以母乳为唯一食物来源的六个月大婴儿，按体重计每天摄入的 TBBPA 和 HBCDD 量平均分别约为 5 ng/kg 和 6 ng/kg。作为对比，吴永宁课题组分析了 12 个省份的水产品、肉制品、蛋制品和奶制品的检测结果，估算出中国成年男子每天从食物中摄入的 TBBPA 为 0.26 ng/kg，HBCDD 0.43 ng/kg[12]。有研究指出 TBBPA 可能对肝细胞具有毒性作用，同时还可能有神经毒性。而 HBCDD 具有高度亲脂性，容易在哺乳动物体内蓄积。

在 BFRs 中，有一类作为传统 BFRs (PBDE、HBCDD、TBBPA 等) 的替代品而出现的新型溴代阻燃剂 (novel brominated flame retardants，NBFRs)。目前已生产的种类有几十种，其中代表性的化合物有：1,2-bis

(2,4,6-tribromophenoxy)ethane(BTBPE)、decabromodiphenylethane(DBDPE)、2-ethylhexyl-2,3,4,5-tetrabromo-benzoate(TBB)和 bis(2-ethylhexyl)-3,4,5,6-tetrabromo-phthalate(TBPH)。其中，BTBPE 作为 OBDPO 的替代品被大量使用，2001 年全世界的总产量约为 1.6 万吨。BTBPE 主要被添加在 ABS、HIPS 或是一些热固性树脂等材料中; DBDPE 作为 PBDE 的典型代表，常被添加到多种聚合物材料(如 HIPS、ABS 和 PP)和纺织品(如棉和涤纶)中。TBPH 作为一种添加型 NBFRs 主要用于聚氯乙烯(polyvinyl chloride，PVC)、氯丁橡胶(neoprene)、电线和电缆绝缘层、薄膜和薄片、地毯底料、墙纸和黏合剂中。TBPH 和 TBB 还常以混合物的形式被用于生产添加型商用阻燃剂产品 Firemaster 550，代替 PBDE 在聚氨酯泡沫(polyurethane foam，PUF)方面的应用。由于与 PBDE 类物质的结构具有一定的相似性，NBFRs 被认为可能仍具有一定的持久性、生物累积性和毒性(persistent, bioaccumulative and toxic，PBT)，但目前相关研究非常有限。

含氯阻燃剂也面临同样的困扰。得克隆(Dechlorane Plus，DCRP，学名 1,2,3,4,7,8,9,10,13,13,14,14-十二氯-1,4,4a,5,6,6a,7,10,10a,11, 12,12a-十二氢-1,4,7,10-二甲桥二苯环辛烷)是最为成熟，也最具有代表性的氯代有机阻燃剂，最早是作为灭蚁灵的替代品而被生产。2006 年 Hoh 等首次报道了它在环境中的存在[13]。DCRP 在欧洲被认为是低产量化学品，但在美国却被列为高产量化学品。1986 年后，美国的年产量为 450 ～ 4500 t。DCRP 有顺式(*syn*-DCRP)和反式(*anti*-DCRP)两种同分异构体，主要用于电线和电缆的涂层、电脑的连接器和塑料屋顶材料中。DCRP 具有持久性、生物累积性和一定的毒性，其在水中的半衰期长达 24 年。DCRP 的毒性数据相对匮乏，动物实验的研究数据表明其具有会引起肝氧化损伤、代谢干扰、诱导肝细胞凋亡等作用。

对于含磷类阻燃剂而言，尽管有关的毒理和流行病学的相关研究相对较少，但有限的证据仍然证实人体暴露于含磷类阻燃剂中具有潜在的健康危害，尤其是同时含有卤素的有机磷阻燃剂，如磷酸三氯丙酯 [tris(chloropropyl)phosphate，TCIPP]、磷酸三氯乙酯 [tris(2-chloroethyl) phosphate，TCEP] 和磷酸三(二氯异丙)酯 [tris(1,3-dichloro-2-propyl) phosphate，TDCIPP]。例如，已有研究表明 TCEP 对动物具有致癌性，对人类的溶血和生殖功能有一定的影响；TDCIPP 和 TCIPP 也均被认为具有疑似致癌性。

典型含卤阻燃剂的 PBT 描述如下表 1.2 所示。

表1.2　典型含卤阻燃剂的PBT描述

典型含卤阻燃剂	PBT 描述	参考文献
多溴二苯醚	随着时间的推移，泄漏并被分散。 主要人体传播途径：摄入室内空气和灰尘、饮食和子宫内传播。 “内分泌活性”：生理过程；智商、学习行为、表观遗传失调、病理性痴呆	Shelagh K G, et al. Biomed Res Int., 2017; Dishaw L V, et al. Curr. Opin. Pharmaco, 2014; Messer A. Physiology & Behavior, 2010; Nicklisch S C, et al. Sci. Adv., 2016
十溴二苯乙烷	在环境和野生物种中被检测到；占粉尘中 NBFRs 总浓度的 50%；远距离大气运输	Covaci A, et al. Environ. Int., 2011; Wang J, et al. Environ. Int., 2010; Ma J, et al. Chemosphere, 2012; Monica G, et al. Sci. Total Environ., 2017
多氯联苯	在环境中长期存在并向偏远地区运输；亲脂性食物在生物体组织中的蓄积；与内分泌紊乱、生殖和大脑发育等不良健康影响有关	Rennert, et al. J. Toxicol. Environ. Health Part A, 2012; Hoogenboom, et al. Food Control, 2015; Wang X P, et al. Environ. Pollut, 2012; Dorothea F K, et al. Sci. Total Environ., 2017
得克隆	在环境空气、鱼类和沉积物样本中检出；具有吸附特性并影响含沙生物；主要人体传播途径：摄入粉尘	Hoh E, et al. Environ. Sci .Technol., 2006; Wang J, et al. Environ. Toxicol Che., 2011; Zheng J, et al. Environ. Sci. Technol., 2010; Li Q L, et al. Environ. Pollut., 2017
含卤有机磷酸酯	在环境中是持久性的；在空气、水、鱼和鱼卵中均有发现	Guo J H, et al. Sci. Total Environ., 2017; Salamova, et al. Environ. Sci. Technol, 2014; Venier, et al. Environ. Sci. Technol., 2014; Greaves, et al. Environ. Res., 2016

目前在全球范围内，有关阻燃剂及阻燃材料的生产、使用和回收方面的安全问题，已受到政府、企业及消费者的普遍关注，全球所有制造阻燃剂及阻燃材料的厂商，也都做出承诺对其产品在安全性方面负责，并提供详尽而可靠的有关信息及资料。且对几乎所有阻燃剂及阻燃材料的使用，目前均有规可循。只要遵守这些规则，并采取有效的防范措施，

就可以改善和保证它们对人类健康和环境的安全性。事实上，针对阻燃剂可能存在的环境问题，阻燃领域的研究人员和从业人员可以在以下环节进一步加强。

① 对人类健康和环境可能有害的阻燃剂进行全面的毒性评估，并且对它们的生产、使用及回收严格控制。一旦确证不宜使用，即停止生产和销售。如三(二溴丙基)磷酸酯 [tris(2,3-dibromopropyl) phosphate, TDBPP] 曾经是一种广泛应用且十分有效的阻燃剂，后来发现它有致癌性，早已在很多国家禁用。

② 对于新研发的阻燃产品，有关它们对人类健康、安全和环境的影响，均需进行较全面的研究和评估，能提供有关上述诸方面较为详尽的信息，以保证生产和使用的安全。

③ 人们一方面在努力改进和提高现有阻燃剂及阻燃材料的安全水平，另一方面致力于开发新的环保型阻燃剂，且正逐步推广使用(如目前全球无卤阻燃 PP 已达到阻燃聚丙烯总量的 40% 以上)。人们相信，新型阻燃剂的开发将可保证阻燃材料的使用，既能降低火灾危害性，又能尽量减少它们对环境的影响。

1.5 我国主要的火安全材料研发机构

1.5.1 火灾科学国家重点实验室(中国科技大学)

火灾科学国家重点实验室，英文名为 State Key Laboratory of Fire Science，系依托中国科学技术大学组建的科研机构，是我国在火灾科学基础研究领域唯一的国家重点实验室。在 1989 年通过立项论证，1992 年获准边建设边对外开放，1995 年通过国家验收。实验室的主要研究方向为：①火灾动力学演化理论，重点针对火灾孕育、发生和发展乃至突变成灾的自然过程，研究火灾和烟气形成与蔓延的机理与规律，建立体现火灾复杂性(多维、非定常、非线性等)的理论模型，为火灾过程的预测提供科学基础；②火灾防治关键技术，重点研究清洁阻燃、智能探测和清洁高效灭火等防治关键技术原理，发展新一代主动式火灾防治技术，为修订和制订火灾安全技术标准与规范提供技术支撑；③火灾安全工程理论及方法学，重点研究火灾系统和外界环境的相互作用，发展火灾环境下的人群疏散模型，建立耦合火灾动力学和统计理论的火灾风险评估方法学，为新兴的火灾安全性能化设计提供理论指导；④公共安全应急理论及方法，旨在揭示特大火灾及衍生公共安全事件的孕育、发生、发展到突变成灾的演化规律，发展公共安全事件预防、监测、预警及应急处置关键技术和决策方法。

1.5.2 环保型高分子材料国家地方联合工程实验室（四川大学）

环保型高分子材料国家地方联合工程实验室(四川)，英文名为National Engineering Laboratory for Eco-Friendly Polymeric Materials (Sichuan)，系 2009 年 11 月 16 日在第十一届中国国际高新技术成果交易会期间，国家发展改革委批准建设的 18 家国家地方联合工程实验室之一。工程实验室围绕高分子材料产业的可持续发展问题，针对高分子材料对环境友好技术的迫切需求，通过建设“无卤阻燃材料研发平台”“生物基材料研发平台”“生物降解材料研发平台”“高分子材料回收利用研发平台”等创新研发平台和相应的检测验证平台等五个研发子平台，进一步提升创新基础能力，并紧密围绕产业发展需要，通过产学研合作，开展相关产业关键技术攻关和重要技术标准研究制定，不断提高自主创新能力，凝聚、培养产业急需的技术创新人才。在环境与火安全材料领域形成了自己的特色，取得了一系列显著性成果，并在国内外具有很高的知名度和显著的影响力。依托工程实验室所建设的“环境与火安全材料学科”成为所在高校四川大学的超前部署学科。

1.5.3 新型防火阻燃材料开发与应用国家地方联合工程研究中心（青岛大学）

新型防火阻燃材料开发与应用国家地方联合工程研究中心（山东），英文名为 Engineering Research Center for Advanced Fire-Safety Materials D & A（Shandong），2017 年由国家发展改革委批准建设。该中心长期从事环境友好火安全材料的研究与工程技术开发，通过技术转移与扩散，将带动当地建筑材料、汽车、轨道交通、航空航天、舰船、电子电气、室内装饰等下游行业的技术进步和产品创新，形成一个发展强劲的产业链，同时为相关企业培养出一批高素质的技术人才与管理人才。

1.5.4 火安全材料与技术教育部工程研究中心（北京理工大学）

火安全材料与技术教育部工程研究中心，英文名为 Engineering Research Center of Fire-Safe Materials and Technology，系依托于北京理工大学的火安全材料研发机构。工程研究中心的研究方向重点定位于：①绿色环保阻燃剂；②阻燃聚合物材料与技术；③防火材料与技术。在绿色环保高效及多功能新型阻燃剂合成、改性及应用，聚合物纳米插层阻燃及其复合材料结构、性能及阻燃机理研究，无卤阻燃材料新途径的探索及配方优化设计，无卤聚合物阻燃材料流变行为及加工工艺研究等方面的研究及学术水平形成了自己独有的特色优势。

1.5.5 福建省防火阻燃材料重点实验室（厦门大学）

福建省防火阻燃材料重点实验室，英文名为 Fujian Provincial Key Laboratory of Fire Retardant Materials，系依托厦门大学的火安全材料研发机构。实验室主要研究方向包括：①钢结构建筑、隧道防火涂料的研发与产业化；②军工领域防火阻燃材料的应用基础研究；③有机 / 无机杂化材料、纳米技术在高性能防火阻燃材料领域的应用研发；④基于无卤阻燃技术、SiO_2 气凝胶技术的防火、隔热、保温材料的研发；⑤基于自组装技术的纳米功能材料研究。

1.5.6 黑龙江省阻燃材料分子设计与制备重点实验室（东北林业大学）

黑龙江省阻燃材料分子设计与制备重点实验室，英文名为 Heilongjiang Provincial Key Laboratory of Molecular Design and Preparation of Flame Retarded Materials，系依托于东北林业大学的火安全材料研发机构。实验室研究以无卤阻燃剂设计与制备和无卤阻燃高分子材料为核心，主要研究方向包括：①聚合物凝聚相阻燃与热降解机理；②无机纳米和有机无卤阻燃剂的分子设计与合成，尤其是新型含磷阻燃剂的分子设计与合成；③高性能无卤阻燃聚合物新材料的制备技术与结构表征等。

参考文献

[1] 国家消防救援局 . 2022 年全国警情与火灾情况 [N/OL]. 2023-03-24. https://www.119.gov.cn/qmxfxw/xfyw/2023/36210.shtml.

[2] 应急管理部 . 王祥喜率工作组在河南安阳指导“11 · 21”特别重大火灾事故处置工作 [N/OL]. 2022-11-22. https://www.119.gov.cn/qmxfxw/xfyw/2022/33707.shtml.

[3] National Fire Estimation Using NFIRS Data [N/OL]. US Fire Administration, 2017-05-01 [2020-10-01]. https://www.usfa.fema.gov/downloads/pdf/statistics/national_fire_estimation_using_nfirs_data.pdf.

[4] World Fire Statistics [N/OL]. CTIF – The International Association of Fire & Rescue Services, 2018-06-01 [2020-10-01]. https://www.ctif.org/sites/default/files/2018-06/CTIF_Report23_World_Fire_Statistics_2018_vs_2_0.pdf.

[5] 欧育湘 . 阻燃剂：制造、性能及应用 [M]. 北京：兵器工业出版社，1997：1.

[6] Irvine D J, McCluskey J A, Robinson I M. Fire hazards and some common polymers [J]. Polym. Degrad. Stab., 2000, 67: 383–396.

[7] Zaikov G E, Lomakin S M. Ecological issue of polymer flame retardancy [J]. J. Appl. Polym. Sci., 2002, 86: 2449–2462.

[8] Beyler C L. Fire safety challenges in the 21st century [J]. J. Fire Protection Eng., 2001, 11: 4–15.

[9] Morgan A B, Gilman J W. An overview of flame retardancy of polymeric materials: Application, technology, and future directions [J]. Fire Mater., 2013, 37: 259–279.

[10] Davy C W. Legislation with respect to dioxins in the workplace [J]. Environ. Int., 2004, 30: 219–233.

[11] Doull J, Cattley R, Elcombe C, et al. A Cancer risk assessment of di(2-ethylhexyl)phthalate: Application of the new U.S. EPA risk assessment guidelines [J]. Regul. Toxicol. Pharmacol., 1999, 29: 327–357.

[12] Li J G, Zhang L, Wu Y N, et al. A national survey of polychlorinated dioxins, furans (PCDD/Fs) and dioxin-like polychlorinated biphenyls (dl-PCBs) in human milk in China [J]. Chemosphere, 2009, 75: 1236–1242.

[13] Hoh E, Zhu L Y, Hites R A. Dechlorane plus, a chlorinated flame retardant, in the Great Lakes [J]. Environ. Sci. Technol., 2006, 40: 1184–1189.

PHOSPHORUS 磷科学前沿与技术丛书
磷与火安全材料

2

含磷阻燃剂与阻燃作用机制

2.1
高分子的燃烧与阻燃

作为三大类材料之一的有机高分子材料，与金属材料和无机非金属材料相比，具有密度低、易成型加工等特点，已广泛应用于国民经济和人民生活的各个领域，成为产量最大的一类材料。2022 年我国的五大合成高分子材料——塑料、化学纤维、合成橡胶、涂料和胶黏剂的产量分别达到 7771.6 万吨、6154.9 万吨、811.7 万吨、3488 万吨和约 800 万吨，均位居全球第一。然而，与金属和无机非金属材料不同，绝大多数有机高分子材料属于可燃、易燃材料，在燃烧时热释放速率大，热值高，火焰传播速度快不易熄灭，通常还伴随着烟气产生和熔融滴落，由此引发的重特大火灾事故不断发生，易造成巨大的经济损失和人员伤亡。赋予高分子材料阻燃性，即对高分子材料进行阻燃化，是解决高分子材料火灾事故最重要的途径，因此一些发达国家很早就制定了各种与阻燃有关的法律法规，规定了某些领域使用的高分子材料必须具有一定的火安全性，并且不断地加以完善，从当初的仅仅考虑阻燃，逐渐发展到对阻燃材料附加更苛刻的要求，如低烟、低毒、环境友好等。我国近年来也陆续出台了一些相关法律法规。阻燃材料已被广泛用于化学建材、电子电气、交通运输、航天航空、采矿、日用家具、室内装饰等领域，并涉及塑料、纤维、橡胶、涂料和胶黏剂等各种高分子材料及其复合材料，同时赋予高分子材料阻燃性的阻燃剂又是化工行业的新的经济增长点，因此对火安全的强化催生了一个跨行业的阻燃产业。

燃烧是可燃剂与氧化剂之间的一种快速氧化反应，是一个复杂的物理–化学过程，且通常伴随有放热及发光等特征，并生成气态和凝聚态产物。燃烧本是一个中性名词，但一旦发生在时间和空间上失去控制的燃烧，并造成了一定的人员伤害和财产损失，则会导致火灾。以家庭室内火灾为例，起火主要原因包括：低能量形式的着火，如烟头、蜡烛等；带电着火，如短路、线路负荷过大等；厨房火灾，如烹饪器具内的动植物油脂类起火等。火灾的发展可以分为四个不同的阶段，每个阶段的物质燃烧特性不同，造成的伤害也不一样，如图 2.1 所示。

① 初起阶段。燃烧面积较小，火焰不高，燃烧强度弱，火场温度和辐射热度低，火势向周围发展蔓延的速度较慢。由于燃烧环境中氧气充足，物质的氧化程度完全，生成的燃烧气体产物以水蒸气、二氧化碳为主，含有极少量的一氧化碳。在具体的起火位置，火焰温度可达 500℃（以家庭火灾为例），在燃烧的初起阶段，只要能及时发现，用很少的人力以及简单的灭火工具就可以将火扑灭。一般而言，油气类火灾的初起阶段都极为短暂。

② 发展阶段。火灾的发展阶段又分为两个部分——发展上升期和充分发展期，历经轰燃、持续和峰值三个阶段。目前对轰燃尚无通用的定义，但一般认为，它是由局部可燃物燃烧迅速转变为系统内所有可燃物表面同时燃烧的火灾特性。实验结果表明，在室内的上层温度达到 400 ～ 600℃时会引起轰燃。进入充分发展阶段后，火灾发展速度很快，燃烧强度增大，温度升高，附近的可燃物被加热，气体对流增强，燃烧面积迅速扩大。随着时间的延长，燃烧温度急剧上升，在火焰上方温度可达 600 ～ 1400℃，燃烧速度不断加快，燃烧面积迅猛扩张，火灾包围整个设施或者建筑物，火灾进入猛烈阶段。在火灾作用下，设备机械强度降低，设备开始遭到破坏，变形塌陷，甚至出现连续爆炸。此时，由于室内燃烧环境氧气消耗的速度远比空气流通补充新鲜氧气的速度要快，物质的氧化程度逐渐下降，生成更多的不完全氧化产物，如一氧化碳等其他有毒有害气体，并产生大量的烟。扑救猛烈阶段火灾是极为困难的，需要组织大批的灭火力量，经过较长时间的艰苦奋战，付出很大代价，才能控制火势，扑灭火灾。

③ 下降阶段。可能是由于两方面原因造成的，一方面由于燃烧时间长，可燃物减少，燃料供给不足造成；另一方面，或是由于燃烧空间密闭，有限空间内氧气逐渐被消耗，则燃烧速度减慢，会进入一种“假寐”状态。由于氧化程度更低，此时的气相产物包括氢气、甲烷和大量的不饱和烃类物质等。而且，此时燃烧空间内温度仍然很高，如果立即打开密闭空间，引入较多新鲜空气，或停止灭火工作，则仍有发生爆燃的危险。而且，大量的可燃性气体的积聚，会使得原本的固体物火灾转为气

体火灾，危害更大。

④ 熄灭阶段。无论如何，可燃物终会消耗完毕，此时燃烧会进入真正的熄灭阶段。

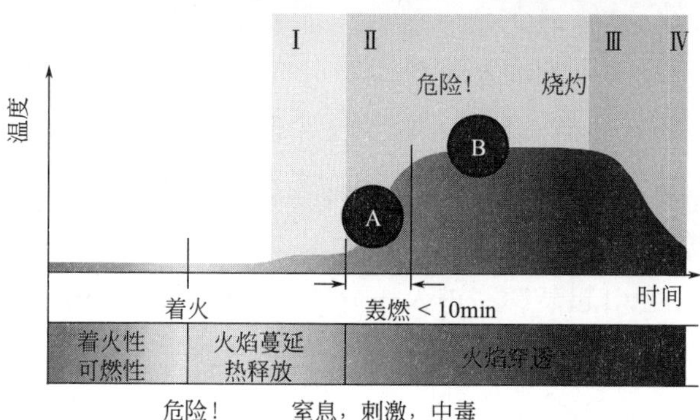

图 2.1　火灾现场的四个典型阶段

与小分子气体或易汽化液体的燃烧不同，高分子材料的燃烧是一个非常复杂的过程：高分子在空气中受热时，首先断链分解产生小分子挥发性可燃物，当可燃物浓度和温度足够高时，即可发生燃烧。燃烧过程中产生烟气以及大量的热，而产生的热又会反馈至高分子导致其继续热分解生成更多的小分子可燃物。所以高分子的燃烧可分为热氧降解和正常燃烧两个过程，涉及传热、高分子在凝聚相的热氧降解、分解产物在固相及气相中的扩散、与空气混合形成氧化反应场及气相中的链式燃烧反应等一系列环节 [1]。图 2.2 为高分子正常燃烧过程的要素状态模型。

据此，对高分子材料的阻燃改性，需从燃烧的几个关键要素切入：

① 减少“燃料”的产生，即减少热分解小分子的产生或 / 和释放；

② 遏制燃烧过程中的链式反应，即捕获气相中的自由基而后中止链反应；

③ 避免氧气与可燃气体和 / 或高分子接触，比如难燃或不燃气体的

稀释及隔绝作用；

④ 降低热反馈作用，如在高分子表面形成炭层起到阻断作用，当然炭层也能延缓甚至阻断氧气和热分解小分子及高分子基体的接触。

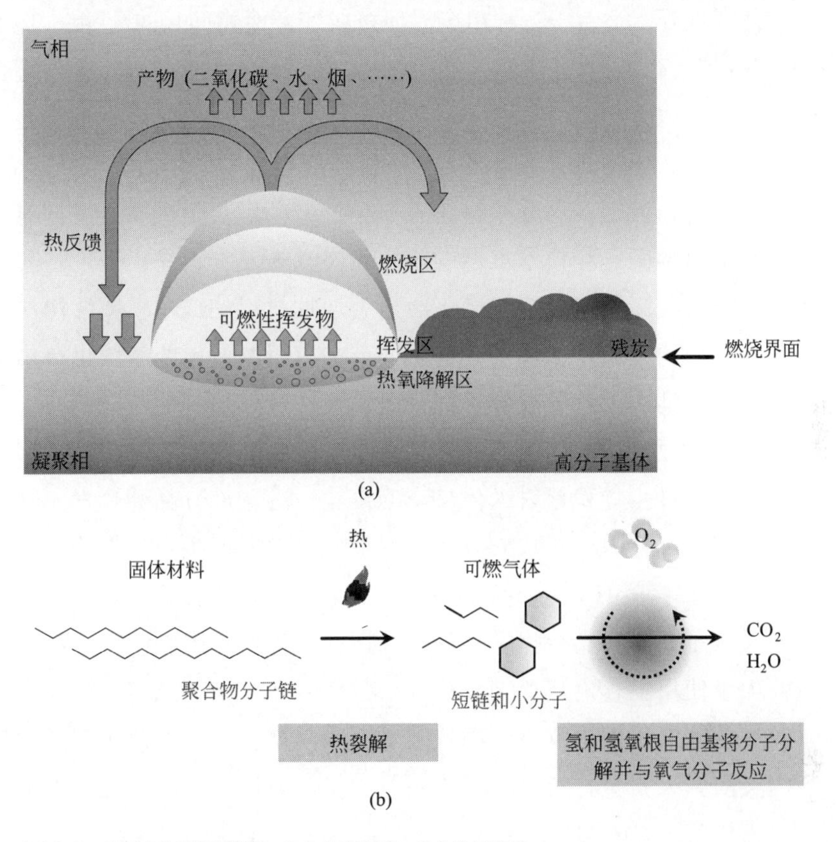

图 2.2　高分子材料的燃烧：(a) 宏观现象；(b) 分子行为

对不同的高分子材料及其应用领域，针对性地采用不同的阻燃方法或策略，实现高效的阻燃是很有必要的。自 1735 年英国发表了历史上第一份阻燃相关专利（British Patent 551）以来，近代阻燃技术已发展数百年。与早年通过在材料表面涂覆耐燃 / 不燃功能化涂层不同，近年来高分子材料阻燃主要通过本体阻燃的方式来提升火安全性能。本体阻燃高分子材料根据其组成可以分为两类，一类系高分子材料本身具有难燃结构，如聚四氟乙烯、芳香族聚酰胺等，或者在分子内引入阻燃结构或阻燃元素的高分子材料，此类阻燃高分子被称为本征型阻燃高分子（intrinsic flame-retardant polymers）材料。另一类是在普通可燃高分子材料中加入阻燃剂，构成的复合型阻燃高分子材料，此类阻燃高分子材料被称为添加型阻燃高分子(additive flame-retardant polymers)材料。在实际应用过程中，二者各有利弊：添加型较本征型阻燃高分子材料可设计余地大、对现有设备兼容性好，适合于各种用户，但材料综合性能(如机械性能、环境耐受性等)均会有不同程度的破坏；本征型阻燃高分子材料通过化学键合将阻燃元素引入分子链，可赋予材料持久阻燃功能，但生产制备工艺烦琐，成本高昂。与此同时，阻燃高分子材料产业的发展仍面临着多方面的挑战，而针对如何提升高分子材料火安全性能，以及阻燃高分子材料中涉及的若干科学问题和技术难题的研究也方兴未艾。首先，无论是哪种本体阻燃方式，高分子材料阻燃化会显著增加材料的成本，在法律法规没有限制使用的领域不会使用，甚至还存在有限制使用的领域也有偷工减料的情况；其次，赋予高分子材料阻燃性往往伴随其他性能，特别是加工性能、物理机械性能等的恶化；再次，某些高效的阻燃剂本身存在毒性或容易通过生物积累对人体和环境产生危害，部分品种——尤其是含卤阻燃剂(如溴苯醚类阻燃剂)在高温下或燃烧时产生有毒物质，因而欧盟先后颁布了 RoHS 指令和 REACH 法规，分别对电子及电气设备中禁用物质做了规定和实行化学品注册、评估、许可和限制制度。我国目前还在大量使用的含卤阻燃剂已被列入禁用名单，市场急需环境友好、对材料其他性能负面影响小的高效阻燃剂和阻燃材料。因此研究开发和生产这类新型火安全材料对我国的相关材料产业健康发展和提高国际市场竞争力具有重要的意义。

磷系阻燃剂是继卤系阻燃剂之后应用最广泛的阻燃剂，这是因为含磷阻燃剂的结构多、易制备、毒性低且阻燃效率高。磷系阻燃剂又分为无机和有机磷系阻燃剂，二者均由无机磷矿出发，通过不同的合成路线制得。通常认为，含磷阻燃剂的阻燃效果是凝聚相和气相机理共同的作用：由于P—C(305 kJ/mol)和P—O—C(326 kJ/mol)的键能比C—C(332 kJ/mol)键能低，故含磷阻燃剂受热时会先分解成焦磷、多(聚)磷酸，继而催化高分子脱水成炭，形成含磷的难燃炭层，起到阻隔热、氧及可燃气体的作用；羟基化合物脱水吸热，水蒸气又能稀释火焰中氧气及有机小分子燃料的浓度，这有助于中断燃烧；此外，在此过程中同时会释放出含磷自由基(如PO•)，研究发现，PO•自由基表现出数倍于溴、氯自由基(Br·、Cl·)的反应活性，可高效捕获气相中的氢、羟自由基(H·、OH·)，继而中止燃烧的链式反应，阻燃作用尤为显著。通常而言，含磷阻燃剂在气相或凝聚相的阻燃效果与高分子材料的结构相关，也与其磷元素价态(化学环境)有关，价态较低的(如P—H、P—C)如次、亚膦酸盐(酯)主要在气相中起阻燃作用，兼具凝聚相阻燃作用，而价态较高的(如P—O、P—O—C)如磷酸盐(酯)、焦磷酸盐及聚磷酸盐[如聚磷酸铵(APP)]主要表现为催化成炭的凝聚相阻燃作用[2-4]。

随着我们对材料的安全性、先进性需求不断增长，材料科学家面临的问题是：当前化学在解决火安全问题方面可以发挥什么作用？为了更加深入地理解这一问题，我们首先需要理解什么是“优质”阻燃剂和火安全材料：

① 尽可能维持原材料经济性和使用特性，而阻燃剂的价格是决定性因素；

② 阻燃剂物理化学性能必须与高分子材料加工和热解特性相匹配；

③ 阻燃剂需要满足相关健康要求和环保性要求，实现可回收和可持续性设计。

2.2 含磷阻燃剂概述

2.2.1 阻燃剂与基体材料的博弈

通用塑料，如聚乙烯(polyethylene，PE)、聚丙烯(polypropylene，PP)、聚氯乙烯(polyvinyl chloride，PVC)、聚苯乙烯(polystyrene，PS)，是最常见的高分子材料品种，成本低廉、产量巨大。提升通用塑料的火安全性能常通过添加金属氢氧化物，如$Mg(OH)_2$或$Al(OH)_3$来实现。金属氢氧化物类阻燃剂生产成本低、效率高，是聚烯烃材料最常见的阻燃剂。但这类阻燃剂的阻燃效率较低，通常需要高添加量，而较高的添加量会对材料的相关性能(例如着色、不透明度、拉伸强度)造成很大影响。工业化应用广泛的含磷阻燃剂(例如聚磷酸铵)则可以以更低的添加量达到类似的阻燃效果，同时能够最大限度地保持材料的相关物理化学特性。此外，一些助剂等添加剂(例如硼酸锌、金属氧化物、纳米碳材料，基于过渡金属的二维纳米片层材料、路易斯酸协效剂等)的应用可以在一定程度上进一步提升阻燃效率，降低添加量[5]。

工程塑料，如聚酰胺(polyamide，PA)、聚碳酸酯(polycarbonate，PC)、聚氨酯(polyurethane，PU)、聚对苯二甲酸乙二醇酯 [poly(ethylene terephthalate)，PET]，被应用于更先进的领域(例如电子 / 电气工程运输、制造)。这些材料亦可以制成泡沫、纤维、弹性体等，因此针对适用于不同场景下的阻燃剂要求也应运而生。对于这类材料来说，阻燃剂的使用取决于高分子材料的价格、质量等级和精确的应用场景。在此，常用阻燃剂配方中包括芳香膦酸酯、次磷酸铝、烷基次膦酸铝、三聚氰胺焦 / 聚磷酸盐和微胶囊化的红磷等[6]。

高性能高分子材料 [例如环氧树脂(epoxy resin，EP)/ 聚酯树脂(polyester resin，PER)、聚醚酰亚胺(polyetherimide，PEI)、聚砜(polysulfone，PSF)] 由于其耐化学性好、热稳定性优和耐久性好而用于专业领域(例如复合材料、耐高温树脂等)。相比于阻燃剂的成本来说，高性能高分子材料的使用性能更为突出和重要。相应地，一些结构复杂、多组分和多功能化的阻燃剂在这些体系中得到广泛的应用。典型的例子是 9,10-二氢-9-氧杂-10-磷杂菲-10-氧化物(DOPO)衍生物，烷基或芳烷基次膦酸铝以及一些具有更复杂结构的含氮、硅、硫或硼等协同阻燃元素的阻燃剂[7]。

阻燃剂能否发挥有效的阻燃性很大程度上取决于阻燃剂与高分子基质之间的相互作用，以及两者在热分解过程中的性质匹配关系。因此，阻燃剂的选择必须符合基材的加工温度和裂解状态[8]。应当避免在加工过程中阻燃剂的提前分解，确保阻燃剂在合适的阶段裂解(如高分子材料的轰燃温度)，并能与基材发生相互作用——基材和阻燃剂的裂解温度尽可能重合，这是高温热塑成型加工(如复合、挤出、注塑 / 吹塑)、橡胶硫化或热固性塑料固化的关键[9]。对于泡沫塑料而言，阻燃剂应具有良好起泡性，并能保持阻燃泡沫材料的机械性能，尤其是压缩-回弹性能[10]，而纤维和纺织品所用的阻燃剂必须经过纺纱、织造和整理、洗涤后仍能保持较好的阻燃性能[11]。

遗憾的是，目前没有一种阻燃剂可适用于所有高分子材料。一般来说，因为每种高分子均有其独特的分子结构与理化性质，阻燃剂可以很好地适用于一种基体高分子材料却往往对另一种毫无用处。因此，目前的任务在于开发新型阻燃剂，使其满足多种高分子基材的应用场景，同时维持甚至提升高分子的机械性能。

2.2.2 生态与环境：政府监管和市场目标

如今，健康、环境友好和可持续性发展已成为开发新型的阻燃剂不可忽视的要求。人们对阻燃剂的 PBT 问题的认识越来越深刻[12-13]。如前所述，一些阻燃剂对于人体及生态系统表现出明显的风险和危害，因此在这些方面加强对阻燃剂使用的监管和控制也显得尤为必要。为了减少材料 PBT 风险，立法机构颁布了一系列法律法规来对其进行监管：在欧盟内部颁布的 REACH(《化学品的注册、评估、授权和限制》)，适用于 RoHS(限制有害物质)和 WEEE(废弃电气和电子设备)的相关规定，评估材料危害并制定化学品(包括阻燃剂)的健康和安全标准。特别地，由于存在不可忽视的健康风险，《关于持久性有机污染物的斯德哥尔摩公约》(Stockholm Convention on Persistent Organic Pollutants)限制使用五溴二苯醚、八溴二苯醚、十溴二苯醚作为阻燃剂，对卤系阻燃剂替代品的开发和使用也成为当今亟待解决的问题[14-15]。ISO(国际标准化组织)引入的自愿生态标签有助于防止 PBT 材料的流通，并提高公众对可持续发展、环保的认识。德国和一些北欧国家采用“欧盟生态标签”，旨在减少产品、服务和产品生命周期对环境造成的影响和对人存在的潜在健康风险。瑞典 TCO 对于 IT 产品的可持续性做出了很高的要求，电子电器领域是无卤阻燃剂应用的关键行业。惠普等科技公司和 ICL-IP 等化学公司已采用 SAFR(systematic assessment for flame retardants)方法来评估其产品的化学安全性[16]。这些趋势符合消费者的需求，市场转向更环保可持续的产品，也促使在阻燃剂配方中使用生物基材料和绿色化学材料。目前，可再生阻燃材料受到广泛关注，利用这些生物质来源的可循环再利用的材料能够进一步降低对环境的影响。

综合来说。对于“优质”阻燃剂的评估依赖于三个关键方面：

① 考虑到成本效益，并且不对材料的综合性能造成损害；

② 阻燃剂热稳定性与高分子基体的加工性能、分解过程相匹配；

③ 阻燃剂的设计以“环境友好”“可持续”为发展目标。

因此，利用含磷阻燃剂丰富的化学可设计性，开发化学多功能、环境友好的新型磷系阻燃剂及其相应的火安全材料将在未来的产品中发挥至关重要的作用。

2.2.3 从磷矿到含磷阻燃剂

众所周知，磷酸盐矿是一种有限的资源，从全球范围看，磷矿资源主要分布在非洲、北美、南美、亚洲及中东地区，其中 80% 以上的磷矿资源集中分布在摩洛哥和西撒哈拉、南非、美国、中国、约旦和俄罗斯（根据美国地质调查局 2017 年 1 月发布的调查报告）。目前我国每年的磷矿石产量在 6000 万吨以上，远高于美国、摩洛哥和西撒哈拉等国家或地区的产量。根据目前的开采程度推算，除摩洛哥产地之外，估计世界其余地区的磷矿石储备仅够持续开采 370 年。

我国磷矿资源储量丰富，居世界第 2 位，仅次于摩洛哥，但高品位磷矿储量低[17]。已查明我国磷矿资源储量为 176 亿吨，折算成标矿约为 105 亿吨。如果仍按照目前“采富弃贫”的开采模式进行推算，20 年后我国磷矿石将开采殆尽。由于磷矿石资源具有一定的稀缺性，同时国内存在较为严重的乱采现象，小磷矿资源利用率仅有 15% ～ 30%，而大矿的利用率可以达到 60% ～ 80%。因此我国主要磷资源储量大省都采取了措施以控制小磷矿开采，并且也取得了一定的成效，《化工矿业“十二五”发展规划》将磷矿资源的地位提高到空前水平，要求未来五年建立磷矿产地资源储备机制，提高磷矿开采准入门槛。与此同时，各磷矿大省开始积极出台整合计划，磷矿价格也一路上涨[18]。基于不可再生资源考虑，欧盟于2014年将磷矿石列入关键原材料清单，随即在2017年将元素磷也列入了此清单[19]。

磷化学是最古老的化学领域之一。德国化学家Georg Wittig使用磷叶立德试剂与醛、酮反应生成了烯烃，由此获得了1979年的诺贝尔化学奖；日本化学家Ryoji Noyori（野依良治）使用手性双膦配体BINAP的Ru络合物催化不对称氢化反应，由此获得了2001年的诺贝尔化学奖；美国化学家Robert Grubbs使用有机膦如Cy_3P配位的Ru卡宾催化烯烃复分解反应，由此获得了2005年的诺贝尔化学奖；2010年获诺贝尔化学奖的Heck、Negishi和Suzuki开发的偶联反应中也均需要有机膦配体的参与。近二十年来，手性磷酸催化剂和亲核性的有机膦小分子催化剂在有机合成中也表现出强大的发展潜力和广阔的前景。此外，磷化合物还可用作农药、化肥、电池电解质、阻燃剂、增塑剂、水质稳定剂、石油添加剂和表面活性剂等，并在功能材料和药物等多个领域展现出优异的性能。

目前，市场上95%的磷矿首先通过“湿法工艺”制成磷酸，再加工成各种产品，主要是农业所需的各种磷肥。而包括催化剂配体、电池电解质等在内的大多数含磷化学品的生产，主要依靠高耗能的“热法工艺”，即将磷矿还原生成白磷（P_4）。P_4随后被氯气氧化成三氯化磷，再用于含磷化学品的生产。然而，含磷化学品仅占所有磷提取物的不到3%，大部分磷酸盐（82%）用作肥料或其他用途，如动物饲料添加剂（7%）、洗涤剂和清洁产品（8%）等[20]。

在众多的含磷化学品里，磷系阻燃剂是最重要的组成部分。目前用于合成各种磷系阻燃剂的工业途径如图2.3所示。磷酸盐还原为P_4后，再进一步制得工业上主要中间体化合物生产的前体，如红磷、磷酸（H_3PO_4）、三氯化磷（PCl_3）、五氯化磷（PCl_5）、磷化氢（PH_3）和次磷酸盐（$H_2PO_2^-$）等。利用这些中间体可以设计合成诸多有机或无机含磷阻燃剂，如多（聚）磷酸铵、三聚氰胺多磷酸盐、膦腈、二乙基次膦酸金属盐和DOPO等。合成含磷聚合型阻燃剂的常用途径是经典的缩聚（聚酯缩合或通过磷酸氯化物）反应[21]，另外，研究人员最近对一些更为复杂的聚合方法，如烯烃复分解聚合[22]或开环聚合（例如环状膦腈衍生物或环状磷酸酯）[23]反应也进行了大量研究。

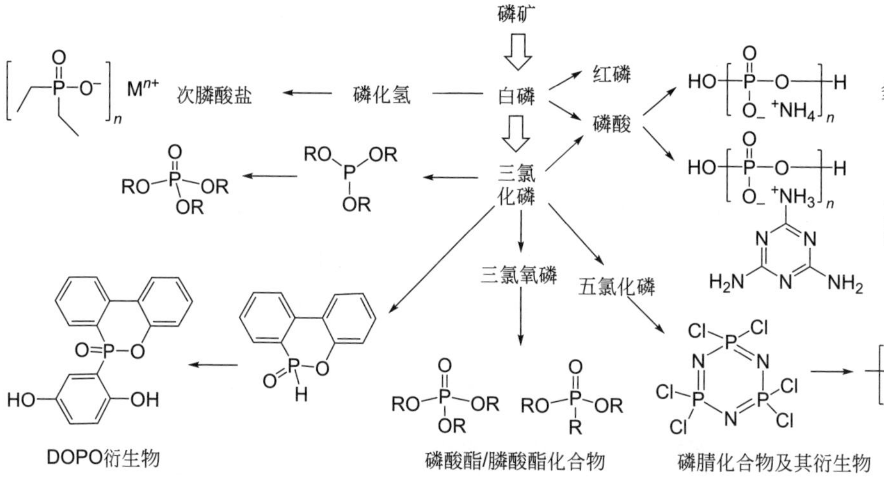

图 2.3　从无机磷矿石到各种含磷阻燃剂的工业途径（M^{n+} 通常指 Zn^{2+} 或 Al^{3+}）

时至今日，PCl_3 仍是生产有机磷阻燃剂最主要的中间原料，例如用于生产磷酸三苯酯(TPhP)、四苯基(间苯二酚)二磷酸酯(RDP)和双酚双(二苯基磷酸酯)(BADP)，以及低聚或聚合阻燃剂等，这些阻燃剂已经被广泛用于替代十溴二苯醚的市场应用(表 2.1)[24]，为了避免使用高毒性的氯气和三氯化磷，科学家也探索了从白磷直接合成有机膦化合物的化学方法，并取得了一定的进展。

目前，磷元素是不可被其他元素替代的，农业活动中需要考虑磷生命周期，而磷系阻燃剂的设计开发与生产同样如此。因此，欧盟于 2014 年将磷矿石列入关键原材料清单，2017 年起开始执行可持续的磷酸盐管理手段，以更好地应对全球原料需求和回收策略。磷回收的可能技术包括多种策略，例如植物提取(从印度芥菜种子中的最佳磷提取量平均值约为 114 kg/ha)，生物炭提取(1 kg 生物炭约含 10 g 磷)，或从人尿和粪便中提取(从尿液和粪便中回收超过 80% 的总磷，人均约为 0.5 g/d 和 1.3 g/d)[25]。此外，据统计，欧盟从粪便中提取的磷量可能接近 1800 kt/a，可满足每年欧盟化肥的磷需求量[26]。另外，植酸、脱氧核糖核酸和酪蛋白也是分离磷系衍生物的重要来源。这部分内容我们将在第 8 章中详细讨论。

表2.1　美国环境保护局2014年1月发布的十溴二苯醚（DPBDE）的商业含磷阻燃剂替代品

可用于替代 DPBDE 的商品化含磷阻燃剂	名称	基本参数	适用高分子基体
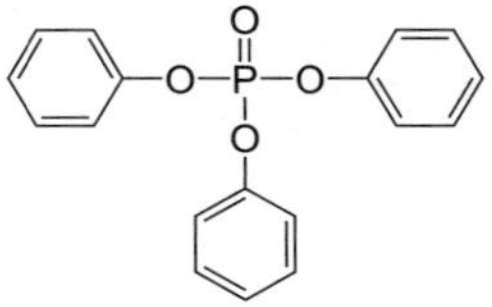	磷酸三苯酯（TPhP）	M_W: 326.29	高抗冲聚苯乙烯；聚碳酸酯 / 丙烯腈-丁二烯-苯乙烯共聚物合金
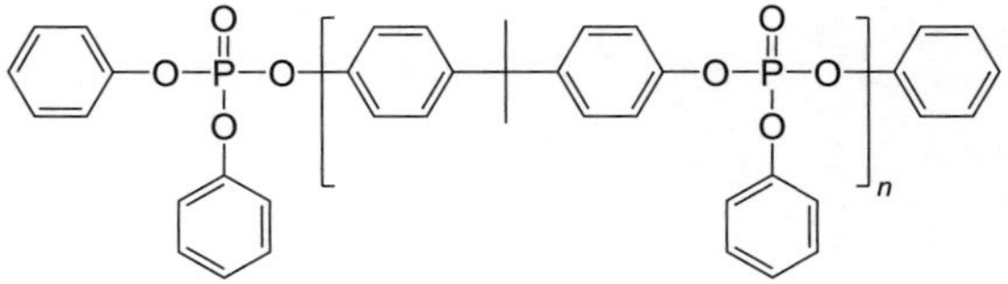	四苯基(双酚 A)二磷酸酯(BDP)	M_W: 693(n=1)；> 1000(n=2)	高抗冲聚苯乙烯；聚碳酸酯；聚碳酸酯 / 丙烯腈-丁二烯-苯乙烯共聚物合金
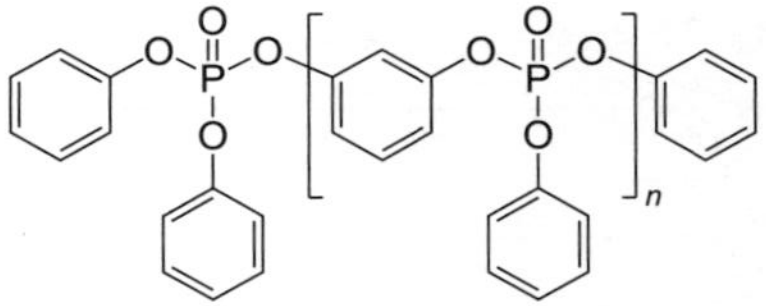	四苯基(间苯二酚）二磷酸酯（RDP）	M_W: 574(n=1; CAS: 57583-54-7)；M_W: 823(n=2; CAS: 98165-92-5)	高抗冲聚苯乙烯；聚碳酸酯 / 丙烯腈-丁二烯-苯乙烯共聚物合金
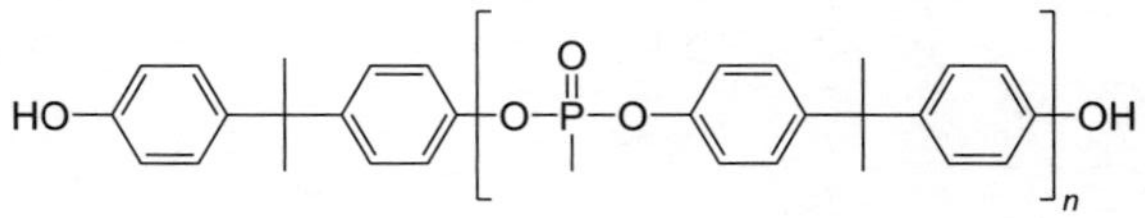	双酚 A 甲基膦酸酯低聚物	M_W: 1000 ～ 5000	热固性树脂
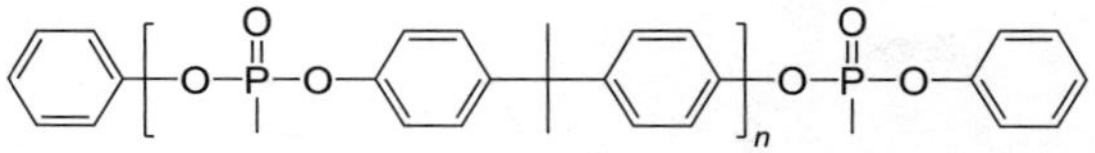	聚(双酚 A 甲基膦酸酯)	M_W: 10000 ～ 50000	弹性体；工程塑料

续表

可用于替代 DPBDE 的商品化含磷阻燃剂	名称	基本参数	适用高分子基体
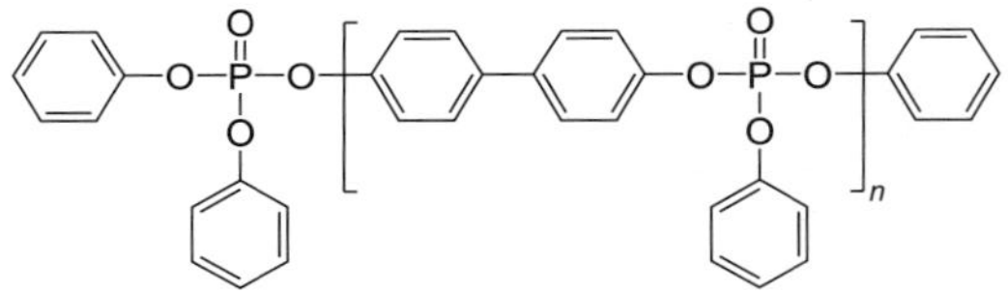	聚［联苯二酚双（二苯基磷酸酯）］	M_W: 650.6（n=1）；974.8（n=2）；>1000（$n \geqslant 3$）	高抗冲聚苯乙烯；聚碳酸酯 / 丙烯腈-丁二烯-苯乙烯共聚物合金；聚碳酸酯
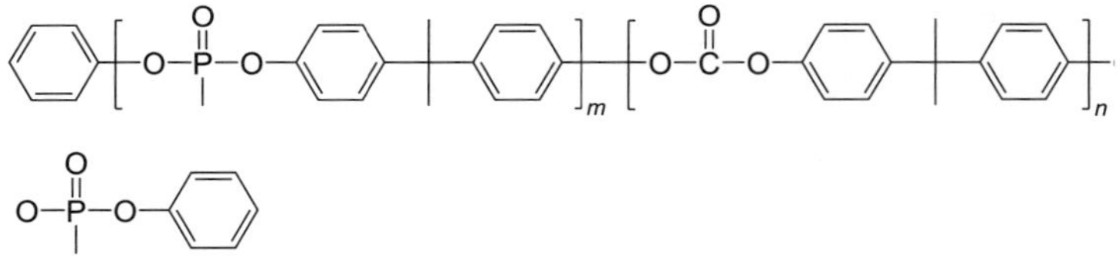	聚（膦酸酯-*co*-碳酸酯）	M_W >1000	弹性体；工程塑料

2.3

阻燃性能测试方法与标准

对材料阻燃性能的系统评价（评估）可能要追溯到19世纪90年代，美国人W.H.Merrill先生（1868～1923）成立了保险商实验室（Underwriter's Laboratory）。实验室成立的初衷源自第二次纽约大火（New York's Great Fire of 1835）。在第二次纽约大火之前，有大大小小的公司、仓库、工厂已纷纷在各个保险公司投保火灾险；在灾难降临之后，纽约市当时具有火灾险资质的26家保险公司，有23家因为火灾赔付而破产。这次大火同时也为保险行业敲响了警钟——在承接火灾险之前，保险公司有必要对投保方进行火灾风险评估。那么势必需要一套完备的评价体系来对火灾风险进行定性甚至定量的估计。在这个大背景下，W.H. Merrill先生的保险商实验室（Underwriter's Laboratory，UL）应运而生。1894年3月24日，保险商实验室签署了第一份测试报告，由W.H. Merrill本人完成测试并出具报告，具体内容是关于“Mr. Shields”石棉纸（asbestos paper）的不可燃测试。这类石棉纸可以用作地板、墙壁、天花板的隔热和防火材料，也用作高温车间绝热材料，或是耐热电绝缘材料——这些材料当然要考虑火灾隐患。有了这些报告，对于没有通过实验室检测的材料（或是对应的设备，或是整个工厂等），保险公司有充分的理由拒绝为这些拟投保人分担风险。由于其划时代的意义，这份测试报告也同样被载入史册: UL-94测试因此而得名。

2.3.1 极限氧指数

极限氧指数（limiting oxygen index，LOI）是指在规定的条件下，材料在氮、氧气混合气流中进行有焰燃烧所需的最低氧浓度。以氧气在混合气流中所占的体积分数来表示。LOI是评价各种材料相对燃烧性的一种表示方法，尤其是点燃并维持燃烧的行为。用LOI来判断材料在空气中与火焰接触时燃烧的难易程度非常有效。由于被测试样品材料类型不同，存在多种不同的试样规格和测试评价细节差异。最常见的测试样品为可自支撑样条和不可自支撑的织物样品。前者使用 70 ～ 150 mm 长、6.5 mm 宽、3 mm 厚的长条形样品。样条用夹具固定底部垂直放置于石英玻璃材质的圆筒内，混合气体从圆筒底部通入并从顶部流出，通气一定时间后可以在圆筒内部实现混合气流浓度的动态平衡。测试时，实验操作人员使用点火器对样条顶端进行引燃，待样条被引燃后离开火源、计时并观察燃烧现象。如果在一定的氧气浓度下，引燃的样条在 3 min 之内熄灭，或是刚好燃烧到距离顶端 50 mm 的位置熄灭，那么这个对应的氧气浓度就是该样条的 LOI 值。LOI 测试基于如下的假设：如果样条燃烧 3 min，或是如果样条以大于 50 mm/3 min（1 m/h）的速率燃烧，则可认为燃烧是自我维持的，样品完全燃烧，火焰也可传播到附近的物品。

LOI 值越高表示材料越不易燃烧，一般认为 LOI 值 <22% 属易燃材料，LOI 值在 22% ～ 27% 之间为可燃材料，LOI 值 >27% 则为难燃材料。但这一方法局限性很大。对应的测试标准包括 GB/T 2406.1—2008《塑料 用氧指数法测定燃烧行为 第 1 部分：导则》、GB/T 2406.2—2009《塑料 用氧指数法测定燃烧行为 第 2 部分：室温试验》、GB/T 10707—2008《橡胶燃烧性能的测定》（方法 A）、GB/T 5454—1997《纺织品 燃烧性能试验 氧指数法》等。

2.3.2 UL-94 燃烧等级测试

UL-94 燃烧等级测试是应用最广泛的塑料材料可燃性能测试方法。它用来评价材料在被点燃后熄灭的能力。根据燃烧速率、燃烧时间、抗熔融滴落行为以及熔融滴落物是否可引燃下方低燃点物质等，可有多种评判方法。UL-94 燃烧等级测试包括水平燃烧（horizontal burning，HB）测试、垂直燃烧（vertical burning，V）测试等。测试样品同样包括可自支撑样条和不可自支撑的织物样品。前者尺寸长 × 宽为（125±5）mm ×（13.0±0.5）mm，典型的样条厚度为 3.2 mm、1.6 mm 和 0.8 mm，样品最大厚度不超过 13 mm。因此在记录燃烧等级时，须注明测试样条的厚度。

材料的燃烧等级从NR、HB、V2、V1向V0逐级递增。NR为无级。HB为UL-94标准中最低的阻燃等级。要求对于3～13 mm厚的样品，燃烧速度小于40 mm/min(2.4 m/h)；小于3 mm厚的样品，燃烧速度小于70 mm/min（4.2 m/h)，或者在100 mm的标志前熄灭。V2为对样品进行两次10 s的燃烧测试后，火焰在30 s内熄灭；如果产生熔融滴落，滴落物可以引燃300 mm下方的脱脂棉。V1系对样品进行两次10 s的燃烧测试后，火焰在30 s内熄灭；如果产生熔融滴落，滴落物不能引燃脱脂棉。最高等级V0则是对样品进行两次10 s的燃烧测试后，火焰能在10 s内熄灭；如果产生熔融滴落，滴落物同样不能引燃脱脂棉。

UL-94等级很好地评估了火灾蔓延风险，尤其是悬挂在易燃材料上方(如天花板)的物品，但在材料燃烧行为方面贡献甚微。当然研究者可以利用UL-94进行其他的燃烧性能研究，比如观察熔滴行为；如果再结合热成像则能对材料点燃之后的熔滴行为进行更好的补充说明。同时笔者也建议在描述UL-94燃烧等级之外，对等级测试中所反映的信息进行全面的报道，如点火后火持续燃烧的时间(包括第一次点火后的t_1和第二次点火后的t_2)，燃烧速率，熔滴速率、温度、黏度、化学组成等。UL-94燃烧等级测试对应的标准包括GB/T 2408—2021《塑料 燃烧性能的测定 水平法和垂直法》、GB/T 10707—2008《橡胶燃烧性能的测定》(方法B)、GB/T 5455—2014《纺织品 燃烧性能 垂直方向损毁长度、阴燃和续燃时间的测定》等。

2.3.3 灼热丝测试

灼热丝测试(glow wire test，GWT)主要针对电子电气产品中固体电气绝缘材料或其他固体材料的着火危险性评估。可测试灼热丝可燃性指数和起燃温度等参数。可检测、评价电子电气产品在工作时的稳定性。而灼热丝本身其实是一个固定规格的电阻丝环，试验时要用电加热到规定的温度，使灼热丝的顶端接触样品达到标准要求时间，再观察和测量其状态，测试范围取决于特定的试验程序。GWT的评价指标主要有以下两方面:

① 灼热丝可燃性指数(glow-wire flammability index，GWFI)：定义为如果试验样品的火焰或灼热线在移开灼热丝之后的 30 s 内熄灭且包装绢纸没有起燃，连续三次试验都满足条件的最高试验温度。

② 灼热丝起燃性温度(glow-wire ignition temperature，GWIT)：定义为施加灼热丝期间试验样品的起燃温度，将比连续三次试验均未引起试验样品起燃的灼热丝顶部最高温度高 25K(900 ～ 960℃为 30K)的试验温度。

同样，作为一种指标性测试方法，GWT 仅能告诉研究者们试验样品不能做什么(火灾风险)，而不是能做什么；样品的风险水平是什么，而不是为什么。对应的测试标准包括 GB/T 5169.10—2017《电工电子产品着火危险试验 第 10 部分：灼热丝/热丝基本试验方法 灼热丝装置和通用试验方法》、GB/T 5169.12—2013《电工电子产品着火危险试验 第 12 部分：灼热丝/热丝基本试验方法 材料的灼热丝可燃性指数(GWFI)试验方法》、GB/T 5169.13—2013《电工电子产品着火危险试验 第 13 部分：灼热丝/热丝基本试验方法 材料的灼热丝起燃温度(GWIT)试验方法》等。

2.3.4 锥形燃烧量热法

阻燃科学与技术的发展，对阻燃材料燃烧行为的评估、测试手段提出了越来越高的要求。传统的测试方法(LOI 法、UL-94 水平和垂直燃烧测试法)虽然具有操作简单、快速、重复性好等特点，仍在许多燃烧测试实验室中广泛使用，但这些方法普遍存在测试参数单一、测试结果不能定量化等缺点，难以与材料在真实火情中的燃烧行为相关联，有时对同一种材料的评估，采用不同的实验方法得到相互矛盾的结果。因此，随着阻燃科学与技术的迅速发展，出现了各种新的测试手段，其中最具有代表性的是锥形燃烧量热仪(cone calorimeter)。

20 世纪 80 年代早期，美国 NIST 决定研发实验室规模热释放测试仪，用以解决已有小型热释放测试方法的不足，当时的小型测试使用测定密闭空间内焓损失的方法，研发认定，基于耗氧量原理的量热计是最佳测试工具。耗氧量原理又称为“氧耗原理”（oxygen-consumption principle），是火灾研究领域中测量热释放速率的重要方法之一，其原理是根据单位质量氧气消耗所产生的能量为一常数（13.1 MJ/kg），该值是由 Huggett 在大量高分子燃烧实验数据基础上得来的。因此，材料燃烧释放热量总是和燃烧过程耗氧量成正比。基于这一原理开发出来的燃烧行为测试的仪器被称为锥形燃烧量热仪，其名称来源于锥形加热器的形状。由此可以获得多种可燃材料在火灾中的燃烧参数，包括热释放速率、总热释放量、有效燃烧热、点燃时间、烟及毒性参数和质量变化参数等，并借此对材料的火安全性能和燃烧行为进行综合评价[27]。

① 点燃时间（time to ignition，TTI）。TTI 是评价材料耐火性能的一个重要参数，它是指在预置的辐照热流强度下，从材料表面受热到表面持续出现燃烧时所用的时间。TTI 可用来评估和比较材料的耐火性能。

② 热释放速率（heat release rate，HRR）。HRR 是指在预置的入射热流强度下，材料被点燃后，单位面积的热量释放速率。HRR 是表征火灾强度的重要性能参数，单位为 kW/m^2。HRR 曲线的最大值为热释放速率峰值（peak of heat release rate，简称 PHRR）；PHRR 的大小表征了材料燃烧时的最大热释放程度。HRR 和 PHHR 越大，材料的燃烧放热量越大，形成的火灾危害性就越大。

③ 总热释放量（total heat release，THR）。THR 是指在预置的辐照热流强度下，材料从点燃到火焰熄灭为止所释放热量的总和，单位为 MJ/m^2。将 HRR 与 THR 结合起来，可以更好地评价材料的燃烧性和阻燃性，对火灾研究具有更为客观、全面的指导作用。

④ 质量损失速率（mass loss rate，MLR）。MLR 是指燃烧样品在燃烧过程中质量随时间的变化率，它反映了材料在一定火强度下的热裂解、挥发及燃烧程度，单位为 g/s。除质量损失速率外，由锥形燃烧量热仪还可得到质量损失曲线，从而获取不同时刻下的残余物质量，便于直观分析燃烧样品的裂解行为。

⑤ 烟生成测定。锥形燃烧量热测试（CCT）过程中可以获得多个与烟释放有关的参数，主要包括烟生成速率（smoke produce rate，SPR）和总烟生成量（total smoke production，TSP）。SPR 被定义为比消光面积（specific extinction area，SEA）与质量损失速率之比，单位为 m^2/s。SEA 表示挥发

单位质量的材料所产生的烟，它不直接表示生烟量的大小，只是计算生烟量的一个转换因子，单位为 m^2/kg。TSP 表示单位面积样品燃烧时的累积生烟总量，单位为 m^2/m^2。

⑥ 毒性气体测定。材料在燃烧测试时会放出多种气体，其中含有 CO、HCN、SO_2、HCl、H_2S 等毒性气体，其成分及百分含量可通过锥形燃烧量热仪中的附加设备收集分析。在火灾现场，火灾烟雾主要包括有害气体、烟尘和热量三类基本成分。人若吸入有害气体，以呼吸系统损伤和缺氧窒息为主要表现。由于一氧化碳中毒窒息死亡或被其他有毒烟气熏死者占火灾总死亡人数的 40% 以上，最高达 65%。而被烧死的人当中，多数是先中毒窒息后被烧死的。因此测定材料燃烧过程中毒性气体释放和烟生成对于综合评价材料的火安全性能至关重要。

⑦ 有效燃烧热（effective heat of combustion，EHC）。EHC 表示在某时刻 t 时，所测得的热释放速率与质量损失速率之比，它反映了挥发性气体在气相火焰中的燃烧程度，对分析阻燃机理很有帮助。EHC 的单位为 MJ/kg。

锥形燃烧量热分析所得的数据，不仅可以全面评价材料火安全性能，而且对于理解材料的燃烧行为、阻燃作用机制等意义重大。对应的测试标准包括 GB/T 16172—2007《建筑材料热释放速率试验方法》等。

2.3.5 微型量热仪

微型量热仪（micro-combustion calorimeter，MCC）又称热解燃烧流量热仪（pyrolysis-combustion flow calorimeter，PCFC），设备由美国联邦航空管理局（Federal Aviation Administration，FAA）的 R. E. Lyon 教授和 S. Stoliarov 教授共同研制而成，仪器能快速有效地测定各种塑料、木材、纺织品或合成物的主要的燃烧参数；只需数毫克的试样，数分钟的时间，就能得到材料燃烧和易燃危险性的充分资料。MCC 仍然采用传统的耗氧原理，首先把样品在分解炉以一定的升温速率加热（典型的升温速率为 60℃/s），分解产物再通过惰性气体带出分解炉，与氧气充分混合后，喷射进 900℃的燃烧室中，分解产物在燃烧室中被完全氧化。用氧气浓度和燃烧气体的流速就可以确定燃烧过程中的氧气损耗量，从而得到热释放速率。MCC 可以评估化学物质在氮气中厌氧热解产生的挥发物燃烧释放的最大热量，与热重(TGA)数据具有可比性；可与氧弹量热量计（oxygen bomb calorimeter，OBC）相媲美，用于评估聚合物的热危害评估，这也是其开发的最初目的；还检测可燃挥发物释放的阶段[28]。MCC 有助于高分子燃烧研究，但不能预测高分子材料的燃烧与阻燃。究其原因，MCC 装置中并未涉及明火，也缺乏与高分子材料燃烧特性有关的检测装置，如燃烧热反馈控制的燃烧动力学循环，点火前热氧化暴露；火焰 / 材料依赖于加热速率和温度梯度对热降解机理和产物有影响，以及对材料放热行为的时间节点的记录等。因此，MCC 仅能作为燃烧测试的辅助，并不能用以衡量材料的阻燃性能。

从图 2.1 不难发现，以上的性能测试方法并不能涵盖火灾发生的所有阶段。以 LOI 测试法和 UL-94 垂直燃烧测试法为例，所涉及的点火能量很低，更多衡量的是样品抵抗引燃(anti-ignition)以及引燃后持续燃烧的能力。点火源温度一般在 600℃以下，样品燃烧温度为 400℃左右。GWT 的点火温度更高，对应的样品燃烧温度也略高，中心最高温度可达 700 ～ 900℃。但这几种测试方法均不涉及样品出现轰燃甚至完全发展阶段的燃烧。与 GWT 对应的是锥形燃烧量热法，其点火引燃方式与真实火场环境更为接近：通过较高能量辐照使得材料热解产生可燃气体并引燃；同时由于测试样品尺寸更大，可以更好地模拟材料从点燃到燃烧、蔓延，再到完全燃烧释放热量的过程(ignition → flammability → fire spread → heat release)，但锥形燃烧量热法仍无法测试到真实火场中火焰穿透(fire penetration)的情况[27]。样品接触热源(明火)到被引燃，涉及的热量较小，材料在受热和氧气的双重作用下发生分解，对应着材料本身的热氧化降解行为。此时，“阻燃”能起到作用的方式在于阻止或者延缓材料的点燃，用对应的英文术语来描述的话，应该是“flame retardant”。待燃烧发展到轰燃阶段，环境中氧气均参与燃烧氧化反应，作用于基材参与高分子分解的氧气可以忽略不计，因此，基体材料主要以厌氧环境裂解(anaerobic pyrolysis)为主。此时，“阻燃”能起到作用的方式在于阻止或者降低燃烧速率、减少热释放，对应的英文术语为“fire retardant”。图 2.4 总结了阻燃性能测试与火灾发展阶段的对应关系。

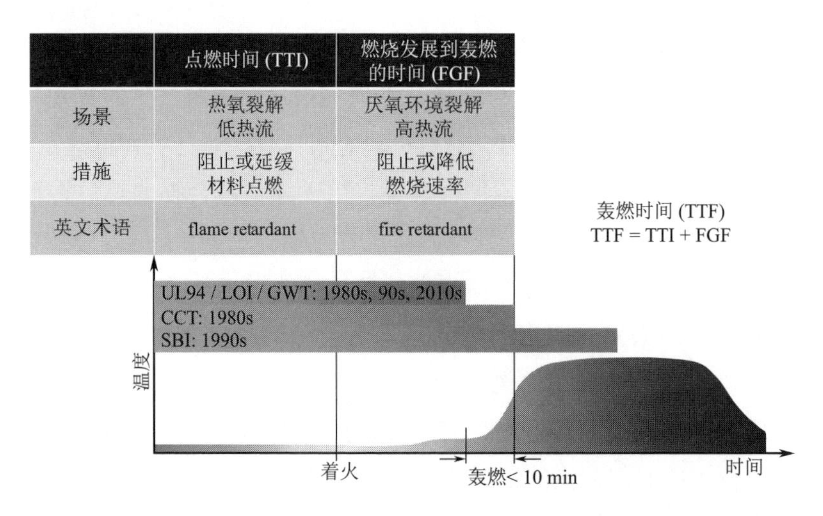

图 2.4　阻燃性能测试与火灾发展阶段的对应关系

2.4 含磷阻燃剂的作用机制

含磷阻燃剂的作用机制很大程度上取决于磷元素所处的化学环境，如氧化状态、键合方式等。磷的键合方式由 P—C 键变化到 P—O 键时，其阻燃机理会产生显著的变化[2-4]。这种结构变化使得含磷阻燃剂具有多种可设计性：

① 磷系阻燃剂的结构可以从无机到有机变化；

② 这些分子中的磷含量可以变化 [例如，红磷中的磷含量几乎达到 100%(质量分数)，而 DOPO 中的磷含量约为 14%(质量分数)] ；

③ 磷元素可以具有不同的氧化态，从 0 到 +5，随着氧化态的变化，从而在气相和凝聚相中产生不同的阻燃作用机制。

大多数报告表明，氧化膦相比于其他具有更高氧化态含磷化合物(如磷酸酯或磷酸盐)来说，在燃烧的气相产物中具有更高的活性，但在凝聚相中促进成炭作用很弱。Braun 等人通过观察碳化物质的生成和磷酸盐的火焰抑制效果降低，系统研究了含磷阻燃剂在环氧树脂 / 碳纤维复合材料基体中的作用机制，含磷阻燃剂主要依靠气相反应当中火焰抑制作用，辅助以成凝聚相中的碳化作用来实现。报道指出，随着磷的氧化态增加，阻燃剂更倾向于在凝聚相中发挥作用，而含磷挥发物的释放减少。含磷阻燃剂中磷元素氧化态的高低决定了阻燃剂在热裂解过程中与基体材料相互作用的类型，对于具有高碳纤维添加量的复合材料来说，保持气相中的活性比增加成炭对于阻燃效果的提升更为显著。

2.4.1 凝聚相阻燃作用机制

含有磷系阻燃剂的高分子材料被引燃时，阻燃剂受热分解生成磷的含氧酸(包括它们中的某些聚合物)，这类酸能催化含羟基化合物的脱水成炭，降低材料的质量损失速率和可燃物的生成量，而磷则大部分残留于炭层中。不论是早期的无机磷系阻燃剂、有机磷-卤系阻燃剂，还是最近发展的各种高氧化态的有机磷系阻燃剂，均主要表现出凝聚相阻燃作用机制。在这些磷的含氧酸中，正磷酸由于挥发性低、酸性强，对脱水具有特别有效的催化作用[2-4,8]。具体可描述为:

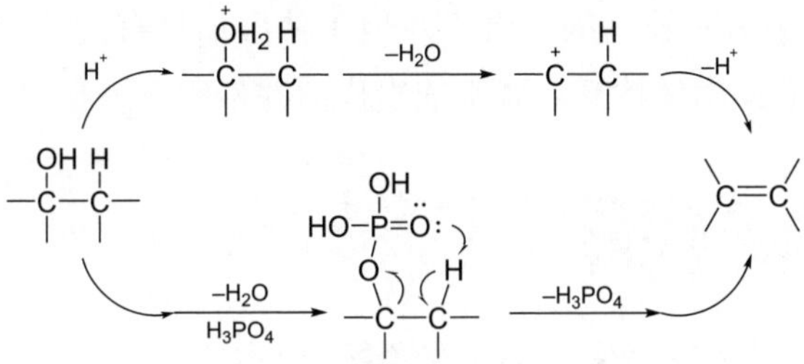

在材料表面生成的炭层，由于下述特点而能发挥良好的阻燃效能。首先，炭层本身 LOI 值可高达 60%，且具有隔热、隔氧的作用，可使燃烧窒息；其次，蜂窝状的多孔炭层导热性差，使燃烧放热反馈至基材的热量减少，基材热分解减缓；再次，羟基化合物的脱水系吸热反应，且脱水形成的水蒸气又能在气相中稀释氧及可燃气体；最后，磷的含氧酸多为黏稠状的半固态物质，可在材料表面形成一层覆盖于焦炭层的液膜，这能进一步降低焦炭层的透气性和保护焦炭层不被继续氧化。

含磷阻燃剂的凝聚相阻燃作用机制对易成炭高分子材料，如含羟基类天然高分子物质(如纤维素基的棉麻织物)，或是在裂解过程中可生成含羟基中间体的含氧类高分子材料(如聚碳酸酯)等的阻燃作用较大，而对不易成炭高分子材料(如聚烯烃)的阻燃作用较小。图 2.5 反映了三种典型高分子材料在引燃过程中的燃烧行为差异。这三种典型的热塑性高分子材料，即不成炭的聚丙烯(PP)，只能在惰性气氛下成炭的聚对苯二甲酸乙二醇酯(PET)和只能在空气氛下成炭的聚酰胺 6(PA6)，三者在引燃状态下的燃烧行为是明显不同的。对 PP 而言，基体在着火时熔化，热氧化控制引燃过程，材料本体对可燃物释放无贡献；对 PET 而言，会经历挥发 / 成炭的竞争，出现低黏度熔体的显著对流流动，生成的少量炭分布在试样上部的棕色区域，整个样品厚度上均有气泡存在，表面整个厚度区域的材料本体都有助于燃料产生；而对 PA6 而言，情况就要复杂得多。对于材料燃烧行为的理解有助于研究者们选择最有效的阻燃作用机制以及相应的阻燃剂。对于 PP 来说，单独添加具有凝聚相阻燃作用机制的含磷阻燃剂是没有任何效果的，必须要添加第三方的成炭剂来辅助含磷阻燃剂的脱水成炭作用。对于 PA6 而言，其自身即可成炭，添加具有凝聚相阻燃作用的含磷阻燃剂通常可以进一步促进其成炭，从而实现高效阻燃。而 PET 的话，虽然其结构中含有苯环(作为芳构化的前驱体)，酯键的存在也使高分子具有较高的氧含量，但单独添加具有凝聚相阻燃作用的含磷阻燃剂之后，阻燃体系的脱水成炭作用并不明显。

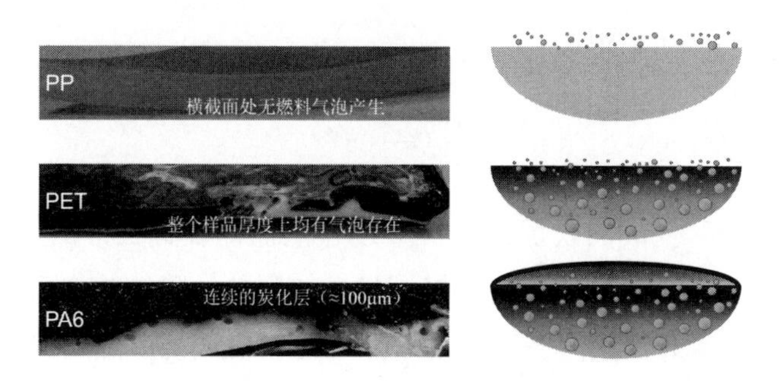

图 2.5　聚丙烯（PP）、聚对苯二甲酸乙二醇酯（PET）、聚酰胺 6（PA6）的燃烧行为差异

当然也有例外。磷化合物对某些高分子材料(如橡胶)的阻燃作用主要来自磷酸和偏磷酸的覆盖作用，且主要发生在火灾初期高聚物分解阶段。凝聚相阻燃作用机制不完全来自脱水碳化。

2.4.2 气相阻燃作用机制

有机膦系阻燃剂热解所形成的气态产物中含有 PO·，它可以抑制 H·及 OH·，故有机膦阻燃剂可在气相抑制燃烧链式反应，即:

$$H_3PO_4 \longrightarrow HPO_2 + PO\cdot$$
$$PO\cdot + H\cdot \longrightarrow HPO$$
$$HPO + H\cdot \longrightarrow H_2 + PO\cdot$$
$$PO\cdot + OH\cdot \longrightarrow HPO + O\cdot$$

研究者们以质谱分析经三苯基氧化膦处理的聚合物的热解产物，证实了 PO·的存在。

2.4.3 中断热交换作用机制

这是指将高分子燃烧产生的部分热量带走而降低原聚合物的吸热量，致使材料不能维持热分解温度，因而不能持续提供燃烧赖以进行的可燃气体，于是材料逐渐自熄。例如，以低分子或液态氯化石蜡或它们与氧化锑组成的协同体系来阻燃高分子材料时，由于这类阻燃剂能促进聚合物解聚或分解，有利于聚合物的熔化，熔融高分子滴落时带走大部分热量，因而减少了反馈至本体聚合物的热量，致使燃烧延缓，并最后可能中止燃烧。也有研究者将这种作用方式归类到“凝聚相作用机制”的范畴。

熔滴行为可以“欺骗”阻燃测试。比如，在进行 UL-94 垂直燃烧测试过程中，点火引燃初期材料即开始剧烈熔融并伴随滴落，就如同没有灯芯的蜡烛一样——点火器根本无法引燃材料，离火即熄；而滴落的熔融液滴温度较低，也并未引燃样品下方的脱脂棉。这样一来，材料可以通过 UL-94 V0 的燃烧等级测度，但恐怕无法得出材料阻燃的结论。

典型的商业化本征阻燃 PET 是通过对苯二甲酸(酯)、乙二醇单体与双(2-羧乙基)甲基氧化膦、2-羧乙基苯基次膦酸、9,10-二氢-9-氧杂-10-磷酰杂菲-甲基丁二酸、二(4-羟基苯基)苯基氧化膦等典型含磷双官能团单体共聚合成的阻燃共聚酯。然而，无论含磷结构单元位于高分子主链还是侧基上，都存在严重的熔滴问题，这是因为这类阻燃剂实现阻燃作用的一个重要途径是靠促进聚合物的降解而加速熔融滴落来带走热量和火种，增加燃烧表面的质量损耗和热损耗来达到阻燃的目的，而熔滴的产生会导致火势蔓延、高温烫伤等二次灾害。熔滴的产生与材料本身的性质有关。对于大部分热塑性聚合物，尤其是半芳香和脂肪族聚酯、脂肪族聚酰胺、聚碳酸酯、聚烯烃等结构简单的线型高分子而言，它们在燃烧过程中首先会发生基材的熔融，熔融部分在重力作用下和基材分离而发生滴落，这个现象就称为熔滴。究其根本，主要是因为这些聚合物的熔体黏度在燃烧过程中随着温度的升高剧烈降低，而过低的熔体黏度和强度无法支撑材料本身的重量进而导致熔滴；同时这些聚合物的成炭能力较差，在燃烧过程中无法有效地形成炭层来保护支撑熔体，熔体分解则进一步导致了熔滴愈发严重。因此，聚酯的阻燃与抗熔滴是一对难以调和的矛盾。为解决这一矛盾，国内外学界和产业界都做出了极大的努力，但综合效果仍然欠佳[29-32]。

应当强调的是，燃烧和阻燃都是十分复杂的过程，涉及很多影响和制约因素，将一种阻燃体系的作用机制严格划分为哪一种是非常困难、非常教条的行为。在实际应用中，很多阻燃体系同时以几种阻燃作用方式协同起作用。

2.5 阻燃与抑烟

2.5.1 燃烧烟气的危害

烟气并不是指的一种物质，是一种混合物，通常由三类物质组成：可燃物热解或燃烧产生的气相产物、被分解和凝聚的固体颗粒或液滴、由于卷吸进入的空气。烟气在火灾中对人的威胁最大，烟气的存在使建筑物的能见度降低，延长了人员的疏散时间；烟气成分中含有大量的有毒和窒息性气体，会造成人员的窒息或中毒而使人丧失逃生机会；烟气的温度随着火灾的发展将不断升高，高温烟气会使人难以忍受[33-34]。统计结果表明，火灾中80%以上的死亡者是死于烟气的影响，其中大部分是吸入了烟尘及有毒气体昏迷而致死的[35]。

早在20世纪60、70年代，发达国家就针对烟气毒性展开了系统的研究。日本在1962年和1975年先后两次进行的火灾实验得出结论：在轰燃发生之前，氧气的浓度随着火灾燃烧的持续而不断降低；发生轰燃后，氧气的浓度会急剧下降，并且氧气的浓度在轰燃最盛期只剩余3%左右。对于处于着火房间的人来说，氧气的短时致死浓度为6%；即使含氧量在6%～14%之间，虽不会短暂致死，也会因丧失活动能力和判断能力而无法逃离火场。因而火灾时的氧气浓度下降将会造成人的窒息直至死亡。而且在几乎所有的火灾中，主要燃烧物都是有机材料。有机材料中含有大量的碳原子，在氧气充足的前提下，碳原子燃烧生成CO_2，然而火灾中氧气的浓度是明显低于正常情况，碳原子不可能充分燃烧而生成CO。CO能与人体血液中的血红蛋白(Hb)作用生成碳氧血红蛋白(CO-Hb)，且结合能力比氧气与Hb的结合能力强200～300倍，换言之，CO能迅速抢在氧气前与人体内的血红蛋白结合，阻碍血红蛋白的输氧，造成大脑供氧不足，呼吸加快，人员的精神错乱从而丧失逃生导致窒息死亡。

可见光波长$\lambda = 0.4 \sim 0.7$ μm，一般火灾烟气中烟黑粒子(soot particles)粒径d仅为几微米，即$d \gg 2\lambda$。因此，这些烟黑粒子对可见光是不透明的，对可见光有完全的遮蔽作用。当烟气弥漫时，可见光因受到烟粒子的遮蔽而大大减弱，能见度大大降低，这就是烟气的减光性。同时，加上烟气中的有些气体对人的肉眼有极大的刺激性，如HCl、NH_3、HF、SO_2、Cl_2等，使人睁不开眼，从而使人们在疏散过程中的行进速度大大降低。火灾烟气的减光性使人们不能迅速逃离火场，增加了中毒或烧死的可能性，所以火灾烟气的减光性是毒害性的帮凶。

烟气的温度一般而言是比较高的，但在火灾的不同阶段温度不同。在火灾的初起阶段(见图2.1)，烟气温度并不会很高，但随着火灾的发展，烟气的温度持续上升，轰燃时烟温可高达800～1000℃。火灾烟气的高温对人员会产生不良影响。人们对高温烟气的忍耐性是有限的。在65℃时，人可短时忍受；在120℃时，15 min内就将产生不可恢复的损伤。烟气温度进一步提高，产生损伤的时间更短：140℃时约为5 min，170℃仅需1 min，而在几百摄氏度的高温烟气中即使是全副武装的消防人员也很难长时间忍受。此外，烟气的高温性对烟气的运动形式、烟气的状态也会产生不可忽视的影响。

因此，“阻燃”和“抑烟”是对阻燃高分子材料同等重要的要求。但两者往往互相矛盾，热裂解时能分解为单体且能燃烧较完全的高聚物，一般生烟量较少。同时实现“阻燃”和“抑烟”，或者使两者达到和谐的统一，是设计阻燃高分子材料的主要内容之一。

2.5.2 烟气的产生

诚然，高分子材料热裂解或燃烧时的生烟量，不是材料固有的性质，而与燃烧条件（如燃烧焓、氧化剂供给、试样形状、明燃或阴燃等）及环境状况（如环境温度、通风情况等）关系十分密切，但高分子本身的分子结构无疑是影响生烟量的最为重要的因素：

① 主链为脂肪烃的高分子，特别是主链上含氧和热裂解时易于分解为单体的这类高聚物，如聚甲醛（polyoxymethylene，POM）、聚甲基丙烯酸甲酯（polymethyl methacrylate，PMMA）、PA6等，它们可较为充分地燃烧，故生烟量极低。尤其是PMMA等侧基C原子不含H原子的烯烃单体高分子，它们在受热过程中更容易发生“解拉链”式解聚（depolymerization）反应，热裂解时能分解产生单体且极易燃，一般生烟量较少。

② 具有多烯烃结构和侧基带苯环的高分子，通常生烟量较多。这是因为燃烧时高分子链中的多烯碳链结构可通过环化和缩聚形成石墨状炭粒；而侧链上带苯环的高分子（如PS），则易生成带共轭双键不饱和烃类结构，后者又可继续环化，并缩聚成炭。

③ 一般而言，热稳定性高和成炭率高的高分子，由于它们在凝聚相中成炭使得挥发性产物减少，故通常生烟量较低。例如，对PC及PSF（聚砜）两者而言，它们都是主链芳环含量很高的高分子，但PSF的成炭

率为 PC 的 2 倍，且 PSF 的热稳定性也高于 PC，而烟箱法测定的最大比光密度，PSF 仅为 PC 的 30%。

④ 含卤聚合物发烟量一般很高。PVC 是这方面的一个典型例子，它的生烟量在所有常用塑料中几乎是最高的。所以很多抑烟研究都是针对 PVC 进行的。但生烟量并不总与高分子中的卤素含量相关，有些卤素含量很高的高聚物，由于其特殊的分子结构和热裂解方式，生烟量并不高。例如，聚偏二氯乙烯 [poly(vinylidene chloride)，PVDC] 的氯含量是 PVC 的 1.3 倍，但以烟箱法测得的最大比光密度前者仅约为后者的 1/7。这是因为 PVC 热裂解脱除 HCl 后形成多烯烃结构；而 PVDC 热裂解脱除 HCl 后留下碳链，进而表现出饱和烃类物质的燃烧行为。

2018 年，美国桑迪亚国家实验室研究人员在 *Science* 上发表文章，首次揭示了燃烧过程中气态燃料(fuel)向烟黑粒子转变的过程：由环戊二烯自由基(C_5H_5•)和 C_2 烃类物质间的加成反应引发，并通过共振稳定自由基机理(resonance-stabilized radical mechanism)驱动的一系列自由基链反应(radical-chain reaction)，实现从多环芳烃的生长到烟黑粒子的初生成核、表面增长的整个过程。而其中关键是共振稳定自由基，通常而言，自由基因其不成对的电子存在表现出高活性，而共振稳定自由基却恰恰相反，由于未配对的电子可以参与到 π 化学键中，它们比普通自由基分子更加稳定。当这些自由基与其他分子发生反应时，很容易形成新的共振稳定自由基，随着与未成对电子共享电子密度的化学键增多，自由基会愈发稳定，最终形成烟黑[36-37]。事实上，以典型的热固性高分子——不饱和聚酯(unsaturated polyester resin, UPR)和热塑性高分子——聚苯乙烯(PS)为例，这些共振稳定自由基在不同的高分子材料燃烧裂解产物中广泛存在，并最终导致材料在火灾现场产生大量的烟黑(图 2.6)。

UPR 常用作玻纤(GF)增强复合材料的基体树脂，所得制品又称玻璃钢，广泛用于高速列车内饰结构材料；而 PS 是目前世界年均消费增速最快的通用塑料品种，超过 30% 用于建筑保温领域。二者虽应用领域天差地别，但均需要满足苛刻的火安全性能，如阻燃等级，烟、热释放指标等。以 UPR 为例，在 300 ～ 400℃分解阶段，大量弱键首先断裂，如 C(O)–O、C–C 等，形成可燃气体小分子(烷烃、烯烃、小分子醛、小分子醇等)、毒性气体(CO、取代芳烃)和大量的 C、CO 自由基。当温度继续升高，在自由基链式反应作用下，进一步形成由联苯、茚、萘、蒽、菲、芘，以及更高级稠环芳烃组成的烟黑。这些烟黑会明显降低火灾现场能见度，而直接吸入这些高温可吸入烟黑颗粒，会导致受害人严重的呼吸道灼伤，进而引发应激性水肿和窒息，从而丧失行动能力甚至罹难。因此，对于这些特殊应用领域而言，材料的阻燃和抑烟同等重要。

2.5.3 同时实现阻燃与抑烟

为解决高分子材料阻燃与抑烟难以同时实现的难题，科研工作者们采取了一系列的措施。有机磷系阻燃剂具有结构设计多样、阻燃效率较高、较卤系阻燃剂更为环保等优点，是近年来最受关注的无卤阻燃剂。因其化学键合价态和化学环境差异，磷系阻燃剂常表现出不同的阻燃作用机制。如前所述，低价态磷/膦以气相阻燃作用为主，而高价态磷/膦主要表现为凝聚相阻燃作用[3,8]。气相阻燃作用具体表现为，阻燃剂分解产生大量磷/膦自由基(PO•、PO_2•、HPO•、HPO_2•以及P-C自由基)，通过淬灭维持燃烧链式反应必不可少的H•和HO•实现阻燃。但是气相阻燃作用在降低烟气释放方面表现不佳。凝聚相阻燃作用具体表现为，阻燃剂分解产生大量过/焦/聚磷酸及其衍生物，作为一类典型的高沸点中强酸，过/焦/聚磷酸可促进基材脱水碳化，并发生一系列偶联反应、重排反应、Diels-Alder反应等，从而实现凝聚相产物(聚合芳构化交联炭质结构)的增加和烟气产物的减少，最终达到阻燃和抑制毒性烟气双重目的。因此，具有优异凝聚相阻燃效果的碳化技术备受青睐。

碳化反应是指通过裂解或者分解反应由有机物质转化为碳材料或含碳残留物的过程。天然高分子材料的碳化可谓历史久远，富含纤维素/木质素的木材燃烧制成木炭的过程就是一种典型的碳化反应。不同于天然高分子材料，合成高分子的碳化反应是从研究其阻燃性能开始的。高分子燃烧时形成的炭层可以改善材料的阻燃性能。这是因为碳化反应改变了高分子的降解过程，生成难于燃烧的炭。这不仅能够减少可燃的高分子裂解产物的量，还能将高分子与火焰和空气隔离，延缓高分子分解产物的挥发和反应。从碳化反应的角度来讲，根据成炭量的多少，合

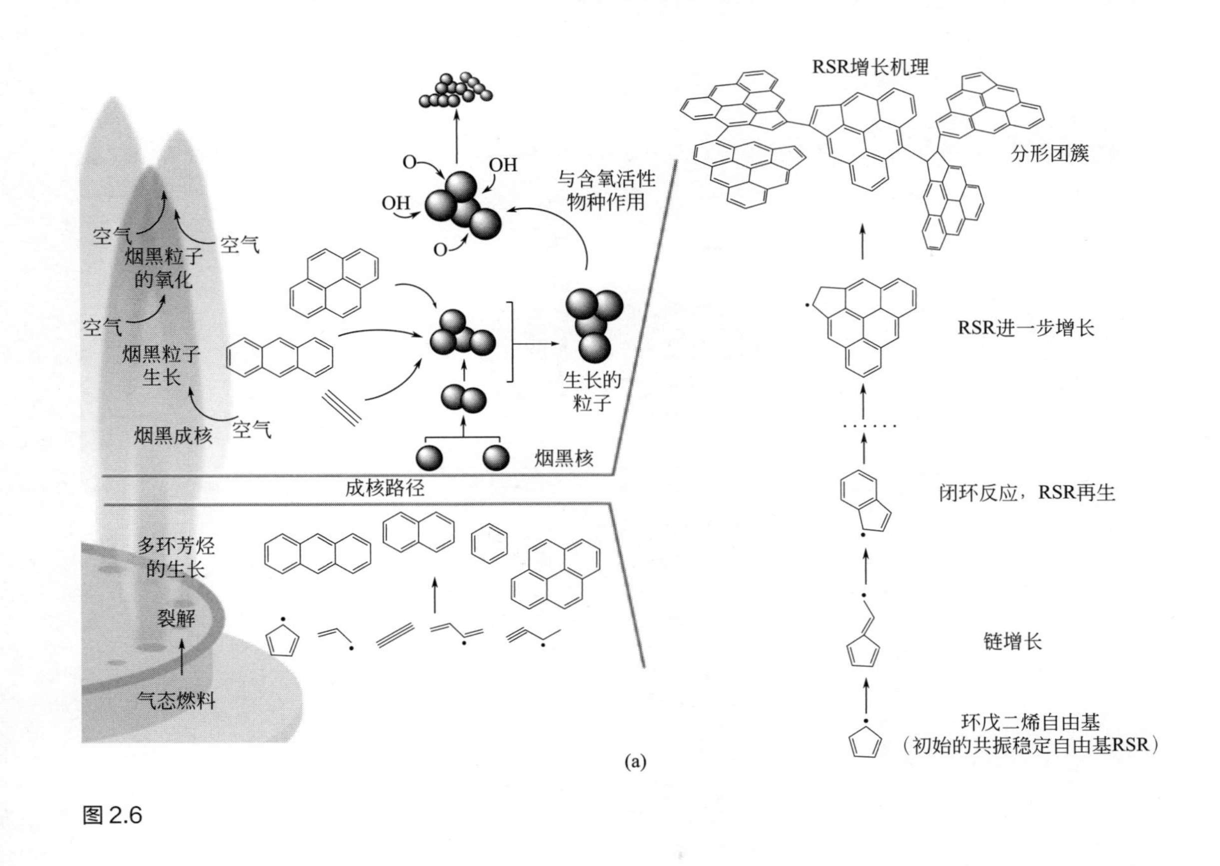

RSR增长机理
分形团簇
RSR进一步增长
闭环反应，RSR再生
链增长
环戊二烯自由基
（初始的共振稳定自由基RSR）
与含氧活性物种作用
OH
O
生长的粒子
烟黑核
成核路径
空气
烟黑粒子的氧化
烟黑粒子生长
烟黑成核
多环芳烃的生长
裂解
气态燃料
(a)

图 2.6

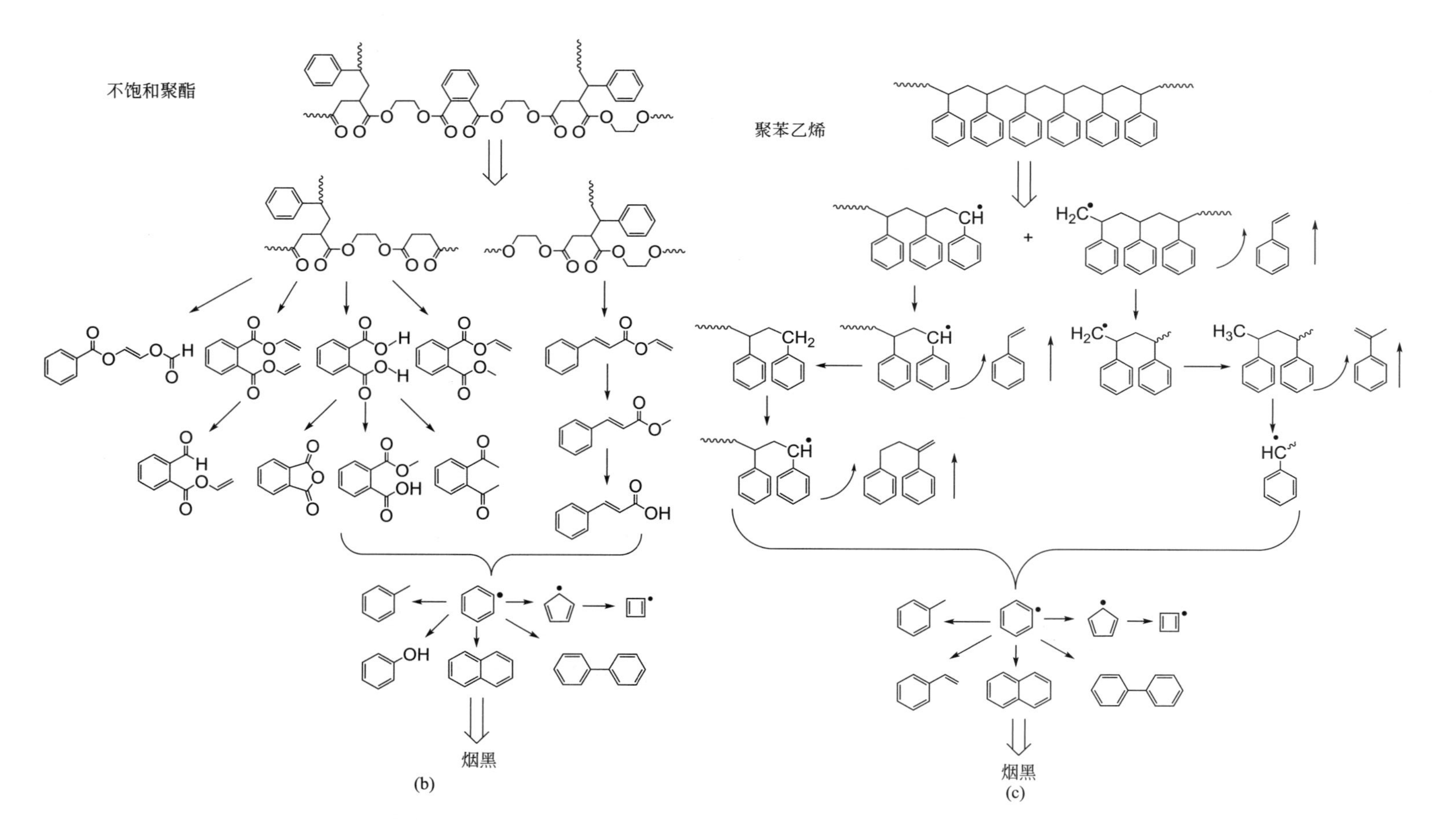

图 2.6 烟黑形成过程示意图：(a) 火焰中气态燃料向烟黑粒子转变的过程示意图[37]；(b) 和 (c) 分别为不饱和聚酯和聚苯乙烯的烟黑粒子形成过程

成高分子可以分为成炭高分子(charring polymers)和非成炭高分子(non-charring polymers)。聚氯乙烯、聚丙烯腈、聚酰亚胺和酚醛树脂是常见的成炭高分子，它们在碳化过程中主链基本不断裂，取而代之的是诸如环化、芳构化和交联等反应，从而逐渐生成碳材料的骨架，成炭率通常较高，产生的可燃挥发物较少，因此这类材料阻燃性能也更好。而前述不饱和聚酯和聚苯乙烯均是典型的非成炭高分子。通常而言，在没有添加剂时，非成炭高分子在加热时会因温度升高而熔融，当加热持续并高于其热分解温度时，高分子开始发生热降解反应，高分子的主链会逐渐断裂，产生挥发性产物，因此其成炭率基本为零。当挥发性产物中的可燃气体伴有充足氧气时，就有可能着火燃烧。在高分子燃烧时表面形成稳定的炭层可以减少气相和凝聚相之间的传热和传质，降低高分子的可燃性。

近年来，催化高分子甚或是非成炭高分子自身的碳化来提高其阻燃性能逐渐成为国际阻燃领域研究的热点。中科院长春应化所唐涛教授课题组开展了一系列的先创性研究，他们发现固体酸和镍催化剂的协同作用可以明显促进典型非成炭高分子聚丙烯的碳化，进而改善其阻燃性能，例如，加入10%(质量分数)的有机改性蒙脱土(OMMT)和5%(质量分数)的 Ni_2O_3 后，PP残炭率高达37.5%(质量分数)，而热释放速率峰值相比纯PP降低了80%。一方面，OMMT的片层结构可以抑制降解产物的扩散以及氧气渗透到PP基体内部；另一方面，OMMT中有机改性剂降解生成的质子酸促进PP降解生成小分子碳氢化合物，从而有助于成炭[38]。在此基础上，他们将氯原子接枝到CNT表面制备了氯化碳纳米管[CNT-Cl，其中Cl含量为0.2%(质量分数)]，并将其与 Ni_2O_3 复配为组合催化剂用以提高PP的阻燃性能[39]：加入3%(质量分数)CNT-Cl/5%(质量分数) Ni_2O_3 后，PP的残炭率高达54.3%(质量分数)，热释放速率峰值从纯样的1486 kW/m^2 降低到400 kW/m^2。一方面，CNT-Cl分解生成的Cl自由基交联PP大分子自由基，提高了材料热氧稳定性并促进PP生成小分子碳氢化合物和芳烃，这些降解产物在镍催化剂的作用下生成CNT；另一方面，CNT在PP基体中形成网络结构，起到隔热隔氧效果[39-40]。然而，催化碳化阻燃聚合物虽然热释放速率明显降低，但很难通过UL-94等级测试，原因为：在火灾中聚合物起始燃烧温度普遍在500～600℃，而催化碳化的反应温度普遍高于700℃，这使得聚合物降解产物来不及碳化就已经扩散和燃烧。

长期以来，研究人员一直致力于设计开发兼具良好碳化-抑烟效果，又能在实际点火测试中表现优异的阻燃剂。目前常用的方法是在高分子基体中加入膨胀型阻燃剂，这是因为膨胀型阻燃剂在受热后形成的炭层可以通过凝聚相作用提高高分子基体的阻燃性能，而大量的易挥发成分被成炭结构保留在凝聚相也意味着逸出进入气相的物质减少。但是传统膨胀型阻燃剂的加入量往往比较大，且通常与高分子基体不能很好相容，使得材料的综合使用性能下降。研究人员也致力于膨胀型阻燃剂的高性能化和多功能化，以期实现阻燃与抑烟的平衡。有关含磷膨胀型阻燃剂的详细内容见第 5 章。

参考文献

[1] Wichman I S. Material flammability, combustion, toxicity and fire hazard in transportation [J]. Prog. Energy Combustion Sci., 2003, 29: 247–299.

[2] Granzow A. Flame retardation by phosphorus compounds [J]. Acc. Chem. Res., 1978, 11: 177–183.

[3] Velencoso M M, Battig A, Markwart J C, et al. Molecular firefighting–How modern phosphorus chemistry can help solve the challenge of flame retardancy [J]. Angew. Chem. Int. Ed., 2018, 57: 10450–10467.

[4] Huo S, Song P, Yu B, et al. Phosphorus-containing flame retardant epoxy thermosets: Recent advances and future perspectives [J]. Prog. Polym. Sci., 2021, 114: 101366.

[5] Lewin M. Synergistic and catalytic effects in flame retardancy of polymeric materials–An overview [J]. J. Fire Sci., 1999, 17: 3–19.

[6] Braun U, Schartel B, Fichera M A, et al. Flame retardancy mechanisms of aluminium phosphinate in combination with melamine polyphosphate and zinc borate in glass-fibre reinforced polyamide 6,6 [J]. Polym. Degrad. Stab., 2007, 92: 1528–1545.

[7] Rakotomalala M, Wagner S, Döring M. Recent developments in halogen free flame retardants for epoxy resins for electrical and electronic applications [J]. Materials, 2010, 3: 4300–4327.

[8] Schartel B. Phosphorus-based flame retardancy mechanisms–Old hat or a starting point for future development [J]. Materials, 2010, 3: 4710–4745.

[9] Camino G, Costa L, Luda di Cortemiglia M P. Overview of fire retardant mechanisms [J]. Polym. Degrad. Stab., 1991, 33: 131–154.

[10] Chattopadhyay D K, Webster D C. Thermal stability and flame retardancy of polyurethanes [J]. Prog. Polym. Sci., 2009, 34: 1068–1133.

[11] Horrocks A R. Flame retardant challenges for textiles and fibres: New chemistry versus innovatory solutions [J]. Polym. Degrad. Stab., 2011, 96: 377–392.

[12] Segev O, Kushmaro A, Brenner A. Environmental impact of flame retardants (persistence and biodegradability) [J]. Int. J. Environ. Res. Public Health, 2009, 6: 478–491.

[13] van der Veen I, de Boer J. Phosphorus flame retardants: Properties, production, environmental occurrence, toxicity and analysis [J]. Chemosphere, 2012, 88: 1119–1153.

[14] Birnbaum L S, Staskal D F. Brominated flame retardants: Cause for concern [J]. Environ. Health Perspect., 2004, 112: 9–17.

[15] Blum A. The fire retardant dilemma [J]. Science, 2007, 318: 194–195.

[16] Wendschlag H, Holder H, Robertson C, et al. In 2nd International Conference on ICT for Sustainability (ICT4S 2014) [C]. Atlantis Press, 2014, 306–310.
[17] 贺重阳 . 磷矿资源整合已是必然趋势 [N/OL]. 前瞻产业研究院，2012-07-27 [2020-06-18]. https://www.qianzhan.com/analyst/detail/220/20120727-dd5f6c0cc78d492a.html.
[18] 2021—2026 年中国磷矿行业产销需求与投资预测分析报告 [R]. 深圳：前瞻产业研究院，2020, 3-12.
[19] Critical Raw Materials [N/OL]. EU, 2017-02-211 [2020-05-11] https://ec.europa.eu/growth/sectors/raw-materials/specific-interest/critical_es.
[20] Scholz R W, Roy A H, Brand F S, et al. Sustainable Phosphorus Management: A Global Transdisciplinary Roadmap [J]. J. Plant Nutr. Soil Sci., 2014, 177:934-935.
[21] Mgller L K, Steinbach T, Wurm F R. Multifunctional poly(phosphoester)s with two orthogonal protective groups [J]. RSC Adv., 2015, 5: 42881–42888.
[22] Marsico F, Turshatov A, Peköz R, et al. Hyperbranched unsaturated polyphosphates as a protective matrix for long-term photon upconversion in air [J]. J. Am. Chem. Soc., 2014, 136: 11057–11064.
[23] Steinbach T, Ritz S, Wurm F. R. Water-soluble poly(phosphonate)s via living ring-opening polymerization [J]. ACS Macro Lett., 2014, 3: 244–248.
[24] An Alternatives Assessment for the Flame Retardant Decabromodiphenyl Ether (DecaBDE) [N/OL]. U.S. Environmental Protection Agency, 2014-01-01 [2021-01-12] https://www.epa.gov/sites/production/files/2014-05/documents/decabde_final.pdf.
[25] Roy E D. Phosphorus recovery and recycling with ecological engineering: A review [J]. Ecol. Eng., 2017, 98: 213–227.
[26] Ehmann A, Bach I M, Laopeamthong S, et al. Can phosphate salts recovered from manure replace conventional phosphate fertilizer [J]. Agriculture, 2017, 7, 1.
[27] Schartel B, Hull T R. Development of fire retarded materials Interpretation of Cone Calorimeter data [J]. Fire Mater., 2007, 31: 327–357.
[28] Schartel B., Lyon R. E. Pyrolysis combustion flow calorimeter: A tool to assess flame retarded PC/ABS materials? Thermochim. Acta, 2007, 4621: 1–14.
[29] Zhao H B, Chen L, Yang J C, et al. A novel flame-retardant-free copolyester: cross-linking towards self extinguishing and non-dripping [J]. J. Mater. Chem., 2012, 22: 19849–19857.
[30] Zhao H B, Liu B W, Wang X L, et al. A flame-retardant-free and thermo-cross-linkable copolyester: Flame-retardant and anti-dripping mode of action [J]. Polymer, 2014, 55: 2349–2403.
[31] Zhao H B, Wang Y Z. Design and synthesis of PET-based copolyesters with flame-retardant and antidripping performance [J]. Macromol. Rapid Commun., 2017, 38: 1700451.
[32] Liu B W, Chen L, Guo D M, et al. Fire-safe polyesters enabled by end-group capturing chemistry [J]. Angew. Chem. Int. Ed., 2019, 58: 9188–9193.
[33] Tewarson A. Nonthermal fire damage [J]. J. Fire Sci., 1992, 10: 188–241.
[34] Irvine D J, McCluskey J A, Robinson I M. Fire hazards and some common polymers [J]. Polym. Degrad. Stab., 2000, 67: 383–396.
[35] Hietaniemi J, Kallonen R, Mikkola E. Burning characteristics of selected substances: Production of heat, smoke and chemical species [J]. Fire Mater., 1999, 23: 171–185.
[36] Thomson M, Mitra T. A radical approach to soot formation [J]. Science, 2018, 361: 978–979.
[37] Johansson K O, Head-Gordon M P, Schrader P E, et al. Resonance-stabilized hydrocarbon-radical chain reactions may explain soot inception and growth [J]. Science, 2018, 361: 997–1000.
[38] Tang T, Chen X, Chen H, et al. Catalyzing carbonization of polypropylene itself by supported nickel catalyst during combustion of polypropylene/Clay nanocomposite for improving fire retardancy [J]. Chem. Mater., 2005, 17: 2799–2802.
[39] Yu H, Zhang Z, Wang Z, et al. Double functions of chlorinated carbon nanotubes in its combination with Ni_2O_3 for reducing flammability of polypropylene [J]. J. Phys. Chem. C, 2010, 114: 13226–13233.
[40] Kashiwagi T, Du F, Douglas J F, et al. Nanoparticle networks reduce the flammability of polymer nanocomposites [J]. Nat. Mater., 2005, 4: 928–933.

P
PHOSPHORUS 磷科学前沿与技术丛书
磷与火安全材料

3
含磷添加型阻燃剂

目前大多数工业上采用的阻燃剂都是在高分子加工过程中被当作添加剂加入。添加过程中阻燃剂与高分子基体及其他组分之间不发生化学反应，只是物理地分散于高分子基体之中。添加方法包括机械共混、溶液共混、浸渍涂覆等方法。

① 机械共混：借助螺杆挤出机、开炼机或密炼机等设备在高于高分子的软化点（或熔点）温度条件下将高分子与阻燃剂混合均匀；母料共混也是机械共混的一种，先将阻燃剂与少量高分子混合制备出高浓度阻燃母料，然后再将其与一定比例的基体高分子借助螺杆挤出机、开炼机或密炼机等设备混合均匀。

② 溶液共混：将基体高分子与阻燃剂溶于某种共溶剂中，混合均匀后再除去溶剂，得到固态混合物。

③ 浸渍涂覆：将阻燃剂溶于溶剂中（或阻燃剂本身为液态），然后将其涂覆于基体高分子（如织物）表面；或将基体高分子浸渍于阻燃剂溶液（或液态阻燃剂）中，取出后晾干或烘干。

添加型阻燃剂的主要优点是它们的成本效益和易用性，因此它们在工业中得到广泛应用。尽管具有这些优点，添加型阻燃剂也存在一些不足，特别是它们对高分子材料固有性质的破坏，如玻璃化转变温度（T_g）、热变形温度（HDT）和物理机械性能等，且随着时间的推移，阻燃剂会发生迁移，特别是对于某些低分子量的阻燃剂而言。人们可通过使用高分子量的阻燃剂来抑制迁移析出，但这又带来了相容性和相分离的问题。因此，添加型阻燃剂面临的最大挑战就是找到阻燃性能与材料使用性能之间的最佳平衡。

3.1 无机磷系阻燃剂

3.1.1 概述

无机磷系阻燃剂历史悠久，目前仍广泛应用，特别是对于近年发展起来的膨胀型阻燃剂(intumescent flame retardant，IFR)而言，无机磷系阻燃剂中的聚磷酸铵(ammonium polyphosphate，APP)更是不可或缺的组分[1]。无机磷系阻燃剂由于阻燃效率持久、热稳定性好、不挥发、无卤等优点而受用户欢迎，其最重要的品种是红磷(特别是微胶囊化红磷)及APP，次要的有其他磷酸盐，如磷酸二氢铵(ammonium dihydrogen phosphate，ADHP)、磷酸氢二铵(diammonium hydrogen phosphate，DAHP)、磷酸铵(ammonium orthophosphate，AOP)等。虽然ADHP、DAHP、AOP也能作为膨胀型阻燃剂和涂料的组分，但APP的热稳定性更好、水溶性低、阻燃效能持久、耐水不易吸潮，且制成的涂料成膜性能较佳，所以这三种磷酸盐阻燃剂已逐渐为APP所取代。

红磷的主要优点是极高磷含量和阻燃效率：在GF(玻璃纤维)增强PA-66复合材料中，与作为协效剂的金属氧化物相组合，仅7%(质量分数)的红磷添加量即可表现出出色的阻燃性能。虽然由于颜色问题和安全考虑，单独使用红磷的情况越来越少，但许多商品化阻燃剂配方中仍包含8%(质量分数)以下的红磷。有关红磷及其衍生物的详细应用实例我们将在第4章中介绍。

APP是另一个媲美红磷的无机含磷阻燃剂。APP是一种无机聚合物，通式为$(NH_4)_{n+2}P_nO_{3n+1}$，结构单元的分子量为97.01，理论磷含量为31.92%(质量分数)，氮含量为14.44%(质量分数)。目前已知APP具有五种不同的晶形：Ⅰ型、Ⅱ型、Ⅲ型、Ⅳ型和Ⅴ型，其中又以Ⅰ型和Ⅱ型最为常用(结构式如图3.1所示)。Ⅰ型为线型分子链，聚合度较低(<100)，水溶性较大，分解温度低。Ⅱ型分子链间存在一定的—P—O—P—交联结构，聚合度较Ⅰ型高(>1000)，水溶性较小，分解温度更高。无

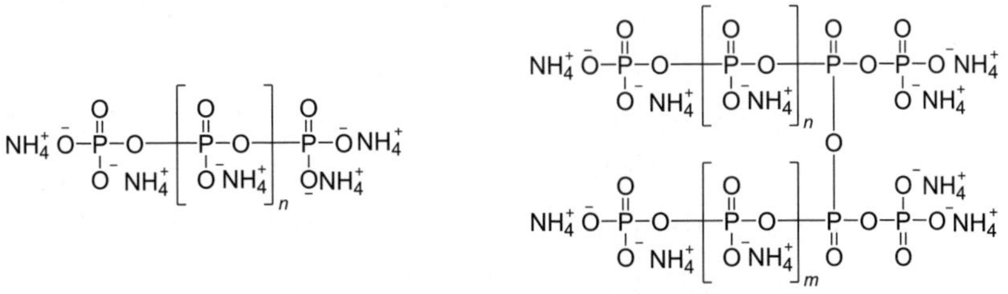

(a) Ⅰ型

(b) Ⅱ型

图3.1　Ⅰ型和Ⅱ型聚磷酸铵(APP)结构式

论Ⅰ型还是Ⅱ型，APP 的主要作用机制是稀释燃料和产生磷基保护层，但单独使用 APP 一般效果不佳。一般结合多元醇、含氮化合物组成膨胀型阻燃剂。有关 IFR 的详细应用实例我们将在第 5 章中介绍。

3.1.2 次磷酸盐与次膦酸盐

3.1.2.1 次磷酸盐

次磷酸(hypophosphorous acid)是一种无机酸，分子式为 H_3PO_2，加热到 130℃时则歧化分解成正磷酸(orthophosphoric acid，H_3PO_4)和有剧毒的磷化氢(phosphine，PH_3)，后者具有特殊的大蒜味和鱼腥味，是一种强还原剂，常温下在空气中即可逐渐氧化。次磷酸是一种相当强的一元酸($K = 9\times10^{-2}$)，可与多种金属成盐。最常见的有次磷酸铝、次磷酸钙、次磷酸镁和稀土金属次磷酸盐如次磷酸镧、次磷酸铈、次磷酸镨等[2]。

次磷酸铝又名次亚磷酸铝(aluminum hypophosphite，缩写为 AP 或 AHP)，分子式为 $Al(H_2PO_2)_3$，分子量为 221.96。AP 的含磷量高达 41.89%(质量分数)，是一种性能优异、环境友好的无卤阻燃剂。热稳定性一般，加工时会分解产生 PH_3。AP 是无机次磷酸盐中热稳定性较好的产品，2008 年，来自意大利的 Italmatch Chemicals 公司首次公开了关于使用 AP 阻燃聚酯[3]及聚酰胺[4]的专利报道，发展至今，其阻燃应用已非常广泛。AP 在工业生产中可采用中和法和复分解法生产。前者以次磷酸和氢氧化铝为原料，原理简单，操作便捷，设备投入少，但次磷酸易挥发，若操作人员吸入次磷酸蒸气会对呼吸道黏膜产生伤害，引起支气管炎或肺炎。次磷酸对眼睛和皮肤都有刺激性，倘若不慎滴入口中，不仅会腐蚀消化道，还会出现剧烈腹痛、恶心、呕吐和虚脱等症状。含次磷酸废液还会危害环境造成水体污染。后者可由次磷酸钠与铝的可溶性盐如氯化铝、硫酸铝和硝酸铝反应制得。其中 $AlCl_3$ 是离子型共价化合物，溶于水后部分电离，水解稳定性差，造成原子利用率低；$Al(NO_3)_3$ 粉尘对人体呼吸道、皮肤和眼睛有刺激性，且属易燃品，高温时分解释放有剧毒的氮氧化物气体。因此，在实际生产中通常采用十八水硫酸铝为反应原料。复分解法生产过程简单、产物清洁污染小、母液可循环利用、后处理工艺简便，避免了中和法中酸挥发的缺陷；$Al_2(SO_4)_3$ 为离子化合物，易溶于水且完全电离，原子利用率较高。由于 AP 在水中的溶解度呈逆溶解特征，且反应温度对反应完成时间的影响较大，所以该反应易在高温条件下进行。次磷酸铝沉淀析出，滤液为硫酸钠溶液，经冷却可回收芒硝(十水硫酸钠)。

AP 是次磷酸盐中研究最为广泛、应用也最为成熟的阻燃剂，对于易成炭的基体高分子，如聚酰胺 6(polyamide 6，PA6)、聚酰胺 66 (polyamide 66，PA66)，不易成炭的基体高分子，如聚乳酸(polylactic acid，PLA)、聚对苯二甲酸乙二醇酯 [poly(ethylene terephthalate)，PET]、聚对苯二甲酸丁二醇酯 [poly(butylene terephthalate)，PBT] 均表现优异[5-6]。甚至对于丙烯腈-丁二烯-苯乙烯三元共聚物(acrylonitrile-butadiene-styrene copolymer，ABS)这种拥有复杂热裂解历程、非常难实现无卤阻燃的多相高分子均有良好的阻燃效果。

四川大学王玉忠教授课题组详细研究了 AP 的热解过程，并试图理解阻燃剂在不同基材中均有良好阻燃效果的原因[7]。如图 3.2 所示，氮气氛下，AP 表现出两个相对独立的失重平台，第一阶段分解生成 PH_3 气体以及磷酸一氢铝，在高温下磷酸一氢铝继续分解生成焦磷酸铝，后者在惰性气氛中保持稳定且在 500 ～ 700℃范围均不再分解。空气氛下，在氧气参与下，AP 阻燃剂在发生氮气氛下分解行为的同时，在分解前期迅速与氧发生反应造成 P—H 的氧化而生成了偏磷酸铝而增重。热分解过程并非一个严格的化学反应，并且 AP 阻燃剂主要生成磷酸氢盐、偏磷酸盐等化学结构类似的物质。而在模拟燃烧状态的热裂解历程中，AP 的裂解过程又有所区别：在气相中共分解释放出三种物质，即 PH_3、H_3PO_2 以及 P_4(白磷)。作者进一步将 AP 加入 PA6 基材，分析了 PA6/AP 阻燃复合材料的热裂解行为，并推测得到相应的阻燃作用机制，如图 3.3 所示，当 PA6/AP 阻燃材料燃烧或受热时，PA6 分子—C(O)NH—CH_2—酰胺 N—C 键发生异裂生成酰胺残基自由基 a 和烷基残基自由基 b，并进一步分解生成己内酰胺、二聚体、烯烃以及腈类物质。AP 裂解生成的 H_3PO_2 进一步失去质子形成含磷的自由基 c 或 c′，这些自由基与 PA6 裂解生成的大分子自由基发生反应生成次磷酸封端的物质 d 或者 e。d 以及 e 可以继续失去仅存的一个 P-H 键上的质子形成新的自由基，并与 a 或 b 结合形成新的含磷片段 f。当然 f 也可以由 c′ 与 a 或者 b 结合直接形成。进而，d、e 或者 f 与 Al^{3+} 发生成盐反应而生成交联网络结构。在燃烧或受热时产生的交联结构与由 AP 直接产生的 $Al_4(P_2O_7)_3$ 以及 $AlPO_4$ 共同形成炭层，可以起到隔热隔氧作用以保护内部基材，大大提高了材料的阻燃性能。气相中的物质可以进一步分解生成 NH_3 以及 CO_2 等不燃性气体。基于此，添加 20%(质量分数)的 AP 即可使阻燃复合材料通过 UL-94 V0 等级(3.2 mm)测试，且 PHRR 从纯 PA6 的 789 kW/m^2 降至 190 kW/m^2，THR 和 FIGRA（火灾增长速率指数）分别下降 36.7% 和 59.3%。但 LOI 值仅为 26.3%，增幅约为 28.3%。LOI 测试后样条燃烧残余炭层显示，样条顶端受火处生成坚固的保护性炭层，该炭层比样条略大，并无明显膨胀现象，说明了阻燃材料在燃烧时形成炭层的过程中没有大量气体产生，这是 AP 阻燃剂的一个特性。这种炭层虽然坚固但不能大倍率地膨胀而有效覆盖样条未引燃部分致使火焰快速熄灭，这也是上文分析中提到阻燃材料的氧指数值随着阻燃剂添加量的增加提高不明显的原因所在。

$$2\,Al(H_2PO_2)_3 \longrightarrow Al_2(HPO_4)_3 + 3\,PH_3\uparrow \quad (300\sim350℃)$$

$$2\,Al_2(HPO_4)_3 \longrightarrow Al_4(P_2O_7)_3 + 3\,H_2O\uparrow \quad (350\sim500℃)$$

(a)

$$2\,Al(H_2PO_2)_3 \longrightarrow Al_2(HPO_4)_3 + 3\,PH_3\uparrow \quad (300\sim350℃)$$

$$Al(H_2PO_2)_3 + 3O_2 \longrightarrow Al(PO_3)_3 + 3\,H_2O\uparrow \quad (350\sim450℃)$$

$$2\,Al_2(HPO_4)_3 \longrightarrow Al_4(P_2O_7)_3 + 3\,H_2O\uparrow \quad (350\sim700℃)$$

(b)

$$Al(H_2PO_2)_3 \longrightarrow Al_2(HPO_4)_3 + PH_3\uparrow$$

$$Al_2(HPO_4)_3 \xrightarrow{H_2O\uparrow} Al_4(P_2O_7)_3 + H_3PO_2\uparrow + P_4\uparrow$$

$$\left.\begin{array}{r}Al(H_2PO_2)_3\\ Al_2(HPO_4)_3\end{array}\right\} \xrightarrow{H_2O\uparrow} AlPO_4 + Al_4(P_2O_7)_3 + P_4\uparrow$$

(c)

图 3.2　次磷酸铝（AP）在氮气氛 (a) 和空气氛 (b) 下的热分解过程和模拟燃烧状态的热裂解历程（c）

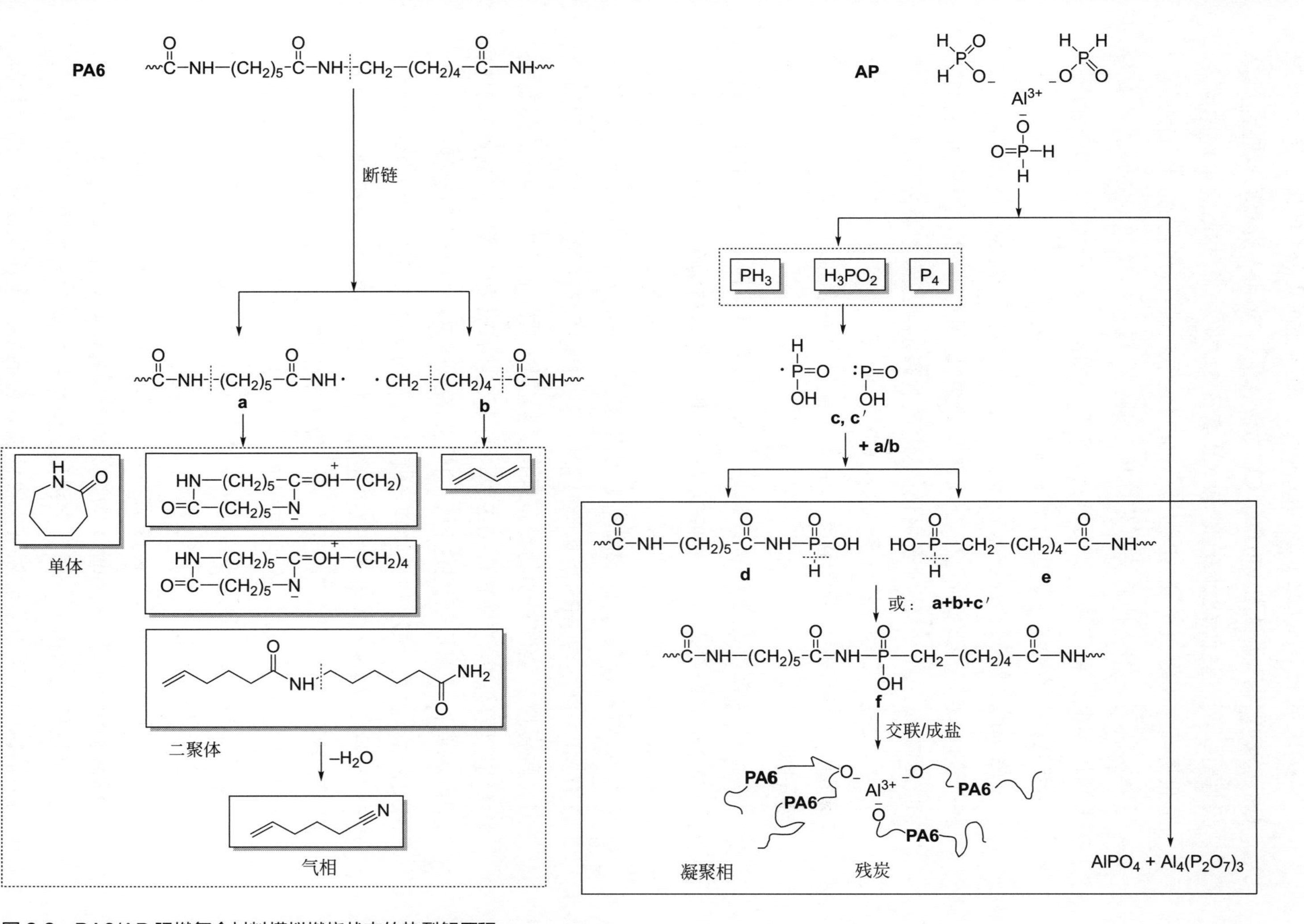

图 3.3 PA6/AP 阻燃复合材料模拟燃烧状态的热裂解历程

次磷酸钙(calcium hypophosphite，缩写为CP或CHP)，分子式为$Ca(H_2PO_2)_2$，分子量为170.06。CP的含磷量为36.46%(质量分数)，热稳定性好，$T_{5\%}$温度为390.0℃，较AP高了51.7℃，氮气氛下700℃残余质量也更高；阻燃效率较AP为低。CP可通过白磷-石灰乳法、中和法和复分解法制得。第一种方法工艺简单，但生产过程中有PH_3生成，白磷原子利用率低。第二种方法与制备AP的中和法的缺陷一样。复分解法多用硝酸钙-次磷酸钠、氯化钙-次磷酸钠两种转化法。

次磷酸镁(magnesium hypophosphite，缩写为MP或MHP)，常温下为六水合化合物。在干燥的环境中易风化，52℃加热脱水生成$Mg(H_2PO_2)_2$。由于Mg原子更轻，MP的含磷量在三者中最高，为40.26%(质量分数)，热稳定性介于AP和CP之间，$T_{5\%}$温度为355.2℃。阻燃效率略优于CP，但仍低于AP。MP亦可通过白磷-氢氧化镁法、中和法和复分解法制得。

王玉忠教授课题组详细比较了AP、CP和MP在ABS中的阻燃效率: AP添加量为25%(质量分数)时，ABS/AP材料即可通过UL-94 V0等级测试，LOI值从未改性ABS的18.5%提高至24.1%；AP添加量提高至30%(质量分数)，阻燃材料LOI值进一步提高至25.1%。而等量磷含量的MP和CP对ABS的阻燃性能的影响几乎没有区别，在较高添加量时，垂直燃烧测试表明仍没有级别。热重分析显示，由于AP的起始热分解温度较低，可以先于ABS基材分解，生成热稳定性较好的产物保护ABS树脂，从而抑制ABS树脂的热分解，提高材料的热稳定性；而MP和CP由于都具有较高的起始热分解温度，并不能起到与AP一样的效果，这也导致了ABS/MP和ABS/CP阻燃性能较差。AP的阻燃机制主要是以凝聚相机理为主，气相机理为辅：凝聚相中形成的内层是以磷酸铝/焦磷酸铝为主的无机层，外层是以P—O—C结构炭层为主的残炭；气相中生成P_4、PH_3和H_3PO_2等含磷物质，并进一步释放出含磷自由基，起到自由基淬灭的作用[8]。

常见的稀土金属次磷酸盐，如次磷酸镧(lanthanum hypophosphite)、次磷酸铈(cerous hypophosphite)、次磷酸镨(praseodymium hypophosphite)等，是以相应的稀土金属氧化物和次磷酸钠为原料合成的，可作为协效剂和抑烟剂应用于阻燃领域，较低加入量的稀土金属次磷酸盐即可提高材料的热稳定性，有效降低燃烧过程中CO的产生，大幅度提高复合材料的阻燃性能。但是，相较于AP，单独添加稀土金属次磷酸盐的阻燃效果并不理想。例如在对尼龙6、聚乳酸的阻燃性能上，AP的效果要明显优于稀土金属次磷酸盐。稀土金属作为稀有金属元素具有不可再生的特点，其供应量有限；同时稀土金属杂质多，提纯工艺复杂，制备条件苛刻，成本也较高。

3.1.2.2 次膦酸盐

次膦酸盐一般指烷基取代的次磷酸盐，属于无机次磷酸的衍生物，是一类有着固定母体结构的化合物。次膦酸盐的基本结构为：

$$M^{m+}\left[\bar{O}-\overset{\overset{\displaystyle O}{\|}}{\underset{\underset{\displaystyle R^1}{|}}{P}}-R^2\right]_m$$

在结构式中，R^1以及R^2可以为相同或者不同的基团，一般常见的有甲基、乙基、甲氧基、乙氧基、苯基等，也有的通过环烷基将R^1和R^2合二为一。M为金属元素，常见的有Al、Zn、Mg、Ca等，m代表金属M的键合数。从化学结构上区分，次膦酸盐属有机磷系阻燃剂，但考虑到金属离子在阻燃过程中的实际作用，目前的品类划分多将其归属于无机阻燃剂。

有机次膦酸盐合成的关键点在于如何形成P—C键。有机磷化学起始于19世纪20年代Lassagine以磷酸与醇制备磷酸酯，而后俄罗斯的Arbuzov学派与德国的Michaelis学派对有机磷的研究，促使有机磷合成体系在随后100年内快速地发展。

① 金属络合催化加成法。Deprèle等以钯金属络合物为催化剂制备烷基次膦酸盐[9]。该催化剂具备较好的催化效率，以及较低的反应条件，并且产物易于提纯。但是大部分文献报道的转化率高例子仅体现在单烷基次膦酸盐的合成中，对于二烷基的产率无明确的介绍，并且该方法使用的贵金属催化剂不利于工业成本的控制。

② $AlCl_3$催化法。Weferling等人在1973年提出以白磷为原料、$AlCl_3$为催化剂制备烷基次膦酸[10]。在高压反应釜中，以甲苯为反应介质，在温度60℃下加入催化剂和白磷并剧烈搅拌，混合均匀后将体系降温至

25℃，然后加入 CH_3Cl 并在后续 1h 内加入一定浓度的 KOH 溶液，后续反应 1 h 后抽滤水洗得到产物。

Spivack 在原有基础上进一步提出以 PCl_3 为原料制备烷基次膦酸盐[11]。将硝基甲苯与催化剂在低温下（-9℃左右）混合后，升温，在混合液中加入 PCl_3 维持反应温度在 -12 ～ -10℃，反应完成后萃取，蒸干后即得到产物。

③ Grigmard 试剂法。该方法仅适用于端烯与次磷酸以及盐的加成反应，且对于 C＝C 双键独立性有较高的要求，如果在其旁边有过多取代基团，该反应效果较差。该方法的产率仅为 20% 左右。

中国航天军事医学专家胡文祥教授以 PCl_3 与 Grigmard（格氏）试剂合成高位阻的烷基次膦酸盐[12]，其合成方法为：以卤代烷与镁制成格氏试剂，然后与三氯化磷进行反应，经过水解、氧化得到二烷基次膦酸。也有研究者以 PCl_3 为原料，以无水乙醚作为溶剂，将二烷基磷酸酯与格氏试剂反应后，再在酸性条件下水解形成中间体二烷基氧化膦，最后将其与四氯化碳和水直接共热反应得到二烷基次膦酸。此种方法操作简单，产品的收率和纯度较高，但是其反应步骤多，工艺流程烦琐，以及其反应物的配制较为不易，因此不利于工业化生产。

④ 自由基亲电加成法。端基为 α-烯烃时，由于其为电子供体，为 Arbuzov-Michaelis 亲电加成反应提供了反应的条件。自由基加成法应用于烷基次膦酸或其盐的合成中，其核心原理是利用次磷酸或其碱金属盐的分子与自由基源即引发剂分子发生碰撞，而形成活性较强的次磷酸或其碱金属盐的自由基，然后加成到烯烃分子上，得到目标产物[13]。

自由基加成是制备高纯度高产率的二乙基次膦酸盐的最合适的工业化方法。该方法起源于 20 世纪 60 年代，ExxonMobil Oil Corp. 以不饱和烯烃与次磷酸加成制备具备碳 - 磷键的化合物[14]；后续 Commercial Solvents Corp. 开发了在过氧化物催化下，使磷化氢与烯烃加成来制备二烷基次膦酸铝的技术[15]。1975 年，Hoechst GmbH 公司开发了以 α-烯烃为原料与次磷酸酯通过自由基聚合制备烷基次膦酸酯的技术[16]。1986 年，Econimic Laboratory 开发了将烯烃与碱金属次磷酸盐通过自由基反应制备烷基次膦酸盐的技术，其制备的双烷基次膦酸盐中，烷基 C 链较长，而产品的主要功能是作为萃取剂，而用作阻燃剂只有部分介绍。

研究者们在自由基加成法的基础上拓展了底物类型。如叔丁醇（*t*-butanol），叔碳位上的羟基会在酸性条件下消去“原位”生成烯烃，进而在自由基引发剂作用下与次磷酸 P—H 键加成生成异丁基次膦酸。但通常得到的是单取代和双取代次膦酸的混合物。进一步经 NaOH 中和，再与对应的金属盐如氯化铝发生复分解反应，即可制得异丁基次膦酸铝（aluminum isobutylphosphinate，APBu）[17]。

烷基次膦酸盐作为阻燃剂的应用，则是德国 Clariant SE 后续开发的。其专利涵盖单质磷以及磷化氢的烷基化方法，以及以次磷酸盐为原料烷基化得到烷基次膦酸盐 [18-19]。该方法是由白磷和卤代烷烃制烷基亚膦酸和二烷基次膦酸的碱金属盐或碱土金属盐的方法，其特征在于，该反应是在碱金属氢氧化物水溶液、碱土金属氢氧化物水溶液或其混合物存在下进行的，重要生成物包括烷基亚膦酸、膦酸和次膦酸的盐。该方法是由简单的原料制备具有多于一个磷-碳键的有机磷化合物。但磷的利用率较低，烷基次膦酸盐的产率低，目标产物的分离提纯困难。

美国 Pennwalt 公司在 20 世纪七八十年代就已对 Zn 和 Zr 的烷基次膦酸盐进行了制备，并且用在 PET 中可以将氧指数提高 1 ～ 4 个百分点。在早期研究的次膦酸盐阻燃报道中，一些特定结构的金属次膦酸盐阻燃剂对 PA6、PA66 等的阻燃有积极贡献 [20-22]。苯基甲基次膦酸锌以及二苯基次膦酸锌在添加 20%（质量分数）时可以使 PA6 的氧指数提高 1 ～ 2 个百分点；10%（质量分数）环状次膦酸铝盐复配 10%（质量分数）三聚氰胺磷酸盐可以使 PA6 达到 UL-94 V0 等级。Ticona 公司制备了 Zn、Al 以及 Ca 的二烷基次膦酸盐应用于玻纤增强 PA6 以及 PBT，他们发现乙基甲基次膦酸铝或乙基甲基次膦酸钙添加 30%（质量分数）可以使玻纤增强尼龙通过 V0 等级，报道中同时也指出对 PBT 或者玻纤增强 PBT 只需 15%（质量分数）或 20%（质量分数）。8%（质量分数）的二甲基次膦酸锌盐复配 12%（质量分数）三聚氰胺可以使 30%（质量分数）玻纤增强的 PA46 达到 V0 等级 [23-28]。

德国 Clariant 是二烷基次膦酸盐类阻燃剂生产的代表企业，他们研究了将各种二烷基次膦酸盐（例如 Al、Ca、Mg 和 Zn）作为 GF 增强热塑性塑料的有效阻燃剂。二烷基次膦酸铝盐是其中最具代表性的工业化产品。该公司于 2004 年之后分别推出了牌号为 Exolit@ OP 930、Exolit@ OP

1311、Exolit@ OP 1312 以及 Exolit@ OP 1240 等以 AlPi 为主的阻燃剂品牌。其中 OP 930 是二乙基次膦酸铝; OP 1311 以及 OP1312 是由二乙基次膦酸铝与含氮阻燃剂三聚氰胺尿酸盐(MCA)或三聚氰胺聚磷酸盐(melamine polyphosphate，MPP)组成的复合阻燃剂 [18-19]。图 3.4 给出了目前最有代表性的商品化金属次膦酸盐类阻燃剂的结构式。

M = Al; m = 3
M = Zn; m = 2
M = Ca; m = 2
…
二乙基次膦酸金属盐

甲基苯基次膦酸锌

二苯基次膦酸锌

M = Al; m = 3
M = Ca; m = 2
…
甲基乙基次膦酸金属盐

二甲基次膦酸锌

磷杂环戊烷基次膦酸铝

二异丁基次膦酸铝

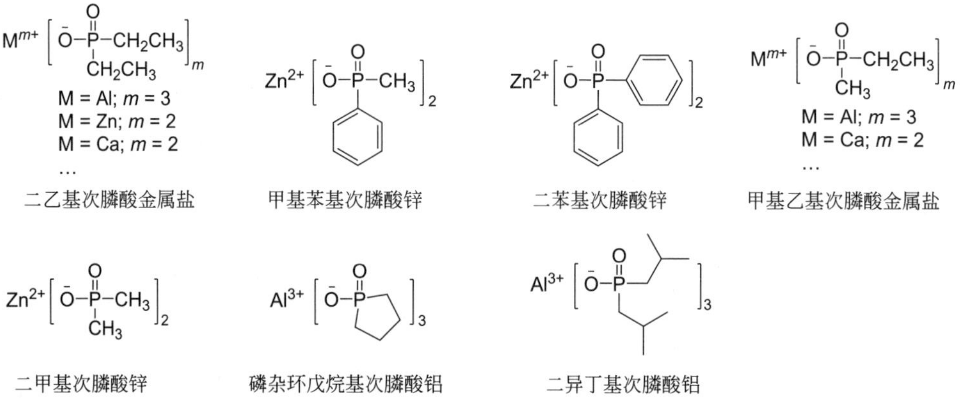

图 3.4　几种典型商品化金属次膦酸盐类阻燃剂的结构式

Braun 等人研究了 AlPi 在 GF 增强 PA66 中的应用，证明 AlPi 与其他协效剂之间的相互作用对阻燃体系分别在凝聚相或气相中作用的发挥具有决定性的影响。该研究表明，三聚氰胺聚磷酸盐的主要作用机制是稀释燃料和产生含磷杂化炭层构成的阻隔保护层，而目前广泛应用的商品化 AlPi 阻燃剂则主要在气相中作用。将两者组合，通过形成由磷酸铝组成的保护层改变了阻燃剂的气相阻燃作用主导机制。添加硼酸锌则形成硼-磷酸铝层，其表现出比磷酸铝更好的阻隔保护作用 [29-31]。

王玉忠教授课题组详细讨论了以无机 AP 以及有机 APBu 阻燃剂为代表的不同结构次膦(磷)酸盐阻燃 PA6 的阻燃作用机制，并提出了相应的阻燃作用机制模型 [7]。如前所示，AP 与 PA6 在受热或燃烧时发生交联反应，改变了 PA6 材料的热性能、流变性能以及热裂解行为，而 APBu 阻燃材料在测试时没有检测到交联反应的发生。AP 主要在凝聚相中发生交联成炭反应; APBu 的阻燃活性成分主要存在于气相中并起到自由基淬灭中断燃烧的作用。根据阻燃机制的研究结论，作者进一步将分别在凝聚相中起作用的 AP 与主要以气相机理为主的 APBu 进行复配 [32]。表 3.1 列出了 AP/APBu 复配阻燃 PA6 的垂直燃烧和氧指数结果，作为对比，一并列出了未阻燃 PA6 以及分别单独使用 AP 或 APBu 阻燃 PA6 材料的数据。基于阻燃剂的大量添加会破坏材料的机械性能的考虑，对聚合物进行阻燃改性一般原则是在达到阻燃等级要求的情况下阻燃剂添加量越少越好，尽量减少对基材机械性能的破坏。因此作者选用了阻燃剂总添加量为 15%(质量分数)的配方，依次调节 AP/APBu 的质量比从 3∶1 至 1∶3。当 AP/APBu 的质量比为 2∶1 时，材料的阻燃性能就发生了实质性的提高，3.2 mm 厚度样品可通过 UL-94 V1 等级测试。在相同的阻燃剂添加量下，试样燃烧性能数据表明 AP 与 APBu 在阻燃 PA6 时发生了协同阻燃效应。继续提高配方比例到 1∶1，材料阻燃性能进一步提高，材料通过 UL-94 V0 等级测试，氧指数提高到 28.3%。继续改变阻燃剂配比为 1∶2 以及 1∶3 时，阻燃材料也均能通过 V0 等级，但氧指数变化不大。对比单独使用 15%(质量分数)添加量 AP 或 APBu 阻燃 PA6 的燃烧性能数据可以发现，将二者复配后起到明显的协效阻燃作用。虽然 AP/APBu 配比为 1∶1 ～ 1∶3 时均可使阻燃材料通过 V0 等级，但 APBu 的比例增加并没有明显提高材料阻燃性能，而有机基团取代的 APBu 阻燃剂密度更小、填充效应明显，相同重量的情况下占据更大的体积分数，并对最终的阻燃材料力学性能造成了负面影响。

表3.1　两种次磷/膦酸盐协同阻燃PA6的燃烧性能数据

样品	UL-94 垂直燃烧 (3.2 mm)			LOI/%
	t_1/s	t_2/s	等级	
PA6	15 ± 2	35 ± 10	NR	20.5
PA6-15%AP	1 ± 1	10 ± 1	V2	25.7
PA6-15%AP/APBu (3∶1)	41 ± 2	烧至夹具	NR	25.9
PA6-15%AP/APBu (2∶1)	0	11 ± 3	V1	27.8
PA6-15%AP/APBu (1∶1)	0	4 ± 1	V0	28.3
PA6-15%AP/APBu (1∶2)	0	5 ± 2	V0	28.3
PA6-15%AP/APBu (1∶3)	0	6 ± 2	V0	28.2
PA6-15%APBu	6	15	V2	28.1

进一步综合分析了单独添加15%(质量分数)的AP、APBu，以及复配AP/APBu(质量比1∶1)的阻燃PA6经LOI测试后炭层微观形貌和宏观结构。分别使用AP、APBu以及AP/APBu阻燃PA6材料经过LOI测试后炭层内部形貌各有特点，有着很大的不同但又存在一定的联系。PA6/AP残炭为小的、坚固的、类似海岛状的堆积残炭。这种不连续的堆积炭层主要是由于AP阻燃体系的凝聚相交联成炭机理引起的，燃烧时较少的气体释放使炭层难以连续。而PA6/APBu阻燃材料残炭形貌则正好相反，可以观察到该残炭是薄而连续的，引起这种炭层形成的原因是该体系在燃烧中以气相阻燃机理为主，大量的气体释放可以促进炭层更加连续，但也使其不够坚固。对于PA6/AP/APBu体系，炭层形貌恰好介于前两者之间，表现出既坚固但又连续平整且略有膨胀的形貌。很明显，这是AP与APBu共同的作用引起的，凝聚相机理和气相机理促进了此类形貌炭层的形成。一方面，AP组分在凝聚相发生交联成炭反应抑制快速燃烧保护内部基材；另一方面，APBu组分释放出含磷的气体物质并形成自由基，可以在气相起到中断燃烧自由基链式反应而抑制火焰的作用。同时，这些气体在释放的过程中可以起到膨胀型炭层形成所需要的气源的作用，使燃烧中的基体形成膨胀且连续的炭层，这种炭层对阻燃可以起到积极作用[32]。

耐高温尼龙(high-temperature nylon，HTN)是指可长期在150℃以上使用的尼龙工程塑料。目前已经工业化的品种有荷兰DSM公司的PA46和PA4T，杜邦、三井化学、巴斯夫等多家公司开发的PA6T，日本可乐丽公司开发的PA9T和我国金发公司具有自主知识产权的PA10T系列半芳香聚酰胺等。由于HTN加工温度较高，因此限制了很多阻燃剂的应用。HTN无卤阻燃剂研究进展相对缓慢，现以改性红磷和耐高温次膦酸盐为主。美国杜邦公司研究开发了多种利用商品化OP1230、OP930等对PA6T、PA66/6T阻燃的体系，并开发了基于锡酸锌、勃姆石(Boehmite，BM)等耐高温无机物协效阻燃体系的阻燃耐高温尼龙。

勃姆石又称软水铝石，分子式是γ-AlOOH，是$\gamma\text{-}Al_2O_3$的前驱体。BM是一种重要的铝土矿组成形式，亦被广泛报道用以阻燃协效。王玉忠教授课题组提出一种新的有机次膦酸盐-纳米金属氧化物杂化反应模型，以苯基次膦酸(phenylphosphinic acid，PPiA)和苯基异丁基次膦酸[isobutyl(phenyl) phosphinic acid，BuPPiA]为有机膦改性剂，BM纳米粒子为无机基体，分别制备了两种核-壳结构的耐高温杂化阻燃剂BM@Al-PPi和BM@Al-BuPPi(图3.5)。有机次膦酸铝内核赋予杂化阻燃剂较高的阻燃效率，无机BM壳层赋予杂化阻燃剂更优异的耐热性和高温加工稳定性，与现有次膦酸铝盐阻燃剂相比更加适用于高温尼龙的熔融共混改性[33]。基于自制的两种杂化阻燃剂，作者制备了HTN/BM@Al-PPi和HTN/BM@Al-BuPPi两种阻燃高温尼龙复合材料，两种阻燃体系均表现出优异的阻燃和抑烟效果，其中BM@Al-BuPPi对提升极限氧指数的作用更明显。杂化阻燃剂有机次膦酸铝组分对材料燃烧过程中的热量释放有明显的抑制作用，而无机BM纳米颗粒组分对降低烟释放有一定的贡献，一定程度上提升了阻燃HTN材料的火灾安全性。同时，研究发现杂化阻燃剂BM@Al-BuPPi对HTN基材拉伸强度的恶化作用要明显低于相应的次膦酸铝盐Al-BuPPi，分析认为BM@Al-BuPPi的BM壳层可以有效提高杂化阻燃剂的表面能，从而提高与HTN基材间的相互作用和相容性，最终降低阻燃剂对HTN材料机械性能的破坏作用。这类杂化阻燃剂热稳定性和加工稳定性均优于市售次膦酸铝阻燃剂，可赋予半芳香尼龙良好的阻燃性能，同时为制备多组分杂化的高性能阻燃剂提供了新的思路[33-35]。

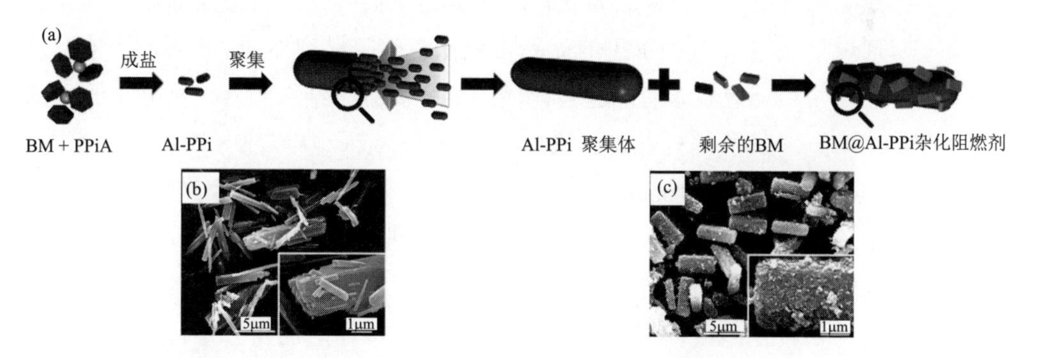

图3.5 以苯基次膦酸（PPiA）为例，杂化阻燃剂BM@Al-PPi的形成过程(a)，Al-PPi次膦酸盐聚集体(b)和BM@Al-PPi杂化物(c)的微观形貌

3.2
有机磷系阻燃剂

3.2.1 氧化膦与亚磷酸酯

3.2.1.1 氧化膦

氧化膦(phosphine oxide)是指具有P—C结构有机膦的氧化物，以三烷基氧化膦(trialkylphosphine oxide，TAPO)、三苯基氧化膦(triphenylphosphine oxide，TPPO)为代表。由于不含酯键，氧化膦的水解稳定性明显优于磷酸酯和膦酸酯；其磷酰基氧原子具有孤对电子，有较强配位能力，能与多种金属盐形成油溶性配合物。氧化膦可以带有如醇羟基、羧基等活性官能团，并参与共聚聚酯、聚碳酸酯、聚氨酯、环氧树脂等的合成；也可以用作添加型阻燃剂。氧化膦类阻燃剂是聚苯醚(polyphenylene oxide，PPO)最为有效的添加型阻燃剂之一，常见的结构有环辛基羟丙基氧化膦 [1-(3-hydroxypropyl)phosphonane 1-oxide，或称cyclooctyl(3-hydroxypropyl)phosphine oxide，COHPPO]，可与芳香磷酸酯阻燃剂媲美，但磷含量更高，因此达到同样阻燃等级所需添加的阻燃剂量更低[36]。几种常见的商品化氧化膦类阻燃剂如图3.6所示。也可以通过共聚反应将含有活性官能团的氧化膦分子结合到合成高分子的主链结构上，赋予材料永久的阻燃性。例如：双(对羧苯基)苯基氧化膦 [bis(4-carboxyphenyl)phenyl phosphine oxide，BCPPO]，用作聚酰胺、聚酯、聚苯并咪唑等多种聚合物的反应型阻燃剂或阻燃单体，可同时赋予聚合物较好的阻燃性、抗静电性和染色性，良好的热、氧稳定性以及较高的玻璃化转变温度。相关内容将在“6 含磷本征阻燃高分子材料”中详细提及。

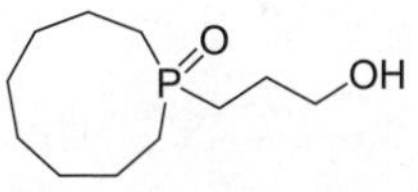

环辛基羟丙基氧化膦 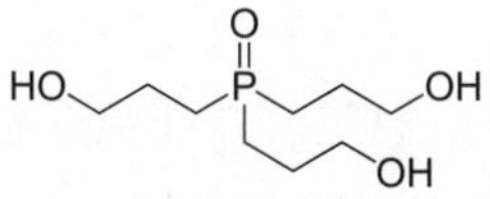　　三（3-羟丙基）氧化膦 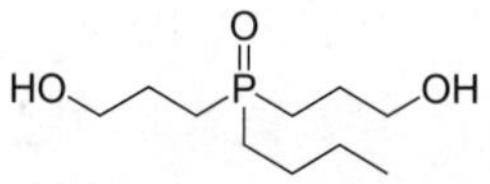　　双（3-羟丙基）丁基氧化膦

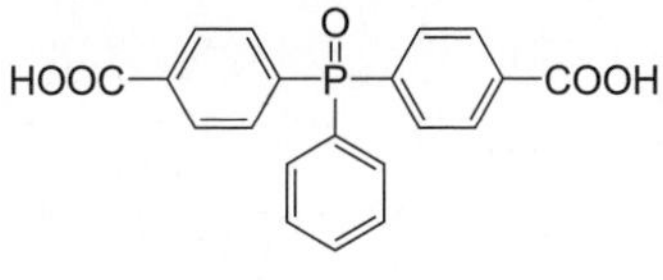

双（对羧苯基）苯基氧化膦 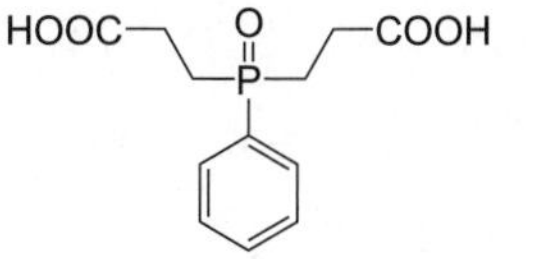　　双（羧乙基）苯基氧化膦

图 3.6　几种典型商品化氧化膦类阻燃剂的结构式

3.2.1.2　亚磷酸酯

亚磷酸酯不含 P＝O 双键，易被氧化，主要在高分子助剂领域用作辅助抗氧剂，在 PVC 加工中与金属皂配合使用可络合金属氯化物，改善 PVC 制品的耐热性和耐候性。也有文献报道了亚磷酸酯在阻燃材料中的应用[37]。目前已在工业界广泛应用的亚磷酸酯为亚磷酸三苯酯及其衍生物，如图 3.7 所示。

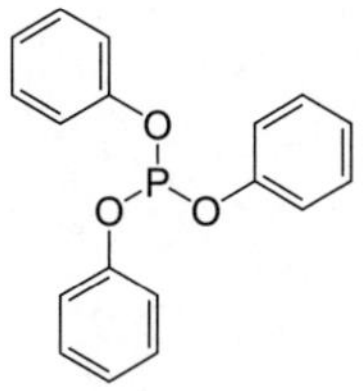

亚磷酸三苯酯 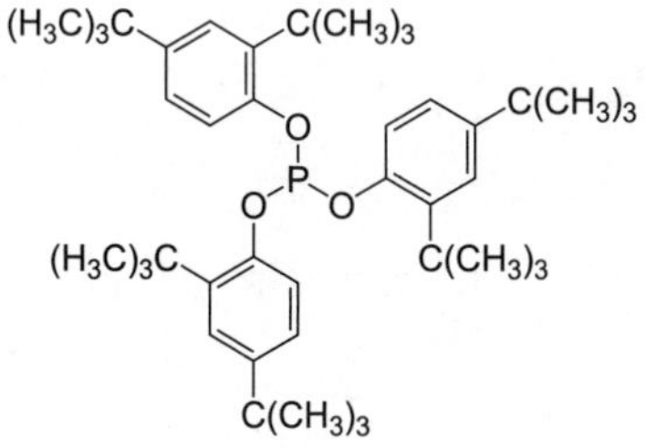　　亚磷酸三（2,4-二叔丁基苯）酯 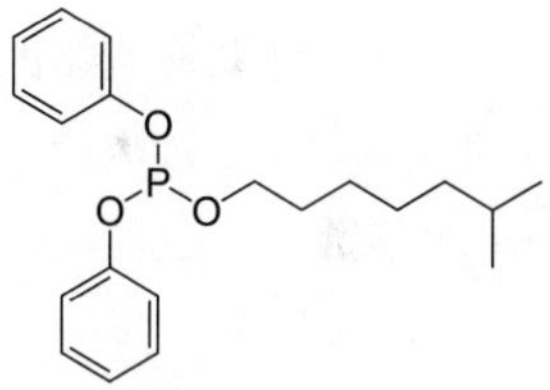　　亚磷酸二苯异辛酯

图 3.7　三种典型商品化亚磷酸酯类阻燃剂的结构式

亚磷酸三苯酯(triphenyl phosphite，TPP)，分子式为 $C_{18}H_{15}O_3P$。室温以上时为无色或淡黄色透明油状液体，不溶于水，有刺激性气味。TPP 与卤系阻燃剂并用，可发挥阻燃及抗氧作用，并兼具光稳定功能，适用于 PVC、PP、PS、ABS、聚酯及环氧树脂等。TPP 广泛作为 PVC 的螯合剂，当采用以金属皂为主的稳定剂时，配以 TPP 可减少金属氯化物的危害，并能保持制品的透明度和抑制其色度变化。

亚磷酸三(2,4-二叔丁基苯)酯 [tris(2,4-di-tert-butylphenyl) phosphite，

TBPP] 即为广泛应用的抗氧剂 168，是一种性能优异的亚磷酸酯抗氧剂。其抗萃取性强、对水解作用稳定，并能显著提高制品的光稳定性，可以与多种酚类抗氧剂复合使用。分子式为 $C_{42}H_{63}O_3P$。TBPP 作为阻燃热稳定剂，可抑制 PVC 高温加工时产生卤素及卤化氢，并可与卤系阻燃剂复配用于 PE、PP、PS、ABS、PC 及 PA 等。

亚磷酸二苯异辛酯(diphenyl isooctyl phosphite，DPIOP)分子式为 $C_{20}H_{27}O_3P$。可由苯酚、异辛醇和 PCl_3 反应制得；也可通过 TPP 与异辛醇酯交换制得。DPIOP 具有一定的阻燃性，可用作多种聚合物的抗氧剂和稳定剂，并与许多酚类抗氧剂有较好的协同作用。例如，它可用于 PP 以防止颜色变化；亦可用作 PVC 的螯合剂，与金属皂并用以提高 PVC 的耐热性和透明度；也可作为 ABS 的阻燃型热稳定剂，但实际阻燃效果不佳。

3.2.2 有机磷酸酯与膦酸酯

3.2.2.1 有机磷酸酯

有机磷酸酯的结构通式如下：

$$R^1-O-\overset{\overset{\large O}{\|}}{\underset{\underset{\large R^2}{|}}{\underset{\large O}{\underset{|}{P}}}}-O-R^3$$

式中，R^1、R^2、R^3 可以是脂肪烃基，也可以是芳香烃基，还可以是卤代烷基。事实上，在有机含磷阻燃剂发展初期，卤代磷酸酯扮演了非常重要的角色。这些曾经的明星分子包括氯代磷酸酯如三(氯乙基)磷酸酯 [tris(2-chloroethyl)phosphate，TCEP]、三(1-氯-2-丙基)磷酸酯 [tris(1-chloro-2-propyl)phosphate，TCPP]、三(1,3-二氯-2-丙基)磷酸酯 [tris(1,3-dichloro-2-propyl)phosphate, TDCPP]、1,2-亚乙基四(2-氯乙基)二磷酸酯 [tetra(2-chloroethyl)ethane-1,2-diyl bis(phosphate)，TCEEBP，商品名为 Thermolin 101]、1,2-亚乙基四(1-氯-2-丙基)二磷酸酯 [tetra(1-chloro-2-propyl)ethane-1,2-diyl bis(phosphate)，TCPEBP，商品名

为 Thermolin 909]、2,2-二氯甲基-1,3-亚丙基-四(2-氯乙基)二磷酸酯 [2,2-bis(chloromethyl)propane-1,3-diyl tetra(2-chloroethyl)bis(phosphate)，BCPTCBP，商品名为 Phosguard 2XC-20]，溴代磷酸酯如三(2,3-二溴-1-丙基)磷酸酯 [tris(2,3-dibromo-1-propyl)phosphate，TDBPP] 等[1,38]。典型商品化卤代磷酸酯结构如图 3.8 所示。

三（氯乙基）磷酸酯

三（1-氯-2-丙基）磷酸酯

三（1,3-二氯-2-丙基）磷酸酯

1,2-亚乙基四（2-氯乙基）二磷酸酯

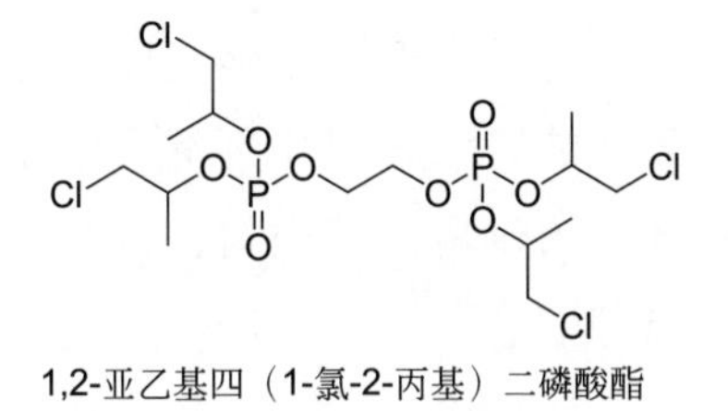

1,2-亚乙基四（1-氯-2-丙基）二磷酸酯

2,2-二氯甲基-1,3-亚丙基-四（2-氯乙基）二磷酸酯

三（2,3-二溴-1-丙基）磷酸酯

图 3.8　几种典型商品化卤代磷酸酯阻燃剂的结构式

TCEP 分子式为 $C_6H_{12}O_4Cl_3P$，通常以三氯氧磷(phosphorus oxychloride，$POCl_3$) 与环氧乙烷(ethylene oxide) 在偏钒酸钠(sodium metavanadate，$NaVO_3$)催化下反应制得。溶于多种极性溶剂，与各种再生纤维素和合成高分子均相容性良好。TCEP 具有极佳的阻燃性、优良的抗低温性及抗紫外线性，其蒸气(沸点为 145℃)只有在 225℃用直接火焰方能点燃，且移走火源后即自熄。以 TCEP 为阻燃剂，不但可提高被阻燃材料的阻燃级别，而且可改善被阻燃材料的耐水性、耐酸性、耐寒性及抗静电性。TCEP 常用于阻燃以硝酸纤维和醋酸纤维为基的油漆涂料，

以不饱和聚酯、聚氨酯、丙烯酸树脂、酚醛树脂等为代表的热固性高分子，也可作为软质聚氟乙烯的增塑阻燃剂。但制品易起霜，且柔软性恶化，故多作为辅助增塑阻燃剂。TCEP 的典型用量，在阻燃不饱和聚酯时为 10% ～ 20%(质量分数)，在聚氨酯硬泡(聚醚多元醇)时为 10%(质量分数)左右，在软质聚氯乙烯中作为辅助增塑阻燃剂时为 5% ～ 10%(质量分数)。然而，TCEP 是一种污染性较强的有机致癌物质，人们接触任何水平的 TCEP 都可能受到伤害，对婴幼儿的影响尤为严重，并且可能削弱男性生育能力，已被很多国家和地区限制或禁止使用[39]。

TCPP 分子式为 $C_9H_{18}O_4Cl_3P$，一般使用 $POCl_3$ 与环氧丙烷(propylene oxide)反应制得。其理化性质接近 TCEP，但由于多了一个甲基侧基，磷、氯含量略低，同时对水、碱等反应活性也更低。与 TCEP 相比，更适用于阻燃聚氨酯泡沫塑料，特别是硬质泡沫，因为它在异氰酸酯或聚醚与催化剂混合物中的贮存稳定性甚佳。此阻燃剂也适用于低烟的包覆泡沫塑料、低脆性的异氰脲酸酯泡沫塑料及软质模塑泡沫塑料。

TDCPP 分子式为 $C_9H_{15}O_4Cl_6P$，可通过 $POCl_3$ 与环氧氯丙烷(epichlorohydrin)，以 $AlCl_3$ 为催化剂在 30℃反应制得。TDCPP 适用于阻燃软质和硬质聚氨酯泡沫塑料、聚氯乙烯、环氧树脂、不饱和聚酯、酚醛树脂、聚苯乙烯、合成橡胶等，一般用量为 10% ～ 20%(质量分数)。例如，在软质聚氯乙烯中加入 10%(质量分数)的 TDCPP，可使自熄时间由 8.6 s 缩短为 0.3 s；在不饱和聚酯中加入 15%(质量分数)的 TDCPP，可使自熄时间由大于 120 s 缩短为 6 s；在聚氨酯泡沫塑料中加入 5%(质量分数)的 TDCPP 可使产品获得自熄性，如增至 10%(质量分数)则离火熄灭甚至无法点燃。与 TCEP 类似，由于潜在的健康问题，欧盟 REACH 法规将 TCEP、TDCPP 列为高关注度物质；加拿大将 TCEP、TDCPP 归类为有毒物质，提出草案拟议对三岁以下儿童产品颁布 TCEP 使用禁令。2014 年，美国华盛顿州正式引入《无毒儿童法案》(Toxic Free Kids Act)，对使用对象为 12 岁以下儿童的产品中的 TCEP、TDCPP 颁布禁令。

TCEEBP(Thermolin 101)系 Olin Chemical Company 的商品化含氯磷酸酯阻燃剂，分子式为 $C_{10}H_{20}O_8Cl_4P_2$，使用 $POCl_3$、乙二醇和环氧乙烷

分两步制得。Thermolin 101 与 TCEP 类似，可应用于软质聚氨酯泡沫的添加型阻燃。阻燃剂受热 Cl—C 键断键释放出 Cl·自由基，与火焰中活性 H·、HO·自由基结合，从而中断燃烧的自由基链式反应；凝聚相中生成多种磷酸衍生物，一方面聚磷酸保护膜可起到物理屏蔽作用，另一方面促进聚氨酯基体脱水成炭，进一步增强凝聚相的保护作用。将上述制备 TCEEBP 的反应底物环氧乙烷换成环氧丙烷，即可制得 TCPEBP（Thermolin 909），分子式为 $C_{14}H_{28}O_8Cl_4P_2$。与 Thermolin 101 类似，Thermolin 909 亦可用于阻燃软质聚氨酯泡沫，且其耐水性、贮存稳定性更佳。

BCPTCBP（Phosguard 2XC-20）是美国 Monsanto Company 开发的一种含氯磷酸酯类添加型阻燃剂，分子式为 $C_{13}H_{24}O_8CI_6P_2$，可通过 PCl_3、季戊四醇、氯气及环氧乙烷分三步制得，主要用于聚氨酯泡沫。

TDBPP 分子式为 $C_9H_{15}O_4Br_6P$，通常使用 $POCl_3$ 与 2,3-二溴丙醇直接反应制得。TDBPP 曾一度是最受欢迎的添加型卤代磷酸酯阻燃剂，广泛适用于阻燃聚氯乙烯、聚苯乙烯、聚醋酸乙烯酯、软质和硬质聚氨酯泡沫塑料、不饱和聚酯、酚醛树脂、丙烯酸树脂、醋酸纤维素、硝酸纤维素等多种塑料，亦可用于涤纶织物的阻燃整理。但现因发现其具有致癌性，已在一些国家某些领域内禁用，现在国内外均已停止生产。

在过去，不含卤的有机磷酸酯多用作高分子增塑剂，对其阻燃作用应用较少。然而，含卤磷酸酯的环境、健康问题日益受到关注，人们也逐渐认识到有机磷酸酯在阻燃应用中的巨大潜力。有机磷酸酯的阻燃应用可以追溯到软质聚氯乙烯的增塑阻燃。由于添加传统增塑剂，如邻苯二甲酸二辛酯（dioctyl phthalate，DOP），会显著恶化 PVC 的阻燃性能，研究者们采用有机磷酸酯部分甚至完全取代 DOP 以提升材料的阻燃性能。典型的有机磷酸酯阻燃增塑剂代表为磷酸二苯异癸酯（Santicizer 148）和磷酸二苯异丙苯酯（Kronitex 100）。发展至今，有机磷化合物被认为是卤系阻燃剂的替代物。表 3.2 总结了市售的典型有机磷酸酯类添加型阻燃剂。

表3.2　典型有机磷酸酯类添加型阻燃剂汇总

阻燃剂分子			分子式	磷含量（质量分数）/%	适用高分子
分类	缩写	全称			
脂肪族	TEP	磷酸三乙酯	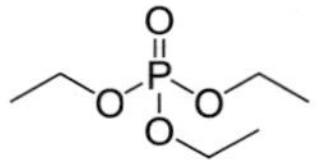	17.00	醋酸纤维素
	TnBP	磷酸三正丁酯	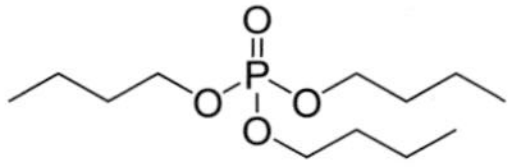	11.63	聚氯乙烯； 聚氨酯泡沫； 醋酸纤维素
	TEHP	三（2- 乙基己基）磷酸酯	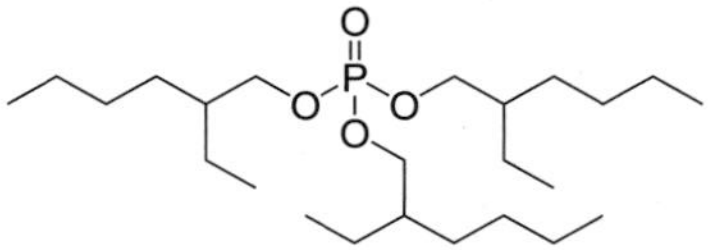	7.13	乙烯树脂； 酚醛树脂； 聚氨酯泡沫
	PEPA	4-(hydroxymethyl)-2,6,7-trioxa-1-phosphabicyclo[2.2.2]octane 1-oxide; 季戊四醇笼状磷酸酯（俗称）	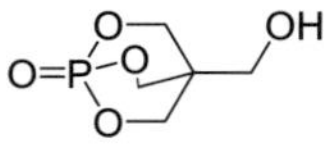	17.20	①
	双螺环磷酸酯	3,9-dihydroxy-2,4,8,10-tetraoxa-3,9-diphosphaspiro[5.5]undecane 3,9-dioxide 季戊四醇双螺环磷酸酯（俗称）		23.82	②
半芳香族	EHDPP	二苯基磷酸 -2- 乙基己酯	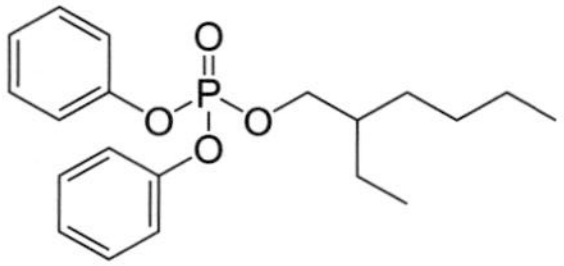	8.55	聚氯乙烯； 乙烯树脂； 合成橡胶
	DPDP	二苯基磷酸 -2- 乙基辛酯	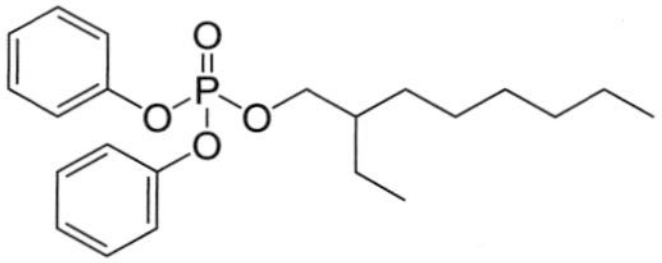	7.93	乙烯树脂； 丙烯酸树脂

续表

阻燃剂分子			分子式	磷含量（质量分数）/%	适用高分子
分类	缩写	全称			
芳香族	TPhP	磷酸三苯酯		9.49	乙烯树脂； 聚碳酸酯； 聚苯醚； 合成橡胶
	CDP	磷酸二苯基间甲苯酯		9.10	聚氯乙烯及其共聚物； 丁醛树脂； 醋酸纤维素； 合成橡胶
	TCrP	磷酸三（间甲基苯基）酯		8.41	聚氯乙烯及其共聚物； 聚苯乙烯； 醋酸纤维素； 合成橡胶
	XDP	磷酸二苯基（2, 4- 二甲基苯基）酯		8.74	聚氯乙烯及其共聚物； 丁醛树脂； 醋酸纤维素； 合成橡胶
	TXP	磷酸三（2, 4- 二甲基苯基）酯		7.55	乙烯树脂； 醋酸纤维素； 合成橡胶

续表

阻燃剂分子			分子式	磷含量（质量分数）/%	适用高分子
分类	缩写	全称			
芳香族	DPPP	磷酸异丙基苯二苯酯	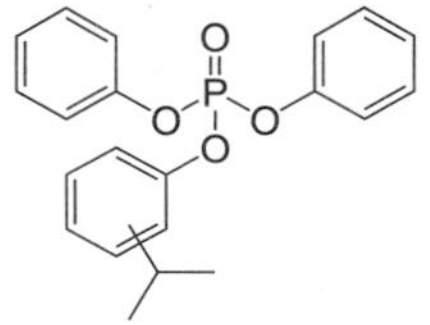	8.41	聚氯乙烯； 聚氨酯泡沫； 醋酸纤维素； 合成橡胶
	RDP	间苯二酚双（二苯基磷酸酯）	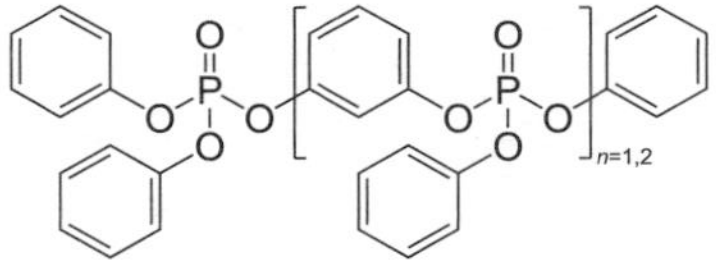	10.78 (n=1)	高抗冲聚苯乙烯； 聚碳酸酯/丙烯腈-丁二烯-苯乙烯共聚物合金
	BDP	双酚 A 双（二苯基磷酸酯）	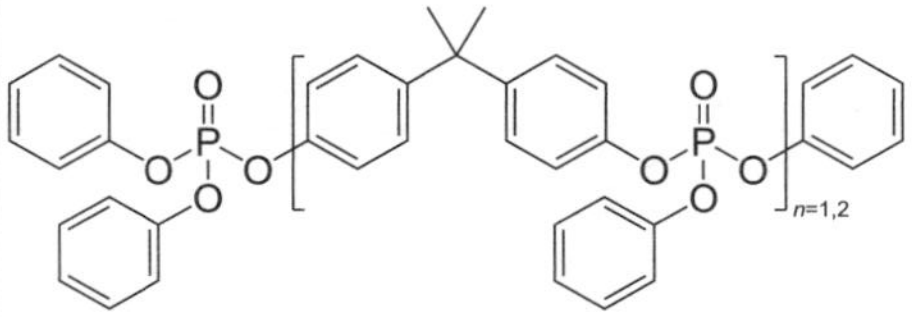	8.94 (n=1)	高抗冲聚苯乙烯； 聚碳酸酯； 聚碳酸酯/丙烯腈-丁二烯-苯乙烯共聚物合金
	BPBP	联苯二酚双（二苯基磷酸酯）	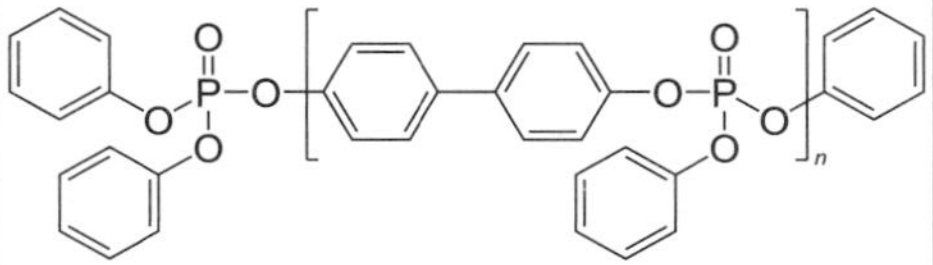	9.52 (n=1)	高抗冲聚苯乙烯； 聚碳酸酯； 聚碳酸酯/丙烯腈-丁二烯-苯乙烯共聚物合金

① PEPA 是用以设计、制备膨胀型阻燃剂最重要的起始原料之一;

② 双螺环磷酸酯同样是用以设计、制备膨胀型阻燃剂最重要的起始原料之一。

季戊四醇(pentaerythritol，PER)分子结构含有四个活泼羟基，可以与APP复配形成膨胀型阻燃剂(intumescent flame retardant)，也可与$POCl_3$在特定条件下合成不同拓扑结构的特殊磷酸酯，如笼状磷酸酯(pentaerythritol cyclic phosphate)和双螺环磷酸酯(pentaerythritol spirobisphosphate)。最早报道的由P—O—C键构筑的笼状结构分子是一种亚磷酸酯，由Verkade等人于1960年发表[40]。作者从PCl_3和2-羟甲基-2-甲基-1,3-丙二醇出发，合成了具有特殊笼形结构的亚磷酸酯。后人用$POCl_3$代替了PCl_3，用PER代替了2-羟甲基-2-甲基-1,3-丙二醇，以二氧六环为溶剂，最终得到了笼状亚磷酸酯。而在1963年，德国一家公司也报道了双螺环磷酸酯的合成，他们以过量的$POCl_3$和PER为原料，在较长时间(8～10 h)的回流状态下(100～110℃)制得纯度较高的氯化螺环磷酸酯，其反应如图3.9中(b)所示。后人改进了工艺，加入催化剂$AlCl_3$，缩短了反应时间并降低了反应温度(以二氯甲烷为溶剂，6 h/50℃)。基于此类结构，人们设计了一系列的笼状和双螺环结构磷酸酯衍生物，并被广泛用于构建膨胀型阻燃体系，适用于通用塑料、工程塑料、热固性树脂和纤维素纤维织物的阻燃。详见本书第5章内容。

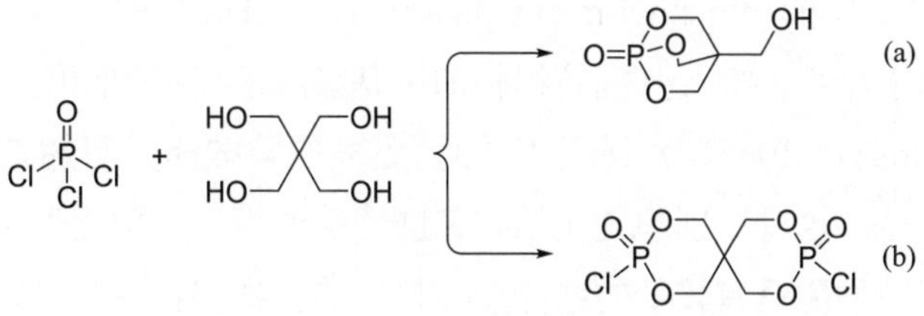

图3.9 笼状磷酸酯(a)和氯化螺环磷酸酯(b)的合成

除TPhP外，还有多种芳香族磷酸酯，如RDP、BDP、BPBP，已经被广泛用于替代十溴联苯醚等溴系阻燃剂的市场应用，并被美国环境保护局在2014年列入建议替代名录。

由于大多数添加型小分子和低聚有机磷系阻燃剂对高分子基质表现出增塑作用且可能在加工过程中挥发或迁移，因此需寻找可替代的阻燃剂，目前学术和工业研究越来越多地向聚合型有机磷系阻燃剂转移，将其设计为能够与基质完全混溶，则不太可能随时间迁移的阻燃剂。有作者通过比较聚碳酸酯/丙烯腈-丁二烯-苯乙烯共混物(PC/ABS)中的小分子阻燃剂TPP与低聚RDP和BDP来研究阻燃剂分子量的重要性。结果表明，三种化合物都在气相中显示出活性，其中TPhP和RDP略优于BDP，但BDP表现出最高的凝聚相活性，RDP次之，而TPhP几乎没有活性。这是因为BDP和RDP催化了PC的Fries重排，而低分子量的TPhP在PC/ABS分解前即已挥发，从而中断了阻燃剂与基材之间的化学相互作用[41]。

3.2.2.2 膦酸酯与聚膦酸酯

与磷酸酯(phosphate)结构不同，膦酸酯(phosphonate)中含有P—C键，因此表现出截然不同的特性。化学结构对阻燃剂阻燃机理的影响不仅对含磷小分子阻燃剂很重要，对含磷聚合物同样如此。芳香族聚磷酸酯表现出比脂肪族聚膦酸酯更高的热稳定性，但后者具有比前者更高的水解稳定性。这可以通过膦酸酯中P—C键和磷酸酯中P—O—C键的差异来解释。前者键长更长，键能更低，而后者水解稳定性更差[42]。表3.3总结了市售的典型膦酸酯类添加型阻燃剂。

与有机磷酸酯类阻燃剂多为小分子不同，小分子膦酸酯的报道更少，其中最知名的代表性品种有：由Albright & Wilson公司首次开发并商业化的甲基膦酸二甲酯(dimethyl methylphosphonate，DMMP)，由Mobil公司开发的可用于涤纶、棉及其混纺织物的甲基膦酸螺环膦酸酯的混合酯，商品名为Antiblaze® 1045[43]，详见表3.3。更多的膦酸酯类阻燃剂为线型聚合型或低聚型，也有个别超支化结构聚膦酸酯的报道。相比于聚苯基膦酸酯，聚甲基膦酸酯具有较低的结晶度、良好的生物相容性及可降解性，因此在特殊水溶性材料或生物降解材料的阻燃方面具有广泛的用途。商品化的线型甲基膦酸酯聚合物来自ICL-IP公司，商品名为Fyrol® PMP，化学名称为聚(1,3-亚苯基甲基膦酸酯)[poly(1,3-phenylene methylphosphonate), PPMP]。PPMP是以二氯甲基膦和对苯二酚为原料通过Arbuzov反应形成的以羟基封端的预聚物[44]。它是一种具有固化剂特性的新型有机磷阻燃剂，室温下呈半固体状态，分子量为1000～1400，熔点为45～55℃，含磷量为17.5%(质量分数)，热稳定性好，在印制电路板方面是四溴双酚A(TBBPA)优良的替代品。PPMP末端有羟基，能作为阻燃固化剂和环氧树脂(EP)发生反应，提高了EP的阻燃特性。当Fyrol® PMP添加量为20%(质量分数)，阻燃复合材料可以通过UL-94 V0等级测试。

表3.3　典型膦酸酯类添加型阻燃剂汇总

阻燃剂分子			结构式	磷含量（质量分数）/%	适用高分子
分类	缩写	全称			
脂肪族	DMMP	甲基膦酸二甲酯	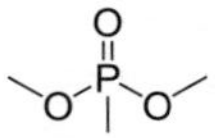	24.96	聚氨酯泡沫；不饱和聚酯；环氧树脂
	DEEP	乙基膦酸二乙酯	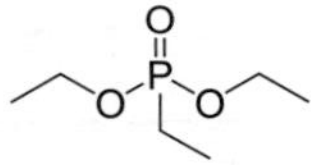	18.64	聚氨酯泡沫；不饱和聚酯；环氧树脂
	Antiblaze® 1045	甲基膦酸螺环膦酸酯的混合酯	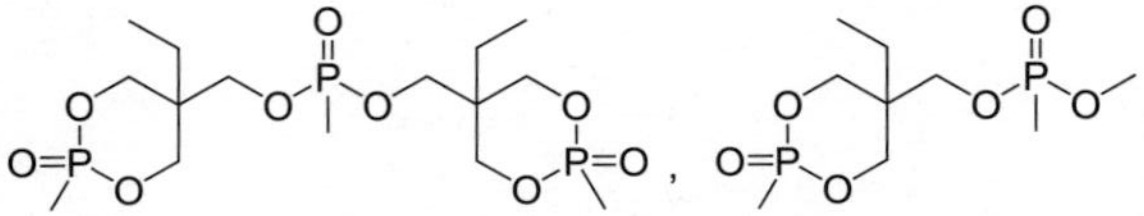	20～21	涤纶；棉织物
芳香族	DPMP	二苯甲基膦酸酯	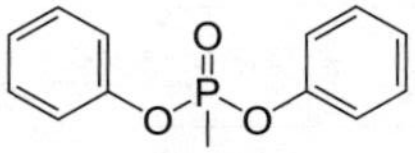	12.48	不饱和聚酯；环氧树脂
	DPPP	苯基膦酸二苯酯	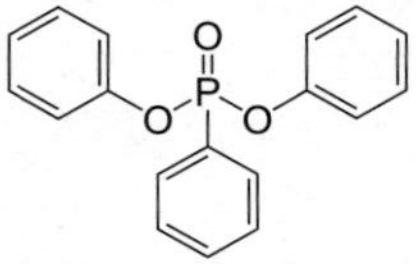	9.98	聚碳酸酯；环氧树脂
聚合型	PPMP	聚（1,3-亚苯基甲基膦酸酯）	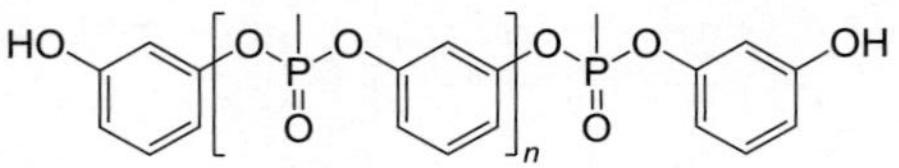	约 16 (n=5,6)	环氧树脂
	PBMP	聚（双酚 A 甲基膦酸酯）	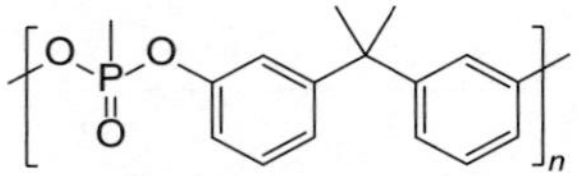	NA	聚碳酸酯

续表

阻燃剂分子			结构式	磷含量（质量分数）/%	适用高分子
分类	缩写	全称			
聚合型	PPPP	聚（1,3-亚苯基苯基膦酸酯）	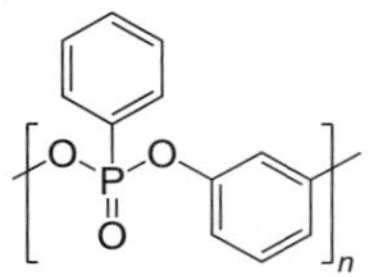	NA	聚对苯二甲酸乙二醇酯；聚对苯二甲酸丁二醇酯
	PSPPP（X=O） PSTPP（X=S）	聚磺酰二苯基苯基膦酸酯（X=O） 聚磺酰二苯基苯基硫代膦酸酯（X=S）	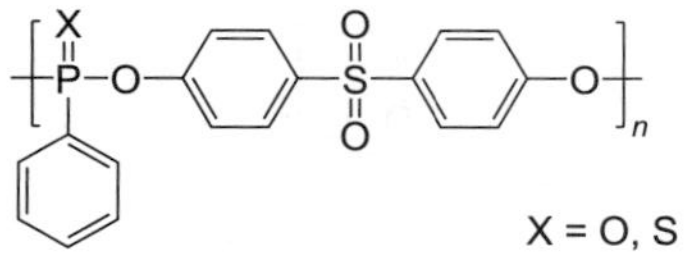 X = O, S	NA	聚对苯二甲酸乙二醇酯；聚对苯二甲酸丁二醇酯；聚碳酸酯
	PDPPP（X=O） PDPTP（X=S）	聚（9-氧杂-10-(2,5-二羟基苯基)膦菲-10-氧）苯基膦酸酯（X=O） 聚（9-氧杂-10-(2,5-二羟基苯基)膦菲-10-氧）苯基硫代膦酸酯（X=S）	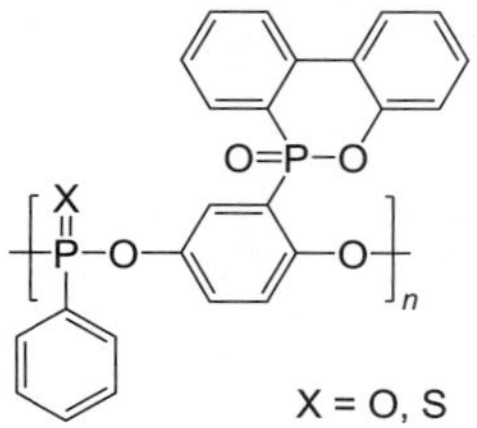 X = O, S	NA	聚对苯二甲酸乙二醇酯；环氧树脂；不饱和聚酯

FRX Polymers 公司近年来对聚膦酸酯进行了系统研究，部分品种已成功商业化。他们将分子量为 10000 的聚甲基膦酸酯与聚对苯二甲酸乙二醇酯(PET，特性黏数 0.62 dL/g) 熔融共混，生产添加有 2.5% ～ 15%(质量分数) 聚甲基膦酸酯的 PET/ 聚膦酸酯共混物。当聚甲基膦酸酯添加量为 2.5%(质量分数) 时，阻燃 PET 即可达到 UL-94 V0 等级，且与纯 PET 相比，熔融滴落现象明显改善。相比于常规溴化阻燃剂或者添加型含磷阻燃剂，聚膦酸酯与 PET 基体的相容性好，不会析出，表现出更好的阻燃性、加工性、力学性能、热稳定性等。然而线型聚膦酸酯的分子量较低，可能存在残氯，在高温下加剧分解或水解 [45-47]。为了改善线型聚膦酸酯在材料应用中出现的诸多问题，人们研究开发了支化聚膦酸酯。1994 年德国拜耳公司开发了通过酯交换合成支化聚甲基膦酸酯的方法。该方法是在高温下熔融膦酸二芳基酯、双酚、支化剂和催化剂，通过减压抽出苯酚，合成支化聚甲基膦酸酯 [48]。其中支化剂包括三或四羟基芳族化合物或三芳基膦酸酯类，催化剂包括季鏻盐等。该方法合成的聚甲基膦酸酯的 T_g 为 90℃，呈现良好的本征阻燃性能，并可作为添加型阻燃剂应用于聚碳酸酯等基材。但该工艺成本太高，经济性较差。2003 年 FRX Polymers 公司以四苯基鏻苯酚盐为催化剂，用廉价的双酚 A 制备了 T_g 为 100℃的支化聚甲基膦酸酯，合成路线如图 3.10 所示 [49]。该方法成本较低，且合成的聚甲基膦酸酯透明坚韧，具有突出的本征阻燃性能。使用四苯基鏻苯酚盐为催化剂可以使支化聚甲基膦酸酯有更高的 T_g、更好的韧性和优异的水解稳定性。当支化聚甲基膦酸酯在聚碳酸酯(PC) 中添加量达到 20%(质量分数) 时，阻燃材料 LOI 从 26% 提高到 44%，并可通过 UL-94 V0 等级测试，且 T_g 高达 143℃。共混高分子一般呈现两个独立的 T_g，但测试结果表明只有一个 T_g，说明支化聚甲基膦酸酯与 PC 相容性好，且阻燃制品可以保持 PC 的高透明性，可用于 LED 灯罩、镜头护罩、建筑采光外墙板等透明材料的阻燃。然而，此种方法合成的支化聚甲基膦酸酯支化度较高、分子量过大，使基体高分子熔体加工性降低且自身水解稳定性不佳。因此，该类型支化聚甲基膦酸酯一直没有获得成功的商业化应用 [50]。

与脂肪族聚膦酸盐和芳香族聚磷酸酯相比，芳香族聚膦酸酯在加工和成型过程中通常表现出更好的热稳定性，并且由于疏水性 P—C 键取代

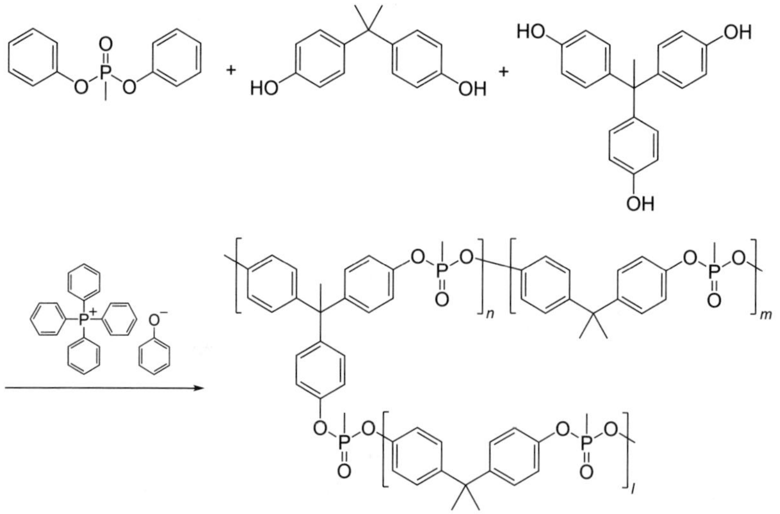

图 3.10 支化聚甲基膦酸酯的合成路线

了部分可水解的 P—O—C 键，因此比芳香族聚磷酸酯具有更高的水解稳定性。因此，芳香族聚膦酸酯在阻燃方面的应用比其他有机磷系阻燃剂更能应对苛刻的使用环境，尤其是加工温度较高的工程塑料。

苯基磷酰二氯（phenylphosphonic dichloride，PPC）是一种典型的合成主链含磷聚合物的中间体，分子中含有两个对称的活性很强的磷酰氯，可以很容易地与含羟基或氨基的化合物发生缩合反应。基于此，Stackman 合成了一系列由 PPC 和不同双酚，如双酚 A（4,4′-isopropylidendiphenol，BPA）、间苯二酚、对苯二酚缩合聚合而得的主链芳香族聚膦酸酯，并考察了目标聚膦酸酯的结构变化和分子量对其在半芳香聚酯时，包括聚对苯二甲酸乙二醇酯 [poly（ethylene terephthalate），PET] 和聚对苯二甲酸丁二醇酯 [poly（butylene terephthalate），PBT] 阻燃性能的影响。结果显示，这三种主链芳香聚膦酸酯都有一定的阻燃效果。作者还研究了不同分子量的聚（1,3- 亚苯基苯基膦酸酯）[poly（1,3-phenylene phenylphosphonate），PPPP] 对 PET 和 PBT 的阻燃效果，结果表明，低分子量的 PPPP 与高分子量的 PPPP 在阻燃性能上没有明显的差别，但高分子量添加剂的使用在物理性能保持方面有一定的优势。

与单独含磷结构的分解或纯碳氢化合物的分解相比，将含有如氮、硅、硫、硼等杂原子的阻燃结构与磷结合，提供元素间的特定相互作用，从而降低了材料中阻燃剂的总添加量，同时使阻燃效率最大化。与磷类似，硫是另一种其含氧酸具有脱水成炭作用的酸源元素。20 世纪 70 年代，日本 Toyo Boseki 公司通过熔融或溶液缩聚，用 PPC 和双酚 S（4,4′-磺酰二苯酚，4,4′-sulfonyldiphenol，BPS）成功地合成了一种含硫芳香族聚膦酸酯，命名为聚磺酰二苯基苯基膦酸酯 [poly(sulfonyldiphenylene phenylphosphonate)，PSPPP][51]。

按照 Granzow 对于理想含磷阻燃剂的设计理论[52]，以 PET 中含磷阻燃剂的选择为例，阻燃剂应在基材加工温度（约 300℃）下保持热稳定，但必须在 400℃左右，即 PET 燃烧的表面温度下迅速分解。除了这些热稳定性限制外，与 PET 熔体的良好相容性以及对可纺性没有任何不利影响都是必需的。早期不同的研究报告已证实 PSPPP 特别适合于 PET 纺丝，并满足各种要求。

自 1987 年以来，四川大学王玉忠教授及其同事开始系统地研究 PSPPP 及其应用，包括新的合成方法[53]、毒性[54]、与 PET 的溶解度参数和相容性[55]、阻燃母粒的制备[56]，及其对 PET 流变行为[57]、结晶行为的影响[58]，阻燃 PET 的可纺性[59]和纤维可染色性[60]等。并详细研究了 PET/PSPPP 体系的热氧降解行为和阻燃机理[61]。结果表明，PSPPP 是一种高效的 PET 添加型阻燃剂，5%（质量分数）的 PSPPP 可使 PET 的 LOI 由 21% 提高到 30%，通过了 UL-94 V0 等级测试。TGA 结果表明，PSPPP 在热降解初期的分解活化能高于 PET，且 PSPPP 和 PET 的分解温度区间重叠，可以满足上述热稳定性要求。此外，以 PSPPP 为阻燃剂制得的阻燃 PET 纤维和塑料具有更好的综合性能，包括低毒性，较好的相容性、结晶性、可纺性和纤维可染性，较高的热稳定性和阻燃性。

PSPPP 也被证明是聚酰胺和其他聚酯（如 PBT）的良好阻燃剂。Balabanovich 等人研究了 PSPPP 在 PBT 中单独使用，或是与高成炭的高分子聚苯醚（PPO）共混，或是与具有气相阻燃作用的 2-甲基-1,2-氧代膦-5-酮-2-氧化物（2-methyl-1,2-oxaphospholan-5-one-2-oxide，OP）复配之后的阻燃性和碳化效果。裂解-色谱 / 质谱联用仪（Py-GC/MS）结果表明，PSPPP 可诱导 PBT 形成热稳定的聚芳酯，并异构化生成邻位酚羟基取代的二苯甲酮结构；进一步，PSPPP 结构中的反应性 P-O-Ph 和 PBT 裂解产物中的邻位酚羟基通过酯交换反应形成交联结构(图 3.11)。与此类似，PPO 同样在热解时会产生酚醛结构，并进一步与 PSPPP 的 P-O-C 反应，进一步增强 PSPPP 的凝聚相活性。不仅如此，具有凝聚相活性的聚膦酸酯阻燃剂(PSPPP)与气相活性阻燃剂(OP)同样具有协同作用。通过这两种阻燃作用模式的结合，分别添加 10%(质量分数)的 PSPPP、PPO 和 OP 可使阻燃 PBT 通过 UL-94 V0 等级测试，这是单独添加 PSPPP 或 OP 均无法实现的[62]。

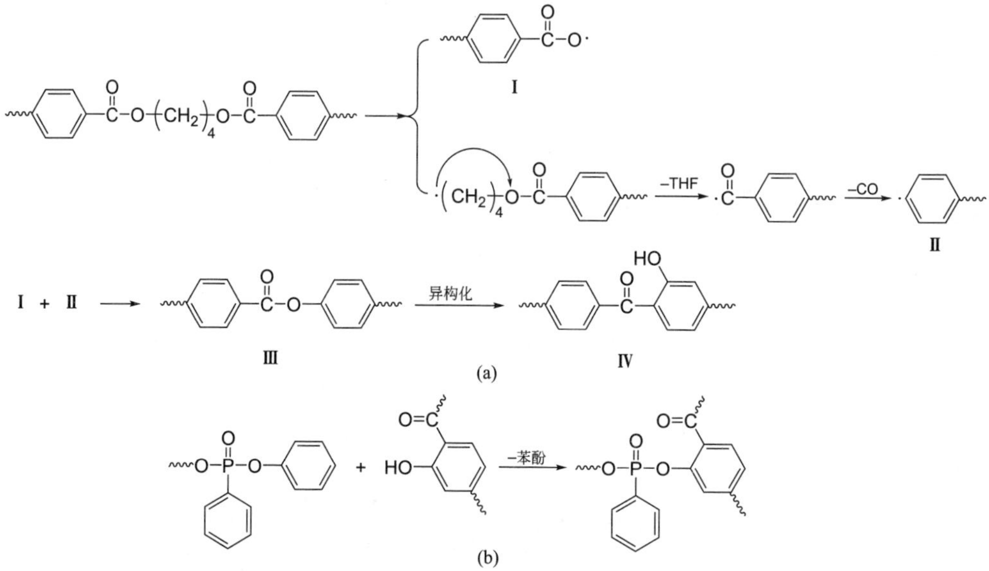

图 3.11 PBT/PSPPP 裂解历程：PBT 裂解生成聚芳酯和邻羟基二苯甲酮结构示意图 (a)；聚膦酸酯与邻羟基二苯甲酮通过酯交换生成膦酸酯交联结构示意图 (b)

此外，王玉忠教授课题组还合成了一种由 PSPPP 衍生的新型芳基聚膦酸酯，即聚磺酰二苯基苯基硫代膦酸酯 [poly(sulfonyldiphenylene thiophenylphosphonate)，PSTPP]，并将其用于阻燃 PET 中[63-65]。作者认为，当 P＝O 中的氧被硫取代时，芳基聚膦酸盐对 PET 的阻燃效果变差，但 PET 的抗滴落性能有所提高。例如，当磷含量达到 2.5%(质量分数)时，阻燃 PET 样品 LOI 值为 29.4%，通过 UL-94 V0 等级测试，并且没有观察到熔融滴落。相同磷含量的 LOI 值结果表明，PSTPP 在 PET 中的阻燃效率明显低于 PSPPP，然而，含有 PSTPP 的试样的熔滴行为受到了很大程度的抑制，表明其阻燃机理与 PSPPP 不同。

王玉忠教授课题组将DOPO结构与芳香族聚膦酸酯结构结合起来，期望能将DOPO的高效气相阻燃活性和聚膦酸酯的凝聚相优势协同起来。据此，他们报道了一种具有高磷含量和丰富的芳基结构的新型主链/侧链结合的芳香族聚膦酸酯，命名为聚(9-氧杂-10-(2,5-二羟基苯基)膦菲-10-氧)苯基膦酸酯[poly(9-oxa-10-(2,5-dihyro-xyphenyl) phosphaphenanthrene-10-oxide) phenylphosphonate，PDPPP][66]。结果显示，添加5%(质量分数)PDPPP的阻燃PET[阻燃材料中P含量约为0.70%(质量分数)]的LOI值达到32.4%，并通过了UL-94 V0等级测试。PDPPP对环氧树脂和不饱和聚酯同样有效。此外，作者进一步合成了一种类似于PDPPP的含硫芳基聚膦酸酯聚(9-氧杂-10-(2,5-二羟基苯基)膦菲-10-氧)苯基硫代膦酸酯[poly(9-oxa-10-(2,5-dihyro-xyphenyl) phosphaphenanthrene-10-oxide) phenylthiophosphonate，PDPTP]，并通过FT-IR、Py-GC/MS和锥形燃烧量热法研究了其对PET的阻燃作用[67]。结果表明，在PET基体中加入PDPTP后，燃烧和热解过程中产生的可燃挥发物含量明显降低，说明PDPTP的存在延缓了PET的大范围热解，但PDPTP并没有改变PET的热解机理。锥形燃烧量热结果表明，在PET中加入10%(质量分数)的PDPTP后，TTI由47 s延长到63 s，PHRR值下降了57%，表现出良好的阻燃性能。此外，加入PDPTP后，阻燃材料比消光面积减小，表明PDPTP同时具有良好的抑烟效果。

3.2.3 磷腈与聚磷腈

磷腈化合物是以P、N交替双键排列为主链结构的一类无机化合物，以环状或线性拓扑结构存在。无论是小分子还是聚合型磷腈，起始化合物均为六氯环三磷腈(2,2,4,4,6,6-hexachloro-1,3,5-triaza-2,4,6-triphosphorin，或称hexachlorocyclotriphosphazene，HCCP)，于1834年由J. Liebig和F. Wohler首次合成[68]，其主链是由磷、氮原子以单双键交替排列构成。由于其P-N杂环具有良好的阻燃性和热稳定性，兼具耐水、耐油、耐溶剂和化学试剂等性质，且降解后生成了无毒的小分子，因此，HCCP及其衍生物在有机聚合功能材料领域受到了广泛关注[69]。由于其高磷、氮含量，近年来也报道了磷腈衍生物在阻燃防火领域的应用。但是，对环三磷腈衍生物的阻燃性能具有决定作用的并不是P-N杂环，而是磷原子上取代基侧链的种类和数量。由于HCCP磷 - 氯键非常活泼，氯原子很容易被选择性地取代，例如从不含有机官能团的磷腈化合物，到有机聚合型磷腈衍生物，或从线型共聚物到支化结构的功能化无机-有机杂化聚合物，表现出极大的分子设计余地。人们研发出大量兼具化学和热稳定性的磷腈衍生物，并将其用作添加型阻燃剂提升材料的火安全性能[70]。

六氨基环三磷腈(1,3,5-triaza-2,4,6-triphosphorin-2,2,4,4,6,6-hexaamine，或称hexaaminocyclotriphosphazene，HACP)是最早商品化的磷腈阻燃剂之一，0℃下向HCCP的甲苯溶液中通入氨气，反应一定时间即可制得。合成方法简便，价格低廉。但是，HACP存在水溶性较大、碱性强、与副产物氯化铵难以分离等缺点，因此，目前仅用于纺织纤维的阻燃，在塑料添加剂方面的应用并不理想。

在高温下，HACP能够自发聚合为难溶于水的聚氨基环三磷腈。李莉等[71]将六氨基环三磷腈和氯化铵的混合物置于干燥箱中，在一定温度下得到了以三聚体为主的聚氨基环三磷腈，如图3.12所示。将聚氨基环三磷腈应用到聚烯烃中，当其单独使用时阻燃效果不佳，和三(2- 羟乙基)异氰尿酸酯[1,3,5-tris(2-hydroxyethyl)cyanuric acid，THEIC]以一定的质量比复合时，其阻燃性能明显改善。两种阻燃剂理想的质量比为1∶1，此时，阻燃PE的LOI值可以达到25.4%，可以通过UL-94 V0等级测试。

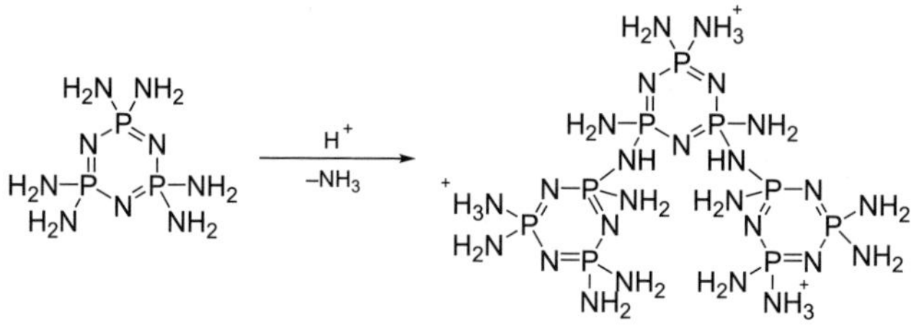

图3.12　六氨基环三磷腈的缩聚反应

除HACP外，研究者们报道了多种磷腈类衍生物在阻燃高分子材料中的应用。有的可用作添加型阻燃剂，有的通过活性官能团，可将磷腈结构引入高分子主链或热固性树脂固化网络中，构筑了含有磷腈结构的本征阻燃高分子。也有研究者将其他高效的含磷阻燃官能团，如 PEPA、DOPO 等，作为取代基引入磷腈分子，以期获得良好的分子内阻燃协效。表 3.4 总结了几种典型磷腈、聚磷腈类添加型阻燃剂 [72]。

除了小分子磷腈衍生物之外，研究者们也积极尝试聚合型磷腈衍生物在阻燃高分子领域的应用。通过 HCCP 的开环聚合以及随后与各种亲核试剂的取代反应，聚磷腈可以—P＝N—为重复单元形成高分子量的直链、支链、交联或树枝状结构。它们可以与其他单体或聚合物共混形成均聚物或共聚物。官能团的存在，例如—OH、—COOH、—NH_2、—SO_3H、—PR_2(R= 烷基或芳基)等，提供了大量可针对特定性质组合和用途的功能性高分子 [73]。

由于磷在聚磷腈高分子主链中的存在，这些高分子具有本征的阻燃性，表现出高热稳定性、阻燃性、高氧指数(LOI)值和低发烟性。遗憾的是，关于线型聚磷腈阻燃应用的文献有限。有报道称，聚芳氧磷腈曾一度发展成为阻燃材料。类似于它们的氟化同系物，这些聚合物通常含有百分之几的邻烯丙基苯酚或丁香酚取代基，并可以在过氧化物或硫体系中固化：即使没有反应性双键，它们也能与自由基交联。最终得到的阻燃材料 LOI 值在 27% ～ 33% 之间。Chiu 等人报道了烷氧基取代的线型聚磷腈在聚氨酯(polyurethane，PU)中的应用。他们采用了一种氯含量低于 1% 的商品化聚双丙氧基磷腈与 PU 共混。结果显示，线型聚磷腈的存在使 PU 的极限拉伸强度和断裂伸长率降低，但阻燃性能明显提高。

中科院宁波材料技术与工程研究所李娟课题组以 PER 和 HCCP 为原料，制备了一种新型环磷腈基质高分子(phosphazene cyclomatrix network polymer)，将其命名为 poly(cyclotriphosphazene-*co*-pentaerythritol)(PCPP)。进而采用熔融共混制备了一系列含有不同含量 PCPP 的 PLA 阻燃材料 [74]。结果显示，随着 PCPP 的加入，阻燃 PLA 的阻燃效果得到逐步改善：含有 5%(质量分数)的 PCPP 的阻燃 PLA，其 LOI 值可从纯样的 21.0% 提升至 25.2%，并通过 UL-94 V0 等级测试，进一步增加 PCPP 添加量至 10%(质量分数)，即可实现垂直燃烧过程中无熔融滴落。锥形燃烧量热结果表明，含有 10%(质量分数)PCPP 的阻燃 PLA，PHRR 下降 15.5%，THR 下降 12.4%；增加 PCPP 含量至 20%(质量分数)，阻燃 PLA 的火安全性能得到进一步的改善，PHRR 降低 54.9%，THR 降低 77.3%。

表3.4　典型磷腈、聚磷腈类添加型阻燃剂汇总

阻燃剂分子式			结构式	P 含量（质量分数）/%	适用高分子
分类	缩写	全称			
环磷腈	THACP	六氨基环三磷腈三聚体	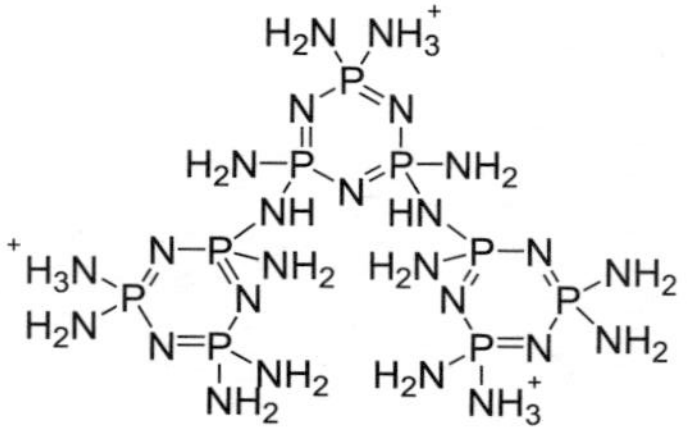	42.10	聚乙烯
	HACTP	三邻苯二氨基环三磷腈	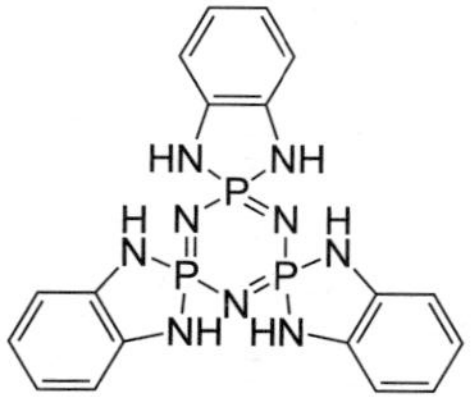	20.50	乙烯 - 醋酸乙烯共聚物
	HPACP	六苯氨基环三磷腈	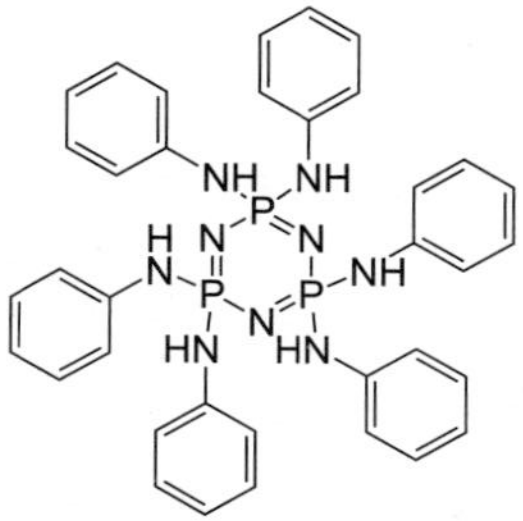	13.51	环氧树脂；丙烯腈 - 丁二烯 - 苯乙烯共聚物

续表

阻燃剂分子式			结构式	P 含量（质量分数）/%	适用高分子
分类	缩写	全称			
环磷腈	HPEPAP	六（1- 氧代 -1- 磷杂 -2,6,7- 三氧杂双环[2.2.2] 辛烷 -4- 亚甲基）环三磷腈	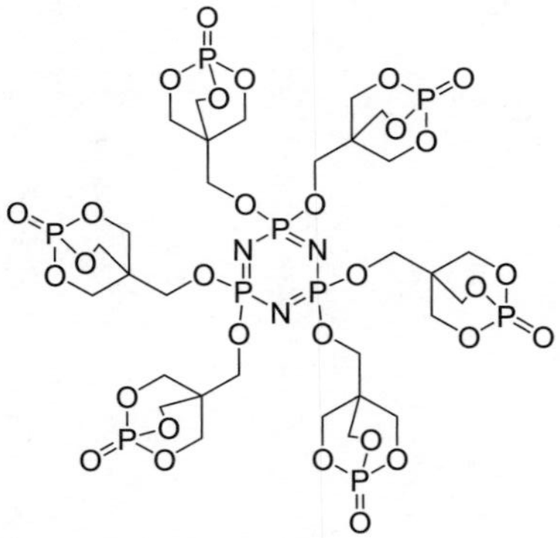	23.05	聚乙烯、聚丙烯
	HDOPOP	六 -[4-（*N*- 苯基氨基 -DOPO- 次甲基）苯氧基] 环三磷腈	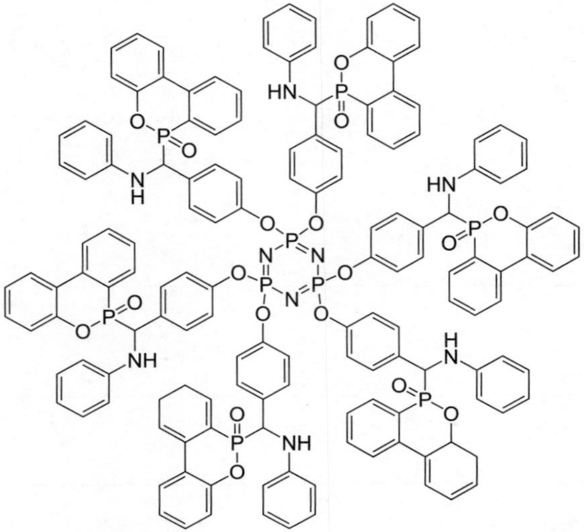	10.67	环氧树脂

续表

阻燃剂分子式			结构式	P 含量（质量分数）/%	适用高分子
分类	缩写	全称			
聚磷腈	PBPOP	聚二丙氧基磷腈	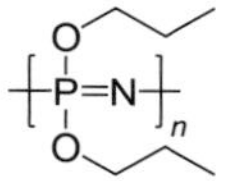	12.48	聚氨酯； 环氧树脂
	PCPP	环磷腈基质聚合物	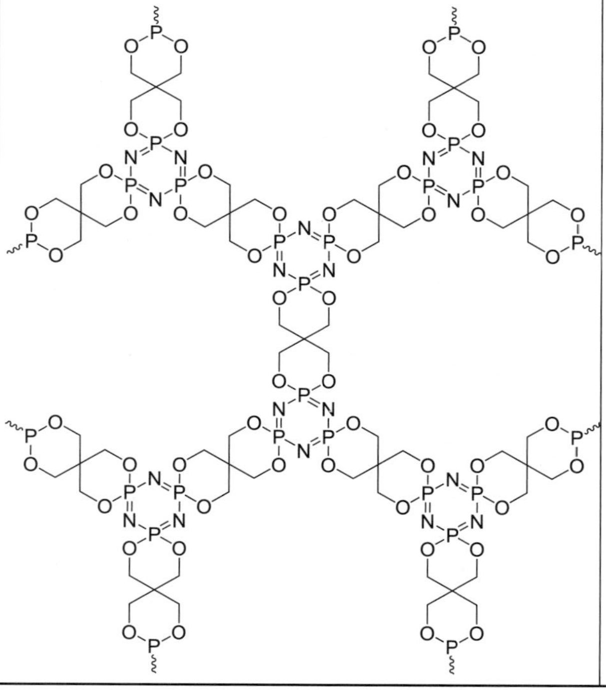	约 27	聚乳酸

磷腈化合物的阻燃机理表现为四种途径的综合作用，磷腈热分解时吸热是冷却机理；其受热分解生成的磷酸、偏磷酸和聚磷酸，促进基材脱水成炭，并在材料的表面形成一层保护炭层，表现出凝聚相阻隔作用；同时受热后放出 CO_2、NH_3、NO、水蒸气等气体，这是稀释机理；且磷腈燃烧分解时有 PO·基团形成，它可与火焰区域中的 H·、HO·活性基团结合，起到抑制火焰的作用，这是终止链反应机理。基于以上协同作用，体系表现出良好的阻燃性能。通常而言，环磷腈比磷酰胺化合物具有更高的热稳定性：已经报道的磷腈类阻燃剂的初始分解温度为 350 ～ 500℃、残余质量为 50% ～ 70%(质量分数，随取代基的不同上下浮动)，同时大量的残余焦炭表明在热解过程中发生了交联反应，如环三磷腈自身的开环聚合等[70]。

随着对磷腈化合物的深入研究，越来越多高阻燃性、高热稳定性、低毒环保的新型磷腈类阻燃剂被开发出来，并在不同基材中得到应用。然而，磷腈的起始原料 HCCP 生产工艺复杂，收率低，成本较高；制备磷腈衍生物过程中产生的含氯小分子及其带来的污废排放问题也不容忽视。因此，磷腈类阻燃剂的应用推广具有一定的局限性。

3.2.4 含磷高分子液晶及其原位增强复合材料

具有热致液晶性质的高分子化合物被称为热致液晶高分子(thermotropic liquid crystalline polymer，TLCP)。高分子特殊的分子结构和液晶特殊的相序结构赋予了液晶高分子独特的性能，例如优良的热稳定性、耐化学试剂稳定性，沿取向方向的高强度、高模量，以及液晶态下极低的线性黏度，使得 TLCP 作为高性能工程塑料应用日趋广泛。原位成纤复合概念的提出始于对高分子共混物在流动场中的形态研究。TLCP 作为分散相加入高分子基体中，可以作为加工助剂显著降低基体黏度，并可于基体中“原位(in situ)”形成微纤，增强基体拉伸强度和模量[75-76]。需要注意到，液晶高分子当且仅当以纤维状形态存在时才能拥有理想的强度[77-78]，由于熵增原理，高度有序的排列必然是热力学不稳定或亚稳的，在高分子熔融加工过程中还能否保留这种有序排列值得怀疑。因此，科学家们提出了“原位复合(in situ composition)”“原位成纤(in situ microfibrillation)”的概念。

基于以上两点，近年来，国际学界通过首先将含阻燃元素官能团引入TLCP分子主链或侧基，再与不同基体高分子材料共混，在特定加工条件下形成原位复合材料。一方面，高强度、高模量的TLCP纤维起到类似宏观纤维增强高分子基体的效果，另一方面阻燃官能团在燃烧过程中发挥作用，再者此类刚性链段富集的TLCP芳环组成高，本身成炭趋势明显。因此，这类原位增强阻燃高分子复合材料有望解决阻燃性能与力学性能难以兼顾的科学难题。

3.2.4.1 高阻燃性热致液晶共聚酯

早在21世纪初，四川大学王玉忠教授课题组通过熔融酯交换缩聚反应，利用对羟基苯甲酸(*p*-hydroxybenzoic acid，*p*-HBA)为液晶基元，合成了一系列基于DOPO-HQ结构的全芳环含磷热致液晶共聚酯[$TLCP_{Ar}$，图3.13(a)][79-81]，结果显示这些$TLCP_{Ar}$具有非常优良的阻燃性能，LOI值均在60%以上。

由于全芳环分子构造，加上DOPO大侧基的位阻效应，$TLCP_{Ar}$分子表现出非常高的转变温度，比如液晶相转变温度(T_{LC})通常都在290℃以上，液晶清亮点温度(各向同性温度，T_i)则更高，与通用塑料加工温度不匹配，严重限制了$TLCP_{Ar}$的进一步应用。因此，为了能满足更广泛的应用，需要通过分子改造显著降低液晶相转变温度。这种分子构造的改造方法，主要通过共聚引入多种单体单元结构以降低分子链有序性来实现，具体言之有以下五种方式：① 引入柔性链段，破坏分子链的规整堆砌，“屏蔽”刚性分子链，减弱刚棒之间的相互作用；② 引入侧步结构，使液晶基元长轴走向发生侧步平移，并可在分子中引入曲轴式运动，从而降低分子刚性；③ 引入扭结成分，破坏链结构的规整性，降低分子链的构象保持长度和有效长径比；④ 引入取代基团，降低分子链在晶体中的堆砌效率，破坏单体结构原有对称性；⑤ 引入异种刚性成分，使共聚酯分子链上不再存在严格意义上的“重复”结构单元，同时桥键的链接方式也变为无规分布。

全芳环含磷热致液晶共聚酯$TLCP_{Ar}$

(a)

引入柔性间隔基元

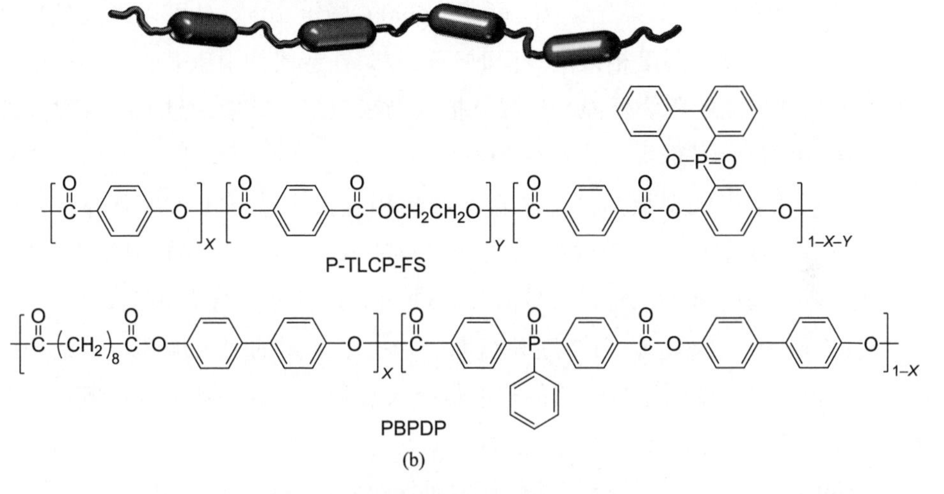

(b)

引入扭结基元

PHDDT

TLCP-AEs

(c)

图 3.13　不同分子结构的含磷热致液晶共聚酯：(a) 全芳环含磷热致液晶共聚酯；(b) 引入烷基链柔性间隔基元；(c) 引入扭结基元降低热致液晶高分子相转变温度的设计策略和典型结构

引入柔性链段，包括烷基链、硅-氧键和醚键等，通过链接基团将柔性成分“镶嵌”于刚性液晶基元之间形成“刚柔相嵌液晶高分子”，可以显著增加高分子分子链柔性，调整液晶基元运动，参与液晶相序。此类液晶高分子具有理想的分子链柔性，相转变温度较低，非常适于液晶相的理论研究。Zhao 等将乙二醇柔性链段引入 $TLCP_{Ar}$ 刚性链段间，成功合成了液晶相转变温度更低的含磷热致液晶共聚酯 P-TLCP-FS [图3.13(b)][82]，结果显示 T_{LC} 可以从 290℃降至 205℃，可以与大多数高分子基材加工温度相匹配。同时乙二醇柔性链段的引入并没有显著降低液晶共聚酯的阻燃性能，极限氧指数仍在 70%，并能通过 UL-94 垂直燃烧 V0 等级测试。

对于主链型液晶高分子直线结构和连接方式产生重大破坏性影响的首推扭结成分，柔性扭结成分有双酚 A（活性成分为异丙基）、双酚 F（亚甲基）、4,4′-二羟基二苯醚（C—O—C 醚键）等；刚性扭结成分则包括 1,2-亚苯、1,3-亚苯、1,2-亚萘基团等。扭结基团的引入破坏了链结构的规整性，也降低了分子链的构象保持长度和有效长径比，因此既可显著降低液晶分子的结晶能力，又能影响液晶相转变行为和聚合物热稳定性。Huang 等将 4,4′-二羟基二苯醚作为柔性扭结成分引入 $TLCP_{Ar}$ 分子链，制备出来一种新的含磷含扭结基元热致液晶共聚酯 [PHDDT，图 3.13(c)][83]。结果显示 PHDDT 玻璃化转变温度（T_g）在 154.5 ～ 166.9℃之间，液晶相区间位于 230 ～ 400℃。Bian 等将另一种含扭结基团单体，4,4′-二羟基二苯甲酸引入 $TLCP_{Ar}$ 分子链，制备出来另一种结构类似的含磷含扭结基元热致液晶共聚酯（TLCP-AEs）[84]，在保证较低的液晶相转变温度的同时，SEM 显示 TLCP-AEs 具有非常优良的成纤性能。

3.2.4.2 原位增强阻燃复合材料

增强结构的形成是选配组成聚合物特性与选定加工条件的共同结果。分子链呈刚性与半刚性的 TLCP 容易在流动场中形成长径比很大的微纤，从而成为一种增强填料。但它们与通常的宏观纤维不同，在与基体高分子材料共混之前 TLCP 并不是以纤维的形式存在的，它们的微纤结构是在熔融共混物中原位形成的。因此，TLCP 在基体高分子材料中成纤是实现其增强效果的第一步。

原位成纤复合概念的提出始于对高分子共混物在流动场中的形态研究。研究发现，对共混物熔体施加剪切、拉伸作用时，分散相会发生形变取向，而这种形变取向与连续相对分散相施加的黏性力和两相间的界面张力作用有关。界面张力的作用使分散相趋向于形成球滴，而黏性力作用超过界面张力作用时，即会发生分散相液滴形变。分散相高分子材料由于黏弹特性使其可发生较大的形变，可形成长径比很大的纤维状结构。因此，微纤的形成受到多方面因素的影响，包括共混物的组成、两相流变性、黏结力和界面张力的差异以及加工条件等[85]。

Wang 等首次报道了利用高阻燃含磷热致液晶共聚酯制备原位增强阻燃复合材料[86]。文中涉及的此种全芳环热致液晶共聚酯（$TLCP_{Ar}$）由 DOPO-HQ、*p*-AHB 和对苯二甲酸（TPA）按摩尔比 1:3:1 进行熔融酯交换缩聚制得。将 $TLCP_{Ar}$ 与 PET 熔融共混纺丝制得原位增强阻燃 PET 复合材料，结果显示，复合材料拉伸性能随 $TLCP_{Ar}$ 含量增加得以大幅度提升，且断裂伸长率基本与纯 PET 保持一致，同时复合材料表现出非常优异的阻燃性能。仅添加 2%（质量分数）的 $TLCP_{Ar}$ 可使复合材料 LOI 值从纯 PET 的 21.3% 升至 26.4%；当 $TLCP_{Ar}$ 添加量为 15%（质量分数）时，LOI 值可进一步提升至 32.4%。与此同时，纯 PET 常见的燃烧熔融滴落行为得到明显改善甚至抑制。

在此基础上，Du 等将 $TLCP_{Ar}$ 与 PET 熔融共混后，通过注塑成型的方式制备得到复合材料，得到与纺丝成型相类似的阻燃增强数据[87-89]。当 $TLCP_{Ar}$ 含量为 8%（质量分数）时，复合材料可以通过 UL-94 垂直燃烧 V0 等级测试，且此时拉伸强度提升约 25%；当 $TLCP_{Ar}$ 含量增至 15%（质量分数）时，LOI 值较纯 PET 增加 62.4%，拉伸强度增加 51%。进一步的研究表明，$TLCP_{Ar}$ 的加入会在一定程度上促进 PET 基材在热氧降解过程中的提前分解，但影响不明显；$TLCP_{Ar}$ 更大的作用一方面在于提供含磷官能团并进一步生成膦氧酸，另一方面在于全芳构化的分子构造作为优良的成炭来源，最终在凝聚相实现阻燃效果。

Yang 等将含扭结基元的热致液晶共聚酯 PHDDT 与 PC 直接挤出制备原位增强阻燃 PC 片材，结果显示引入这种相转变温度更低的液晶共聚酯同样能实现原位增强阻燃[90]。在挤出片材过程中，PHDDT 同样可以在基材中形成长径比 50 ～ 100 的微纤，这些高强高模量的微纤同样可以起到明显的增强作用。数据显示，当 PHDDT 含量为 5%(质量分数)时，复合材料拉伸强度从纯 PC 的 62.6 MPa 增至 77.4 MPa，当液晶共聚酯含量进一步达到 20%(质量分数)时，复合材料拉伸强度可达 97.4 MPa，较纯 PC 提升约 50%。与此同时，复合材料阻燃性能也得到明显提升。5%(质量分数)的 PHDDT 可赋予复合材料 29% 的 LOI 值，增加 PHDDT 含量可以进一步提升材料阻燃性能。锥形燃烧量热数据显示，与纯 PC 相比，复合材料有着更低的 PHRR 和 THR 值、更高的火安全系数，以及在火灾现场更大的逃生机会。

Shen 等进一步将 PHDDT 应用于 PBT 原位增强阻燃 [91]，结果显示，PHDDT 的加入赋予复合材料更高的模量、热变形温度(HDT)和热分解温度，更多的残炭量，有望对材料的阻燃性能发挥正面贡献。

Chen 等将另一种含扭结基元的含磷热致液晶共聚酯 TLCP-AE 引入 PET[92]，结果显示随 TLCP-AE 含量提升，复合材料 LOI 值从纯 PET 的 21.8% 增至 32.5%[20%(质量分数)]，同时复合材料 PHRR 和 THR 值同样有所降低，但并不如 PC 体系明显。通常认为这是由于 PET 自身成炭趋势不及 PC 明显所致。与纯 PET 相比，TLCP-AE 含量为 20%(质量分数)的复合材料拉伸强度和模量分别增加 12% 和 49%。

主链型 TLCP 表现出刚棒状的分子链特性，在与柔性链高分子共混时显示出正的焓值，而两相共混产生的小的熵增不足以补偿这部分焓值变化，因此，与这类刚性分子链结构的物质共混需要的自由能通常都是正的——换言之，TLCP 与柔性链高分子之间的相容性是热力学不稳定的。这种较差的相容性使得组分间界面作用较弱，减少了两组分分子间的缠结，有利于分散相滑移取向进而形成微纤。另外，弱的界面相互作用不能有效传递能量，成为材料内部的缺陷点，导致材料强度下降。甚至，这样的复合材料会在高应力和高温环境下产生相分离。这一切都限制了 TLCP 作为增强填料更广泛的应用。陈力等详细研究了 PC-ABS/P-TLCP-FS 共混体系中 PC 与 P-TLCP-FS 两相间的酯交换作用，以及酯交换引起的增容作用对共混体系形态分布、流变行为、加工性能和拉伸性能的影响 [93-94]。研究显示，当共混温度较低或者持续时间较短时，体系均不能发生明显的酯交换作用，而当温度高于临界值，体系酯交换速度变大，能够在较短时间内发生较为明显的作用。而通过热分析证实，酯交换作用对于提升 PC 与 P-TLCP-FS 两相相容性效果非常明显。相容性的过度提升进一步影响共混体系相形态分布，对于液晶微纤的形成起到消极的影响，并进而影响到材料的流变行为和拉伸性能。研究还证实了共混体系中存在一个临界的酯交换程度，高于临界值则会对共混材料综合性能产生不利影响。该结论将对制备理想的原位增强阻燃复合材料提供加工基础。

3.2.5 其他有机磷系阻燃剂

磷-氮(P—N)化合物的元素组合被证明是目前最有前景的无卤阻燃协同作用之一: P—N 协同作用能够促进火灾中的高分子链形成交联网络，进而促进含磷物质在凝聚相中的保留，并产生更多热稳定性更好的炭层结构。除了磷腈衍生物之外，另一种有效的 P—N 结构是磷酰氨基磷酸酯。

与其他类似的磷酸酯或膦酸酯相比，磷酰氨基磷酸酯的主要优点是它们具有更高的热稳定性和更低的挥发性，同时由于氢键作用使得阻燃剂本身具有更高的黏度。这些特性可以提高整个阻燃剂的密度，使它们在燃烧过程中更容易保留在基质中，因此可能表现出更高的凝聚相活性。Neisius 等人的研究表明在酸性条件下 P—N 键发生水解形成非挥发性脱水性磷酸前驱体结构。有趣的是，与具有类似结构的单取代氨基磷酸酯相比，三取代氨基磷酸酯在软质聚氨酯泡沫上表现出较差的阻燃性能(图 3.14)。作者认为这是因为三取代氨基磷酸酯热 / 水解形成非挥发性结构，仅对凝聚相活性有贡献，而单取代氨基磷酸酯可以分解形成 PO • 自由基，捕捉淬灭自由基链式反应的 H • 和 OH • 自由基，最终起到气相抑制作用 [95]。

线型聚(氨基磷酸酯)(PPA)也被作为阻燃剂研究。结果表明，相较于类似的聚磷酸酯，PPA 的热稳定性更好，在较高温度下的残炭量更多，且玻璃化转变温度(T_g)也更高。添加 30%(质量分数)的 PPA 可以有效改善材料的阻燃性和抗滴落性(LOI 达到 30%，通过 UL-94 V0 等级测试)。

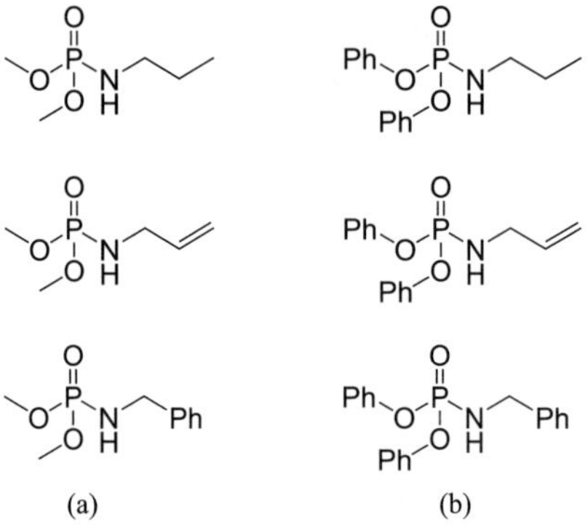

(a) (b)

图 3.14 二甲基氨基磷酸酯 (a) 和二苯基氨基磷酸酯 (b)

3.3 含磷纳米阻燃剂

如前所述，在新的阻燃剂乃至新的火安全材料的发展过程中，人们一直面临着如何同时保持基材的机械性能和阻燃高效的挑战。在众多可能的答案中，纳米阻燃体系脱颖而出。纳米阻燃体系被誉为阻燃技术的革命，由此设计得到的纳米阻燃复合材料是纳米材料中的一个重要分支。从 1976 年发表第一篇有关纳米黏土阻燃聚酰胺的专利开始，纳米阻燃技术得到持续的发展[96]，特别是进入 20 世纪 90 年代以来，纳米阻燃复合材料已经成为阻燃领域的重要研究热点，表现出添加量少 [≤ 5 %(质量分数)]、对基体材料综合性能破坏小等优势，甚至部分体系还可提升阻燃材料的机械性能[97]。

3.3.1 层状纳米磷酸锆

目前研究最多的纳米阻燃复合材料中，层状纳米磷酸锆(zirconium phosphate，ZrP)是少有的本体含磷纳米阻燃剂，除了纳米片层材料的物理阻隔屏蔽效应之外，因其尺寸可控，且层间富含大量的Brønsted酸(H^+)和Lewis酸(Zr^{4+})，在基材燃烧温度下可催化聚合物交联成炭，形成致密的物理屏蔽保护层，进一步阻隔热、氧传递，在阻燃高分子材料方面有着天然的优势[98-99]。

层状纳米ZrP可分为α型和γ型两种不同结构。其中，α-ZrP[结构式为α-$Zr(HP_4)_2 \cdot H_2O$]片层由几乎处于同一平面的Zr原子和HP_4^{2-}桥联而成；而γ-ZrP[结构式为α-$Zr(PO_4)(HP_4)_2 \cdot 2H_2O$]中两个Zr原子处于互相平行的两个平面，中间以$PO_4^{3-}$和$HP_4^{2-}$桥联。理想状态的α-ZrP结晶为正六边形，[001]晶面为氧化锆紧密堆积的方向，[110]、[001]晶面则为正六边形晶体侧面的方向。γ-ZrP层与层之间主要以氢键连接；而α-ZrP层间则以更弱的范德瓦耳斯力连接，其片层间滑移明显优于γ-ZrP，更有利于层间活性官能团的插层作用并进一步增大层间距。因此，α-ZrP更适合与不同高分子基体构成插层或剥离形态的纳米复合材料[100]。

α-ZrP的制备包括回流法、沉淀法和水热法。而采用不同方法制备的α-ZrP，其片层尺寸、层间距等微观形貌均存在较明显的区别。Clearfield等人在1964年首次报道了回流法(refluxing method)制备具有层状结构的α-ZrP[101]。作者将氢氧化锆与磷酸发生中和反应，或与可溶性磷酸盐发生复分解反应得到磷酸锆凝胶，进一步在磷酸中回流制得层状α-ZrP晶体。回流法工艺简单，但反应时间长，制得的α-ZrP片层尺寸偏小(100～400 nm)，层间距d = 0.756 nm。Alberti等在1968年以氢氟酸和氢氧化锆为原料，首次通过沉淀法(precipitation method)制得了晶体粒径更大的α-ZrP[102]。沉淀法合成的α-ZrP结晶完善、粒径尺寸较大，甚至可以达到微米级。第三种为人熟知的方法是水热法(hydrothermal method)[103]。该方法系高温高压条件下，以水为介质，通过水溶性锆盐与浓磷酸反应制得。所得α-ZrP结晶度高、层间距大(d = 0.763 nm)、片层尺寸大且形态均匀(500～1000 nm)、热稳定性好。虽然水热法对设备要求更高，但合成过程简化，反应时间更短。

α-ZrP在高分子基体中的分布分散状态决定了复合材料最终的综合性能。发展至今，熔融共混法(melt blending method)、溶液插层法(solution intercalation method)、原位聚合法(in-situ polymerization method)和层层自组装法(layer-by-layer self assembly method)被广泛用于制备α-ZrP/高

分子纳米复合材料。

Yang 等采用十六烷基三甲基溴化铵(hexadecyl trimethyl ammonium bromide，CTAB)对 α-ZrP 进行插层改性得到有机化改性 α-ZrP(O-ZP)，并将其与丙烯腈-丁二烯-苯乙烯共聚物(acrylonitrile butadiene styrene copolymers，ABS)熔融共混制得 O-ZP/ABS 复合材料[104]。阻燃机理分析显示，O-ZP 可催化 ABS 降解形成大分子自由基，同时 O-ZP 层间的 Lewis 酸点可捕获大分子自由基，使其重组形成分子间的交联。此外，O-ZP 的 Hoffman 降解及其复杂曲折的层状屏障结构有助于基体进一步形成石墨状和碳纳米管状残炭，从而使 O-ZP/ABS 的热稳定性和阻燃性能得到显著提高。

Zhang 等采用水热法制备了高结晶度的 α-ZrP，随后采用具有受阻胺及碳 - 碳双键结构的硅氧烷插层剂 1,2,2,6,6-五甲基-4-(乙烯基二乙氧基硅氧基)哌啶 [1,2,2,6,6-pentamethyl-4-((diethoxy(vinyl)silyl)oxy)piperidine，PMVP] 对 α-ZrP 进行插层改性，巧妙地将自由基淬灭与催化成炭机制有机偶合，制备了具有高效阻燃性能的改性磷酸锆(FZP)，并将其添加到成型液体硅橡胶(addition type liquid silicone rubber，ALSR)中，制备了兼具优良力学性能和阻燃性能的 ALSR 复合材料[105]。研究发现，FZP 的加入能有效提高材料的阻燃性能，仅仅加入 4 phr(100g 橡胶或树脂中添加剂的含量为 4g)的 FZP 即可使 ALSR 通过 UL-94 V0 等级测试，LOI 值从 28.0% 增至 31.0%。进一步的阻燃机理分析显示，复合材料燃烧时，FZP 通过自身片层结构的阻隔作用隔绝燃烧所需的氧气和可燃气体，同时催化硅橡胶基体交联形成坚固的炭层，其中的受阻胺结构所产生的含氮自由基能够捕获并淬灭燃烧过程中产生的 OH・和 H・自由基，抑制燃烧链式反应过程，从而起到高效的阻燃作用。

α-ZrP 虽然具有良好的固体酸催化成炭和纳米片层阻隔作用，但单独使用仍难以满足高分子的阻燃要求，因此多与其他常规阻燃剂复配使用来提升材料的阻燃性能。Yang 等以 APP、PER 组成 IFR 体系，并将其与经有机改性的 O-ZP 复配阻燃 PP[106]。结果显示，IFR/O-ZP 构成的复配膨胀型阻燃体系可有效提高 PP 的热稳定性和阻燃性能：当复配膨胀型阻燃剂总量为 25%(质量分数)，而 O-ZP 为 2.5%(质量分数)时，阻燃 PP 的 LOI 可达 37 %，且通过了 UL-94 V0 等级测试。进一步的阻燃作用机制分析显示，O-ZP 受热会在其层间形成大量的活性酸位点，在燃烧过程中催化 PP 成炭，形成高度结晶的炭层。同时，在高温下 O-ZP 与 APP 反应形成交联网络结构，使炭层更加致密，能够更好地阻隔氧气和热量的传递，进一步提升了材料的阻燃性能。为进一步提高 O-ZP 阻燃效率，Liu 等直接采用 MA 及其磷酸盐(melamine phosphate，MP)修饰 α-ZrP 制得改性 O-ZP，并将其与 IFR 复配阻燃 PP[107]。研究发现，IFR 与 O-ZP 具有良好的协效作用，可有效提高 PP 的热稳定性和阻燃性能。其可能的阻燃机理是，O-ZP 中改性 MA 组分受热产生的含氮惰性气体(如 NH_3 等)能促进层状磷酸盐在材料表面堆积，从而形成物理屏障阻隔氧气和热量；同时磷酸盐与磷酸锆表面的羟基反应形成交联结构，提高了膨胀炭层的强度，进一步提升了阻燃效果。

为了制备一种对聚烯烃有优异催化成炭阻燃功能的 IFR，Xie 等通过分子设计，合成了一种大分子成炭剂修饰的纳米 α-ZrP(ZrP-MCA)，合成路线如图 3.15 所示，并将其与 APP 复配组成了新型的膨胀型阻燃体系，研究了该体系对 PP 阻燃性能的影响，并探讨了其对 PP 的催化成炭阻燃机理[108]。研究发现，当阻燃剂总用量为 20.0%(质量分数)且 ZrP-MCA 与 APP 质量比为 1∶3 时，阻燃 PP 的 LOI 从纯 PP 的 18.0% 提高到了 32.5%，且有焰燃烧仅持续 32 s 即可自熄，并且通过了 UL-94 V0 等级测试。进一步的机理研究发现，ZrP 首先通过 MCA 在其表面快速成炭，将熔融的膨胀炭层分隔形成无数个具有微纳尺度的封闭炭笼。PP 的降解产物被困于炭笼之中并被 ZrP 的 Lewis 酸点(Zr^{4+})捕捉，进一步被其 Brønsted 酸点(H^+)催化发生脱氢、交联和环化等反应，生成热稳定的炭物质。同时，ZrP 的片层结构还在膨胀炭层中发挥了重要的阻隔和骨架增强作用。

总体而言，α-ZrP 作为一类新型二维层状纳米阻燃(协效)剂，其尺寸可控、制备方法简便，具有突出的固体酸催化成炭效应及气体阻隔作用，可有效提高聚合物的阻燃性能。国内外众多学者对 α-ZrP 的制备及阻燃应用进行了大量的研究，并取得了长足的进展，但在实际应用中仍有许多问题亟待解决，如分散性欠佳、阻燃效率偏低和功能单一等。因此，对 α-ZrP 纳米片层进行化学修饰，使其与聚合物有更好的相容性，同时赋予其更高的阻燃效率与多功能化(如抗紫外老化、抗静电和自修复等)，是未来聚合物 / 磷酸锆纳米复合材料的重要发展方向[109]。

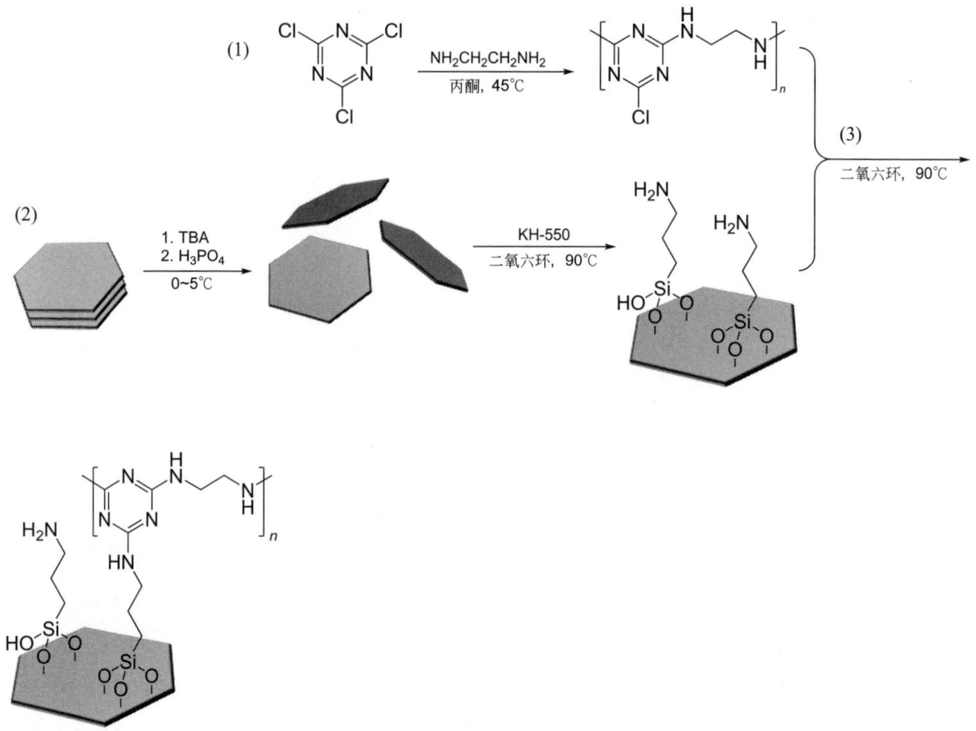

图 3.15 ZrP-MCA 的三步合成路线

3.3.2 磷化纳米粒子

在解决纳米材料与基体材料界面作用与分布分散等问题的时候，人们发现，将一些特征的含磷官能团通过物理次价作用或共价键与纳米材料，如碳纳米管(carbon nanotube，CNT)、石墨烯(graphene，G)、(还原)氧化石墨烯[(reduced) graphene oxide，(r)GO]、多面体倍半硅氧烷(polyhedral oligomeric silsesquioxane，POSS)、埃洛石纳米管(halloysite nanotube，HNT)、蒙脱土(montmorillonite，MMT)或金属氧化物纳米颗粒相结合，可以起到“一石二鸟”的效果。而阻燃性能测试结果显示，共价接枝到纳米填料上的阻燃剂比相同浓度的添加型阻燃剂具有更高的效率[97]。

通常，纳米材料和含磷接枝化合物的协同效应发生在凝聚相中：磷促进交联结构的形成，而纳米材料显著提升熔体黏度，两种作用协同进一步促进了高分子基体材料的碳化[图3.16(b)][110]。一些研究表明，将氯化磷化合物或DOPO-硅烷衍生物接枝到碳纳米管[111]和石墨烯[112]会影响气相作用。气相和凝聚相作用的结合使PA6和EP的PHRR值降低约35%，且LOI值显著增加，通过UL-94 V0等级测试。

然而，纳米阻燃剂的阻燃效果不仅取决于在高温下致密网络层的形成，还取决于它们在纳米复合材料中的分布分散状态。一些研究小组专注于将含磷化合物如二苯基膦氯化物、六氯环三磷腈，或低聚二氨基二膦酸盐等接枝到CNT上。这些聚合物薄层覆盖在纳米管表面，阻止了π-π相互作用，促进了它们在PS、PA6或乙烯-醋酸乙烯酯共聚物(ethylene-vinyl acetate copolymer，EVA)中的分散[图3.16(a)]。经超声处理后，能够在二甲基亚砜(DMSO)、*N*,*N*-二甲基甲酰胺(DMF)或H_2O中实现稳定的分散。Qian等人还利用DOPO改性的乙烯基三甲氧基硅烷(DOPO-VTS)接枝石墨烯，得到在乙醇、四氢呋喃(THF)和DMF中均能稳定分散的石墨烯溶胶[图3.16(c)][112]。据报道，在碳纳米管表面引入具有极性基团的化合物有利于提高其润湿性和与聚合物的相容性。

在众多的纳米材料中，埃洛石HNT因为其独特的结构而广受关注。埃洛石是一种硅酸盐矿物，化学通式为$A1_2Si_2O_5(OH) \cdot nH_2O$。埃洛石晶体属单斜晶系的含水层状结构硅酸盐矿物，晶体结构相似于高岭石，也属1∶1型结构单元层的二八面体型结构，但结构单元层之间有层间水存在，故也称多水高岭石，但在晶体结构上埃洛石与高岭石构成同质多象，前者呈直的或弯曲的管状形态，而后者是片状构造，如图3.17所示。

一般来说，HNT的长度从亚微米级到微米级不等，外部直径在30～90 nm之间，内径在10～60nm之间。HNT具有独特的中空管状结构，与大多数纳米管(如CNT)不同，HNT具有带正电的Al_2O_3内腔和带负电的SiO_2外表面，这意味着它具有内外表面选择性修饰的潜力[113]。Abdullayev等人利用硫酸刻蚀HNT的内腔，通过调节不同的硫酸浓度、反应时间和反应温度来控制HNT的内腔直径，为HNT内腔直

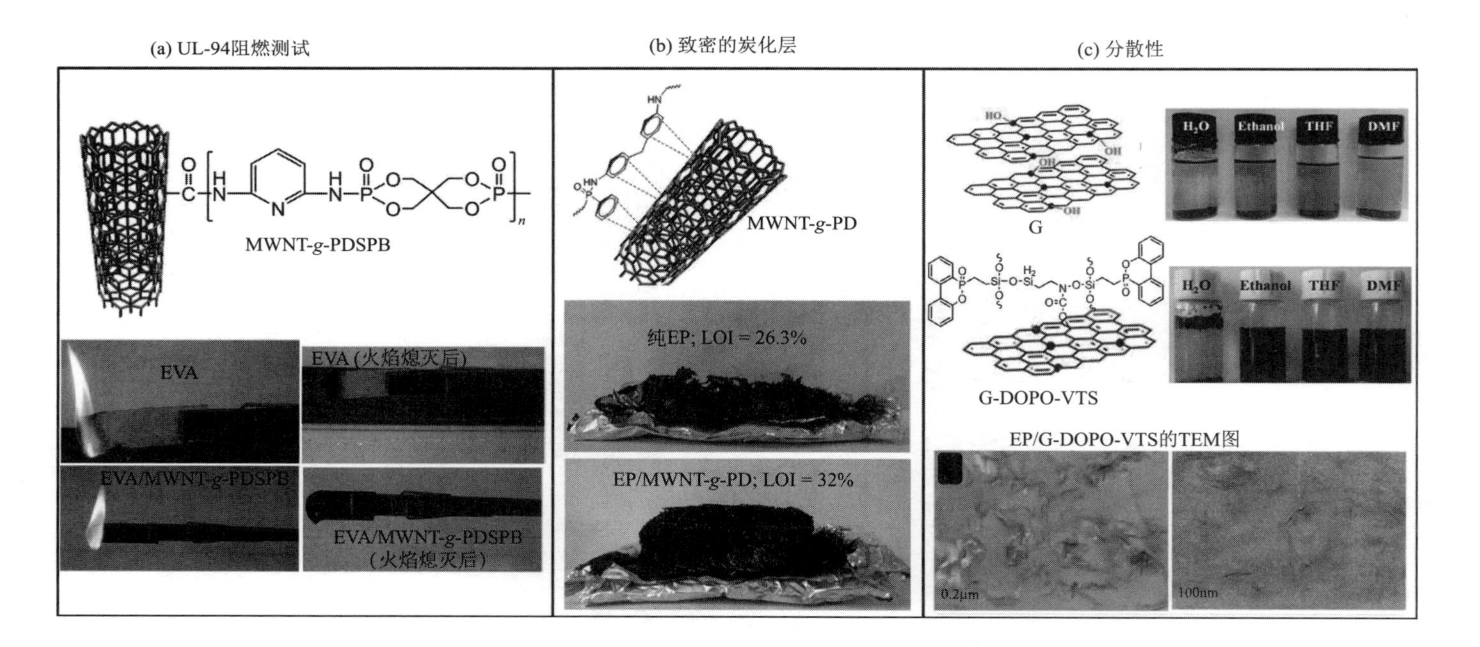

图 3.16 磷接枝纳米填料在聚合物基体中的作用：（a）含有 1%（质量分数）聚（2,6- 二氨基吡啶螺环季戊四醇二膦酸盐）（PDSPB）表面修饰 MWNTs 的乙烯 - 醋酸乙烯酯（EVA）复合材料的 UL-94 燃烧试验；（b）参比环氧树脂和含有 2%（质量分数）的聚（苯基膦酸 -4,4′- 二氨基二苯甲烷）（PD）修饰 MWNTs 的锥形燃烧量热试验后的残炭照片；（c）石墨烯和 9,10- 二氢 -9- 氧代 -10- 磷杂菲 -10- 氧化物（DOPO）改性乙烯基三甲氧基硅烷（DOPO-VTS）修饰石墨烯在不同溶剂中的分散体照片和透射电镜照片，以石墨烯 DOPO-VTS 为阻燃剂的环氧树脂 TEM 图像

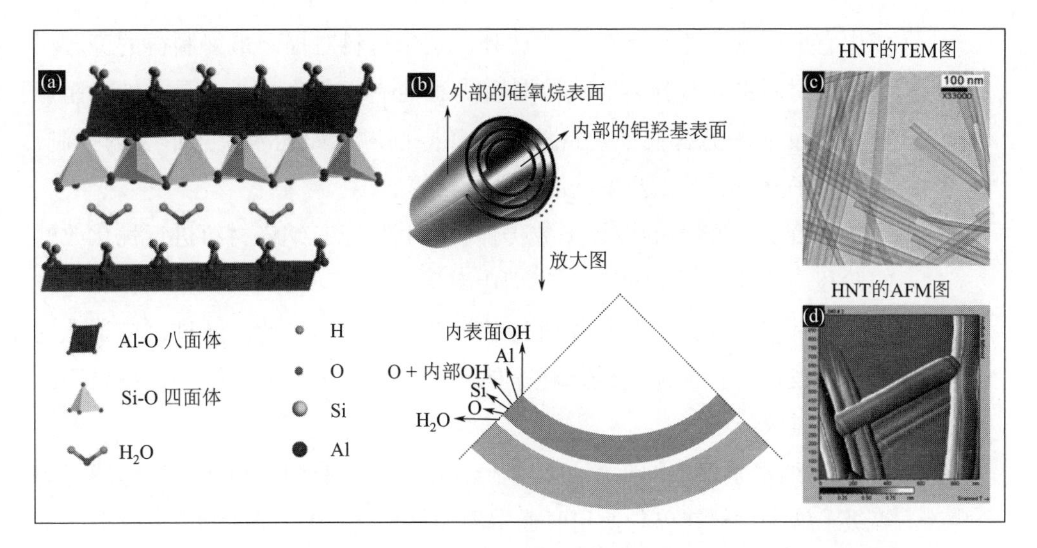

图 3.17　埃洛石（HNT）的晶体结构（a）、形貌示意图（b）、TEM 图（c）及 AFM 图（d）

径的增大提供了一种有效的方法。通过这种刻蚀技术，苯并三唑（缓蚀剂）在HNT内腔中的负载效率提高了4倍[114]。在阻燃领域，与CNT类似，HNT本身的管状结构能够起到物理屏障作用，抑制可燃气体的交换和有害物质的释放，更重要的是，化学修饰HNT与本身具有的不可燃元素的Si和Al相结合，使得直接将HNT用于提高聚合物的火灾安全性成为可能[115]。

Yah等人研究发现，膦酸水溶液只结合到管腔内的Al_2O_3位点，而不结合外管的SiO_2表面[116]。核磁共振和傅里叶变换红外光谱（FT-IR）证明，HNT与十八烷基膦酸形成了双齿和三齿P—O—Al键，使HNT成为带有疏水性脂肪族链的内腔和亲水性硅酸盐壳的无机胶束状结构。Zheng等人通过真空装载的方法将甲基膦酸二甲酯（dimethyl methylphosphonate，DMMP）负载到HNT内腔中合成了具有纳米尺寸的杂化阻燃剂（HNT@DMMP），并将其添加到EP中制备了新型的阻燃EP复合材料[117]。通过探索阻燃机理，揭示了燃烧过程中的两个反应步骤：DMMP气化并从HNT内腔中释放出来，稀释氧气和可燃气体的浓度；DMMP在冷凝相上催化生成带有多磷酸的HNT炭层。

综合以上，纳米材料作为阻燃添加剂，主要的作用机制是凝聚相机制。纳米材料利用其特殊的拓扑形貌，作为炭层骨架，在高分子基体燃烧中有助于炭层连续致密化。此外，纳米材料对提升最终制得的高分子基复合材料的热稳定性和力学性能方面也有积极作用。但是，纳米阻燃材料的发展，仍有很多亟待解决的实际问题，如纳米粒子形态的控制、纳米粒子分布工艺以及多功能化的统一等。

① 纳米阻燃剂的设计多数仍停留在利用已有纳米材料进行优化改性的阶段，可设计余地较窄，市面上缺乏专门针对阻燃应用的纳米材料。后续应针对阻燃的实际应用进行纳米材料的定向设计，通过合成工艺的改进和发展，控制所需纳米粒子的粒径尺寸、拓扑形态等，以满足不同的应用需求。

② 纳米阻燃剂的阻燃机制单一，阻燃效率有限，为达到理想的阻燃等级，纳米材料在单独使用时通常添加量较大 [20%(质量分数)]。催化高分子材料形成的残炭稀疏不致密、孔洞较大。这些都导致聚合物燃烧时产生的挥发物容易进入空气，如此循环，导致凝聚相屏障作用不复存在，阻燃效果低下。

③ 多数纳米材料与高分子基体间的相容性较差，且添加量较少的纳米材料，如 CNT、HNT 在一些高分子材料中存在“烛芯效应”，甚至会恶化聚合物的阻燃性能。将一些特殊的含磷官能团通过物理次价作用或共价键接与纳米材料相结合，可以起到“一石二鸟”的效果：一方面改善了纳米材料与高分子基体的界面相互作用，另一方面化学修饰的含磷结构的纳米材料比相同浓度的添加型阻燃剂具有更高的效率，但受限于反应的程度，修饰的含磷化合物含量较低，实际贡献仍不突出。

在为数众多的添加型阻燃剂中，纳米阻燃剂因其纳米效应、较大的比表面积、较强的界面结构效应等优点，拥有其他添加型阻燃剂不可比拟的优势，在火安全高分子材料的应用中有着不可估量的发展空间和前景。新型纳米阻燃体系的设计合成、开发和应用已逐渐成为当下研究的热点。

参考文献

[1] Laoutid F, Bonnaud L, Alexandre M, et al. New prospects in flame retardant polymer materials: From fundamentals to nanocomposites [J]. Mater. Sci. Eng. R, 2009, 63: 100–125.
[2] 史新影，周桓 . 磷系阻燃剂中次磷酸盐的应用研究进展 [J]. 无机盐工业 , 2017, 49: 1–4,8.
[3] Silvestro C, Maurizio L. Polyester compositions flame retarded with halogen-free additives [P].

US20080090950, 2008.
[4] Silvestro C, Maurizio L. Polyamide compositions flame retarded with aluminum [P]. US20080033079, 2008.
[5] 罗园，胡志，林公澎，等．苯基次膦酸铝用于玻纤增强 PBT 的无卤阻燃 [P]. 高分子材料科学与工程 , 2011, 27: 109–111.
[6] Chen L, Luo Y, Hu Z, et al. An efficient halogen-free flame retardant for glass-fibre-reinforced poly(butylene terephthalate) [J]. Polym. Degrad. Stab., 2012, 97: 158–165.
[7] Zhao B, Chen L, Long J W, et al. Aluminum hypophosphite versus alkyl-substituted phosphinate in polyamide 6: flame retardance, thermal degradation, and pyrolysis behavior [J]. Ind. Eng. Chem. Res., 2013, 52: 2875–2886.
[8] Jian R K, Chen L, Zhao B, et al. Acrylonitrile-butadiene-styrene terpolymer with metal hypophosphites: Flame retardance and mechanism research [J]. Ind. Eng. Chem. Res., 2014, 53: 2299–2307.
[9] Deprèle S, Montchamp J L. Palladium-catalyzed hydrophosphinylation of alkenes and alkynes [J]. J. Am. Chem. Soc., 2002, 124: 9386–9387.
[10] Weferling N, Sicken M, Schmitz H P. Process for preparing alkylphosphonic acids [P]. US6420598B1, 1973.
[11] Spivack J. Phosphinic acids and esters of alkylated p-hydroxyphenylalkanes [P]. US3742096A, 1973.
[12] 胡文祥 . 双烷基膦酸的合成和性质研究 [J]. 高等学校化学学报 , 1994, 15: 849–853.
[13] 叶金标 , 徐向东 . 一种烷基次膦酸盐聚合物及其制备方法和应用 [P]. CN101906117A, 2010.
[14] Hamilton L A, Williams R H. Synthesis of compounds having a carbonphosphorus linkage [P]. US 2957931A, 1960.
[15] Runge W. F. Alkylation of phosphonates [P]. US3029272A, 1962.
[16] Kleiner H J, Landauer F. Process for the manufacture of dialkyl-phosphinic acid esters [P]. US 3914345A, 1975.
[17] Hu Z, Chen L, Lin G P, et al. Flame retardation of glass-fiber-reinforced polyamide 6 by a novel metal salt of alkylphosphinic acid [J]. Polym. Degrad. Stab., 2011, 96: 1538–1545.
[18] Weferling N, Schmitz H P. Process for preparing arylalphosphinic acids [P]. US6242642A, 2001.
[19] Weferling N, Schmitz H P, Kolbe G. Process for preparing salts of dialkylphosphinic acids [P]. US6248921A, 2001.
[20] Sandler S R. Polyester resins flame retarded by poly(metal phosphinate)s [P]. US4180495A, 1979.
[21] Sandler S R. Polyamide resins flame retarded by poly(metal phosphinate)s [P]. US4208332A, 1980.
[22] Sandler S R. Polyester-polyamide resins flame retarded by poly(metal phosphinate)s [P]. US4208321, 1980.
[23] Budzinsky W, Kirsch G, Kleiner H J. Low-flammability polyamide molding materials [P]. US5773556A, 1998.
[24] Kleiner H J, Budzinsky W, Kirsch G. Flameproofed polyester molding composition [P]. US5780534A, 1998.
[25] Kleiner H J, Budzinsky W, Kirsch G. Flame retardant polyester moulding composition [P]. EP941996. 1999.
[26] Jenewein E, Nass B, Wanzke W. Synergistic combination of flame protecting agents for plastics [P]. EP0899296, 1999.
[27] Budzinsky W, Kirsch G, Kleiner H J. Low-flammability polyamide molding materials [P]. US5773556A, 1998.
[28] Levchik S V, Weil E D. Combustion and fire retardancy of aliphatic nylons [J]. Polym. Int., 2000, 49: 1033–1073.
[29] Braun U, Schartel B, Fichera M A, et al. Flame retardancy mechanisms of aluminum phosphinate in combination with melamine polyphosphate and zinc borate in glass-fiber reinforced polyamide 6,6 [J]. Polym. Degrad. Stab., 2007, 92: 1528–1545.
[30] Braun U, Bahr H, Sturm H, et al. Flame retardancy mechanisms of metal phosphinates and metal phosphinates in combination with melamine cyanurate in glass-fiber-reinforced poly(1,4-butylene

terephthalate): the influence of metal cation [J]. Polym. Adv. Technol., 2008, 19: 680–692.
[31] Braun U, Bahr H, Schartel B. Fire retardancy effect of aluminum phosphinate and melamine polyphosphate in glass fiber reinforced polyamide 6 [J]. e-Polymers, 2010, (41): 1–14.
[32] Zhao B, Chen L, Long J W, et al. Synergistic effect between aluminum hypophosphite and alkyl-substituted phosphinate in flame-retarded polyamide 6 [J]. Ind. Eng. Chem. Res., 2013, 52(48): 17162–17170.
[33] Lin X B, Du S L, Long J W, et al. A novel organophosphorus hybrid with excellent thermal stability: core–shell structure, hybridization mechanism, and application in flame retarding semi-aromatic polyamide [J]. ACS Appl. Mater. Interfaces, 2016, 8(1): 881–890.
[34] 林学葆 , 杜双兰 , 谭翼 , 等 . 耐高温杂化阻燃剂 / 改性红磷阻燃半芳香尼龙的研究 [J]. 高分子学报 , 2016, (11): 1522–1528.
[35] Lin X B, Chen L, Long J W, et al. A hybrid flame retardant for semi-aromatic polyamide: Unique structure towards self-compatibilization and flame retardation [J]. Chem. Eng. J., 2018, 334: 1046–1054.
[36] 陈宇 , 欧育湘 , 王筱枚 . 阻燃高分子材料 [M]. 北京：国防工业出版社，2001：80–81.
[37] 欧育湘 . 阻燃剂：制造、性能及应用 [M]. 北京：兵器工业出版社，1997：123–128.
[38] Chen L, Wang Y Z. A review on flame retardant technology in China. Part I: development of flame retardants [J]. Polym. Adv. Technol., 2010, 21(1): 1–26.
[39] 周启星 , 赵梦阳 , 来子阳 , 等 . 有机磷阻燃剂的环境暴露与动物毒性效应 [J]. 生态毒理学报 , 2017, 12(5): 1–11.
[40] Verkade J, Reynolds L. The synthesis of a novel ester of phosphorus and of arsenic [J]. J. Org. Chem., 1960, 25(4): 663–665.
[41] Levchik S V, Weil E D. Overview of recent developments in the flame retardancy of polycarbonates [J]. Polym. Int., 2005, 54: 981–998.
[42] Chen L, Wang Y Z. Aryl polyphosphonates: Useful halogen-free flame retardants for polymers [J]. Materials, 2010, 3(10): 4746–4760.
[43] 欧育湘 . 阻燃剂：制造、性能及应用 [M]. 北京：兵器工业出版社，1997：116–121.
[44] Levchik S, Piotrowski A, Weil E D, et al. New developments in flame retardancy of epoxy resins [J]. Polym. Degrad. Stab., 2005, 88(1): 57–62.
[45] Freitag D, Go P, Stahl G. Compositions comprising polyphosphonates and additives thatexhibit and advantageous combination of properties, and methods related thereto [P]. US2007203269, 2007.
[46] Freitag D. Poly(block-phosphonato-ester) and poly(block-phosphonato-carbonate) and methods of making same [P]. WO2007022008, 2007.
[47] Freitag D. Methods for the production of block copolycarbonate/phosphonates and compositions there from [P]. WO2007065094, 2007.
[48] Schut J H. Polyphosphonate: New flame-retardant cousin of polycarbonate [N/OL]. 2014-01-01 [2009-07-11] http://www.ptonline.com/articles/200907cu1.html.
[49] Freitag D, Go P. Insoluble and branched polyphosphonates and methods related thereto [P]. WO2009018336, 2009.
[50] New company, FRX Polymers, launched to provide first commercially available polyphosphonateflame retardants [N/OL]. 2018-01-01 [2009-09-01] http://www.frxpolymers.com/frx_launch.htm.
[51] Masai Y, Kato Y, Fukui N. Fireproof, thermoplastic polyester-polyaryl phosphonatecomposition [P]. US3719727, 1973.
[52] Granzow A. Flame retardation by phosphorus compounds [J]. Acc. Chem. Res. 1978, 11: 177–183.
[53] Wang Y Z, Zheng C Y, Yang K K. Synthesis and characterization of polysulfonyl diphenylene phenyl phosphonate [J]. Polym. Mater. Sci. Eng., 1999, 15: 53–56.
[54] Wang Y Z, Xia Y Z. Investigation on the toxicity of polysulfonyldiphenylene phenylphosphonate [J]. Explor. Nat., 1996, 3: 82.
[55] Wang Y Z. Solubility parameters of poly(sulfonyldiphenylene phenylphosphonate) and its miscibility with PET [J]. J. Polym. Sci., Polym. Phys., 2003, 41: 2296.

[56] Wang Y Z, Li W F, Xia Y Z, et al. Study on the flame retardancy of PET masterbatch [J]. Polyester Ind., 1992, 1: 12.
[57] Wang Y Z. Effect of flame retardant SF-FR on rheological properties of fiber-forming polymers [J]. Polym. Mater. Sci. Eng., 1992, 4: 49.
[58] Wang Y Z, Zheng C Y, Wu D C. Studies on the crystallizability and crystallization kinetics of flame-retardant PET by DSC [J]. Acta Polym. Sin., 1993, 4: 479.
[59] Wang Y Z, Xia Y Z, Luo S J. Spinning of flame retardant PET and the structure and properties of the fibers [J]. Chinese Syn. Fiber Ind., 1993, 3: 22.
[60] Wang Y Z. Dyeability of flame retardant PET fibers [J]. Chinese Text. J., 1992, 13: 569.
[61] Wang Y Z, Zheng C Y, Wu D C. Kinetics of the thermooxidative degradation of flame-retardant PET [J]. Chinese Syn. Fibers, 1993, 5: 23–26.
[62] Balabanovich A I, Engelmann J. Fire retardant and charring effect of poly(sulfonyldiphenylene phenylphosphonate) in poly(butylene terephthalate) [J]. Polym. Degrad. Stab., 2003, 79: 85–92.
[63] Ban D M, Wang Y Z, Yang B, et al. A novel non-dripping oligomeric flame retardant for polyethylene terephthalate [J]. Eur. Polym. J., 2004, 40: 1909–1913.
[64] 王玉忠，班大明，吴博．耐熔滴和阻燃的无卤聚合物型添加剂及其制备方法和用途 [P]. CN1376760A, 2004.
[65] 王玉忠，班大明，常玉龙，等．聚合物型含磷阻燃剂及制备方法和用途 [P]. CN1563152A, 2008.
[66] Chang Y L, Wang Y Z, Ban D M, et al. A novel phosphorus-containing polymer as a highly effective flame retardant [J]. Macromol. Mater. Eng., 2004, 289: 703–707.
[67] Deng Y, Wang Y Z, Ban D M. et al. Burning behavior and pyrolysis products of flame-retardant PET containing sulfur-containing aryl polyphosphate [J]. J. Anal. Appl. Pyrolysis, 2006, 76: 198–202.
[68] Leibig J, Bemerkungen zu der abhandlung H. Rose' s uber den phosphostickstoff [J]. Ann. Chem., 1834, 11: 139.
[69] Allcock H R. Recent advances in phosphazene (phosphonitrilic) chemistry [J]. Chem. Rev., 1972, 72: 315–356.
[70] Lu S Y, Hamerton I. Recent developments in the chemistry of halogen-free flameretardant polymers [J]. Prog. Polym. Sci., 2002, 27: 1661–1712.
[71] 李莉，李雪，徐路．聚氨基环三磷腈的制备及性能分析 [J]. 青岛科技大学学报（自然科学版），2014, 35(4): 350–354.
[72] 薛青霞，李新建，宋伟国，等．环三磷腈衍生物在聚合物中的阻燃应用进展 [J]. 塑料，2020, 49(3): 139–145,150.
[73] Allcock H R. Inorganic–organic polymers [J]. Adv. Mater., 1994, 6(2): 106–115.
[74] Tao K, Li J, Xu L, et al. A novel phosphazene cyclomatrix network polymer: Design, synthesisand application in flame retardant polylactide [J]. Polym. Degrad. Stab., 2011, 96: 1248–1254.
[75] Kiss G. In situ composites: Blends of isotropic polymers and thermotropic liquid crystalline polymers [J]. Polym. Eng. Sci., 1987, 27(6): 410–423.
[76] Tiong S C. Structure, Morphology, mechanical and thermal characteristics of the in situ composites based on liquid crystalline polymers and thermoplastics [J]. Mater. Sci. Eng.: R Rep., 2003, 41(1): 1–60.
[77] Tan L P, Yue C Y, Tam K C, et al. Effects of shear rate, viscosity ratio and liquid crystalline polymer content on morphological and mechanical properties of polycarbonate and LCP blends [J]. Polym. Int., 2002, 51(5): 398–405.
[78] Garcia M, Eguiazabal J I, Nazabal J. Structure and mechanical properties of polysulfone-based in situ composites [J]. Polym. Int., 2004, 53(3): 272–278.
[79] Wang Y Z, Chen X T, Tang X D. Synthesis, characterization, and thermal properties of phosphorus-containing, wholly aromatic thermotropic copolyesters [J]. J. Appl. Polym. Sci., 2002, 86: 1278–1284.
[80] 陈晓婷，王玉忠，唐旭东．含磷全芳族热致液晶共聚酯的合成及热性能 [J]. 高等学校化学学报，2002, 23: 508–510.
[81] 王玉忠，陈晓婷，唐旭东，等．同时具有阻燃和增强的热致性液晶聚酯原位复合材料的制备方法 [P]. CN1436811, 2003.

[82] Zhao C S, Chen L, Wang Y Z. A phosphorus-containing thermotropic liquid crystalline copolyester with low mesophase temperature and high flame retardance [J]. J. Polym. Sci.: Part A: Polym. Chem., 2008, 46: 5752–5759.

[83] Huang H Z, Chen L, Wang Y Z. A kinked unit-containing thermotropic liquid crystalline copolyester with low glass transition temperature and broad phase transition temperature [J]. J. Polym. Sci.: Part A: Polym. Chem., 2009, 47: 4703–4709.

[84] Bian X C, Chen L, Wang J S, et al. Novel Thermotropic liquid crystalline copolyester containing phosphorus and aromatic ether moity toward high flame retardancy and low mesophase temperature [J]. J. Polym. Sci.: Part A: Polym. Chem., 2010, 48: 1182–1189.

[85] Dutta D, Fruitwala H, Kohli A, et al. Polymer blends containing liquid crystals: A review [J]. Polym. Eng. Sci., 1990, 30: 1005–1018.

[86] Wang Y Z, Chen X T, Tang X D, et al. A new approach for the simultaneous improvement of fire retardancy, tensile strength and melt dripping of poly(ethylene terephthalate) [J]. J. Mater. Chem., 2003, 13: 1248–1249.

[87] Du X H, Wang Y Z, Chen X T, et al. Properties of phosphorus-containing thermotropic liquid crystal copolyester/poly(ethylene terephthalate) blends [J]. Polym. Degrad. Stab., 2005, 88: 52–56.

[88] Du X H, Zhao C S, Wang Y Z, et al. Thermal oxidative degradation behaviours of flame-retardant thermotropic liquid crystal copolyester/PET blends [J]. Mater. Chem. Phys., 2006, 98: 172–177.

[89] Deng Y, Wang Y Z, Zong Z J, et al. Study on the effects of TLCP on pyrolysis of PET and its retardant mechanism [J]. Chin. J. Polym. Sci., 2008, 26(1): 111–116.

[90] Yang R, Chen L, Zhang W Q, et al. In situ reinforced and flame-retarded polycarbonate by a novel phosphorus-containing thermotropic liquid crystalline copolyester [J]. Polymer, 2011, 52: 4150–4157.

[91] Yang Z, Cao B, Zhu J M, et al. Rheological, thermal, and mechanical properties of phosphorus-containing wholly aromatic thermotropic liquid crystalline polymer-filled poly(butylene terephthalate) composites. Polym [J]. Compos, 2012, 33(8): 1432–1436.

[92] Chen L, Bian X C, Yang R, et al. PET in situ composites improved both flame retardancy and mechanical properties by phosphorus-containing thermotropic liquid crystalline copolyester with aromatic ether moiety [J]. Compos. Sci. Technol., 2012, 72: 649–655.

[93] 陈力，黄恒圳，王玉忠，等．固态后缩聚方法合成高分子量的含磷热致性液晶共聚酯 [J]. 高分子学报，2009, 5: 493–498.

[94] Chen L, Huang H Z, Wang Y Z, et al. Transesterification-controlled compatibility and microfibrillation in PC-ABS composites reinforced by phosphorus-containing thermotropic liquid crystalline polyester [J]. Polymer, 2009, 50(13): 3037–3046.

[95] Neisius M, Liang S, Mispreuve H, et al. Phosphoramidate-containing flame-retardant flexible polyurethane foams [J]. Ind. Eng. Chem. Res., 2013, 52, 9752–9762.

[96] Gilman J W, Kashiwagi T, Lichtenhan J D. Nanocomposites: A revolutionary new flame retardant approach [J]. SAPME J., 1997, 33: 40–46.

[97] Kiliaris P, Papaspyrides C D. Polymer/layered silicate (clay) nanocomposites: An overview of flame retardancy [J]. Prog. Polym. Sci., 2010, 35: 902–958.

[98] Shuai M, Mejia A F, Chang Y W, et al. Hydrothermal synthesis of layered α-zirconium phosphate disks: control of aspect ratio and polydispersity for nano-architecture [J]. CrystEngComm, 2013,15: 1970–1977.

[99] Wang D Y, Liu X Q, Wang J S, et al. Preparation and characterisation of a novel fire retardant PET/alpha-zirconium phosphate nanocomposite [J]. Polym. Degrad. Stab. 2009, 94(4): 544–549.

[100] 李佳欣，赖学军，叶振兴，等．层状纳米磷酸锆的制备及催化成炭阻燃聚合物的研究进展 [J]. 高分子材料科学与工程，2019, 35(1): 183–190.

[101] Clearfield A, Stynes J A. The preparation of cyrtslline zirconium phosphate and some observations on its ion exchange behavior [J]. J. Inorg. Nucl. Chem. 1964, 26: 117–129.

[102] Alberti G, Torracca E. Crystalline indoluble salts of polybasic metal – Ⅱ . Synthesis of crystalline zirconium or titanium phosphate by direct precipation [J]. J. Inorg. Nucl. Chem. 1968, 30: 317–318.

[103] 张蕤，胡源，宋磊．层状磷酸盐的水热合成及其热稳定性 [J]. 中国有色金属学报，2011, 11(5): 895–899.

[104] Yang D D, Hu Y, Hu X P. Catalyzing carbonization of organophilic alpha-zirconium phosphate/ acrylonitrile-butadiene-styrene copolymer nanocomposites [J]. J. Appl. Polym. Sci., 2014, 130: 3038–3042.

[105] Zhang Y, Zeng X, Li H. Zirconium phosphate functionalized by hindered amine: A new strategy for effectively enhancing the flame retardancy of addition-cure liquid silicone rubber [J]. Mater. Lett., 2016, 174: 230–233.

[106] Yang D D, Hu Y, Song L. Catalyzing carbonization function of α-ZrP based intumescent fire retardant polypropylene nanocomposites [J]. Polym. Degrad. Stab., 2008, 93: 2014–2018.

[107] Liu D, Cai G, Wang J, et al. Thermal and flammability performance of polypropylene composites containing melamine andmelamine phosphate-modified α-type zirconium phosphates [J]. J. Appl. Polym. Sci., 2014, 131(10): 40254.

[108] Xie H, Lai X, Li H, et al. Fabrication of ZrP nanosheet decorated macromolecular charring agent and its efficient synergism with ammonium polyphosphate in flame-retarding polypropylene [J]. Compo. Part A: Appl. Sci. Manuf., 2018, 105: 223–234.

[109] Xie H, Lai X, Li H, et al. Remarkably improving the fire-safety of polypropylene by synergism of functionalized ZrP nanosheet and N-alkoxy hindered amine [J]. Appl. Clay Sci., 2018, 166: 61–73.

[110] Ma H Y, Tong L F, Xu Z B, et al. Functionalizing carbon nanotubes by grafting on intumescent flame retardant: Nanocomposite synthesis, morphology, rheology, and flammability [J]. Adv. Funct. Mater., 2008, 18(3): 414–421.

[111] Sun J, Gu X, Zhang S, et al. Improving the flame retardancy of polyamide 6 by incorporating hexachlorocyclotriphosphazene modified MWNT [J]. Polym. Adv. Technol., 2014, 25: 1099–1107.

[112] Qian X, Song L, Yu B, et al. Novel organic–inorganic flame retardants containing exfoliated graphene: preparation and their performance on the flame retardancy of epoxy resins [J]. J. Mater. Chem. A, 2013, 1: 6822–6830.

[113] Lvov Y, Wang W, Zhang L, et al. Halloysite clay nanotubes for loading and sustained release of functional compounds [J]. Adv. Mater. 2015, 28(6): 1227–1250.

[114] Abdullayev E, Joshi A, Wei W, et al. Enlargement of halloysite clay nanotube lumen by selective etching of aluminum oxide [J]. ACS Nano 2012, 6(8): 7216–7226.

[115] Yuan P, Tan D, Annabi-Bergaya F. Properties and applications of halloysite nanotubes: Recent research advances and future prospects [J]. Appl. Clay Sci., 2015, 112-113: 75–93.

[116] Yah W O, Takahara A, Lvov Y. Selective modification of halloysite lumen withoctadecylphosphonic acid: New inorganic tubular micelle [J]. J. Am. Chem. Soc., 2012, 134: 1853–1859.

[117] Zheng T, Ni X. Loading an organophosphorous flame retardantinto halloysite nanotubes for modifying UV-curableepoxy resin [J]. RSC Adv., 2016, 6, 57122–57130.

P
PHOSPHORUS 磷科学前沿与技术丛书
磷与火安全材料

4

单质磷与火安全材料

Phosphorus and Fire-safe Materials

4.1
磷的同素异形体

磷(phosphorus)是第 15 号化学元素，符号为 P，处于元素周期表的第三周期、第ⅤA 族。单质磷有几种同素异形体，如图 4.1 所示。其中，白磷(又称黄磷)是无色或淡黄色的透明结晶固体，是零维的 P_4 分子结构，分子由四个磷原子互相通过 sp 轨道成键，呈正四面体结构。其密度为 1.82 g/cm^3，熔点为 44.1℃，沸点为 280℃，而着火点很低，约为 40℃。白磷接触空气能自燃并引起燃烧和爆炸，而且在潮湿空气中的自燃点低于在干燥空气中的自燃点。与氯酸盐等氧化剂混合发生爆炸。其碎片和碎屑接触皮肤干燥后即着火，可引起严重的皮肤灼伤。所以白磷在军事上常用来制烟幕弹、燃烧弹。

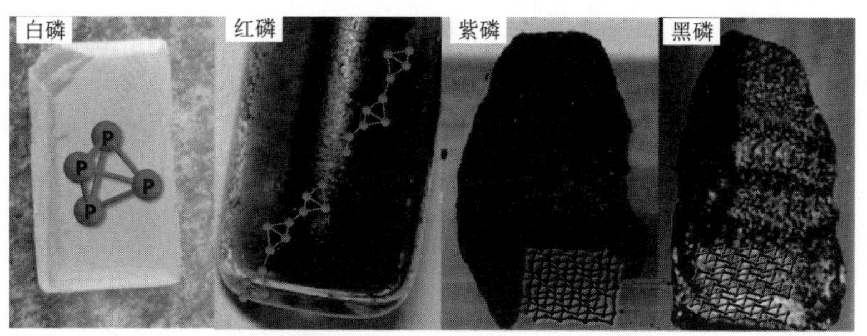

图 4.1 单质磷的典型同素异形体

白磷经放置或在 250℃隔绝空气加热数小时或暴露于光照下可转化为红磷。红磷是以 P_4 四面体的单键形成链或环的一维高聚合结构，具有较高的稳定性。其密度为 2.34 g/cm^3，熔点为 590℃，着火点较白磷高很多，约为 240℃。

1831 年，法国的 C. Sauria 发明了一种使用白磷的火柴。这些火柴可以在任意的表面摩擦生火——可以是桌面、鞋底，甚至电影里西部牛仔的脸颊。不幸的是，白磷燃点太低，由此造成了许多意外的火灾。另外，白磷也被证明是一种剧毒的物质。火柴厂的工人吸入白磷烟雾后，经常会患上被称为“磷牙症(phossy jaw)”的颌骨严重退化。后来，美国和欧洲的政府行动迫使制造商改为使用红磷——一种白磷的无毒化学替代品。1844 年，瑞典的 G. Pasch 提议把火柴的燃烧成分分别放置在独立的摩擦表面，而不是把它们都放在火柴头上，作为防止意外着火的额外预防措施。1855 年，瑞典人 J. E. Lundstrom 在此基础之上发明了一种新型火柴，他将氯酸钾和硫黄等混合物粘在火柴梗上，而将红磷涂在火柴盒侧面。使用时，将火柴药头在磷层上轻轻擦划，即能摩擦着火。由于把强氧化剂和强还原剂分开，大大增强了生产和使用中的安全性，后人们将 Lundstrom 的这种火柴称为安全火柴，沿用至今。

黑磷是黑色有金属光泽的晶体，系白磷在很高压强 [12000 atm (1 atm=101325 Pa)] 和较高温度下转化而形成的，或是通过高能球磨法由红磷转变成。但由于温度和压力不易控制，合成黑磷的成功率不高。黑磷是磷元素中最稳定的同素异形体，也是二维材料家族中的新成员。黑磷密度为 2.70 g/cm^3，硬度为 2。它的晶格是由双原子层组成的，每一个层是由曲折的磷原子链组成的。在这些链中，P—P—P 键角为 90°，P—P 键长为 2.244 Å(1 Å=10^{-10}m)。黑磷在磷的同素异形体中反应活性最弱，在空气中不会自燃。

4.2 红磷：从火柴到阻燃剂

4.2.1 红磷的性质

红磷系红色或紫红色的粉末，不溶于水、稀酸和有机溶剂，略溶于无水乙醇而溶于氢氧化钠水溶液。红磷在空气中不自燃，着火生成 P_2O_5。红磷与 $KClO_3$、$KMnO_4$、过氧化物或其他强氧化剂混合时，在适当条件下甚至能发生爆炸。白磷在潮湿空气中的自燃点低于在干燥空气中的自燃点(40℃)，而红磷在潮湿的空气中亦可按下式发生缓慢的氧化[1]。

$$\left[P\langle{}^{P}_{P}\rangle P\right]_n \xrightarrow{\text{潮湿空气}} H_3PO_4 + H_2PO_3 + H_3PO_2 + PH_3$$

红磷在常温和干燥情况下是足够稳定的。但如果将其升温至400～500℃(大约相当于多数有机高分子材料的燃烧温度)，红磷可解聚生成白磷。后者在高温下对水、氧气非常敏感，进一步氧化生成P_2O_5、H_3PO_4(磷酸)、$H_4P_2O_7$(焦磷酸)、聚磷酸等物质，这些产物(包括P_4)对有机高分子材料的阻燃十分重要。

作为阻燃剂，红磷优缺点均十分明显。红磷为磷的单质，相较于其他含磷阻燃剂而言，磷含量不可同日而语，因此阻燃效率高、添加量少。但红磷的缺陷也很突出。其一，红磷在空气中极易吸水，生成H_3PO_2、H_3PO_3、H_3PO_4等酸性物质，致使红磷表面发黏；而产生的这些磷酸类衍生物更易吸水，日久粉末状的红磷就变成了一团稀泥状的物质。红磷存在于高分子材料制品中一定时间之后，制品表面层的红磷吸潮氧化，使制品表面被腐蚀而失去光泽和原有的性能，并慢慢向内层深化。其二，红磷与树脂的相容性差，不仅难以分散，而且会出现离析沉降，使树脂的黏度上升，这给树脂成型加工带来困难，也会导致合成材料的性能下降。其三，红磷长期与空气接触，在生成磷的含氧酸的同时会放出剧毒的PH_3气体，污染环境并威胁人体健康。其四，红磷的吸湿性和表面不稳定性对塑料制品的物理性能有不良影响，尤其对弱电元件的漏电性和高压元件的绝缘性影响更甚。其五，红磷易为冲击所引燃，干燥的红磷粉尘具有燃烧及爆炸危险。其六，红磷的紫红色易使被其阻燃的制品着色。上述缺点严重地限制了红磷的直接应用[2]。

应用合理的工艺，例如将红磷包覆或称微胶囊化以使其稳定，可在很大程度上克服上述诸多缺陷。因而红磷的稳定化处理在阻燃领域深受重视。自1963年第一个应用红磷作为阻燃剂的专利问世以来，至今已发表了有关采用红磷阻燃高分子材料的论文和专利数百篇，且这方面的研究至今仍令人瞩目。现在市面上的红磷阻燃剂，实际上是指包覆红磷或微胶囊化红磷[1]。

4.2.2 包覆红磷

包覆红磷是在红磷表面包覆一层或数层保护膜而成，又称微胶囊化红磷 [(micro)encapsulated red phosphorus，缩写为 MRP 或 CRP]。包覆之后，甚至可以改变红磷原本的颜色而呈现出白色或灰白色，此种包覆红磷又被称作白度化红磷。包覆红磷对制品的物理、机械性能影响小，赋予被阻燃材料较好的抗冲击性能，改善了与树脂的兼容性，同时包覆红磷的热稳定性好，可用于某些需要高温加工成型高聚物制品，且低烟、低毒，与树脂混合时不放出或少放出 PH_3，也不易被冲击引燃，粉尘爆炸危险性大为减小。此外，包覆红磷在耐候性、电气性能、稳定性等方面也有较好表现。综合而言，包覆红磷被认为是一种相当安全的阻燃剂。国外对作为阻燃剂的包覆红磷进行了十几年的研究，也取得了显著成果。目前，已有商品化的包覆红磷产品供应市场，如英国的 Albright&Wilson 公司于 1989 年推出的牌号为 Amgard CRP 系列的稳定化处理的包覆红磷。这种红磷微胶囊的外观呈球状微粒，直径约为 10 μm，流动性好，金属杂质少，可用于环氧树脂和尼龙电子产品、聚烯烃电线电缆绝缘层，如表 4.1 和表 4.2 所示 [3]。

表4.1 几种典型高分子材料达到UL-94 V0阻燃等级所需的Amgard CRP包覆红磷量

适用高分子	聚酰胺	聚碳酸酯	聚对苯二甲酸乙二醇酯	聚苯乙烯	聚乙烯
包覆红磷含量（质量分数）/%	7	4.2	3	15	10

表4.2 几种典型高分子材料添加10%（质量分数）的Amgard CRP的极限氧指数值

适用高分子		环氧树脂	聚酰胺	聚对苯二甲酸乙二醇酯	聚丙烯	聚苯乙烯	丙烯腈 - 丁二烯 - 苯乙烯共聚物
LOI/%	未添加	21.0	20.8	20.4	17.0	19.0	18.5
	添加	26.0	24.0	31.0	19.5	22.0	22.5

按照包覆红磷的材料(壳材或囊材)，红磷包覆分为三种：无机包覆、有机包覆、有机 – 无机复合包覆三种。

4.2.2.1 无机包覆

无机包覆法是以无机材料为包覆材料的方法，一般采用化学沉积法和溶胶凝胶法。以氢氧化铝包覆为例，化学沉积法(chemical deposition method)是将红磷悬浮于含 $Al(OH)_3$ 的水介质中，再加入 NaOH 调节溶液的 pH 值在 6 ～ 8 之间，以使生成的 $Al(OH)_3$ 沉积在红磷表面并形成均一而致密的包覆层。采用溶胶凝胶法(sol-gel method)时，多以硝酸铝为起始原料，先将 $Al(NO_3)_3 \cdot 9H_2O$ 溶于水，再用氨水沉淀并将介质 pH 值调至 8 ～ 9。制得稳定的 $Al(OH)_3$ 溶胶后，加入红磷粉末，于是溶胶以红磷为中心，在其表面吸附凝胶，最后在红磷表面包覆一层金属氢氧化物胶体膜。

无机包覆红磷在着火点、吸湿性和 PH_3 生成量等方面都得到了不同程度的改善，但受限于无机壳层表面性质，仍与树脂相容性差，着火点不够高，存在一定的加工隐患，且在加工生产过程中仍会产生一定量的 PH_3。无机包覆材料还可以采用氢氧化镁、氢氧化锌、水合钛 – 钴氢氧化物等，后者可使红磷的 PH_3 生成量降到 0.05 mg/g 以下。不同无机包覆方法和包覆材料 [用量约占 5%(质量分数)] 对超细红磷粉体着火点的影响如表 4.3 所示。由表 4.3 数据可知，包覆 $Al(OH)_3$、$Mg(OH)_2$ 等无机物均对红磷的着火点有一定程度的提高 [通常用差热分析(differential thermal analysis，DTA)来测定]，且溶胶凝胶法效果更佳。金属氢氧化物是红磷氧化的抑制剂，因此红磷中常常加入 $Al(OH)_3$ 以使红磷稳定化。所以无机包覆处理之后的红磷着火点均有不同程度的提高。

表4.3　不同无机包覆法和包覆材料对超细红磷粉体着火点的影响

项目	化学沉积法			溶胶凝胶法		
	氢氧化铝	氢氧化镁	氢氧化锌	氢氧化铝	氢氧化镁	氢氧化锌
着火点增幅 /℃	45.2	48.6	41.2	58.3	59.2	55.6

在无机包覆的过程中，粒径不同的红磷表面包覆物的含量会有所差异，粒径小的红磷比粒径大的红磷的包覆物含量高。这可用缺陷理论来解释。第一，在包覆相同(理论计算量)的情况下粒径小的红磷比表面积更大，也更易吸附包覆物；第二，粒径小的粒子存在棱角、凹凸不平等缺陷多，更容易发生反应；第三，包覆时必须有核才能凝聚，而相对于大粒子而言，小粒子更易成为凝聚核。因此，对于被包覆的红磷来说，粒径越小越容易包覆，且包覆效果越好。如果在包覆过程中加入硅烷偶联剂，可进一步提升包覆红磷的着火点。

4.2.2.2 有机包覆

有机包覆法是以有机物包覆红磷，目前多采用热固性树脂，如酚醛树脂(phenol-formaldehyde resin，PFR)、密胺树脂(melamine-formaldehyde resin，MFR)、脲醛树脂(urea-formaldehyde resin，UFR)、环氧树脂(epoxy resin，EP)、醇酸树脂(alkyd resin)及聚硅氧烷(polysiloxane)等以界面聚合反应或原位聚合方法包覆。

原位聚合法主要用于以酚醛树脂、密胺树脂为囊材的包覆。特别是密胺树脂，因其固化速度快、包膜的拉伸强度和压缩强度高、耐水性和耐酸碱性突出而被广泛采用。以密胺树脂原位聚合包覆红磷时，系将红磷粉体均匀分散在水体系中，再将羟基化的三聚氰胺预聚物溶于水中，加热混合物，以使密胺树脂进一步交联固化于红磷表面。包覆温度一般控制在 60 ～ 80℃，系统 pH 值为 4.0 ～ 6.5，大约 1h 即可获得满意的包覆层。有机包覆红磷的 PH_3 生成量少，产品着火点高，与基体树脂的相容性好，但吸湿性强，对被阻燃高聚物的电绝缘性能影响较大。

与无机包覆红磷相比，有机高分子包覆的囊材对气体和水的阻隔作用更好，包覆的红磷也更稳定。文献比较了 $Al(OH)_3$ 和 MFR 包覆红磷的囊层形貌、吸水性和抗氧化性数据：用高分子包覆的红磷囊壁光滑，吸水率仅为 0.1% ～ 0.2%(3 天)，抗氧化性指数(以 NaOH 计)为 2.3 mg/(g•h)；用 $Al(OH)_3$ 包覆的红磷囊壁较粗糙，吸水率为 0.8%(3 天)，抗氧化性指数(以 NaOH 计)为 3.0 mg/(g•h)。

聚硅氧烷(PVTES)由于其温和的聚合条件和稳定的理化性质也被广泛用来包覆红磷。典型的原位聚合包覆温度一般控制在 85℃左右制得稳定的乳液。加入一定量的相转移催化剂后加入定量乙烯基三乙氧基硅烷(triethoxyvinylsilane，VTES)，而后加入红磷粉体并通过超声搅拌分散在溶液中。滴加一定量的氯化钙溶液破乳，静置过滤干燥得到灰色的聚硅氧烷包覆红磷。红磷包覆前后的透射电子显微镜图片如图 4.2 所示。

文献进一步对聚硅氧烷包覆红磷的热稳定性进行了评价，如图 4.3 所示。与未改性的红磷(RP)相比，聚硅氧烷包覆红磷在氮气氛下的残余质量从 61.3%(质量分数)提高到 74.3%(质量分数)，最大质量损失率从 14.0%(质量分数)/min 大幅降低到 6.4%(质量分数)/min。首先，包覆囊层聚硅氧烷在较低的温度范围内(200 ～ 300℃)分解，这可以通过

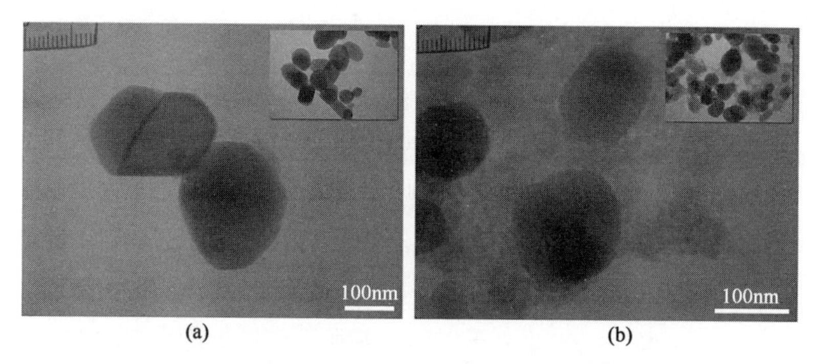

图 4.2　红磷 (a) 和聚硅氧烷包覆红磷 (b) 的透射电子显微镜图片

主要由 PVTES 引起的 MRP 的 $T_{2\%}$ 偏移来证实。聚硅氧烷的分解产物包含大量的无机二氧化硅，在高温下非常稳定。耐热囊层有助于缓解红磷的分解并增加残炭量。红磷在空气氛下有一个明显的增重阶段，这应归属于红磷的氧化增重反应，而聚硅氧烷包覆红磷则出现了两个增重过程，且各自质量增加的速率较缓：聚硅氧烷的乙烯基具有 C＝C 双键，所以在较低温度下也能发生氧化反应；更高温度的增重行为则归属于红磷本身[4]。

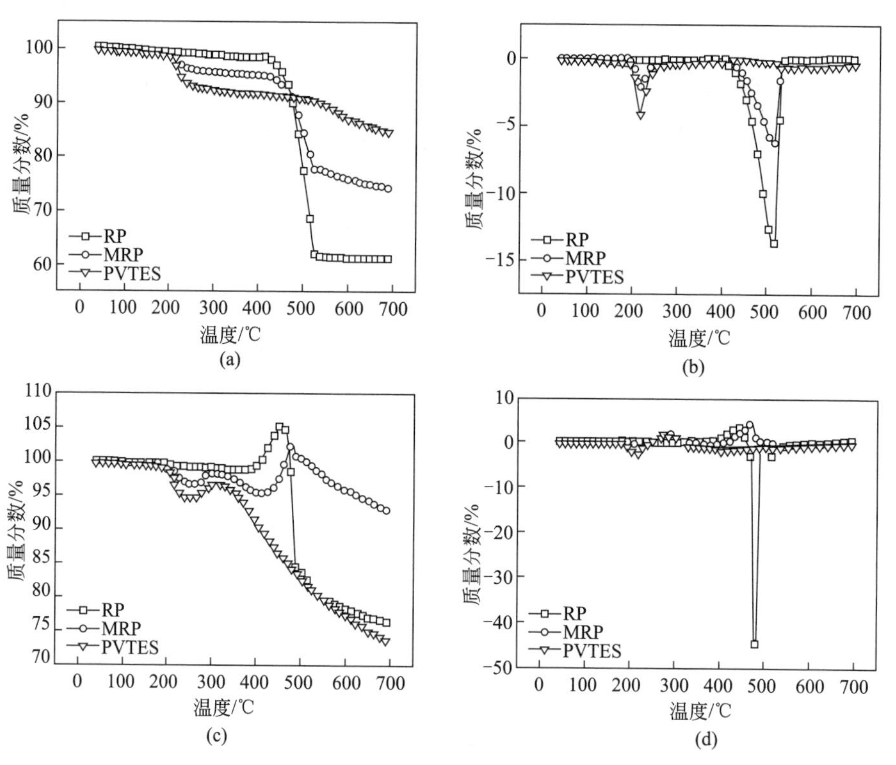

图 4.3　红磷、聚硅氧烷包覆红磷和聚硅氧烷的热重分析测试曲线：(a)、(b) 为氮气氛下的热重和热重微分曲线；(c)、(d) 为空气氛下的热重和热重微分曲线

4.2.2.3 无机－有机复合包覆

无机－有机复合包覆是指先包覆一层无机物，再包覆一层有机物。无机层多为 $Al(OH)_3$、$Zn(OH)_2$ 等通过化学沉积法或溶胶凝胶法制得，有机层一般为酚醛树脂、密胺树脂或环氧树脂，通过界面聚合或原位聚合的方法制得。

有文献首先分别用 $Al_2(SO_4)_3$、$MgSO_4$ 和 $ZnSO_4$ 与 NaOH 反应对红磷进行无机包覆，所得无机包覆红磷的吸水率下降至 2.8% ～ 3.2%（质量分数），PH_3 发生量降至 20 ～ 25 μg/(g•24h)，而着火点为 350℃，为进一步提高包覆红磷的贮存稳定性和与基体树脂的相容性，作者又对无机包覆红磷进行有机包覆，方法是先将聚苯乙烯树脂用二甲苯稀释溶解，再将无机包覆红磷与有机包覆材料按质量比 1∶1 混合，搅拌成均匀糊状态，然后干燥，即得双层包覆红磷。所得双层包覆红磷的吸水率进一步下降至 1.6%（质量分数），PH_3 发生量为 1.5 ～ 3.4 μg/(g•24h)，着火点为 340 ～ 350℃。

除了改善稳定性之外，无机或有机包覆囊层更重要的意义在于进一步提升红磷的阻燃效率。已有广泛文献报道，红磷可与很多阻燃剂或成炭剂联用取得协同阻燃效果。前者包括 $Mg(OH)_2$、$Al(OH)_3$、可膨胀石墨等，后者有聚硅氧烷、PFR、MFR 等。而除可膨胀石墨外，这些阻燃剂或成炭剂均被用以制备包覆红磷。

4.3 黑磷：一种新的二维片层材料

4.3.1 黑磷的性质

在磷的诸多同素异形体中，黑磷具有稳定性最高的二维结构。可以参考白磷来理解黑磷的晶体结构。黑磷的高结构稳定性归因于其正交的晶体结构。块体黑磷由许多单层黑磷通过弱的范德瓦耳斯力相互作用堆积形成。单层黑磷则由 sp^3 杂化的 P_4 单元共价连接构成。这种 sp^3 杂化使得单层黑磷形成起伏的六边形结构，其结构与褶皱的蜂窝结构类似，如图 4.4 所示[5]。这种结构具有 96.300°(θ_1) 和 102.095°(θ_2) 两个不同的键角，角度接近完美四方结构 109.5°的键角，因此黑磷的结构稳定性大大提高。同样的，黑磷结构中存在着两种不同的键长，一种是平面键长(2.224 Å)，它连接着同一平面内最近的磷原子，另一种是不同平面间磷原子之间键长(2.244 Å)，它连接着上下两层的磷原子。相邻的两层黑磷之间的磷原子的距离约为 5.3 Å，大于共价键的长度，表明这些片层是通过范德瓦耳斯力，而不是化学键相互作用堆叠在一起的[6]。

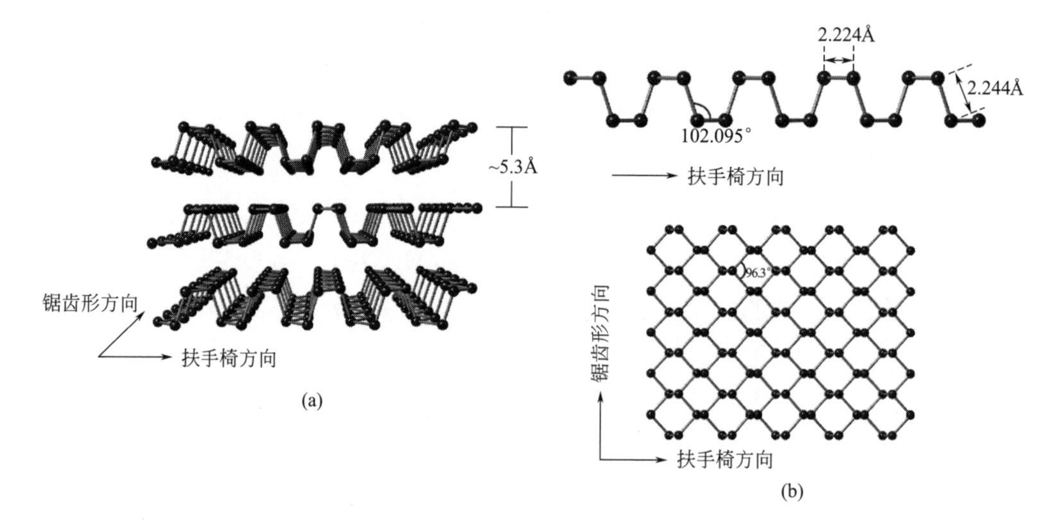

图 4.4　黑磷晶体结构示意图

随着压力的变化，黑磷的晶体结构也会相应地发生可逆的结构转变。由于黑磷正交结构中键的不同，层间距离远大于层内键合长度，当压力增加时，层间距离容易缩短，而共价键略有变化。此外，由于层内褶皱层之间的恢复力弱，这些层在压力作用下将经历剪切运动，这将增加不同层中的磷原子形成新的共价键的可能。如图 4.5 所示，在压力增加过程中，晶格压缩与层间滑动同时发生，正交相产生向半金属菱方相的转变，其中蜂窝结构沿 [001] 方向堆叠。如果再进一步压缩后，磷原子之间化学键重建，黑磷最终演变成金属相简单立方结构[7]。

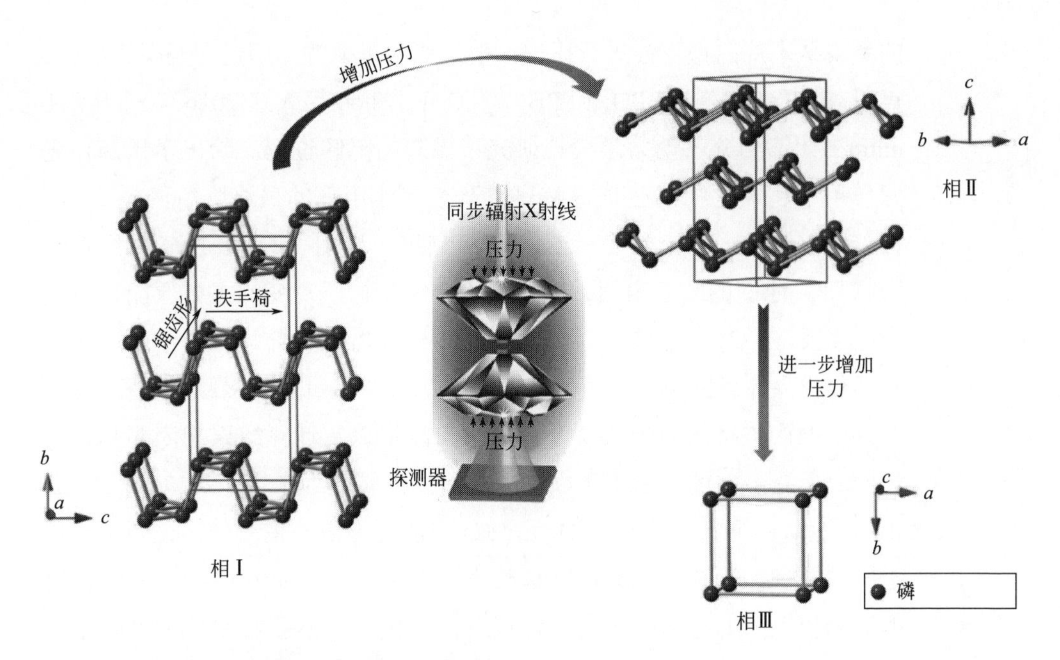

图 4.5 常压和高压下黑磷晶体结构变化示意图

早期 P. W. Bridgman 对块体黑磷的稳定性研究表明，黑磷是磷元素同素异形体中最稳定的单质形态，能在空气中加热至 400℃而不被点燃，且能在较冷环境下的空气中存放半年不吸潮[8]。随后，R. B. Jacobs 从反应热和蒸气压的角度研究了黑磷的相对稳定性，认为黑磷是在一定温度范围内磷元素中最稳定的形式[9]。然而，随着黑磷和黑磷纳米片研究的进一步深入，黑磷在环境中会逐渐降解的情况逐渐被人们所关注和重视，并成为制约其研究和应用的关键性问题。当黑磷被剥离成薄层纳米片时，比表面积增加，反应活性增强，稳定性迅速下降[10]。A. Castellanos-Gomez 等人对剥离的黑磷纳米片的环境稳定性进行了研究，在环境条件下制备样品后，黑色黑磷纳米片表面很快就会出现液滴，当长时间(超过一周)暴露在空气中时，黑磷纳米片较薄的部分会发生腐蚀和降解。据此，他们认为表面的液滴是吸附水造成的，并且通过密度泛函理论计算验证了黑磷的亲水性[11]。

2015 年，A. Favron 等人利用原位拉曼光谱等技术对剥离的黑磷纳米片在不同环境条件下的降解进行了研究，结果显示黑磷的降解是一个与其层数相关的光辅助氧化过程[12]。同年，D. Hanlon 等人对液相剥离的黑磷纳米片的稳定性进行研究，他们认为黑磷的降解过程类似于红磷，可以与水反应生成 H_3PO_4 和 PH_3[13]。Q. H. Zhou 等人在 2016 年利用“ab initio”计算和分子动力学模拟研究了黑磷的降解过程，给出了黑磷在光照作用下超氧化物的生成、解离以及在水作用下的最终降解的过程[14]。接着，Y. Huang 等人结合计算和实验结果，说明了 O_2 和 H_2O 对黑磷的影响[15]。他们的结果表明，黑磷发生分解和性质衰变的主要原因是与氧发生了反应: O_2 在黑磷表面吸附解离并导致黑磷的分解，并不断地使黑磷场效应晶体管的电导率下降；相反，黑磷与除氧水的接触则是稳定的。此外，他们进行的同位素实验、接触角测量以及计算结果均表明初始的黑磷表面是疏水的，由于不断地氧化而逐渐转变为亲水。2017 年，K. L. Kuntz 等人的研究则表明了 O_2 和 H_2O 均能使黑磷发生氧化，这两种氧化之间的关键区别在于: O_2 能在黑磷表面发生氧化，而 H_2O 则是氧化黑磷的缺陷位置，如在边缘和台阶位置发生氧化[16]。这两种氧化的产物中磷的价态也存在差别。

从这些关注于黑磷氧化问题的研究可以看出，O_2、H_2O 和光是黑磷发生分解或是降解的关键因素。然而，研究者们对光加速反应的作用的理解较为一致，对于 O_2 和 H_2O 对黑磷降解的影响的理解还存在差异[17]。黑磷较差的环境耐受性并不是纳米电子器件、光电器件、晶体管等领域研究者乐意见到的，但却为黑磷在火安全材料领域的应用提供了可能。

4.3.2 黑磷的制备

4.3.2.1 黑磷块体的制备

到目前为止，块体黑磷的制备方法主要可以分为两类，分别为高压法和低压法。

早期关于块体黑磷的研究报道的制备方法均为高压法。1914 年，诺贝尔奖获得者 P. W. Bridgman 使用其发明的能产生极高压力的设备制备了块体黑磷，通过在 1.2 GPa 和 200℃的条件下处理白磷，将白磷转化为黑磷的方法制备[8]。随后，R. W. Keyes 在 1953 年也使用了类似的方法制备黑磷，他是在 1.3 GPa 的高压下成功地制备了小尺寸的黑磷晶体[18]。

1982 年，S. Endo 等人同样也通过高压法制备出了尺寸可达 5 mm×5 mm×10 mm 的黑磷晶体 [19]。然而，高压法受限于苛刻的反应条件，很难实现广泛应用和大规模制备。

相比之下，低压法制备黑磷显得更加简便且灵活。H. Krebs 的研究小组首先开发了一种低压催化转化的方法，通过在 360 ～ 380℃的温度下将白磷和少量的黑磷晶种用 30% ～ 40% 的汞处理几天，即可将白磷转化为黑磷 [20]。但是，这种方法会导致黑磷中有汞的残留污染。1965 年，Brown 等人发现白磷可溶于液体铋中，通过将纯化后的白磷溶解于液体铋中，然后加热混合物后缓慢冷却便成功地获得了黑磷晶体 [21]。虽然上面的这两种常压方法不需要高达吉帕(GPa)压力的苛刻条件，但是汞和铋也存在污染和毒性大的问题，并且这种方法的产率较低。这些问题一同限制了低压法的使用。直到 2007 年，S. Lange 等人将 Au、Sn 和 SnI_4 这些低毒的原料作为反应矿化剂，在合成过程中，将矿化剂和红磷加热至 600℃并在该温度下保持 5 ～ 10 天，然后自然冷却至室温，便合成了高结晶度和大块的黑磷晶体 [22]。之后，T. Nilges 等人选择 SnAu 作为昂贵的 Au 和 Sn 的替代品，制备了尺寸更大的黑磷晶体(>1 cm) [23]。由于矿化剂中 Au 非常昂贵，6 年之后，M. Kopf 对上述路线进行了改进，将昂贵的 Au 完全从制备过程中去除，只选择了 Sn 和 SnI_4 作为矿化添加剂，改进后的方法可以得到高质量、大量的尺寸大于几毫米的黑磷晶体 [24]。这种改进后的低压法降低了成本，简化了制备过程，减少了副产物，为二维材料黑磷的广泛研究奠定了基础。

4.3.2.2 黑磷纳米片的制备

黑磷纳米片的制备方法通常可以分为自上而下和自下而上两类。自上而下的方法主要是使用机械力或者是分子插层来打破黑磷层与层之间的范德瓦耳斯力相互作用，从而达到剥离块体获得单层或多层黑磷纳米片的目的。自下而上的方法则是通过化学转化的途径，将不同的分子前体直接反应转化形成黑磷纳米片 [25]。

目前，机械解理剥离和液相机械剥离是主要的自上而下制备黑磷纳米片的方法。

机械解理剥离是剥离层状二维材料最简单的一种方法，最早通过这种方法实现了单层石墨烯的剥离[26]。2014年，同样也是使用这种方法实现了单层或少层黑磷的剥离。在常规的操作过程中，黑磷块状晶体黏附在一片透明胶带上，然后使用另一片透明胶带黏附在黑磷上，随后分离胶带和黑磷。反复这个过程若干次后，将黏附黑磷样品的胶带贴在衬底(Si/SiO_2)上，接着剥离胶带和衬底，衬底上便会黏附单层或少层的黑磷纳米片[27]。这种剥离方法虽然简单、快速和经济，但是效率实在太低，无法实现大规模的操作和生产，且无法控制黑磷纳米片厚度、尺寸等。

另一种自上而下制备二维材料纳米片的方法便是液相机械剥离法。该方法已被广泛地应用于二维材料的剥离和二维材料纳米片的制备。石墨烯[27]、石墨型氮化碳($g-C_3N_4$)[28]、六方氮化硼(h-BN)[29]和过渡金属硫族化合物(如MoS_2[30]、WS_2[31])等二维材料均可以通过这种方法实现单层或少层纳米片的制备。黑磷纳米片也不例外。在使用这种方法对二维材料进行剥离的过程中，块体材料被分散在选定的溶剂中，在超声或剪切等机械作用以及溶剂分子的辅助作用下，实现块体的剥离[32-33]。该方法易实现大规模生产应用。2014年，J. R. Brent等人使用*N*-甲基吡咯烷酮(*N*-methyl pyrrolidone，NMP)作为溶剂，剥离制备了200 mm×200 mm的三层至五层黑磷纳米片，并通过延长剥离时间，获得了尺寸为20 nm×20 nm的单层和双层黑磷纳米片[34]。P. Yasaei等人使用稳定和极性的二甲基甲酰胺(*N*,*N*-dimethylformamide，DMF)和二甲基亚砜(dimethyl sulfoxide，DMSO)作为溶剂，液相剥离制备了单层的黑磷纳米片，且所制备的黑磷纳米片具有稳定性高、输运性能优异的特点[35]。D. Hanlon等人在*N*-环己基-2-吡咯烷酮(*N*-cyclohexyl-2-pyrrolidone，CHP)溶剂中剥离制备了不同尺寸和厚度的稳定的黑磷纳米片，同时，他们的研究认为，惰性的液相溶剂如CHP能够构成溶剂化壳保护黑磷纳米片，缓解黑磷纳米片的反应降解[13]。为了进一步提高在液相中剥离黑磷纳米片的生产效率，Z. Guo等人选择在NaOH和NMP的混合溶剂中剥离黑磷，实现了黑磷纳米片层数和尺寸可控制备[36]。除了在有机溶剂中剥离黑磷，W. Zhao等人则在离子液体中剥离制备了高浓度的稳定的黑磷纳米片分散液[37]。液相机械剥离是一种简单的、可以放大生产且能实现可控制备黑磷纳米片的方法。

除剥离的方法之外，块体的刻蚀也是自上而下制备二维纳米片材料的一种方法。S. Q. Fan 等人通过在空气和 N_2/H_2 混合气体中分步退火的方式，实现对块体黑磷的刻蚀和减薄。他们先将块体黑磷在空气中退火处理，使其最表层的原子层氧化生成 P_2O_5，接着将退火气氛转换为 N_2/H_2，使表面生成的 P_2O_5 升华，通过控制退火的温度和时间，可控地制备厚度不同的黑磷纳米片，结果表明，最快可在 2 min 内制备 7 层厚度的黑磷纳米片 [38]。

自下而上的方法是合成二维材料纳米片的另一类方法。它是利用不同的前驱体，在不同的实验条件下，通过化学反应直接合成二维材料纳米片的方法。化学气相沉积法 [39] 和湿化学法 [40] 是自下而上合成中应用最广泛的两种典型方法。

化学气相沉积被认为是最有前途的一种自下而上的方法，得到了广泛的应用。它是一种利用挥发性前体在高温下反应或是分解而在衬底表面生成二维材料的方法。迄今为止，化学气相沉积已成功地用于制备许多二维纳米材料，其中也包括石墨烯、h-BN 等。然而，关于黑磷的化学气相沉积生长的研究报道还很少。2015 年，X. Li 等人首先提出了一种在柔性衬底上大规模制备黑磷薄膜的方法。他们首先通过热沉积的方法将红磷沉积在柔性的聚酯衬底上，形成一层薄的红磷膜，然后将红磷膜和衬底放入 400℃的高压室中进行加压转化，使红磷膜转化成黑磷膜，制备的圆片形黑磷膜的直径约为 4 mm，厚度大约为 40 nm，这个方法可以通过将红磷沉积到更大的衬底上来改变黑磷膜的尺寸。也可以通过改变在加压转化下的保持时间来调节黑磷膜的厚度 [41]。J. B. Smith 的研究团队也尝试了用化学气相沉积的方法制备黑磷。他们首先将红磷在 600℃下加热处理，在衬底上形成非晶的红磷薄膜，然后将覆盖有红磷薄膜的衬底、矿化剂锡和碘化锡在一定压力下（27.2 atm）加热至 900℃，最后制得了大面积（0.35 ～ 100 μm^2）和可变厚度（3.4 ～ 600 nm）的黑磷纳米片 [42]。

另一类自下而上的制备方法为湿化学法，其中包括水热法、溶剂热法（图 4.6）和模板合成法等制备方法。这些方法均广泛应用于二维材料纳米片的制备。2016 年，Y. Y. Zhang 等人以工业红磷粉末为前驱体，以乙醇为溶剂，400℃下溶剂热法制备了黑磷纳米片，所制备的纳米片的直径约为 1.0 μm，厚度为 0.5 ～ 4 nm[43]。随后。G. Zhao 等人对上述方法进行了改进，他们发现氟化铵可以降低层状材料的表面活化能 [44]。最近，

B. Tian 等人以白磷为原料，乙二胺为溶剂，通过溶剂热法在 60 ～ 140℃的温和条件下制备出了黑磷纳米片，亦可通过调节反应温度来制备不同厚度的黑磷纳米片，如图 4.6 所示[45]。这些简便的溶剂热法可以实现黑磷纳米片的大规模生产，可以大幅度降低制备黑磷纳米片的成本。遗憾的是，目前这些方法所制备的黑磷纳米片的结晶度还较差，无法与剥离的黑磷纳米片相比。

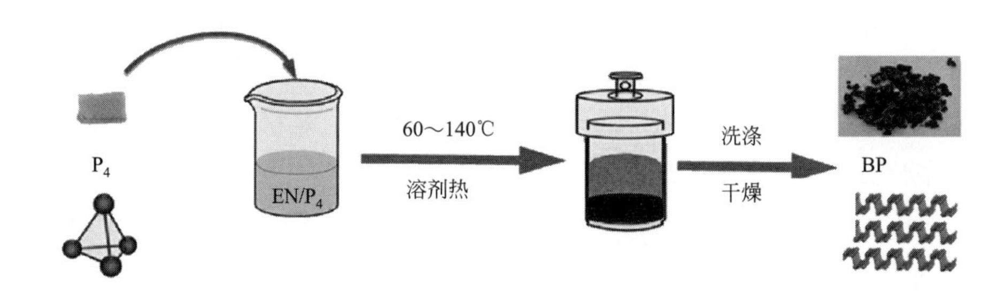

图 4.6　溶剂热法制备黑磷纳米片的示意图

到目前为止，化学气相沉积和湿化学合成黑磷纳米片还是一个亟待开发的领域。诚然，这些方法具备大规模生产黑磷的巨大潜力，但是相关方面的报道并不多，使用这些方法制备高质量的黑磷材料仍然是一个巨大的挑战。使用这些方法制备石墨烯、硅烯和锡烯等其他二维材料的经验可以为制备黑磷纳米材料提供启发。

4.3.3　黑磷在火安全材料中的应用

黑磷已经引起了能源储存、锂电池、超级电容器和生物医学领域研究人员的广泛兴趣。但到目前为止，人们很少关注到基于黑磷的高分子复合材料的制备、性能和应用，尤其是作为阻燃剂和火安全材料领域的应用。

4.3.3.1　二维黑磷 / 高分子复合材料

由于其优异的物理和其他特殊性质，二维黑磷纳米片可以用于增强聚合物复合材料的机械性能，这类似于石墨烯和其他层状材料。Cheng 等人报道了将 BP 纳米片作为 2D 纳米填料用于增强聚乙烯醇(PVA)[46]。由于在 PVA 包覆黑磷纳米片的外部形成饱和的 P—O 键，所得的 BP-

PVA 纳米复合材料表现出优异的空气稳定性。此外，黑磷纳米片与 PVA 基体之间的界面摩擦导致复合材料强度、韧性和模量增加，最大拉伸强度超过 316 MPa，是纯 PVA 薄膜的 1.9 倍。黑磷在 PVA 基体中的这种强化效果优于具有相似含量的石墨烯增强 PVA 纳米复合材料，表明黑磷在聚合物复合材料增强方面有应用前景。

与石墨烯和二硫化钼纳米片(MoS_2)类似，黑磷具有相对较低的摩擦系数和高的热稳定性。因此黑磷也可用作固体润滑剂用于制备耐摩擦聚合物复合材料[47]。Lv 等系统研究了添加有黑磷的聚醚醚酮 / 聚四氟乙烯(PEEK/PTFE)和碳纤维 /PTFE(CF/PTFE)复合材料的摩擦性能。结果表明，加入二维黑磷纳米片后，黑磷纳米片可以不断地供应到接触区域，并且在对应表面上逐渐形成由氧化磷和磷酸组成的黑磷膜，而不是形成化学转移膜，可以有效减少摩擦和磨损[48]。

4.3.3.2 黑磷 / 高分子火安全材料

与高分子复合材料相比，黑磷在火安全材料领域中的研究与应用起步更晚。2018 年 Ren 等将纳米黑磷用作高分子阻燃剂，添加到水性聚氨酯(water-bone polyurethane，WPU)中，研究结果表明，纳米黑磷添加质量分数为 0.2% 时，材料的 LOI 从 21.6% 上升到 24.2%[49]。之后作者改进了制备工艺，首先将黑磷和石墨一起经过高压剪切作用，形成了具有少量 P—C 键的纳米黑磷和石墨烯复合物(BP/G)，将其添加到高分子材料中后，不仅使材料的结构更加稳定，还提高了材料的拉伸性能，添加的 BP/G 为 3.55%(质量分数)，材料的热释放速率峰值和总热释放量分别降低 38% 和 34%，而杨氏模量较单纯添加质量分数 2.06% 的纳米黑磷上升了 7 倍[50]。将黑磷与其他具备阻燃性能的二维材料复合，可以起到更优的增益效果，如昆明理工大学梅毅教授等以超声波、高压均质等外场作用力将纳米黑磷和纳米氮化硼制备为复合材料，添加到水性聚氨酯中，可以起到协同阻燃效果[51]。

2019 年，Qiu 等将黑磷进行了表面改性，在二维黑磷表面原位生长一层聚磷腈(polyphosphazenes，PZN)材料，得到具有丰富氨基化的聚磷腈功能化黑磷。将 2%(质量分数)所得的功能化黑磷引入环氧树脂{ DGEBA 型树脂 [4,4′-二氨基二苯甲烷(DDM)固化]}中，即可使材料的阻燃性能大大增强，且材料峰值热释放速率、总热释放量、总烟释放量和烟生成速率均显著降低，有效提升了环氧树脂材料的火安全性能。作者进一步对阻燃材料的作用机制进行了分析：加入功能化黑磷后，环氧树脂基体分解产生的挥发性产物的释放明显受到抑制。更重要的是，所得阻燃材料在暴露于环境条件下四个月后呈现空气稳定性[52]。功能化的黑磷纳米片在树脂基体中的空气稳定性可归因于聚磷腈的表面包覆和嵌入高分子基体的双重保护。除聚磷腈之外，也有报道在黑磷纳米片表面原位生长三聚氰胺-甲醛树脂(melamine-formaldehyde resin，MF)，改善了黑磷纳米片在环氧树脂中的分散，并表现出协同阻燃效果。

另外，他们也报道了一种以黑磷晶块作为电极，植酸作为电解液和改性剂的简便电化学制备方法，在制备过程中将块状黑磷剥离成黑磷纳米片，同时在黑磷表面修饰了有机官能团，如图 4.7 所示。将此功能化黑磷纳米片添加到聚氨酯丙烯酸酯(polyurethaneacrylate，PUA)中，发现阻燃树脂的热释放速率峰值下降了 44.5%，总热释放量下降了 34.5%，有害热解产物如 CO 等释放量也有明显降低，有效提升了材料的火安全性能[53]。通过此种电化学方法制备的功能化黑磷纳米片同样在树脂基体中表现出良好的空气稳定性。经过表面改性的黑磷，其表面会形成一系列官能团，有利于提高黑磷与高分子基体材料的相容性，从而提高力学性能，并且可选择具有阻燃性能的元素或基团，与黑磷形成协同阻燃作用。

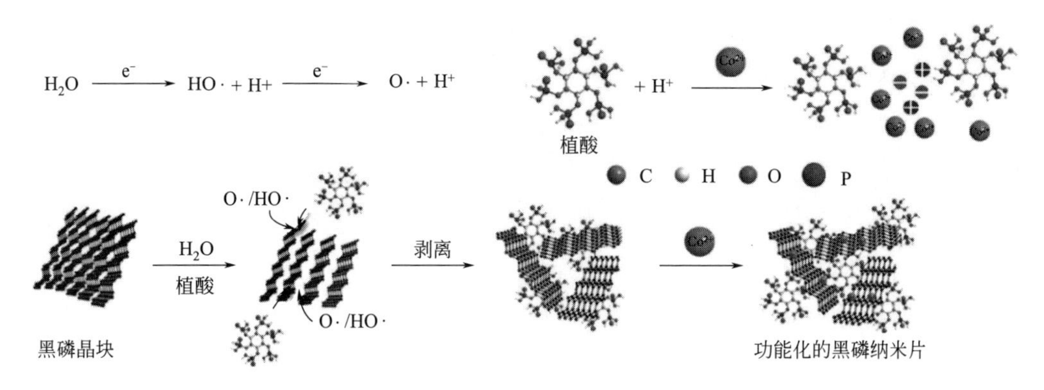

图 4.7 黑磷纳米片的电化学剥离过程示意图

共价有机框架(covalent organic frameworks，COFs)是一类新兴的二维纳米材料，通过强共价键连接分子构建，其中层间通过范德瓦耳斯力相互作用形成周期性排列和功能 π 电子系统的层状堆叠结构，在能量传感器、气体储存/分离、光电器件和催化剂等领域引起了广泛的研究兴趣。也有人将 COFs 作为阻燃添加剂应用于高分子材料的研究和报道[54]。2020 年，中国科技大学胡源教授课题组报道了一种以氨基化修饰黑磷纳米片为模板，采用三聚氰胺、氰脲酰氯原位聚合方法制备三嗪共价有机框架(TOF)杂化阻燃剂的方法(如图 4.8 所示)，并将其成功应用于环氧树脂的阻燃研究。结果表明，在环氧树脂中添加 2%(质量分数)的黑磷修饰 TOF 可以显著提高复合材料的残炭量和降低最大热降解速率。而锥形燃烧量热的结果表明阻燃环氧树脂材料的热释放速率峰值下降了 60.1%，总热释放量下降了 43.4%；阻燃复合材料在热解过程中产生的 CO 和其他挥发性产物的释放受到明显抑制，这意味着烟气毒性的降低，有效提升了材料的火安全性能。作者进一步证实，复合材料阻燃性能的显著提高主要归因于黑磷在凝聚相的催化成炭效应与黑磷纳米片和 TOF 共价框架的物理屏障效应之间的协同作用[55]。

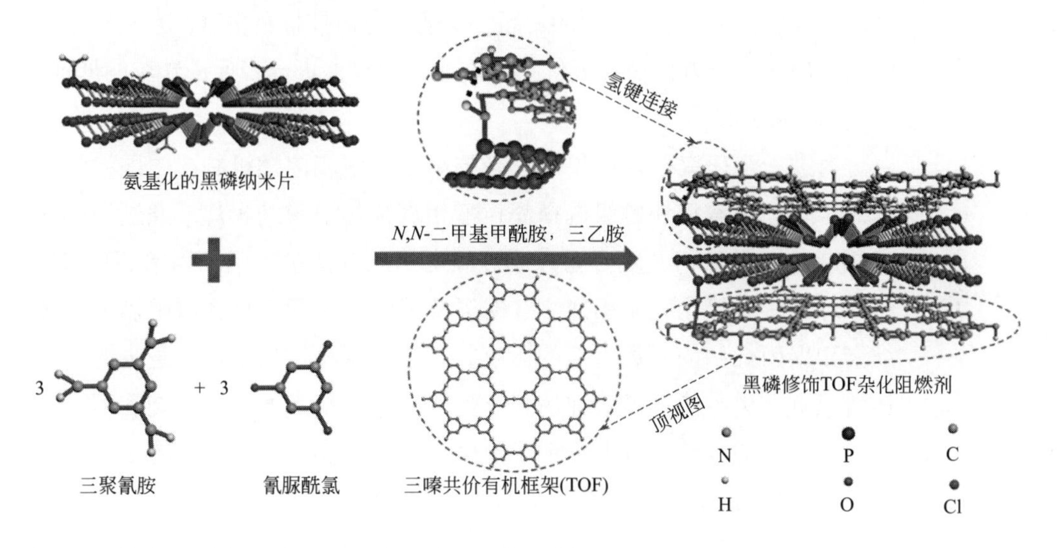

图 4.8　黑磷修饰三嗪共价有机框架纳米片杂化阻燃剂的制备过程示意图

由于黑磷纳米片表面含有孤对电子，在环境中容易与氧气和水发生反应，从而引发降解，这对黑磷的阻燃应用是一个巨大的挑战。针对该难题，中科院广州化学研究所吴昆研究员课题组报道了一种利用对甲基苯磺酸钌(ruthenium *p*-toluenesulfonate，记为 RuL_3)为配位剂，对黑磷纳米片进行配位修饰，制备出了对环境稳定的黑磷功能材料(RuL_3@BP)，并将其加入环氧树脂中，制备了超高导热 / 阻燃的环氧复合材料。研究人员对比了修饰前后黑磷纳米片的颜色变化和紫外吸收特性，发现未经修饰的黑磷纳米片在空气中暴露 8 天后，降解率达到了 85%，而经过修饰的黑磷纳米片在相同的实验条件下，降解率仅为 18%，表明通过苯磺酸钌的配位修饰，可以显著提升黑磷纳米片的稳定性。当 RuL_3@BP 添加量仅为 3.0%(质量分数)时，环氧复合材料可以顺利通过 UL-94 V0 等级测试，LOI 达到 31.3%；锥形燃烧量热的结果表明阻燃环氧树脂材料的热释放速率峰值下降了 62.2%，总热释放量下降了 35.2%；阻燃复合材料在热解过程中产生 CO 和其他挥发性产物的释放受到明显抑制，这意味着烟气毒性的降低，有效提升了材料的火安全性能。研究者认为，RuL_3@BP 在环氧树脂中的阻燃可分为两个阶段：当温度低于 450℃时，对甲基苯磺酸钌水解生成苯磺酸，可以催化炭层的形成，同时，未配位的黑磷和反应生成的氧化钌可以起到物理屏障的作用，阻碍热量和可燃气体的传递。当温度高于 450℃后，黑磷一方面捕捉自由基，发挥气相阻燃的作用，另一方面捕捉氧气生成磷酸衍生物，进一步促进炭层的形成，达到隔氧隔热的双重作用[56]。

为进一步研究确定和揭示黑磷的阻燃性能和阻燃机制，中国科学技术大学季恒星教授课题组选择超声液相剥离的黑磷纳米片，通过滴涂的方法制备了黑磷和纸复合物，通过静电纺丝方法制备了聚丙烯腈(PAN)纳米纤维，直接比较了黑磷、红磷以及磷酸三苯酯三种含磷阻燃剂对纤维素和聚丙烯腈的阻燃性能的影响。结果显示，在相同甚至更少的负载量情况下，黑磷能更高效地增强它们的阻燃性能。通过对燃烧固相产物和燃烧过程的分析，作者揭示了黑磷的阻燃机制，黑磷二维的结构特点使其能更好地在凝聚相阻燃中发挥作用[17]。

黑磷在阻燃领域中的研究与应用起步较晚，有关黑磷在高分子材料中的微观结构及其作用尚缺乏系统性的理论研究，传统的磷系阻燃剂作用机制并不能完全解释黑磷优异的阻燃效果。通常认为，黑磷纳米片类似于通用含磷阻燃剂，可以分别通过气相和凝聚相反应发挥作用。除物理屏障效应外，它们通过促进碳化和焦炭层形成减少热反馈以抑制高分子基体热解，提高材料的阻燃性能。开发以黑磷为基础的系列阻燃剂配方及其与不同高分子的阻燃体系仍需广大科技工作者和企业界共同努力。

参考文献

[1] 欧育湘 . 阻燃剂：制造、性能及应用 [M]. 北京：兵器工业出版社，1997：146–150.

[2] Chen L, Wang Y Z. A review on flame retardant technology in China. Part I: Development of flame retardants [J]. Polym [J]. Adv. Technol., 2010, 21(1): 1–26.

[3] 欧育湘 . 阻燃剂：制造、性能及应用 [M]. 北京：兵器工业出版社，1997：158–162.

[4] Jian R K, Chen L, Hu Z, et al. Flame-retardant polycarbonate/acrylonitrile-butadiene-styrene based on red phosphorus encapsulated by polysiloxane: flame retardance, thermal stability, and water resistance [J]. J. Appl. Polym. Sci., 2012, 123(5): 2867–2874.

[5] Du H W, Lin X, Xu Z M, et al. Recent developments in black phosphorus transistors [J]. J. Mater. Chem. C, 2015, 3: 8760–8775.

[6] Du Y L, Ouyang C Y, Shi S Q, et al. Ab initio studies on atomic and electronic structures of black phosphorus [J]. J. Appl. Phys., 2010, 107: 093718.

[7] Xiao G J, Cao Y, Qi G Y, et al. Compressed few-layer black phosphorus nanosheets from semiconducting to metallic transition with the highest symeetry [J]. Nanoscale, 2017, 9: 10741–10749.

[8] Bridgman P W. Two new modifications of phosphorus [J]. J. Am. Chem. Soc., 1914, 36: 1344–1363.

[9] Jacobs R B. Phosphorus at high temperatures and pressures [J]. J. Chem. Phys., 1937, 5: 945–953.

[10] Abate Y, Akinwande D, Gamage S, et al. Recent progress on stability and passivation of black phosphorus [J]. Adv. Mater., 2018, 30: 1704749.

[11] Castellanos-Gomez A, Vicarelli L, Prada E, et al. Isolation and characterization of few-layer black phosphorus [J]. 2D Mater., 2014, 1: 025001.

[12] Favron A, Gaufres E, Fossard F, et al. Photooxidation and quantum confinement effects in exfoliated black phosphorus [J]. Nat. Mater., 2015, 14: 826.

[13] Hanlon D, Backes C, Doherty E, et al. Liquid exfoliation of solvent-stabilized few-layerblack phosphorus for applications beyond electronics [J]. Nat. Commun., 2015, 6: 8563.

[14] Zhou Q H, Chen Q, Tong Y L, et al. Light-induced ambient degradation of few-layerblack phosphorus: mechanism and protection [J]. Angew. Chem. Int. Ed., 2016, 55: 11437–11441.

[15] Huang Y, Qiao J S, He K, et al. Interaction of black phosphorus with oxygen and water [J]. Chem. Mater., 2016, 28: 8330–8339.

[16] Kuntz K L, Wells R A, Hu J, et al. Control of surface and edge oxidation on phosphorene [J]. ACS Appl. Mater. Inerfaces, 2017, 9: 9126–9135.

[17] 张泰铭 . 二维材料黑磷的制备、稳定性以及其功能研究 [D]. 安徽 : 中国科学技术大学 , 2019.

[18] Keyes R W. The electrical properties of black phosphorus [J]. Phys. Rev., 1953, 92: 580.

[19] Endo S, Akahama Y, Terada S, et al. Growth of large single crystals of black phosphorus under high pressure [J]. Japan. J. Appl. Phys., 1982 ,21: L482.

[20] Krebs H, Weitz H, Worms K. Ober die struktur und eigenschaften der halbmetalle. Vii. Die katalytische darstellung des schwarzen phosphors [J]. Zeitschrift für Anorganische und Allgemeine Chemie, 1955, 280: 119–133.

[21] Brown A, Rundqvist S. Refinement of the crystal structure of black phosphorus [J]. Acta Crystallographica, 1965, 19: 684–685.

[22] Lange S, Schmidt P, Nilges T. Au_3SnP_7@black phosphorus: an easy access to blackphosphorus [J]. Inorg. Chem, 2007, 46: 4028–4035.

[23] Nilges T, Kersting M, Pfeifer T. A fast low-pressure transport route to large black phosphorus single crystals [J]. J. Solid State Chem., 2008, 181: 1707–1711.

[24] Kopf M, Eckstein N, Pfister D, et al. Access and in situ growth of phosphorene-precursor black phosphorus [J]. J. Crystal Growth, 2014, 405: 6–10.

[25] Wu S, Hui K S, Hui K N. 2D black phosphorus: From preparation to applications for electrochemical energy storage [J]. Adv. Sci., 2018, 5: 1700491.

[26] Novoselov K S, Geim A K, Morozov S V, et al. Electric field effect in atomically thin carbon films [J]. Science, 2004, 306: 666–669.

[27] Bourlinos A B, Georgakilas V, Zboril R, et al. Liquid-phase exfoliation of graphite towards solubilized graphenes [J]. Small, 2009, 5: 1841–1845.
[28] Yang S B, Gong Y J, Zhang J S, et al. Exfoliated graphitic carbon nitride nanosheets as efficient catalysts for hydrogen evolution under visible light [J]. Adv. Mater., 2013, 25: 2452–2456.
[29] Zhou K G, Mao N N, Wang H X, et al. A mixed-solvent strategy forefficient exfoliation of inorganic graphene analogues [J]. Angew. Chem. Int. Ed., 2011, 50: 10839–10842.
[30] Coleman J N, Lotya M, O' Neill A, et al. Two-dimensional nanosheets produced by liquid exfoliationof layered materials [J]. Science, 2011, 331: 568–571.
[31] Luo X, Pu X L, Ding X M, et al. Low loading of tannic acid-functionalized WS_2 nanosheets for robust epoxy nanocomposites [J]. ACS Appl. Nano Mater., 2021, 4: 10419 − 10429.
[32] Yi Y, Yu X F, Zhou W, et al. Two-dimensional black phosphorus: Synthesis, modification, properties, and applications [J]. Mater. Sci. Eng. R, 2017, 120: 1 − 33.
[33] Niu L, Coleman J N, Zhang H, et al. Production of two-dimensional nanomaterials via liquid-based direct exfoliation [J]. Small, 2016, 12: 272 − 293.
[34] Brent J R, Savjani N, Lewis E A, et al. Production of few-layer phosphorene by liquid exfoliation of black phosphorus [J]. Chem. Commun., 2014, 50: 13338 − 13341.
[35] Yasaei P, Kumar B, Foroozan T, et al. High-quality black phosphorus atomic layers by liquid-phase exfoliation [J]. Adv. Mater., 2015, 27: 1887 − 1892.
[36] Guo Z, Zhang H, Lu S, et al. From black phosphorus to phosphorene: basic solvent exfoliation, evolution of Raman scattering, and applications to ultrafast photonics [J]. Adv. Funct. Mater., 2015, 25: 6996 − 7002.
[37] Zhao W, Xue Z, Wang J, et al. Large-scale, highly effcient, and green liquid-oxfoliation of black phosphorus in ionic liquids [J]. ACS Appl. Mater. Interfaces, 2015, 7: 27608 − 27612.
[38] Fan S Q, Hei H C, An C H, et al. Rapid thermal thinning of black phosphorus [J]. J. Mater. Chem. C, 2017, 5: 10638 − 10644.
[39] Shi Y, Li H, Li L J. Recent advances in controlled synthesis of two-dimensional transition metal dichalcogenides via vapour deposition techniques [J]. Chem. Soc. Rev., 2015, 44: 2744 − 2756.
[40] Xie J F, Zhang H, Li S, et al. Defect-rich MoS_2 ultrathin nanosheets with additional active edge sites for enhanced electrocatalytic hydrogen evolution [J]. Adv. Mater., 2013, 25: 5807 − 5813.
[41] Li X S, Deng B C, Wang X M, et al. Synthesis of thin-film black phosphorus on a flexible substrate [J]. 2D Mater., 2015, 2: 031002.
[42] Smith J B, Hagaman D, Ji H F. Growth of 2D black phosphorus film from chemical vapor deposition [J]. Nanotechnology, 2016, 27: 215602.
[43] Zhang Y Y, Rui X H, Tang Y X, et al. Wet-chemical processing of phosphorus composite nanosheets for high-rate and high-capacity lithium-ion batteries [J]. Adv. Energy Mater., 2016, 6: 1502409.
[44] Zhao G, Wang T L, Shao Y L, et al. A novel mild phase-iransition to prepare black phosphorus nanosheets with excellent energy applications [J]. Small, 2017, 13: 1602243.
[45] Tian B, Tian B N, Smith B, et al. Facile bottom-up synthesis of partially oxidized black phosphorus nanosheets as metal-free photocatalyst for hydrogen evolution [J]. Proc. Nat. Acad. Sci., 2018, 201800069.
[46] Ni H, Liu X C, Cheng Q F. A new strategy for air-stable black phosphorus reinforced PVA nanocomposites [J]. J. Mater. Chem. A 2018, 6: 7142 − 7147.
[47] Wu S, He F, Xie G X, et al. Black phosphorus: Degradation favors lubrication [J]. Nano Lett., 2018, 18: 5618 − 5627.
[48] Lv Y, Wang W, Xie G X, et al. Self-lubricating PTFE-based composites with black phosphorus nanosheets [J]. Tribol. Lett., 2018, 66: 61.
[49] Ren X L, Mei Y, Lian P C, et al. A novel application of phosphorene as a flame retardant [J]. Polymers, 2018, 10: 227.
[50] Ren X L, Mei Y, Lian P C, et al. Fabrication and application of black phosphorene/graphene composite materialas a flame retardant [J]. Polymers, 2019, 11: 193.

[51] Yin S, Ren X L, Lian P C, et al. Synergistic effects of black phosphorus/boron nitride nanosheets on enhancing the flame-retardant properties of waterborne polyurethane and its flame-retardant mechanism [J]. Polymers, 2020, 12: 1487.

[52] Qiu S L, Zhou Y F, Zhou X, et al. Air-stable polyphosphazene-functionalized few-layer black phosphorene for flame retardancy of epoxy resins [J]. Small, 2019, 15: 1805175.

[53] Qiu S L Zou B, Sheng H B, et al. Electrochemically exfoliated functionalized black phosphorene and its polyurethane acrylate nanocomposites: synthesis andapplications [J]. ACS Appl. Mater. Interfaces, 2019, 11: 13652 − 13664.

[54] Mu X W, Zhan J, Feng X M, et al. Novel melamine/*o*-phthalaldehyde covalent organic frameworks nanosheets: enhancement flame retardant and mechanical performances of thermoplastic polyurethanes [J]. ACS Appl. Mater. Interfaces, 2017, 9: 23017 − 23026.

[55] Qiu S L, Zou B, Zhang T, et al. Integrated effect of NH_2-functionalized/triazine based covalent organic framework black phosphorus on reducing fire hazards of epoxy nanocomposites [J]. Chem. Eng. J., 2020, 401: 126058.

[56] Qu Z C, Wu K, Meng W H, et al. Surface coordination of black phosphorene for excellent stability, flame retardancy and thermal conductivity in epoxy resin [J]. Chem. Eng. J., 2020, 397: 124516.

P
PHOSPHORUS 磷科学前沿与技术丛书
磷与火安全材料

5

膨胀型阻燃剂

5.1
膨胀阻燃的提出

著名的阻燃材料学家、法国里尔大学教授Serge Bourbigot曾提及：“It would be rare to find a ‘the man on the street’ who could correctly define the word ‘intumescence’, unless the person questioned was a scientist or a literary-minded person.”[1]。这种说法不仅适用于英文语境，或许对中文语境也同样适用。膨胀并不如字面释义体现得那么简单。“膨胀”（intumescence）来自拉丁语“膨胀”（intumescere，in+tumescere），前缀“in”意指“from”，词根“tumescere”代表“swell”。在字典释义里，膨胀被定义为膨胀或收缩的行为或过程。有些定义还提到热量使物体膨大的作用。法国文学家儒勒·凡尔纳和弗朗索瓦·雷内·德·夏多布里昂在各自不同的文学作品中使用“膨胀”一词，并且表达了不同的含义：“火山上的丘陵地区”或“海浪之井”。无论如何，这些定义与高分子材料的燃烧或阻燃防火没有任何直接的联系。英国戏剧家约翰·韦伯斯特在伊丽莎白时代使用了“膨胀”一词并阐述了其两个含义：“在高温下生长并增加体积”或“通过鼓泡显示出扩大的效果”。该定义似乎更适合描述燃烧时膨胀材料发生的一系列变化：当加热超过临界温度时，材料形成的炭层开始鼓凸、胀大。这一过程的最终结果是形成了具有蜂窝状泡孔结构的炭层，保护底层基体材料免受热流或火焰的侵蚀。从视觉上看，这类炭层就是在材料表面膨起的“黑色面包”，最终的炭呈半球形，表面或是粗糙多孔或是光滑致密。

1821年，著名的化学家盖-吕萨克（J. L. Gay-Lussac，1778 ～ 1850）报道了织物的阻燃膨胀现象[2]。彼时，盖-吕萨克本人并没有在他的论著中提到“膨胀”一词，但有人怀疑，当大麻或亚麻的机织物涂上硼酸盐和磷酸铵的混合物时，会出现膨胀现象。后来的研究者们重复了类似的实验，证实了膨胀行为的发生。在这个古老的阻燃体系中，膨胀的三种成分(下文详述)是酸源(即硼酸盐和磷酸盐)、碳源(即亚麻或大麻基材)、气源(即从磷酸盐中分解逸出的氨)。1938 年，一项德国专利声称使用磷酸二铵和甲醛的混合物对木材进行防火保护[3]。据报道，加热后会形成膨胀的炭层保护木材，但文本中也没有使用“膨胀”一词。1971 年，H. L. Vandersall 在 *Journal of Fire and Flammability* 期刊上率先发表了题为 Intumescent coating system, their development and chemistry 的论文，阐述了膨胀的基本原理。但这篇开创性的论文也只考虑了膨胀涂层及其表面阻燃行为[4]。直到 20 世纪 80 年代，意大利阻燃材料学家、都灵理工大学的 Giovanni Camino 教授才成功地将这一概念应用于高分子材料(主要是热塑性塑料)的本体阻燃。Camino 教授将此研究成果以 Study of the mechanism of intumescence in fire retardant polymers: Part Ⅰ. Thermal degradation of ammonium polyphosphate–pentaerythritol mixtures 为题，发表在 *Polymer Degradation and Stability* 期刊上[5]。这项工作对 20 世纪 90 年代各公司推出的产品的开发具有重大的启示意义，直至今天，都意义深远。

通常认为膨胀阻燃的过程可以描述如下：膨胀型阻燃剂(intumescent flame retardant，IFR)在一个复杂的过程中对热量做出反应，当材料表面的温度达到临界值时，IFR 中各成分之间就会发生吸热分解反应，从而形成高黏度的液体状炭层前驱体，然后发生惰性气体的释放，气体小分子被困在黏性流体中形成气泡，气泡逐渐胀大溢出，导致黏性液体炭层发泡膨胀并固化，形成保护性炭层。这种膨胀炭层有时达到其原始厚度的十数倍甚至几十倍。炭层具有低密度、低热导率的特点，覆盖在燃烧气-固界面处，充当了火焰和基材之间的绝缘屏障。

发展至今，膨胀阻燃的概念已经不仅仅适用于制造阻燃高分子材料和防火涂料，从 20 世纪 70 年代以来发表的论文或专利数量就可以看出(图 5.1)。进入新世纪之后，期刊文章和会议论文数量、专利授权量均有了飞速的发展。

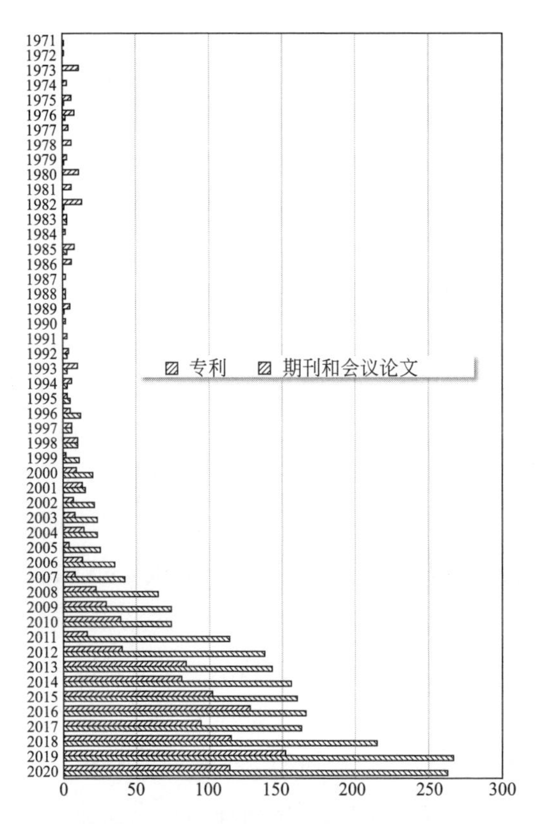

图 5.1　1971 ~ 2020 年间膨胀阻燃相关出版物和专利发展（Web of Science® 数据库，关键词为“intumescent”和“flame retard*”）

5.2
传统膨胀型阻燃体系

在 Vandersall 首次阐述膨胀阻燃涂料的基本作用原理之后，Camino 等的开创性综合工作促进了高分子材料膨胀阻燃的发展。膨胀型阻燃体系研究的主要重点是确定成分的组合。当系统暴露于火中时，这些成分会导致材料产生受控体积的黏结性绝缘炭层。为了通过膨胀过程实现阻燃性，需要三种成分：酸源（脱水剂）、碳源（成炭剂）和气源（发泡剂）[5]。

酸源为具有脱水性的高沸点无机酸，其在加热过程中是从前体中游离出来的或原位形成的。碳源对应于富含碳的化合物，例如淀粉、多元醇或其他碳源物质，在酸存在下会发生脱水或脱氨反应，这种形成炭的物质释放出水或其他形成 C＝C 双键的消除反应副产物。碳源中的碳的数量和化学环境会影响形成炭的量，而羟基、氨基、酰氨基或酯基的数量将决定成炭的速率。气源在一定条件下会释放出大量的惰性气体，如有机胺或酰胺化合物，它们在受热分解过程中会释放出大量不可燃的气体，例如 CO_2、NH_3 和 H_2O 等。虽然基础的化学知识似乎是众所周知的，许多有关膨胀过程的细节参数仍然有待确定。毫无疑问，膨胀炭的形成是一个非常复杂的过程，涉及几个关键方面：流变学(膨胀相、炭的黏弹性)、化学（碳化)和工程热物理（传热和传质的限制)。需要考虑的参数包括但不限于热导率（传热)、黏度（膨胀)、动力学参数(降解动力学)、孔隙的大小和分布(结构和形态)以及化学成分。

图 5.2(a)展示了典型膨胀阻燃材料在燃烧过程中表现出的“黑面包”，由表面阻燃的膨胀涂层或是本体阻燃的膨胀高分子材料受热形成。解释膨胀成炭的另一个有启发性的例子是“炭蛇(carbon snake)”，它是由蔗糖因硫酸脱水而产生的，通过释放大量二氧化碳而膨胀[6]。

更明确地说，膨胀过程是基底表面碳化和发泡的结果 [图5.2(b)]。因此，烧焦层起到了物理屏障的作用，减缓了气体和凝聚相之间的传热传质。有效炭的形成是通过与气体形成和表面膨胀相吻合的半液相进行的。膨胀材料降解释放的气体，尤其是发泡剂降解释放的气体，必须被截留，并在高黏性熔融降解材料中缓慢扩散，以形成具有适当形态特性的层。因此，吹塑阶段降解基体的黏度是一个关键因素。膨胀阻燃配方的另一个重要方面是膨胀炭的机械强度。在火灾条件下，残炭的破坏不仅可以通过烧蚀和非均匀表面燃烧进行，还可以通过风、火的机械作用或对流气流等外部影响进行。膨胀残炭的机械稳定性取决于发泡膨胀材料的结构和孔隙率。如果残炭的结构(包括残炭内部孔隙的形态、分布)合适，膨胀残炭的热导率可能非常低，从而限制了从热源到基底的有效传热。最后，膨胀结构的构造受其化学组成和形成动力学(动力学)的控制[7]。

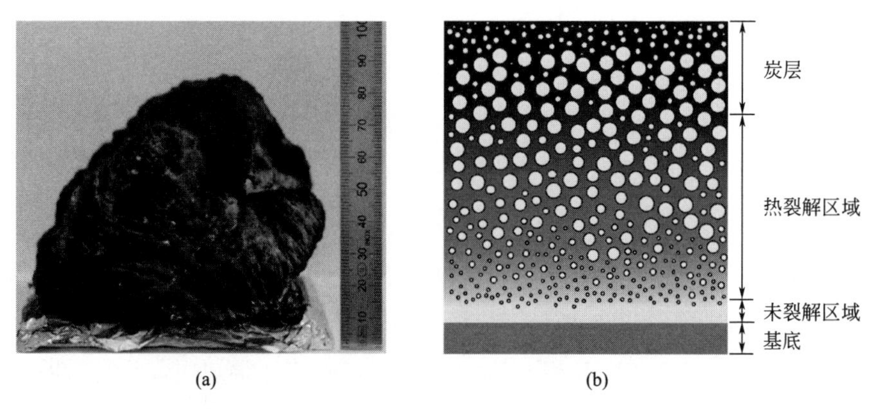

图 5.2 （a）典型的锥形燃烧量热测试之后的膨胀成炭“黑面包”照片；（b）膨胀涂层及其沿膨胀方向不同区域的示意图

如前所述，膨胀材料在加热时发生反应，产生部分滞留在黏弹性基体中的气体(流变方面)，基质随着气体的产生而膨胀(来自发泡剂和 / 或高分子基质的降解产物)，同时，脱水剂带来的交联反应和进一步碳化导致基质硬化，从而产生连贯的高孔炭(化学方面)。膨胀残炭的孔隙率通常非常高，由此产生的结构与泡沫材料类似，具有极低的导热性。影响膨胀炭隔热性能的最重要参数是其导热性和快速膨胀能力(热方面)。热性能完全取决于流变行为和膨胀阻燃配方成分的化学性质。下文将对这些膨胀体系的控制参数分别进行阐述。

5.2.1 化学因素

有关新型膨胀型阻燃体系成分开发的最新文献将在后面的章节中介绍，本节内容的重点是膨胀型阻燃体系的传统化学组成和残炭的化学组成。通常的膨胀阻燃体系包括含有无机酸或产生酸性物质的材料、成炭剂和发泡剂。膨胀阻燃配方的典型组成如表 5.1 所示。

根据 Camino 教授的研究结果，IFR 体系中酸源、碳源和气源三种组分的比例遵循磷原子∶季戊四醇结构单元∶三聚氰胺(P∶PER∶MEL) ≈ 1∶0.5∶0.3 时，体系表现出最佳的阻燃效果[5]。在实际过程中，以多元醇类碳源为例，大概都是遵循如下的步骤来实现膨胀成炭：

① 高沸点无机酸的释放或原位生成，其温度取决于其来源和其他配方组成；

② 在略高于酸释放/生成温度的温度下，高沸点无机酸使多元醇类富碳组分发生脱水反应，并发生一定程度的酯化反应；

③ 酯化前或酯化过程中物料的混合物熔化；

④ 酯键脱羧形成具有 C＝C 双键的消除副产物，进一步形成无机碳残渣；

⑤ 上述反应和发泡剂降解产物释放的气体使碳化材料起泡，前者主要包括脱水释放的 H_2O 和脱羧释放的 CO_2，后者包括分解生成的 NH_3 和其他含氮类惰性气体；

⑥ 当反应接近完成时，凝胶化并最终凝固，最终生成多孔泡沫状固体残炭。

表5.1　膨胀阻燃配方的典型组成

膨胀阻燃配方		
脱水剂	无机酸	磷酸、硫酸、硼酸
	铵盐	硫酸盐、磷酸铵、聚磷酸铵
	硼酸酯	硼酸酯、聚硼酸酯
	胺或酰胺的磷酸盐	尿素或胍基尿素与磷酸反应的混合产物、三聚氰胺（聚/焦）磷酸盐、氨气与 P_2O_5 的混合产物
	有机磷酸化合物	磷酸三甲酚酯、烷基磷酸酯、卤代烷基磷酸酯
成炭剂	小分子多元醇	山梨糖醇、甘露醇、季戊四醇及其衍生物
	多糖	淀粉、环糊精
	合成高分子	酚醛树脂、三聚氰胺树脂、PA6、聚氨酯、PC
发泡剂	含氮化合物	尿素、脲醛树脂、双氰胺、三聚氰胺

含笼状磷酸酯的膨胀型阻燃体系也有一个典型的例子是聚丙烯/聚磷酸铵/季戊四醇(PP/APP/PER)膨胀型阻燃体系[8-9]。酸性物质(APP及其降解产物生成的正磷酸盐、磷酸及其衍生物)与成炭剂(PER)的反应发生在第一阶段(T<280℃),形成酯类混合物。碳化过程随着温度的升高而进行(通过双键的形成，然后是 Diels–Alder 反应和自由基过程，从而增大聚芳基结构的拓扑尺寸)[10]。在第二步中，发泡剂分解产生气态产物(如 APP 分解产生 NH_3 和脱水反应生成 H_2O)，导致残炭膨胀(280℃ <T<350℃)。膨胀材料在较高温度下分解，在 430℃左右失去发泡

膨胀特性。同时，炭层的热导率在 280 ～ 430℃范围内持续下降，藉此提升了对基底物质的屏蔽作用[11]。

在膨胀配方中添加少量协效剂可显著提升性能[12-14]。协同效应(synergistic effect，亦简称协效)的含义是“当两种试剂的联合效应远远大于每种试剂单独产生的效应之和时，就会产生协同效应”，也即“1+1>2”。许多协效剂(比如一些微米或纳米尺度的无机物)已用于传统的“三源”膨胀配方。其中包括硼化合物(硼酸锌、B_2O_3、硼磷酸盐、硼硅氧烷)[15-16]、磷化合物(磷腈、$ZrPO_4$)、硅化合物(二氧化硅、硅酮、硅分子筛)[12,17-18]、铝硅酸盐(丝光沸石、沸石、蒙脱石)[12,17]、稀土氧化物(La_2O_3、Nd_2O_3)[19]、金属氧化物(MnO_2、ZnO、Ni_2O_3、Bi_2O_3、TiO_2、ZrO_2、Fe_2O_3)[20-21] 和其他(碳纳米管、倍半硅氧烷、层状双氢氧化物、滑石、海泡石，以及铜、铂、锌和镍盐等)[22-25]。当经历火焰或热流导致性能增强时，额外协效剂的存在可以改变膨胀残炭的化学(协效剂的反应性与膨胀系统的成分)[26] 和物理(膨胀、残炭强度和热物理性质)行为[27]。可能的机理涉及协效剂和酸源(主要是磷酸盐衍生物)之间的化学反应，以产生磷-X 化合物(例如磷硅酸盐、磷酸锌、硼磷酸盐等)，加强协效剂(或其反应产物)作为炭层生长成核剂的作用。这些反应促进了具有适当热物理性质(较低的导热率、表面较低的反射率等)的均匀泡沫炭层结构的形成。

5.2.2 流变因素

在受热时，膨胀材料产生具有适当流变特性(黏度)的黏弹性残炭，该黏弹性残炭将因分解产物和 / 或发泡剂的累积而增加的内压而膨胀。这一过程必须发生在适当的时间范围和温度区间之内，通过控制分解反应(膨胀动力学)来实现。相对而言，人们已经很好地定性理解了这一现象，但是有关这一过程的定量测量从 20 世纪 90 年代末开始才有报道，在传统的校准管[28] 和流变仪[29] 中使用定制设备。

文献中一个典型的例子是使用旋转流变仪在平板模式中测量环氧基膨胀阻燃涂层的黏度和膨胀随温度的变化过程[30]。结果表明，当体系黏度最低、同时体系温度达到 250℃左右的碳化温度时，该涂层发生了膨胀。值得注意的是，随之产生的炭层其黏度必须足够高，且随着温度的进一步增加而增大，以适应降解气体产生的内压引起的内应力。在流变仪(热源为对流加热)中测量膨胀，并给出膨胀发生温度的有用指示。另一种方法可在锥形燃烧量热测试(热源为辐照加热)期间通过使用红外相机(结合图像分析)来确定膨胀作为时间函数的“原位”跟踪膨胀[31-33]。这些测量方法已应用于多种膨胀阻燃涂料，并在每个体系中观察到相同的趋势，证明了膨胀阻燃材料的常规膨胀行为。

5.2.3 热学因素

膨胀阻燃的主要目的是在基底材料之上形成隔氧绝热的屏障层，以限制热传递，从而减缓基底降解和热扩散。如果膨胀炭层的结构(形态、内部孔隙的分布)合适，炭层的热导率将会非常低，从而有效地限制从热源到基底的热传递。

热导率(k)是决定膨胀炭层屏障效率的最重要参数之一。一般而言，膨胀涂层的反应大约为 250℃形成炭并开始膨胀[34]。在更高的温度下(约 350℃)膨胀炭层的孔隙率会随体积的增大而增大。最后在 400 ～ 600℃之间，膨胀炭缓慢降解，膨胀保持不变。膨胀的一般过程是一定温度范围之内可膨胀配方组成从本体状材料到多孔结构的转变，因此，这种结构变化决定了 k 值作为温度函数的变化趋势。研究者们用测试范围可达 800℃的热盘法[35]测定了环氧树脂基膨胀涂料的 k 值[32]。在低温区域(T)，k 值随温度升高而增加，但当膨胀配方各组分之间开始反应并形成炭时，k 值急剧下降 [可从 0.45 W/(m•K) 下降到 0.1 W/[m•K]。这是由于形成了具有低导热性的膨胀泡沫炭。在更高的温度范围内(375℃ <T<500℃)，k 值重新随温度升高而增加，这是由于炭层的收缩和部分破坏造成的。当 T>500℃时，k 值增加的趋势逐渐变缓。实验结果表明，膨胀炭层的热导率较低，限制了燃烧过程中的传热。这个例子也可以扩展到其他膨胀系统[36-37]。在考虑孔洞分布(孔隙度)和热辐射的情况下，通过数值模拟可以对 k 值进行推导[38]。该模型给出的数值与膨胀涂层形成温度下的实验数据一致，但在低温下可能出入较大，因为它没有考虑膨胀结构变化(从大块材料到“泡沫”形态)。

膨胀阻燃(防火)已经被广泛应用于阻燃与防火的各个领域，而有些应用需要进行大规模试验以评价材料稳定性(例如基建设施、高层建筑或海上平台的钢结构防火)。这就是为什么需要详细了解膨胀炭层的瞬态传热特性和预测工具，以便通过减少所需的实验测试次数来帮助产品开发。相对来说，膨胀涂层的屏障性能可以被很好地理解和量化，而取决于加热状态的动态膨胀特性的最终屏障性能又非常复杂，并且基于静态绝缘体(static insulator)的模型不够全面，无法进行准确的预测[1]。

5.3 新型膨胀型阻燃体系

如上节所述，膨胀阻燃配方在高分子材料的早期阶段(即其热降解)中断材料的自支撑燃烧(self-sustained combustion)，并伴随气体燃料的产生、稀释和抑制等。为此，酸源、碳源和气源三者必须协同作用，在适当的时间和温度下遵循前述精确的反应顺序。过去 15 年，研究者针对新型膨胀型阻燃体系开展了大量的工作，人们致力于探索各种传统膨胀阻燃配方组成的替代品，从各种低聚、聚合型成炭剂，到“三源一体”单组分 IFR 的设计合成，再到各种生物质原料及其衍生物等，膨胀型阻燃体系已经得到了长足的发展，方兴未艾。

在新型 IFR 设计制备的发展过程中，涌现出了大量基于生物质衍生物的体系，如可用作“三源一体”单组分 IFR 的脱氧核糖核酸(deoxyribonucleic acid，DNA)，可用作碳源的多糖类物质，如淀粉(starch)、环糊精(cyclodextrin)、纤维素(cellulose)、壳聚糖(chitosan)等。由于篇幅原因，我们将在后续章节“含磷生物质阻燃剂”一章中详细阐述，在本章节不再赘述。

5.3.1 新型酸源

在膨胀阻燃配方中，酸源通过脱水反应促进碳源和高分子基体形成残炭结构，而非产生可进一步促进高分子热解的可燃性挥发性物质。从既往文献来看，新型酸源的设计制备基本上都是基于各种含磷衍生物。事实上，所有能够释放焦 / 过 / 聚磷酸的化学物质，可以进一步二聚、低聚，然后再聚合，进而制备出具有差异化脱水成炭行为的新型酸源[39]。其他的无机高沸点酸及其衍生物，如硼酸及其盐类也通过相同的作用机制发挥作用[40]。

在新型酸源的制备上，研究者们采取了不同的设计策略:

① 新型单组分（all-in-one mono-component）膨胀型阻燃剂分子的合成;

② 将含磷官能团接枝到聚合物链上的共聚物的合成;

③ 新型添加剂与传统膨胀型阻燃体系组分间的协同作用。

在本节内容中，笔者详细总结了适用于不同高分子基体的新型酸源，如表 5.2 所示。

回顾过去二十年有关 IFR 中新型酸源结构设计的相关文献不难发现，大多数报道都是针对聚烯烃(polyolefin)的膨胀阻燃应用研究，其中又以聚丙烯(polypropylene，PP)为主。PP 是最为重要的通用型热塑性高分子材料之一，其用途涵盖通用塑料、工程塑料、合成纤维等诸多领域，但其高度易燃的特性又限制其进一步的发展。早年间，PP 的无卤阻燃主要是通过高添加量的金属氢氧化物 [通常阻燃剂的添加量 >60%(质量分数)] 来实现，但过高的添加量往往带来阻燃制品综合性能的恶化，如力学性能、热性能、电绝缘 / 介电性能、耐水性等。APP、PER 和三聚氰胺(MA)代表了 PP 最典型的 IFR 系统[5,8]。然而，与含溴阻燃剂相比，此类添加剂在热塑性塑料的阻燃性方面存在一些缺点，如阻燃效率低、热稳定性差、耐水性差等。此外，IFR 配方的热稳定性一直是一个需要克服的重大问题，特别是对于需要通过熔融加工成型的热塑性高分子材料。事实上，如果阻燃剂在材料加工过程中不稳定，则会强烈影响它们在高分子基体中的熔融复合和结合。采用新的协同化合物来控制新的 IFR 配方的物理(膨胀、黏度、导热性等)和化学(热稳定性、反应性、碳化等）特性，以克服这一缺陷。总之，与低耐水性一起，这些方面已被众多研究者广泛研究。

在新型酸源分子设计与制备中，各种基于季戊四醇（PER）结构衍生的螺环、双螺环和笼状磷酸酯是最常见的设计思路。磷酸酯基团可以在一定温度下热解生成磷酸前驱体，而 PER 片段可以扮演碳源的角色。2003 年，北京理工大学欧育湘教授首次报道了一种笼状磷酸酯，即三（1-氧代-1-磷杂-2,6,7-三氧杂双环 [2.2.2] 辛烷-4-亚甲基）磷酸酯 {tris((1-oxido-2,6,7-trioxa-1-phosphabicyclo[2.2.2]octan-4-yl) methyl) phosphate，缩写为 Trimer}（见表 5.2）[41]。在众多基于笼状结构磷酸酯类酸源分子中，Trimer 系我国首次合成并报道，其结构对称性好，磷含量可达 21%（质量分数），且热稳定性较一般笼状 / 双螺环磷酸酯为高。同时，Trimer 不溶于水和绝大多数有机溶剂，不存在常用 IFR 吸湿的缺点。将其与 APP、MEL 复配成 IFR 应用于 PP 阻燃，当 IFR 用量为 30%（质量分数）时，阻燃 PP 的 LOI 值可达 30%，并通过了 UL-94 V0 等级测试（32 mm）。利用锥形燃烧量热仪评价了阻燃体系的燃烧行为，对比研究得出，阻燃 PP 的 HRR、THR 和 MLR 等燃烧参数值均大大低于纯 PP 的相应值，同时体系燃烧时的 CO 生成量及烟释放量也明显减少。说明复配 Trimer 的 IFR 体系可大大延缓 PP 燃烧的蔓延和传播，并可有效抑制燃烧中有毒、有害气体和烟雾的生成。Wang 等人成功地合成了一种磷酸酯型含磷的酸源、碳源一体化物质 MOPO（见表 5.2），将其与不同量的 APP 复配可实现乙烯 - 醋酸乙烯酯共聚物（ethylene-vinyl acetate copolymer，EVA）基材的高效膨胀阻燃[42]。结果显示，当 APP∶MOPO 质量比为 2∶1、总含量为 30% 时，分子间的协同作用可以赋予阻燃材料 28.4% 的 LOI，并可通过 UL-94 V0 等级测试。锥形燃烧量热测试结果表明，IFR-EVA 的 PHRR 较纯 EVA 降低了近 87%，THR 也大幅度降低。

在不饱和聚酯（unsaturated polyester，UPR）的膨胀阻燃应用中，人们也尝试通过自由基共聚的方式将膨胀型阻燃剂直接引入固化物网络结构中。一个典型的例子是含有笼状磷酸酯悬垂侧基的双官能度共聚单体 PDAP（见表 5.2）。Dai 和 Hu 等采用自由基本体聚合法将不同用量的 PDAP 引入 UPR 中：PDAP[20%（质量分数）] 的加入显著改变了 UPR 的热分解途径[43]。事实上，这种分子的存在降低了树脂的分解温度，并在主要分解步骤中与高分子基体裂解片段相互作用，有助于促进残炭的形成。更详细的讨论我们将放在“含磷本征阻燃高分子材料”一章中。

Chen 和 Hu 等人以二氯磷酸苯酯(phenylphosphoric dichloride，PPDC)、哌嗪(piperazine)和丙烯酸羟乙酯(2-hydroxyethyl acrylate，HEA)为原料，合成了一种含有两个双键的新型磷酰胺类膨胀型阻燃单体(N-PBAAP，见表 5.2)。N-PBAAP 薄膜的残炭照片表明，该材料具有良好的膨胀性能[44]。扫描电镜分析表明，碳化后的碳化物表面光滑、致密。说明 N-PBAAP 具有很强的成炭能力，磷氮之间存在着显著的协同效应，同时由于六边形氢键效应，薄膜的热降解最初发生在侧链上，并形成复杂的含磷杂化多环芳烃炭质结构。将 N-PBAAP 应用于双酚 A 型环氧丙烯酸树脂(bisphenol A epoxy acrylate，EA)，共固化得到了一系列不同配比的紫外光固化膨胀型阻燃树脂。TGA 结果表明，加入 N-PBAAP 30%(质量分数)的阻燃树脂在 800℃时残炭率最高(超过 14%)。而微型量热仪(MCC)测试结果表明，N-PBAAP 的加入能显著降低阻燃树脂的 HRC、THR 和 PHRR 值。

Dong 和 Wang 从哌嗪和三氯氧磷(phosphorus oxychloride)出发，通过一步反应合成了一种具有支化结构的聚哌嗪基磷酰胺(PPPA)[45]。TGA 数据表明，PPPA 在 600℃下的氮气和空气中残炭分别为 45.3%(质量分数)和 51.6%(质量分数)，是一种优良的成炭剂，兼顾酸源角色。将其引入 EVA，并复配一定量的 APP，进一步证明了 PPPA 是一种高效的碳化剂：EVA/APP/PPPA 复合材料的 LOI 值达到 30.5%，并在 PPPA 添加量仅为 5.5%(质量分数)的情况下可通过 UL-94 V0 等级测试。凝聚相燃烧残余物的分析进一步证实了 PPPA 分解后形成的丰富的芳香结构，主要由 C═C、C═N、P—N 和 P═O 等组成，有利于形成稳定的炭层。同时 APP 的加入进一步延缓 PPPA 中 C—N 键的断裂，催化苯环的生成，进一步富集残炭。因此，PPPA 本身的高效碳化能力以及 APP 与 PPPA 的协同作用使 EVA 复合材料具有优异的阻燃性能。

现有的 IFRs 大多是高极性体系，与非极性聚烯烃的相容性较差，从而导致阻燃聚烯烃的使用性能尤其是力学性能严重恶化。季戊四醇笼状或者螺环磷酸酯三聚氰胺盐(见表 5.2 中 M-DPS[15] 和 M-DPB[46])作为一类单组分膨胀型阻燃剂分子，有效地克服了传统IFR配方中极性不尽相同的三种组分而导致的上述缺点，从而降低了其极性，改善了与聚烯烃的相容性。Liu和Wang避开了传统利用具有明显生态和生理问题的$POCl_3$来合成双螺环磷酸酯的方法，采用磷钨酸(phosphotungstic acid，PTA)催化反应生成M-DPS[47]。在这一过程中，PTA起到了双重作用，一方面在双螺环磷酸酯的合成过程中起到催化剂的作用，另一方面也起到了与IFR复配的增效剂的作用，因此，反应后PTA不需要去除，大大简化了制备工艺，同时有利于提高阻燃性。结果表明，PTA能有效地固化和稳定燃烧后的焦渣，同时保持良好的力学性能，显著提高PP的阻燃性能。此外，Fontaine等人提出了一种新的“一步一锅法”来合成一个包含44%(质量分数)的产物一M-DPS、40%(质量分数)的产物二M-DPB、6%(质量分数)的中间产物PEPA(1-oxo-2,6,7-trioxa-1-phospha-bi-cyclo[2.2.2]octan-4-ylmethanol)和10%(质量分数)的底物PER在内的一体化IFR系统。在这个反应中，产物、中间产物和底物均是该混合IFR的有效组分[15]。结果显示，添加30%(质量分数)的混合IFR，阻燃PP的LOI从18%增加到30%。

为了克服APP与高分子基体(尤其是聚烯烃)的相容性差、对水分的敏感性以及迁移问题，Chiang和Hu开发了一种将磷引入合成高分子链，并将其作为聚合型阻燃剂的替代策略。他们分别通过苯基氯膦酸硬脂醇酯(stearylphenylphosphonic chloride，SPPC)和氯磷酸二乙酯(diethylchlorophosphate)与聚醋酸乙烯酯(polyvinyl acetate，PVA)的部分取代反应，合成了两种含磷阻燃共聚物(见表5.2中P-PVA)[48]。结果表明，出于“相似相容”，只有含有长链硬脂酸取代基的阻燃剂与聚烯烃具有良好的相容性和较高的热稳定性。

截至目前，APP仍是膨胀阻燃应用最为广泛的酸源分子。然而，由于APP存在容易吸潮、界面相容性差等缺点，研究人员广泛采用表面改性技术对APP进行表面修饰，可有效改善材料的相容性和吸湿性，其中又以微胶囊化技术研究最为广泛和深入，其优势在于能够在常规状态下隔离外界对阻燃剂的影响，保持芯体材料的原始性能，在特定的情况下胶囊外壁被破坏(如燃烧)又能够及时将阻燃剂释放出来。

表5.2　文献报道的新型酸源汇总

酸源分子			分子结构式	适用高分子	参考文献
种类	缩写	全称			
新型磷酸酯	Trimer	三（1- 氧代-1-磷杂-2,6,7-三氧杂双环[2.2.2] 辛烷-4-亚甲基）磷酸酯	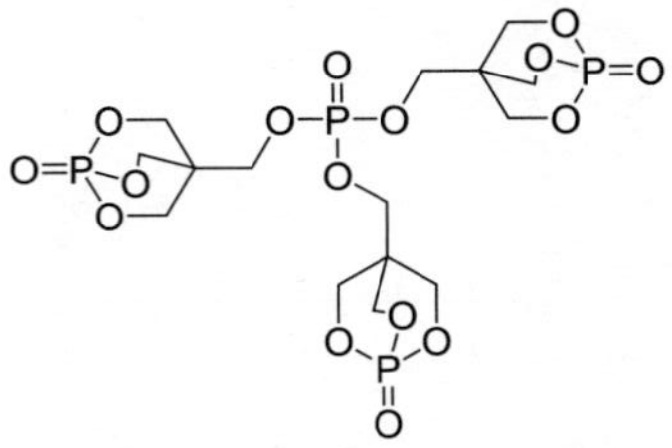	聚丙烯	[41]
	MOPO	4-(5,5-二甲基-2-氧-1,3,2-二氧磷杂环己基-2-亚甲氧基)-2,6,7- 三氧-1-磷杂双环[2.2.2] 辛烷 -1- 氧	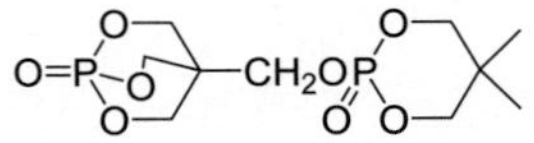	乙烯-醋酸乙烯共聚物	[42]
	PDAP	1-氧代-2,6,7-三氧-1-磷双环 -[2.2.2] 辛烷甲基二烯丙基磷酸酯	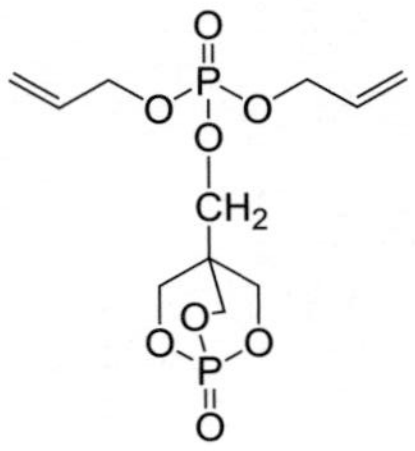	不饱和聚酯	[43]
磷酰胺	N-PBAAP	双（2-((苯氧基（哌嗪-1,4-基）磷酰）氧基）丙烯酸乙酯）	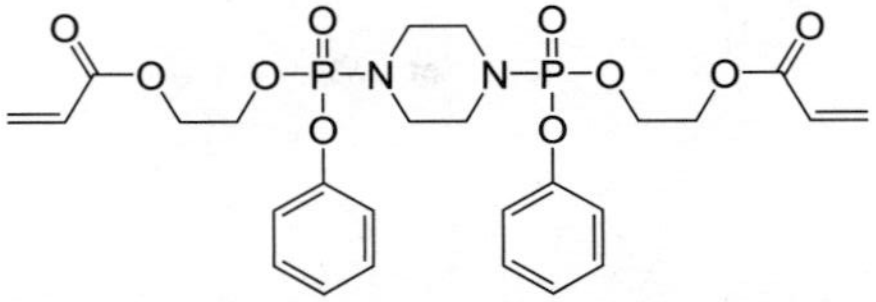	氨纶	[44]

续表

酸源分子			分子结构式	适用高分子	参考文献
种类	缩写	全称			
磷酰胺	PPPA	聚哌嗪基磷酰胺		乙烯-醋酸乙烯共聚物	[45]
三聚氰胺盐	M-DPS	2,4,8,10-四氧-3,9-二磷螺环[5.5]十一烷-3,9-二氧-3,9-二三聚氰胺盐		聚丙烯	[15], [46]
	M-DPB	双（2,6,7-三氧-1-磷-双环[2.2.2]辛烷-4-氧甲基）磷酸酯三聚氰胺盐		聚丙烯	[15]

续表

酸源分子			分子结构式	适用高分子	参考文献
种类	缩写	全称			
接枝共聚物	P-PVA	氯磷酸二乙酯和苯基氯膦酸硬脂醇酯部分取代聚醋酸乙烯酯	$\left[CH_2-CH(O-C(=O)-CH_3)\right]_m\left[CH_2-CH(O-P(=O)(X)Y)\right]_n$ $X = Y = OC_2H_5$ $X = OC_{18}H_{37}; Y = Ph$	聚丙烯	[48]

微胶囊化技术是一种通过成膜物质将囊内空间与囊外空间隔开的，具有特定集合结构的微型容器，直径一般为 1 ～ 1000 μm。其目的主要在于降低阻燃剂的水溶性、增加阻燃剂与材料的相容性、改变阻燃剂的外观及状态、提高阻燃剂的热裂解温度、掩盖阻燃剂的不良性质等。微胶囊化处理方法主要有物理包覆和化学包覆。物理包覆主要以物理吸附方式，通过 APP 和包覆物之间的范德瓦耳斯力等次价作用力，在聚磷酸铵表面形成均匀牢固的物理包覆结构；化学包覆主要利用分子间交联反应或聚合反应固化，在 APP 表面形成牢固的化学包覆结构。对 APP 微胶囊化表面改性研究起于 20 世纪 30 年代，远在膨胀阻燃概念兴起之前。近年来，我国在 APP 微胶囊化方面也开展了大量研究，并取得了一定的研究成果。目前，微胶囊壳层所用的基体材料主要为无机材料、有机材料以及有机-无机复合材料等。

以聚对苯二甲酸丁二醇酯（polybutylene terephthalate，PBT）为例，在过去的 15 年中，只有少数人尝试寻找传统 IFR 的替代酸源。事实上，由 Yang 等人报道的用硅胶或聚氨酯包覆 APP 及其与三聚氰胺氰尿酸盐（melamine cyanurate，MC）复配是既往文献中唯一相关的报道[49]。Yang 等人比较了单独添加 MC（20%）与微胶囊 APP[13.33%（质量分数）] 和 MC（6.67%）复配的阻燃效率。结果表明，当 APP 被微胶囊化时，阻燃材料可以达到 UL-94 V0 等级，并进一步提升阻燃 PBT 的 LOI 值。

5.3.2 新型碳源

在寻找新的碳源时，尤其是聚合型的大分子成炭剂，研究者们采用了两种截然不同的策略：① 使用来自生物质来源的分子，如环糊精（或其包合物 / 来自它们的纳米海绵）、（准）聚轮烷、壳聚糖和淀粉等；②使用具有碳化特性的合成高分子作为大分子型成炭剂。

① 使用来自生物质来源的碳源。在为数众多的生物质来源化合物中，环糊精作为 IFR 配方中多元醇碳源的理想替代物已被广泛研究。环糊精（cyclodextrin，CD）是直链淀粉在由芽孢杆菌产生的环糊精葡萄糖基转移酶作用下生成的一系列环状低聚糖的总称，通常含有 6 ～ 12 个

D-吡喃葡萄糖单元。其中研究较多并且具有重要实际意义的是含有6、7、8个吡喃葡萄糖单元的环状分子，分别称为α-、β-和γ-环糊精（α-CD、β-CD和γ-CD）。与淀粉类似，环糊精的热降解也可分为三个阶段。第一步对应于水分子的物理解吸附，发生在80～120℃之间。第二阶段从260℃左右开始，涉及化学脱水、热分解和碳化反应，生成二氧化碳气体和残炭。这种碳化过程包括环糊精糖苷环的打开，随后发生类似于淀粉和纤维素的化学演化，失去糖苷结构和羟基，并形成不饱和键、羰基和芳香结构。最后阶段发生在400℃以上，残炭发生缓慢的热降解[50-51]。

CD能够在水溶液中形成包合物，被包合分子（如一些小分子含磷阻燃剂等）能够完全或部分地嵌入由环状结构产生的空腔中。在可用的CD中，β-CD是最流行和应用最广泛的。由于篇幅原因，有关CD及其络合物/衍生物用作碳源的综述总结，我们将在后续章节“含磷生物质阻燃剂”一章中详细阐述，在本章节不再赘述。

② 使用具有本征碳化特性的合成高分子作为碳源。另一种碳源是具有本征碳化特征的合成高分子，如热塑性的聚酰胺、聚氨酯、线型酚醛树脂等，热固性的酚醛树脂、氨基甲醛树脂，以及研究者们在近年来针对碳源应用设计合成的各种聚合型/齐聚型成炭剂。表5.3总结了近年来用作碳源的合成高分子或其络合物/衍生物。

早在2000年，Le Bras等人就探索了利用具有本征碳化特性的合成高分子作为碳源来提升IFR系统的效率[52]。他们使用不同含量的热塑性聚氨酯（thermoplastic polyurethane，TPU）组成了TPU/APP膨胀体系，并用以阻燃PP。而含有5%（质量分数）的有机蒙脱土（montmorillonite，MMT）的PA6/EVA合金被证明是比TPU更有效的PP成炭聚合物。Tang等人在聚丙烯接枝马来酸酐（polypropylene-*g*-maleic anhydride，MAPP）存在下，将由APP、PER和三聚氰胺磷酸盐（melamine phosphate，MP）组成的经典膨胀配方与不同的PA6/EVA合金（组分摩尔比为1∶1～1∶6）混合[53]。每种配方分别含有25%、10%和5%（质量分数）的IFR、PA6/EVA合金和MAPP。锥形燃烧量热（辐照功率 = 50 kW/m^2）数据表明，所有配方均能有效降低阻燃PP的PHRR，最佳合金组分配方应为PA6∶EVA = 1∶1的质量比，材料阻燃性能可达最佳（PHRR降低90%）。然而，较高的PA6含量对拉伸强度和冲击强度都会造成负面影响。

表5.3 文献报道的新型碳源汇总

碳源分子			分子结构	适用高分子	参考文献
拓扑结构	缩写	全称			
线型	PDETAM	三嗪基线型聚（二乙烯三胺三聚氰胺）	NHR　R = H; CH_2CH_2OH　HN　N　N　N　NH-$CH_2CH_2NHCH_2CH_2$　n	聚乙烯、聚丙烯、聚苯乙烯	[59]、[60]、[61]
	PTETAM	三嗪基线型聚（三乙烯四胺三聚氰胺）	$NHCH_2CH_2OH$　HN　N　N　N　NH—$CH_2CH_2NHCH_2CH_2NHCH_2CH_2$　n	聚乙烯	[43]
	PPOA	聚（哌嗪基草酰胺）	N　N—C(=O)—C(=O)　n	乙烯 - 醋酸乙烯共聚物	[65]
超支化	HPDETAM	三嗪基超支化聚（二乙烯三胺三聚氰胺）	NH　$CH_2CH_2NHCH_2CH_2$　NH　N　N　N　NH　N　N　N　NH　$CH_2CH_2NHCH_2CH_2$　NH　N　N　N	聚丙烯	[63]
	HPPA	三嗪基超支化聚苯胺	O　NH　N　N　N　HN　NH　O　HN　N　N　N　NH　NH　O	聚酰胺 6、聚乳酸	[57]、[58]

研究者们将PA6作为APP膨胀型阻燃体系的碳源并不是一帆风顺的。这些研究的一个最重要的方面是注意到直接熔融混合得到的PA6/APP共混物稳定性相当差，究其根本原因，在于无机物和PA6的相容性较差。事实上，APP类无机盐的迁移通常发生在PA6熔体的凝固过程中，并随着时间的推移在固体中仍持续发生。因此，需要一种界面(增容)剂来防止渗出现象产生。众所周知，EVA共聚物是非常有效的界面增容剂，如Almeras等人所述[54-55]。此外，乙烯-丙烯酸丁酯-马来酸酐共聚物(ethylene–butyl acrylate–maleic anhydride copolymer，EBuAMA)也是PA6/APP体系中一种非常常见且优良的界面剂。

作为PA6的替代品，Yang等人将两种新型共聚酰胺作为PP膨胀阻燃成炭剂[56]，结果表明，这些共聚酰胺在PP基体中具有比PA6更好的分散性和相容性，并显著提高了阻燃材料力学性能以及LOI和成炭率方面的防火性能。

虽然PA6可用作诸如PP、EVA等不成炭高分子的碳源组成，但PA6自身的膨胀阻燃仍需添加额外的碳源。最近Ke等人采用A2+B3方法，从三聚氯氰(cyanuric chloride)和4,4′-二氨基二苯醚(4,4′-oxydianiline)出发，合成了一种超支化聚苯胺(hyperbranched polyaniline，见表5.3)，并将其作为超支化碳化发泡剂与APP结合，形成了一种新的PA6膨胀型阻燃体系[57]。结果显示，当APP与超支化成炭/发泡剂的质量比为2∶1时，综合性能最佳。当IFR添加量为30%(质量分数)时，IFR-PA6的LOI值达到36.5%。即使添加量降低至25%(质量分数)，IFR-PA6仍能维持UL-94 V0等级，LOI值为31%。同样的膨胀阻燃配方对于PLA仍然有效: LOI值从纯PLA的21.0%增至36.5%，并可通过UL-94 V0等级测试。锥形燃烧量热结果显示，阻燃PLA的PHRR和THR分别降低了44%和45%[58]。

上述三嗪类聚合型成炭剂并不是第一次用作IFR碳源结构，早在21世纪初，Hu等人[59]、Li等人[60]和Pawelec等人[61]分别合成了多种具有三嗪结构的齐聚和聚合型成炭剂，并将其作为聚烯烃碳化剂的替代方法。前期研究发现，三嗪类衍生物不仅富含氮元素，而且具有叔氮结构。因此它既是有效的发泡源，又能够促进成炭。不仅如此，这些成碳剂的碳化效率非常高，因为它们含有稳定的三嗪环，在燃烧过程中更容易形成 N 掺杂的残炭结构[59]。将这类成炭剂与磷系阻燃剂构成膨胀型阻燃剂，用于聚烯烃阻燃，具有优良的综合效果。将合成的三嗪类成炭剂与 APP 复配使用，用于 PE 和 PP 均有明显成炭效果，并获得了很好的阻燃效果[59]。

三嗪类衍生物最重要的特点是从其起始物三聚氯氰出发，可以和含有不同基团的多官能团(双或者三官能度)化合物反应，可以合成具有不同拓扑结构的聚合型化合物(线型或者支化甚至超支化结构)，具有无卤低毒、分解温度高，耐水性 / 耐水解稳定性好，与基材相容性可控，对阻燃制品综合性能影响小，不渗出，不腐蚀加工成型设备和阻燃性好的优点。经过多年的研究，不同拓扑结构的三嗪类齐聚和聚合型成炭剂，已被广泛应用于 PE[59]、PP[62-63]、PS[64]、EPDM[22] 等多种聚烯烃类膨胀阻燃，并被报道可与多种协效剂构成增效体系，如分子筛，有机改性黏土 [如蒙脱土、累托石(rectorite)、海泡石(sepiolite)] 等。阻燃协效剂的加入，都使得这些膨胀型阻燃体系的阻燃性能先增大后减小，这主要是由以下原因造成的：在燃烧过程中，阻燃协效剂能够限制或者减小空气中的氧气扩散到基材，起到隔热隔氧的作用，表现为积极作用；与此同时，阻燃协效剂能够吸附小分子气体如 APP 分解产生的氨气等，变相地减少了部分气源，使得 IFR 三源的比例不再匹配，表现为消极作用。当阻燃协效剂的消极作用超过积极作用后，大量阻燃协效剂的加入限制了炭层的膨胀，并且使炭层不再连续和致密，无法起到隔热隔氧作用，此时膨胀型阻燃体系的阻燃性能下降。因此，阻燃协效剂与 IFR 之间存在一个最佳添加量，只有在最佳添加量时，阻燃协效剂与 IFR 的阻燃效率才能够达到最佳；只有在一定添加量范围内，阻燃协效剂才与 IFR 体系具有协效作用。

除三嗪结构之外，哌嗪也常被应用于膨胀体系碳源结构的设计。Dong 和 Wang 等报道了一种新型直链聚酰胺型成炭剂聚(哌嗪基草酰胺)[poly(piperazinyl oxalamide)，PPOA]。热重分析表明 PPOA 具有比传统聚酰胺成炭剂更好的碳化性能[65]。在 EVA/APP 阻燃配方中加入一定量的 PPOA 后，复合材料的膨胀阻燃性能得到显著提高。整体添加量为 25.0%(质量分数)(APP∶PPOA = 3∶1)时，复合材料的 LOI 值为 31.5%，并可通过 UL-94 V0 等级测试。与含 25.0%(质量分数)APP 的 EVA 相比，EVA/APP/PPOA 体系的热释放速率峰值(PHRR)和产烟速率峰值(SPR)均显著降低。对 PPOA 成炭机理的分析表明，当温度上升到 400℃(对应 EVA 的轰燃温度)，PPOA 中的部分羰基、酰氨基和 C—N 键开始断裂，因此，一些挥发性产品，包括 CO_2、异氰酸酯、醛、酰胺和尿素逐渐分解并释放出来。同时，哌嗪环发生脱氢、重排和环化反应，生成大量的杂环芳烃结构，赋予了 PPOA 优异的成炭性能。此外，APP 对 PPOA 的碳化有催化作用，生成了苯衍生物、吡嗪衍生物、嘧啶衍生物等新结构，进一步提高了 PPOA 的高温碳化性能。最后，在 PPOA 存在下，EVA/APP/PPOA 形成了有效的保护炭层，使其阻燃性能得到了很大的提高，降低了 EVA/APP/PPOA 体系的燃烧风险。

5.3.3 单组分膨胀型阻燃剂

为实现高分子材料的膨胀阻燃，添加的 IFR 通常包含三源，即酸源、碳源和气源。传统的膨胀型阻燃剂主要通过磷酸盐、磷(膦)酸酯等脱水剂(酸源)与成炭剂(碳源)复配的形式满足膨胀型阻燃剂三源的要求，但复配型阻燃不可避免地带来严重的负面影响，如材料力学性能差，阻燃剂易析出，阻燃效率低，材料耐水性差等。为解决上述问题，研究人员在成炭剂方面开展了大量的改进工作，取得了一定的进展。例如，设计支化、超支化和交联结构的大分子成炭剂，提高了膨胀型阻燃剂的阻燃效率，同时降低了大量添加 IFR 带来的力学性能严重下降问题。另外，为解决复配成炭剂带来的负面影响，部分研究工作将成炭剂用于包覆 APP。虽然该方法能一定程度解决复配型 IFR 阻燃时带来的上述负面影响，但用于包覆的成炭剂在合成时始终需要使用大量有毒的原料和溶剂，因此无法避免成炭剂制备过程对环境和人体带来的伤害问题。基于以上考虑，研究者们长期致力于开发新型单组分 IFR 分子的设计与合成，并取得了一定的成果。在上一节总结新型酸源分子所提及的 M-DPS、M-DPB 等结构(见表 5.2)，即可被视为一种典型的单组分膨胀型阻燃剂[15,46]。这些结构通常含有基于多羟基小分子醇(如季戊四醇、新戊二醇)的磷酸酯结构，并残留磷酸官能团与含氮小分子(如三聚氰胺)成盐，或是形成磷酰胺共价键。这类单组分膨胀型阻燃剂的典型结构如图 5.3 所示。

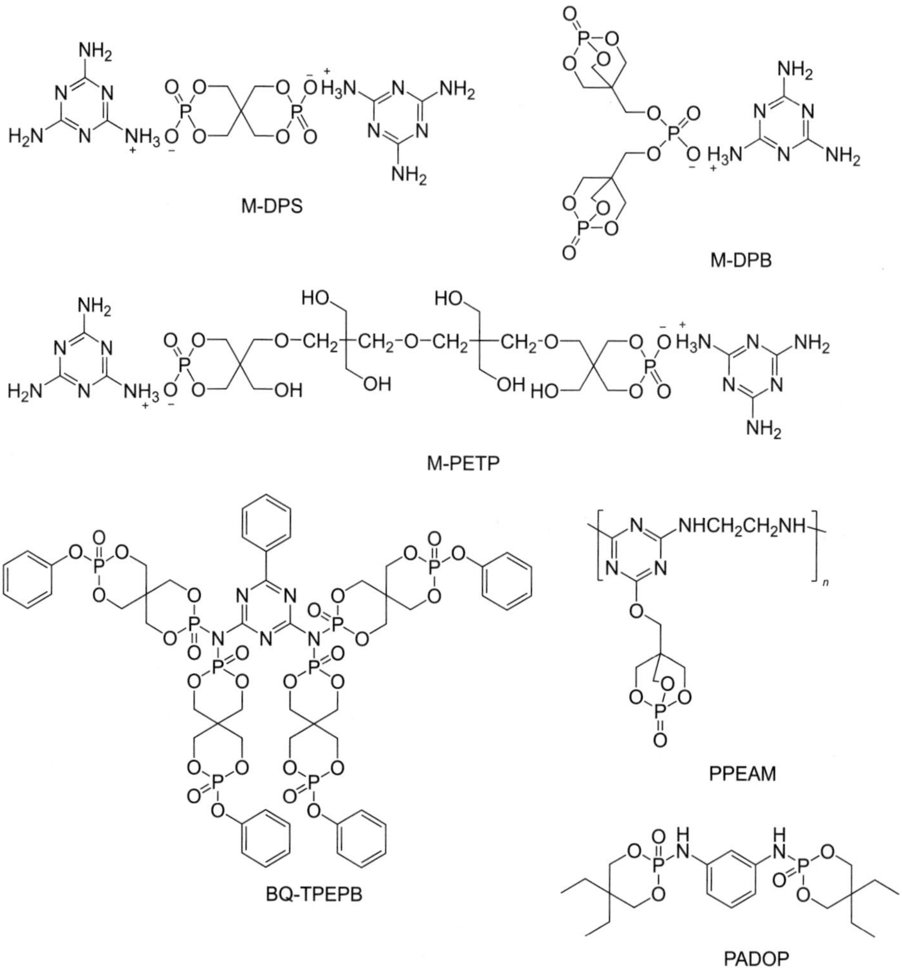

M-DPS

M-DPB

M-PETP

BQ-TPEPB

PPEAM

PADOP

图 5.3　典型的单组分膨胀型阻燃剂结构示意图

以 M-DPS 和 M-DPB 为例，这种单组分膨胀型阻燃剂是 Fontaine 等人提出的一种新的“一步一锅法”合成出来的包含两种产物、中间产物和底物在内的一体化 IFR 系统。在这个反应中，产物、中间产物和底物均是该混合 IFR 的有效组分，避免了后续工艺的分离和提纯。当然膨胀阻燃的效果尚可：添加 30%(质量分数)的混合 IFR，阻燃 PP 的 LOI 可从 18% 增加到 30%。但是另外也说明了混合物的产物收率(转化率)不高、分离工艺可能会较为烦琐。虽然单组分 IFR 在理论研究上已经证明具有较好的阻燃效果，不过受限于其昂贵的原料价格、复杂的加工工艺等因素，目前实际应用中大部分的 IFR 生产仍旧沿用复配体系。

早在 2013 年，王玉忠教授团队研究发现，脂肪胺包括脂肪族二胺(典型分子如乙二胺)[66]、三胺(二乙烯三胺)[67]、醇胺(乙醇胺)[68]、杂环胺(如哌嗪)[69-70]、聚合胺(如聚乙烯亚胺)[71] 等，可与聚磷酸铵通过简单的阳离子交换反应直接在水相环境中形成部分取代的聚磷酸 - 有机铵盐，并由此构成了集酸源、气源和碳源三源一体大分子(图 5.4)。有机胺组分能通过高温下所形成的不饱和键发生重排和交联等键合作用促进碳化进而达到自身的“三源”协同效应，最终实现单组分阻燃体系的高效膨胀阻燃。

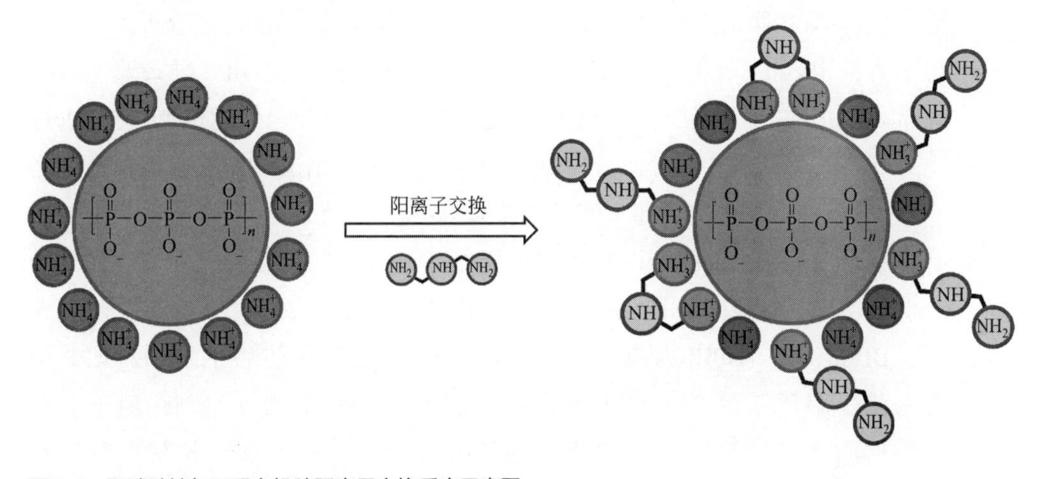

图 5.4　聚磷酸铵与不同有机胺阳离子交换反应示意图

这些采用有机胺化学修饰的聚磷酸铵，单独使用时，不仅对热塑性高分子材料(如聚丙烯)具有高的阻燃效率，而且残余未成盐氨基可以作为热固性高分子材料(如环氧树脂)的阻燃固化剂。

在这些有机胺改性 APP 中，哌嗪改性 APP(PAz-APP) 在 PP 中的阻燃效率最高，添加 22%(质量分数) 的 PAz-APP 即可使阻燃 PP 通过 UL-94 V0 等级测试，LOI 值为 31.2%；较传统 IFR 体系在 PP 中动辄 30%(质量分数) 以上的添加量有了大幅度的降低。作者进一步提出了相应的膨胀阻燃机理：有机胺改性 APP 受热到一定程度后，铵盐会在高温和 P—OH 的催化作用下形成 P—N—C 结构，此结构有助于生成稳定的炭层。当达到一定的温度后，C—N 键断裂芳构化，并在气相的作用下形成膨胀的炭层，覆盖在基材表面，达到隔绝空气中氧气和热量的目的。

不同有机胺改性APP由于官能团的不同而表现出了略微不同的阻燃效果和机理：①几种脂肪族二胺改性APP阻燃性能差异的原因主要是形成—C═C—的难易程度不同导致的；②二乙烯三胺-APP(DETA-APP)由于含有仲胺(—NH—)基团，受热至一定程度能形成更多的P—N—C结构，形成的炭层更加致密，故锥形燃烧量热测试效果最佳；③乙醇胺-APP(ETA-APP)由于含有醇羟基，受热能形成P—N—C和P—O—C两种结构，有助于进一步形成致密的炭层，并在辐照热通量点火情况下表现较好；④PAz-APP由于更为稳定的杂环结构的存在，在200～400℃时热稳定更佳，表现出较高的LOI值。作者进一步针对DETA-APP和ETA-APP理论阻燃效果和实际效果存在差异的原因进行了分析。作者认为，引入的—OH、—NH—等基团由于分子内氢键作用，导致改性APP发生熔融，而加工共混过程并不能消除此熔融现象。当阻燃PP样条进行UL-94测试时，部分改性APP受热后，在未开始形成膨胀炭层时会发生熔融，并对PP起到了一定的增塑效应，在重力的作用下，反而会促使样条产生熔滴，使得UL-94测试效果提高不明显[66,68-69,72]。

王玉忠教授团队进一步将三种典型的改性APP[基于聚合多胺的BPEI-APP（BPEI为支化聚乙烯亚胺）、基于脂肪胺的DETA-APP和基于脂环胺的PAz-APP]作为一种新型的膨胀阻燃固化剂，用于环氧树脂本征阻燃改性。固化行为研究表明，三种不同结构的改性APP均可有效地固化环氧树脂。对比分析各体系计算获得的固化动力学参数可知，改性APP结构中所含有的有机胺结构较少，可参与固化反应的伯胺或仲胺含量较少，固化反应活化能较高，固化效率低下。其中，BPEI-APP体系还需额外添加促进剂才能完成固化[71]。对固化反应的监测表明，改性APP包含有机铵离子和未参与成盐反应的伯胺、仲胺或叔胺官能团，这些有机胺结构参与了与环氧基的反应，首先打开环氧环生成了羟基与叔胺结构(C—N—C)，并进一步生成两性离子(zwitterion)，然后氧负离子继续进攻环氧环形成醚键网络(C—O—C)，最终获得的环氧固化交联结构中包含两种化学构成的网络。特殊的固化网络结构也赋予了固化树脂优异的力学性能。PAz-APP的添加不仅不会恶化环氧固化物原有的力学性能，而且还对其有提高的趋势[69]。相较于对比体系，PAz-APP/EP体系的力学性能都处于维持水平并有所提升：由于环氧交联骨架结构中引入了大量含有脂肪环的大分子 APP 链段，此链段可在裂纹上充当障碍物，致使裂纹的生长与扩展需要更多的能量，所以 PAz-APP 可赋予环氧树脂更加优异的冲击性能。热重分析表明，三种改性 APP 固化所制得样品的热稳定性相当，氮气和空气氛下 $T_{5\%}$ 均在 300℃左右。改性 APP 体系中，随着固化剂添加量的增加，$T_{5\%}$ 降低幅度较大，这是由于改性 APP 中大量离子键断裂，NH_4^+ 和—NH_3^+ 分解释放出 NH_3 和 H_2O 的缘故，且改性 APP 具有相似的热分解过程，100 ～ 150℃区间内，盐的吸附水和结合水失去造成较小程度的失重，随着温度升高至 300 ～ 400℃，NH_4^+ 和 R—NH_3^+ 开始分解，同时少量的 P—N—C、P—O—P 结构开始生成；温度更高时大量富含 P—N—C 等热稳定结构的残余物开始生成，表面开始形成稳定的炭层；温度继续升高至 500 ～ 650℃，又出现较大程度的失重，可以解释为在 P—OH 的催化下，P—N—C 结构开始分解，此时有大量的富含 N 元素的不燃气体溢出，同时生成—C ═ C—结构芳构化成炭，致密稳定的炭层便得以生成。其中，BPEI-APP 体系的热稳定性最好，固化物的 $T_{5\%}$ 值最高可达 337.2℃(N_2)，是由于大分子结构的 BPEI 自身热稳定性较好的缘故；对于氮气和空气氛下 700℃时的残炭量数据，较于参比样，各体系均明显提高，这也归功于 BPEI 自身较好的成炭性；具有杂环结构的 PAz-APP 也可使环氧体系获得较高的残炭量，且无论是氮气还是空气中，即使较低添加量的固化物 [5%(质量分数)] 也可得到 20% 以上的残炭量，随着添加量的增加，残炭量数值均呈现增长的趋势。

阻燃性能方面，改性 APP 可赋予 EP 更优异的阻燃性能，在添加量较低的情况下均可通过 UL-94 V0 等级测试，这是由于引入的高效膨胀型阻燃剂 APP 基团发挥作用的缘故；对比分析三种改性 APP 体系的阻燃效果，BPEI-APP 体系较差，添加量为 15%(质量分数)时才可通过 UL-94 V0 等级测试，LOI 值从参比样的 23.0% 提升至 29.5%；DETA-APP 以及 PAz-APP 均在 10%(质量分数)的添加量时便可使固化物通过 UL-94 V0 等级测试；PAz-APP 在更低添加量下 [7.5%(质量分数)] 也可达到相同的效果。LOI 测试结果显示同时添加 15%（质量分数）含量的 DETA-APP、PAz-APP 时，固化物的 LOI 值可分别上升至 30.5% 和 31.5%，表现出明显优于 BPEI-APP 的阻燃性能。通过锥形燃烧量热测试研究了三种改性 APP 体系固化物的燃烧行为，研究表明三种改性 APP 固化剂对环氧固化物的烟释放、热释放均有明显的抑制作用。添加固化剂含量为 15%(质量分数)时，BPEI-APP/EP 体系 THR 和 PHRR 的降低率(相较于参比样 BPEI/EP)分别为 76.1% 和 73.8%，且 TSP 和 SPR 峰值分别降低了 70.3% 和 38.2%。而 DETA-APP 体系中，各数值依次分别下降了 79.3%、68.3%、79.0% 以及 30.0%。两种脂肪胺改性固化剂体系各燃烧参数的降低率相当，对于基材热释放和烟释放的抑制效果差不多。相较于两种脂肪胺体系，具有脂环胺结构的 PAz-APP[15%(质量分数)] 的 THR、PHRR、TSP 和 SPR 峰值分别降低了 80.8%、81.6%、69.6% 以及 71.2%，同时 FIGRA 可由参比样 PAz/EP 的 14.8 kW/(m^2•s) 下降至 4.5kW/(m^2•s)，降低了 69.6%，说明了含有脂环结构的改性 APP 对基材的热释放和烟释放的抑制作用更突出，环状结构在阻燃过程中发挥着其特有的有利作用。此阻燃固化剂(PAz-APP)与脂肪族化合物(BPEI-APP 以及 DETA-APP)的阻燃过程相似之处表现为：在低温下，不稳定的 C—OH、C—N 等化学键断裂生成 C＝C，同时含磷结构分解生成含磷酸，促进基材成炭，有效阻隔热量以及抑制高温下环氧树脂的质量损失；含氮结构(NH_4^+、NH_3^+ 等)分解、被氧化生成不燃气体(NH_3、H_2O 等)，有效地稀释可燃气体的同时，还可正面贡献于膨胀炭层的形成；高温下，P—N—C、P—N—P 结构得以生成并保留在残炭中，使得残留物具有较好热稳定性；凝聚相作用和气相稀释效应共同作用于基材以达到高效阻燃的目的。而不同之处在于：脂环结构的 PAz-APP 中特殊的哌嗪杂环结构，在燃烧过程中会产生含氮芳杂环结构并促进稳定炭层的形成。所以，PAz-APP/EP 体系较于脂肪族固化剂体系拥有更加优异的阻燃性能。不同改性 APP 体系燃烧后炭层的膨胀效果显著，测试完成后均可获得较高的残炭量(65.1% ～ 66.3%)，同时观察残炭微观形貌发现，BPEI-APP 体系的残炭致密性不足，存在孔洞，且出现炭层破裂后重新“黏合”的迹象，可以解释为不牢固的炭层受到大量烟、气溢出的冲击而破裂，随后生成的炭层重新覆盖于其表面；而较于 BPEI-APP 体系，DETA-APP 以及 PAz-APP 体系固化物的残炭致密性、连续性、膨胀性均有明显提高，其中 PAz-APP 体系效果最佳[73]。

除了上述典型应用之外，王玉忠教授团队还发现，改性 APP 所赋予的特殊官能团能选择性地在不同基体材料中分散，从而改善阻燃效率。例如，ETA-APP 可在天然纤维(如苎麻纤维)增强复合材料加工中选择性地分布在富含羟基的纤维素纤维表面，燃烧时富集于纤维表面的阻燃剂实现碳化“界面阻燃”，有效解决易燃的麻纤维所增强的树脂基复合材料的“烛芯效应”导致阻燃效率下降难题[74]。这种单组分大分子膨胀型阻燃剂的界面阻燃作用原理对实现各种纤维增强高分子复合材料的阻燃高性能化具有广泛的指导意义。

5.3.4 层层组装膨胀阻燃涂层

防火涂料就是通过刷于材料的表面，能提高材料的耐火能力，减缓火焰蔓延传播速率，或在一定时间内能阻止燃烧的涂料。广义的防火涂料泛指阻燃涂料与狭义防火涂料两种材料。阻燃涂料，即 flame retardant coating(s)，系施用于可燃性基材表面，用以降低材料表面燃烧特性、阻滞火灾迅速蔓延的特种涂料。涂层厚度一般在 1 mm 左右，可用于对木材、电缆、塑料制品表面进行防火保护。阻燃涂料可以理解为阻燃剂的外延，所不同的是一个施加在材料表面，而另一个添加在材料内部。防火涂料，即 fire resistant coating(s)，是用于建筑构件上，用以提高构件的耐火极限的一种厚浆类涂料，涂层厚度一般在 1 mm 以上。防火涂料一般用于钢结构、隧道内壁、混凝土等领域的防火保护。主要用于建筑承重结构(钢结构)的防火保护。防火涂料一般可分为两类：非膨胀型涂料和膨胀型涂料。

层层组装(layer-by-layer assembly，LBL)的表面处理技术是最早由 Iler 于 1966 年提出，在一个简单的过程中形成自组装涂层，该过程包括基于静电相互作用的逐步组装成膜[75]。1991 年 Decher 等人重新考虑了聚阴离子 / 聚阳离子对，以获得所谓的聚电解质多层膜，并逐渐扩展到无机纳米粒子，利用的是除静电作用之外的其他相互作用(包括亲疏水相互作用、氢键等)来构筑自组装涂层。LBL 最初利用带电基板(substrate)在带相反电荷的聚电解质溶液中，通过有序地吸附材料的相反电荷交替沉积，从而制备聚电解质自组装多层膜(polyelectrolyte self-assembled multilayers)[76]。如图 5.5 中所示，利用每个浸入步骤之后的总表面电荷反转，获得堆积在基板表面上的正电荷层和负电荷层的组装。

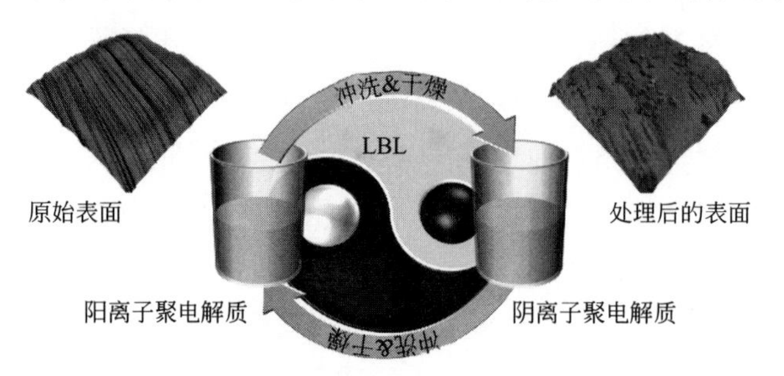

图 5.5　利用层层组装在纤维表面构筑聚电解质自组装多层膜的流程示意图

随着研究的不断深入，自组装的驱动力从静电作用力拓展到配位作用、氢键、特异性分子识别等，可用于组装的组分也从聚电解质延伸到纳米粒子、胶束等。因此，LBL 技术，广义上来定义，就是利用分子间的弱相互作用力(除静电引力外，也包括氢键、疏水作用力等)使层与层间自发地缔合形成结构稳定并具有特定功能的分子聚集体。自 2006 年泰国朱拉隆功大学 S. T. Dubas 等人首次报道了 LBL 技术在丝织物表面制备了阻燃涂层之后，这项技术成为了一种非常重要的阻燃后整理的方法[77]。层层自组装技术相较于其他制备涂层的方法优点在于它适用于多种基材，可用于自组装组分的种类丰富，可以实现在分子水平和纳米尺度上对材料结构实现有效的调控，可在常压室温等温和条件下操作等，因此作为一种工艺简单的膜制备技术，在聚合物基体表面制备特殊功能化涂层成为一种具有很大应用前景的后整理技术之一。

事实证明，LBL 方法在织物、薄膜和泡沫的表面阻燃处理方面独具优势。目前，大多数文献报道的结果都使用浸渍作为典型的构筑表面阻燃涂层沉积方法，但实际产业推广可能仍需依赖喷涂，因为后者在工业规模上更可行和更高效。通过 LBL 组装可以沉积两种主要的(纳米)结构：无机 LBL 涂层和混合有机-无机或膨胀 LBL 涂层，后者是本小结内容的重点。

5.3.4.1　LBL 膨胀阻燃织物

时间回到 2006 年，泰国朱拉隆功大学 S. T. Dubas 及其同事首次尝试将膨胀 LBL 涂层应用于纺织品，作者在丝绸上沉积由生物质的阳离子聚电解质壳聚糖(CS)和阴离子聚电解质聚磷酸 [poly(phosphoric acid),

PPA] 组成的聚电解质多层薄膜[77]。其中，聚磷酸可以作为壳聚糖的脱水剂(酸源)，后者与丝绸(主要成分为丝心蛋白)一起扮演碳源的角色，此外，富含氮元素的壳聚糖还可以一定程度上充当气源。结果表明，由 60 层双层膜(bi-layer，BL)组成的结构有助于形成高度热稳定的残炭。

用现在的眼光来看，第一篇有关膨胀 LBL 涂层文章颇为粗糙，构筑的双层膜层数过多，势必会恶化织物的触感和耐水洗性能，详细的阻燃性能测试也并未开展。但这项工作无疑对后来的研究具有明显的启发意义。最近发表的大多数有关 LBL 膨胀阻燃织物文献主要涉及提高纤维素织物的阻燃性，以棉织物、棉涤混纺织物、再生纤维素织物为主。表 5.4 总结了应用于不同织物基材的 LBL 膨胀涂层聚电解质种类和对应的阻燃结果。

美国得克萨斯 A&M 大学的 J. C. Grunlan 教授等针对 LBL 阻燃涂层开展了大量的系统工作。针对纺织物，他和同事将聚磷酸钠 [poly(sodium phosphate)，PSP](阴离子聚电解质和酸源)和聚烯丙胺 [poly(allylamine)，PAA](阳离子聚电解质和气源)组装成 5、10 和 20 个双层膜[78]。在纤维素基质作为碳源的情况下，研制了一种能够在垂直火焰试验中抑制火焰的膨胀配方。他们也广泛地将基于可再生资源的生物质聚电解质，如植酸(谷物、豆类和油籽中磷的主要储存形式)和壳聚糖(从甲壳动物壳中获得)，应用于棉织物[79]。类似的，意大利米兰理工大学 J. Alongi 教授等探索了壳聚糖和天然的阴离子聚电解质脱氧核糖核酸(deoxyribonucleic acid，DNA)在 LBL 膨胀阻燃涂层中的应用[80]。事实上，DNA 本身可以被认为是棉织物的高效膨胀型阻燃剂，因为它包含前文所述的 IFR 组成中的所有三个典型组分：核苷酸分解产生磷酸，并进一步受热生成聚 / 焦 / 过磷酸等脱水性物质；脱氧核糖作为多羟基化合物，在磷酸脱水作用下迅速成炭；碱基作为含氮杂环类化合物，受热释放氨气等含氮惰性气体[81-85]。结果显示，在锥形燃烧量热 35 kW/m^2 辐照功率下，20 层阻燃涂层双层膜可显著降低样品的 THR 和 PHRR 值(分别下降 32% 和 41%)。Bourbigot 等进一步研究发现，在水平火焰扩散试验中，DNA 和 CS(壳聚糖)的协同膨胀现象不同于传统 IFR 体系肉眼可见的宏观膨胀结构，而是形成微观可见的富气泡残余物，而在锥形燃烧量热测试过程中，涂层织物在保持织物组织、纤维未受损的地方留下了一个残余物空腔，并没有

表5.4 LBL膨胀阻燃天然/合成织物的典型案例

层层组装配方		主要结论	织物种类	参考文献
(+) 成分	(-) 成分			
壳聚糖	DNA	20 BLs: 峰值热释放（-41%）总热释放（-32%）（锥形燃烧量热仪）; LOI = 24%	棉	[80]
	植酸	30 BLs: 峰值热释放（-50%）（微型量热仪）		[79]
	APP	20 BLs: 峰值热释放（-25%）总热释放（-22%）（锥形燃烧量热仪）	富棉混纺织物（70% 棉 + 30% 涤纶）	[86]
BPEI	高岭土	20 BLs①: 峰值热释放（印花布、丝光印花布和斜纹棉布分别下降 -72%、-68%、-60%）总热释放（-80%）（微型量热仪）; LOI = 40%	棉	[95]
	聚（乙烯基膦酸）	20 BLs②: 峰值热释放（-50%）总热释放（-65%）热释放能力（-50%）（微型量热仪）	苎麻	[89]
聚烯丙胺	聚磷酸钠	10 BLs: 峰值热释放（-80%）总热释放（-60%）热释放能力（-50%）（PCFC）	棉	[78]
聚（烯丙胺盐酸盐）	聚磷酸钠	40 BLs: 峰值热释放（-36%）（微型量热仪）	聚酰胺 66	[94]
3- 氨丙基三甲氧基硅烷改性 MMT		20 BLs: 峰值热释放（-18%）总热释放（-50%）（锥形燃烧量热仪）	棉	[90]

续表

层层组装配方		主要结论	织物种类	参考文献
(+) 成分	(−) 成分			
氧化石墨烯③	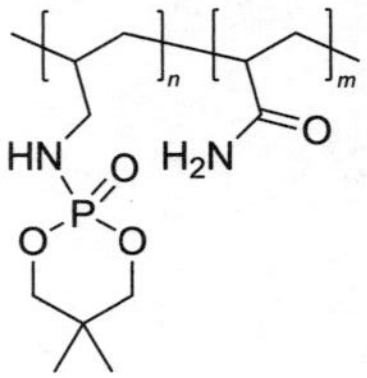	20 BLs: 峰值热释放（−18%）点燃时间（+56%）（锥形燃烧量热仪）	棉	[91]
聚二烯丙基二甲基氯化铵	聚丙烯酸 /APP	10 QLs: 峰值热释放（−37%）总热释放（−40%）（锥形燃烧量热仪）	富棉混纺织物（70% 棉 + 30% 涤纶）	[92]，[93]

① BPEI 悬浮液中包含尿素和磷酸二铵；

② BPEI 悬浮液中包含铜或锌离子；

③ LBL 的驱动力为氢键而非静电作用。

发现膨胀状气泡的形成。这一发现表明，这些涂层只能在低加热速率（如水平火焰蔓延试验）下生成此类膨胀结构，而不是高加热速率（如锥形燃烧量热试验期间）。更详细的讨论我们将在“含磷生物质阻燃剂”一章中进行论述。

CS 不仅被证明是一种用于棉织物的 LBL 阻燃涂层有效的阳离子聚电解质，而且用于富含棉花的棉涤混纺织物（占纤维素织物总量的 70%）同样有效。由于纤维素和涤纶（聚酯）截然不同的热裂解行为和阻燃作用机制，通常这二者构成的混纺纤维并不能采用单一的阻燃处理方式实现阻燃效果。研究者们对比了由 APP/CS 构成的双层膜[86]和 APP/SiO_2 构成的双层膜[87]。其中，APP/CS 构成了典型的 IFR 体系：CS 同时代表碳源和气源，而 APP 在高温下原位生成磷酸，有利于 CS 和纤维素基材脱水成炭。相反，APP/SiO_2 的作用是基于 APP 原位生成的磷酸（导致纤维素脱水）和 SiO_2 赋予的隔热行为之间的联合效应。两种系统都抑制了纺织品的阴燃（afterglow）现象。此外，锥形燃烧量热结果显示，APP/SiO_2 体系的 TTI 显著延长，THR 则明显降低（施加 10 层双层膜可降低 16%）。对于相同的组分，作者也研究了由 APP/CS 双层与 SiO_2/SiO_2 双层，或是 SiO_2/SiO_2/APP/CS 四层（quad-layer，QL）交替组成的更复杂的结构[85]。采用基于 QL 的结构，在垂直火焰和锥形燃烧量热试验结束时发现了更一致和均匀的燃烧残余物。APP 还与多壁碳纳米管（multi-walled carbon nanotube，MWCNT）结合，用于苎麻织物，当形成 20 层双层膜时，综合阻燃效果最好[88]。同样的作者还提出了一种苎麻织物的替代方法，包括沉积聚乙烯基膦酸 [poly（vinyl phosphonic acid），PVPA] 和含有铜或锌离子的 BPEI 悬浮液。结果显示，20 层双层膜可显著提升苎麻织物的火安全性能[89]。

Huang 等人也对棉织物用 LBL 膨胀涂层进行了研究。他们合成并测试了两种类型的 LBL 涂层，其一是由新戊二醇氯磷酸酯（2,2-dimethyl-1,3-propanediol phosphoryl chloride，DPPC）修饰的聚（丙烯酸）氨基衍生物与 MMT 纳米片组成的 LBL 交替结构[90]；其二是与剥离氧化石墨烯偶联的聚（丙烯酰胺）衍生物，同样经 DPPC 修饰[91]。前者构筑 LBL 涂层的驱动力仍为阴阳离子静电相互作用，聚丙烯酸根离子为阴离子聚电解质，而改性 MMT 纳米片上的氨基硅氧烷扮演了阳离子的角色；后者的驱动力则是酰胺与氧化石墨烯上丰富羟基之间的氢键作用。两种纳米片层的物理屏蔽作用明显增强了膨胀阻燃涂层的阻燃效率。第一种配方下，施用 20 个双层膜可显著延长棉织物 TTI（约 40%），降低 THR 和 PHRR（分别下降 50% 和 18%）；采用第二种配方也取得了类似的结果（PHRR 降低 50%，TTI 延长 56%），显著提升了棉织物的火安全性能。

通过对过去十年中大量相关文献报道结果的调研显示，将阻燃性赋予天然纤维和合成纤维的成功关键是调控炭层的形成。事实上，到目前为止，这条路线似乎是天然和合成纤维表面阻燃后整理最有希望的途径。Bourbigot 等人设计了针对天然纤维和合成纤维不同成炭特性的 LBL 组分配方，如棉纶、涤纶及其混纺织物[92]。作者将阳离子聚电解质聚二烯丙基二甲基氯化铵 [poly(diallydimethylammonium chloride)，PDAC] 和阴离子聚电解质聚丙烯酸 [poly(acrylic acid)，PAA]、APP 交替组成的 PDAC/PAA/PDAC/APP 四层膜沉积在棉织物、涤纶织物及其棉涤混纺织物上。其中，APP 作为酸源和气源，PAA 可作为碳源。动态和等温条件下的热重分析表明，这些结构的存在能够强烈地促进芳构化残炭的形成，而与 QL 层数和织物类型无关。通常来说，来自高分子基体燃烧形成的残炭通常显示出比纯石墨更低的热稳定性（对热和氧而言）。因此，这些涂层能够诱导形成热稳定更高的芳构化残炭，保护织物基材（而与类型无关）免受火焰（垂直和水平火焰蔓延试验两种点火方式）或不同外部辐照热通量（锥形燃烧量热）的影响[93]。

Bourbigot 及同事发表了迄今唯一一份将 LBL 膨胀阻燃涂层用于合成织物的工作[94]。他们在聚酰胺 66（polyamide 66，PA66）织物上沉积了 5、20 和 40 层由 PAlA（阳离子聚电解质）和 PSP（阴离子聚电解质）组成的双层膜。结果显示，40 层双层膜可显著降低 PA66 织物的 PHRR（下降约 36%）。

研究者们也在积极探索 LBL 膨胀涂层是否具有产业推广前景。Grunlan 等人报道了采用半工业辊对辊设备沉积 LBL 组件以增强棉织物阻燃性的成果。该结构基于 50 层双层膜，其中阳离子聚电解质包括支化聚乙烯亚胺 [branched poly(ethylene imine)，BPEI]、尿素 [10% ～ 20%（质量分数）] 和磷酸二铵（diammonium phosphate）混合的水溶液，而阴离子组分则是高岭土（kaolin），一种 1∶1 型层状硅酸盐[95]。最终燃烧结果证明该涂层对于多种不同的商品化棉织物（包括印花布、丝光印花布和斜纹棉布）均有明显的阻燃作用。

5.3.4.2 LBL 膨胀泡沫

就泡沫而言，一些已发表的关于LBL膨胀涂层的研究仅限于聚氨酯泡沫。2011年，Grunlan教授及其同事首次尝试将由BPEI和碳纳米纤维组成的LBL涂层应用于硬质聚氨酯泡沫(rigid polyurethane foam, RPUF)，但该研究不能被视为一种IFR配方[96]。2012年，他们测试了CS/MMT双层膜的阻燃效率，其中CS充当碳源和气源，而纳米碳纤维则充当炭层生长的骨架[97]，正如Kashiwagi等人早年间的文献里所讨论的[26]。当暴露于丁烷火炬的直接火焰时，10层CS/MMT双层膜(约30 nm厚)完全阻止了软质聚氨酯泡沫(flexible polyurethane foam, FPUF)的熔化；通过锥形燃烧量热分析显示，阻燃泡沫的PHRR降低了52%。为了进一步增强聚氨酯泡沫的耐火性，研究者们将上述涂层的阴离子聚电解质改为聚乙烯基磺酸钠[poly(vinyl sulfonic acid sodium salt)，PVS][98]，或采用由三层膜(tri-layers，TLs)组成的更复杂结构。前者探索了一种不同于普通磷酸前体的替代酸源，即磺酸钠盐。实际上，硫的化学性质对于高分子材料的阻燃贡献至今还没有完全了解，尽管它可能被认为是一种酸源脱水剂的替代方法。阻燃测试结果表明，由CS(碳源和气源)和PVS(酸源)组成的10层双层膜赋予了聚氨酯泡沫良好的阻燃性能，在暴露于丁烷火炬的直接火焰时完全阻止了泡沫的熔融滴落，锥形燃烧量热结果也显示阻燃泡沫的PHRR较参比样降低了约50%。作者进一步提出了LBL涂层在降解过程中释放的不可燃气体(如水、硫氧化物和氨等)的燃料稀释效应是阻燃作用产生的主要因素。

同时，Bourbigot教授课题组也报道了LBL膨胀阻燃涂层在聚氨酯泡沫中的应用。他们采用了包括PAA、CS和PPA在内构筑的四层膜，由此沉积的阻燃涂层能够适应火焰或热暴露，并演变成热稳定的碳基结构[99]。锥形燃烧量热结果显示，在不同的辐照热通量(从35 kW/m^{2}到75 kW/m^2)下，无论采用何种热通量，阻燃泡沫的PHRR值都能显著降低50%以上。此外，当阻燃泡沫受到喷枪火焰穿透($T_{flame}\approx 1300$℃)时，LBL涂层能够迅速碳化并保持其三维结构，从而成功地保护未暴露侧远离火焰侵蚀(两次火焰施加后检测温度低于100℃)。

5.3.4.3 LBL 阻燃修饰碳纤维增强复合材料

碳纤维增强树脂基复合材料因其综合了碳纤维低密度、高比强度/比模量、抗疲劳、耐腐蚀、耐磨等优异性能以及树脂(主要是以环氧树脂为代表的热固性高分子材料)优异的耐化学性、热稳定性、机械性能和粘接性能等特点而备受关注，目前碳纤维增强树脂基复合材料已广泛应用于航天航空、交通运输、建筑、能源、体育及医疗等领域。但是，以环氧树脂为例，这些热固性高分子材料属易燃材料，严重限制了碳纤维增强树脂基复合材料的应用。因此，对其的阻燃改性具有重要的现实意义。目前常用的阻燃改性碳纤维增强树脂基复合材料的方法为在树脂基体中直接添加阻燃剂或通过反应的方式将阻燃基团直接引入树脂固化网络。添加型阻燃剂可以有效提高复合材料的阻燃性能，但较高的添加量会增大树脂基体的黏度，使阻燃剂分散困难且易沉积，不利于复合材料的成型加工同时会破坏其力学性能；反应型阻燃剂虽然不存在分散性差的缺点，但会因其反应活性的差异改变树脂的固化工艺，影响复合材料的力学性能和热性能，且其制备过程耗时长、耗能多。因此，开发简便高效的阻燃改性碳纤维增强树脂基复合材料的方法十分必要。

2018 年，四川大学王玉忠教授课题组首次报道了一种 LBL 处理碳纤维的新方法，通过阳离子聚电解质 BPEI 与阴离子聚电解质 APP 间的相互作用，采用类似上浆(sizing)工艺在碳纤维表面构建了 BPEI/APP-LBL 阻燃涂层，然后藉此制备了相应的碳纤维增强环氧树脂复合材料，并取得了较好的阻燃效果[100]。阻燃涂层 BPEI/APP-LBL 的引入会降低复合材料的初始分解温度($T_{5\%}$)和最大分解温度(T_{max1})，但会提高复合材料在空气氛中第二分解阶段的最大分解温度(T_{max2})，同时减缓复合材料在最大分解温度下的热分解速率，提高其在氮气氛和空气氛下的残余质量。BPEI/APP-LBL 的引入可以显著提高复合材料的阻燃性能，相较于 EP/CF，EP/(3BL@CF) 的 LOI 值可从 31.0% 提升至 38.5%，相较于 EP/(6BL@CF) 的 LOI 值可提升至 41.0%，同时顺利通过了 UL-94 V0 等级测试。BPEI/APP-LBL 的引入还可以有效抑制复合材料燃烧过程中的热释放和烟释放；相比于 EP/CF，EP/(6BL@CF) 的 PHRR、THR、SPR 和总烟生成量(TSP)的值分别降低了 33.5%、42.2%、31.5% 和 31.6%，其燃烧后的残余质量从 51.7% 提升至 61.2%(质量分数)，提高了复合材料的火安全性。力学性能方面，BPEI/APP-LBL 的引入会略微降低复合材料的弯曲强度但不会影响其弯曲模量，通过增加纤维表面粗糙度、增加与基体树脂之间的机械铆合提高了复合材料的冲击强度但会牺牲其层间剪切强度；复合材料力学性能提升或降低的程度随 BL 的增加而增加；BPEI/APP-LBL 的引入不会改变复合材料的储能模量，会略微降低其 T_g，但仍保持在 220℃以上，且 BL 对 EP/(nBL@CF) 的 T_g 影响较小。

不同电荷的聚电解质之间除了静电相互作用外，还会发生离子交换反应生成聚电解质复合物(polyelectrolyte complex，PEC)，二者反应速率快且反应简单易行。为了进一步提高阻燃改性碳纤维的制备效率，王玉忠教授团队将碳纤维直接浸泡在聚电解质 BPEI 和 APP 的溶液中，利用 BPEI 和 APP 之间的离子交换反应将 BPEI/APP-PEC 阻燃涂层快速地构筑在碳纤维表面，制备了阻燃改性碳纤维 PEC_{BPEI}@CF。详细的流程示意图如图 5.6 所示[101]。通过对 EP/(PEC_{BPEI}@CF) 热稳定性的分析发现，与 BPEI/APP-LBL 体系类似，BPEI/APP-PEC 的引入会降低复合材料的 $T_{5\%}$，但提高了其在氮气氛和空气氛下的残余质量。BPEI/APP-PEC 的引入可以显著提高复合材料的阻燃性能，当引入量为 5.8%(质量分数)时，即可通过 UL-94 V0 等级测试，且其 LOI 值可提升至 43.0%。BPEI/APP-PEC 还可以有效抑制复合材料燃烧过程中的热释放和烟释放；相比于 EP/CF，EP/(PEC_{BPEI}@CF) 在锥形燃烧量热测试中的 PHRR、THR、SPR 和 TSP 分别降低了 47.4%、25.0%、28.3% 和 28.4%；火蔓延指数(FIGRA)也从 4.3 kW/(m^2 • s) 降低至 3.3 kW/(m^2 • s)，提高了复合材料的火安全性。通过对 EP/(PEC_{BPEI}@CF) 力学性能和热机械性能的研究发现：阻燃涂层 BPEI/APP-PEC 的引入几乎不会影响复合材料的弯曲性能，同时提高了复合材料的冲击强度，但会略微降低其层间剪切强度，且复合材料力学性能提升或降低的程度随 BPEI/APP-PEC 引入量的增加而增加。BPEI/APP-PEC 的引入不会改变复合材料的储能模量，同时复合材料的 T_g 也从 EP/CF 的 230℃提升至 235℃。

作者进一步选用 CS 替代 BPEI，通过 CS 与 APP 间的离子交换反应在碳纤维表面快速构筑了 CS/APP-PEC 阻燃涂层[102]。相比于 EP/CF，当复合材料中 CS/APP-PEC 的引入量为 8.1%(质量分数)时，EP/(PEC_{CS}@CF) 可通过 UL-94 V0 等级测试，且其 LOI 值可提升至 40.5%；在锥形燃烧量

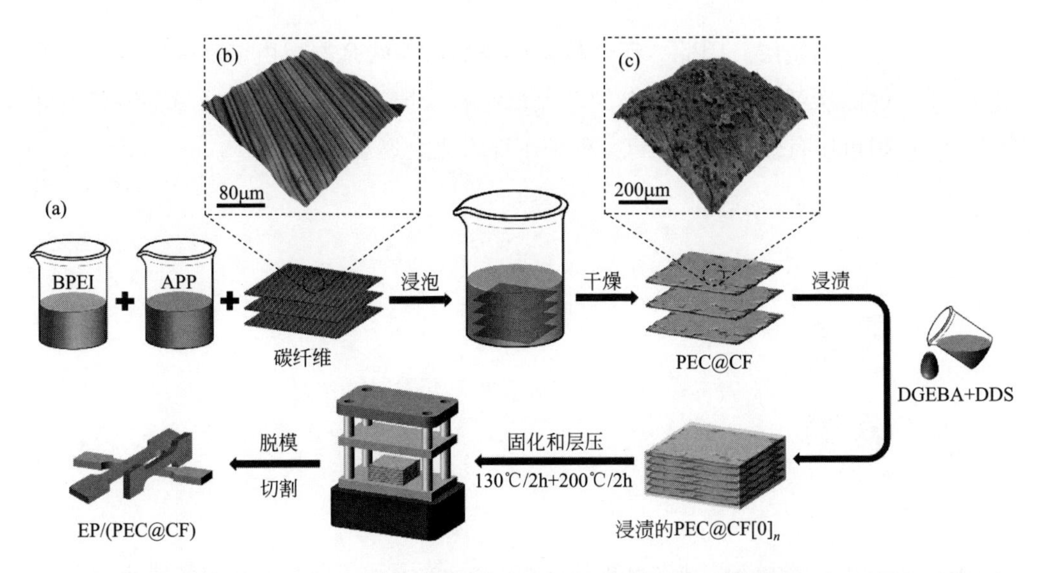

图 5.6　聚电解质复合物（PEC）一次浸渍处理阻燃改性碳纤维及其增强环氧树脂复合材料的制备流程 (a)，未处理碳纤维的表面 3D SEM 图片 (b) 和 BPEI/APP-PEC 处理后的碳纤维表面 3D SEM 图片 (c)

热测试中，PHRR、THR、SPR 和 TSP 分别降低了 49.6%、27.1%、30.3% 和 30.7%；火蔓延指数也从 4.3 kW/(m^2・s) 降低至 3.4 kW/(m^2・s)，有效地抑制了复合材料在燃烧过程中的热释放和烟释放，明显提升了复合材料的阻燃性能和火安全性。通过对 EP/(PEC_{CS}@CF) 力学性能和热机械性能的分析发现，CS/APP-PEC 阻燃涂层的引入会提高复合材料的冲击强度，但略微降低复合材料的弯曲强度，同时破坏复合材料的层间剪切强度；CS/APP-PEC 引入会略微降低复合材料的 T_g，但随着 CS/APP-PEC 引入量的增加，复合材料的 T_g 有提升趋势。

作者进一步通过对三种阻燃涂层改性碳纤维复合材料锥形燃烧量热测试后所得残余物的分析，发现 BPEI/APP-LBL、BPEI/APP-PEC 和 CH/APP-PEC 对复合材料的阻燃作用机制相同，均表现为明显的凝聚相阻燃作用机制：由于阻燃涂层位于碳纤维的表面并在凝聚相发挥阻燃作用，因此在燃烧初期阻燃涂层提前分解生成的磷酸或聚磷酸类化合物会优先催化碳纤维附近的环氧树脂脱水碳化，生成的残炭会沿着碳纤维生长，占据碳纤维单丝之间的缝隙并将其粘接在一起。随着燃烧时间的延长和温度的升高，环氧树脂被磷酸类化合物催化碳化所得残炭会完全填满碳纤维单丝间的缝隙并逐步富集于碳纤维以及整个复合材料的表面，形成稳定的炭层。因此，复合材料燃烧后所得残余物是由以高强度且天然难燃的碳纤维骨架、难燃的环氧树脂残炭填料构成的阻燃屏障，该阻燃屏障可以有效地隔热隔氧，保护下面未完全燃烧的基材[103]。

5.4 展望

这章内容总结了过去的20年里，学术和工业领域在寻找含卤素和卤素衍生物的阻燃剂的有效替代品方面所做的巨大努力。长期以来，卤素和卤素衍生物被证明是高分子最有效的体系。与之对应，膨胀阻燃也被广泛的事实证明是一个高效的解决方案。最重要的是，膨胀阻燃代表了一种可定制、多功能和可靠的解决方案，可适用于不同的基体高分子。事实上，这一特性使得膨胀阻燃法成为无卤阻燃里唯一具有普遍有效性的方法，而不管它是为哪种高分子基体材料设计的。事实证明，膨胀体系针对以下情况非常有效：

① 用于本体高分子材料；

② 用作钢铁、木材、塑料制品的涂层阻燃；

③ 用作织物、薄膜和泡沫的表面阻燃。

回顾既往报道的成果和结论，我们可以提出以下两个问题：是否所有膨胀系统都有普适准则？是否有可能对膨胀行为进行理论模型预测(并设计)？

想要回答这些问题并非易事。如前所述，膨胀体系的效率在很大程度上取决于，但又不仅仅取决于它们的组成部分。事实上，即使膨胀体系的组成成分可能是正确的(即酸源和碳源、气源的类型)，如果它们在空气中(点燃前)的热分解不按适当的顺序进行，系统也将无法正常工作。一个明显的例子是DNA的行为，这是一种一体的膨胀分子：在这种情况下，膨胀的过程是在热氧化开始时进行的，酸源是在较低的温度下产生的，之后核糖单元的脱水与含氮碱基释放氨气同时发生。这可以被认为是DNA膨胀阻燃起作用的关键因素。尽管如此，DNA已被证明只有当应用于棉织物或乙烯-醋酸乙烯酯共聚物(EVA)的表面涂层时才能起到相应的膨胀阻燃效果。更为甚者，当DNA被大量使用时，其有效性反而会大大降低。在这些结果的基础上，我们可以得出这样的结论：与在高分子本体中起作用的相同体系相比，在表面起作用的膨胀体系应该具有不同的膨胀特性。在后一种情况下，DNA的膨胀效应不会因为高分子链的存在而受到阻碍或限制，因为高分子链段在高温下的黏性运动会形成一种黏性介质，使得膨胀型阻燃剂在大量添加时反而会因为基体分子链段运动而限制了黏弹性残炭的发展。此外，当高分子链在高温下进一步熔化(或者进入黏流态)，并与富含不同活性位点(如DNA)的大分子密切接触时，可能发生化学或物理相互作用阻碍膨胀活性反应的发生。

因此，当使用膨胀型阻燃体系作为涂层时，无论基地材料种类如何，其热氧化均不存在明显的干扰因素。如果IFR的热氧化进程按照有效的顺序进行，以产生能够保护基底的膨胀炭层，那么它的阻燃效率就可以得到保证。这一趋势在既往文献中报道的膨胀型涂层案例中都得到了证实。通过浸渍或LBL组装在织物、薄膜或泡沫上沉积的薄涂层在加热时产生的保护层在膨胀行为方面表现略有不同。在这种情况下，人们通常只能观察到IFR的微观膨胀。尽管如此，阻燃涂层的有效性仍没有任何问题。

在本体型IFR的情况下，情况变得更加复杂。IFR系统的组成并不是唯一需要考虑的参数。首先，必须有一种在所选高分子的加工温度下热稳定的IFR配方。同时，它也必须与高分子基体高度相容：均匀分布和精细分散对于保证整体阻燃体系的综合性能非常重要。

其次，IFR在基体材料被引燃之前的热氧化过程不应受到高分子链运动的限制。这方面的调控并不简单，特别是在高温时高分子熔体的黏弹行为对于连续致密的聚合型黏弹炭层的形成至关重要。

再次，我们必须考虑是否有可能产生一种在燃烧过程中能够保护高分子基体的膨胀炭层。在这种情况下，残炭的连续性(内聚力)和稳定性(黏弹性)也起着重要的作用。如果炭层连续性不够，强度不足以支撑膨胀气体的溢出，那么它可能在高温状态下裂开，因此，炭层的阻隔屏蔽效率将会大大降低。基于此种考虑，大量的纳米颗粒，特别是过渡金属氧化物、纳米碳材料等对于提升残炭强度、连续性方面的贡献已经被深入研究且广泛报道。但同时，它也必须具有足够的柔韧性，以适应内部和外部应力。因此，我们可以根据这些结果，重新定义和设计膨胀系统的配方，包括机械增强填料等，更好地考虑其作用。此外，协效剂的存在也有助于改善 IFR 阻燃材料的综合火安全性能，例如在抑烟减毒方面，可以更好地满足阻燃材料在诸如轨道交通、航空航天等密闭空间应用的要求。

膨胀阻燃并不是一个新的概念，经历了多年的发展仍然方兴未艾。膨胀阻燃的基本理论在过去 20 年里已经被反复地讨论和验证，但更高效的膨胀阻燃配方仍值得学术界和产业界的共同努力。

参考文献

[1] Alongi J, Han Z, Bourbigot S. Intumescence: Tradition versus novelty [J]. A comprehensive review. Prog. Polym. Sci., 2015, 21: 28–73.

[2] Gay Lussac J L. Note sur la propriété qu'ont les matières salinesde rendre les tissus incombustibles [J]. Ann. Chim. Phys., 1821,18:211–218.

[3] Tramm H, Clar C, Kühnel P, et al. Fireproofing of wood: US2106938 [P]. 1938.

[4] Vandersall H L. Intumescent coating systems, their development and chemistry [J]. J. Fire. Flammability, 1971, 2: 97–140.

[5] Camino G, Costa L, Trossarelli L. Study of the mechanism of intumescence in fire retardant polymers: Part Ⅰ. Thermal degradation of ammonium polyphosphate–pentaerythritol mixtures [J]. Polym. Degrad. Stab., 1984, 6: 243–252.

[6] Bourbigot S, Bachelet P, Samyn F, et al. Intumescence as method for providing fire resistance tostructural composites: Application to poly(ethylene terephtalate) foam sandwich-structured composite [J]. Compos. Interfaces, 2013, 20: 269–277.

[7] Carbon Snake: demonstrating the dehydration power of concentrated sulfuric acid [OL] Tretiakov A., 2013-06-06 [2021-01-10]. https://communities.acs.org/t5/Educators-and-Students/Carbon-Snake-demonstrating-the-dehydration-power-of-concentrated/td-p/7732.

[8] Camino G, Costa L, Trossarelli L. Study of the mechanism of intu-mescence in fire retardant polymers: Part II. Mechanism of action inpolypropylene–ammonium polyphosphate–pentaerythritol mixtures [J]. Polym. Degrad. Stab., 1984, 7: 25–31.

[9] Camino G, Costa L, Luda di Cortemiglia M P. Overview of fire retar-dant mechanisms [J]. Polym. Degrad. Stab., 1991, 33: 131–154.

[10] Bourbigot S, Le Bras M, Delobel R. Carbonization mechanisms resulting from intumescence association with the ammonium polyphosphate–pentaerythritol fire retardant system [J]. Carbon, 1993, 31: 1219–1230.

[11] Bourbigot S, Duquesne S, Leroy J M. Modeling of heat transfer of a polypropylene-based intumescent system during combustion [J]. J. Fire Sci., 1999, 17: 42–56.

[12] Bourbigot S, Le Bras M, Bréant P, et al. Zeolites: new synergistic agents for intumescent fire retardant

thermoplastic formulations – criteria for the choice of the zeolite [J]. Fire Mater., 1996, 20: 145–154.
[13] Bourbigot S, Samyn F, Turf T, et al. Nanomorphology and reaction to fire of polyurethane and polyamide nanocomposites containing flame retardants [J]. Polym. Degrad. Stab., 2010, 95: 320–326.
[14] Vannier A, Duquesne S, Bourbigot S, et al. The use of POSS as synergist in intumescent recycled poly(ethylene terephthalate) [J]. Polym. Degrad. Stab., 2008, 93: 818–826.
[15] Fontaine G, Bourbigot S, Duquesne S. Neutralized flame retardant phosphorus agent: facile synthesis, reaction to fire in PP and synergy with zinc borate [J]. Polym. Degrad. Stab., 2008, 93: 68–76.
[16] Anna P, Marosi G, Csontos I, et al. Influence of modified rheology on the efficiency of intumescent flame retardant systems [J]. Polym. Degrad. Stab., 2001, 74: 423–426.
[17] Qian Y, Wei P, Jiang P K, et al. Synthesis of a novel hybrid synergistic flame retardant and its application in PP/IFR [J]. Polym. Degrad. Stab., 2011, 96: 1134–1140.
[18] Liu Y, Wang J S, Deng C L, et al. The synergistic flame-retardant effect of O-MMT on the intumescent flame-retardant PP/CA/APP systems [J]. Polym. Adv. Technol., 2010, 21: 789–796.
[19] Ren Q, Wan C Y, Zhang Y, et al. An investigation into synergistic effects of rare earth oxides on intumescent flame retardancy of polypropylene/poly(octylene-*co*-ethylene) blends [J]. Polym. Adv. Technol., 2011, 22: 1414–1421.
[20] Lin M, Li B, Li Q, et al. Synergistic effect of metal oxides on the flame retardancy and thermal degradation of novel intumescent flame-retardant thermoplastic polyurethanes [J]. J. Appl. Polym. Sci., 2011, 121: 1951–1960.
[21] Wang X, Wu L, Li J. A study on the performance of intumescent flame-retarded polypropylene with nano-ZrO_2 [J]. J. Fire Sci., 2011, 29:.227–242.
[22] Shen Z Q, Chen L, Lin L, et al. Synergistic effect of layered nanofillers in intumescent flame-retardant EPDM: Montmorillonite versus layered double hydroxides [J]. Ind. Eng. Chem. Res., 2013, 52: 8454 – 8463.
[23] Liu Y, Zhao J, Deng C L, et al. Flame-retardant effect of sepiolite on an intumescent flame-retardant polypropylene system. Ind. Eng. Chem. Res. 2011, 50: 2047–2054.
[24] Bourbigot S, Duquesne S, Fontaine G, et al. Characterization and reaction to fire of polymer nanocomposites with and without conventional flame retardants [J]. Mol. Cryst. Liq. Cryst., 2008, 486: 325–239
[25] Du B, Fang Z. Effects of carbon nanotubes on the thermal stability and flame retardancy of intumescent flame-retarded polypropylene [J]. Polym. Degrad. Stab., 2011, 96: 1725–1731.
[26] Bourbigot S, Le Bras M, Dabrowski F, et al. PA-6 clay nanocomposite hybrid as char forming agent in intumescent formulations [J]. Fire Mater., 2000, 24: 201–208.
[27] Bourbigot S, Turf T, Bellayer S, et al. Polyhedral oligomeric silsesquioxane as flame retardant for thermoplastic polyurethane [J]. Polym. Degrad. Stab., 2009, 94: 1230–1237.
[28] Zubkova N S, Butylkina N G, Chekanova S E, et al. Rheological and fireproofing characteristics of polyethylene modified with a microencapsulated fire retardant [J]. Fibre Chem., 1998, 30: 11–13.
[29] Bugajny M, Le Bras M, Bourbigot S. New approach to the dynamic properties of an intumescent material [J]. Fire Mater., 1999, 23: 49–51.
[30] Jimenez M, Duquesne S, Bourbigot S. Characterization of the performance of an intumescent fire protective coating [J]. Surf. Coat. Technol., 2006, 201: 979–987.
[31] Duquesne S, Magnet S, Jama C, et al. Thermoplastic resins for thin film intumescent coatings – towards a better understanding of their effect on intumescence efficiency [J]. Polym. Degrad. Stab., 2005, 88:.63–69.
[32] Gérard C, Fontaine G, Bellayer S, et al. Reaction to fire of an intumescent epoxy resin: protection mechanisms and synergy [J]. Polym. Degrad. Stab., 2012, 97: 1366–1386.
[33] Bodzay B, Bocz K, Bárkai Z, et al. Influence of rheological additives on char formation and fire resistance of intumescent coatings [J]. Polym. Degrad. Stab., 2011, 96: 355–362.
[34] Bourbigot S, Le Bras M, Duquesne S, et al. Recent advances for intumescent polymers [J]. Macromol. Mater. Eng., 2004, 289: 499–511.

[35] Gustavsson M, Karawacki E, Gustafsson S E. Thermal conductivity, thermal diffusivity and specific heat of thin samples from transient measurements with hot disk sensors [J]. Rev. Sci. Instrum., 1994, 65: 3856–3859.

[36] Gardelle B, Duquesne S, Rerat V, et al. Thermal degradation and fire performance of intumescent silicone-based coatings [J]. Polym. Adv. Technol., 2013, 24: 62–69.

[37] Muller M, Bourbigot S, Duquesne S, et al. Investigation of the synergy in intumescent polyurethane by 3D computed tomography [J]. Polym. Degrad. Stab., 2013, 98: 1638–1647.

[38] Staggs J E J. Thermal conductivity estimates of intumescent chars by direct numerical simulation [J]. Fire Safety J., 2010, 45: 228–237.

[39] Bourbigot S, Duquensne S. Flame retardancy of polymeric materials [M]. 2nd ed. Boca Raton: CRC Press, 2012. 129–162.

[40] Shen K K, Kochesfahani S H, Jouffret F. Flame retardancy of polymeric materials [M]. 2nd ed. Boca Raton: CRC Press, 2012, 207–238.

[41] 欧育湘，李昕．双环笼状磷酸酯类膨胀阻燃聚丙烯的研究 [J]. 高分子材料科学与工程，2003, 19: 198–201,205.

[42] Wang D Y, Cai X X, Qu M H, et al. Preparation and flammability of a novel intumescent flame-retardant poly(ethylene-*co*-vinyl acetate) system [J]. Polym. Degrad. Stab., 2008, 93: 2186–2192.

[43] Dai K, Song L, Jiang S H, et al. Unsaturated polyester resins modified with phosphorus-containing groups: effects on thermal properties and flammability [J]. Polym. Degrad. Stab., 2013, 98: 2033–2040.

[44] Chen L J, Song L, Lv P, et al. A new intumescent flame retardant containing phosphorus and nitrogen: preparation, thermal properties and application to UV curable coating [J]. Prog. Org. Coat., 2011, 70: 59–66.

[45] Dong L P, Deng C, Li R M, et al. Poly(piperazinyl phosphamide): a novel highly-efficient charring agent for an EVA/APP intumescent flame retardant system [J]. RSC Adv., 2016, 6: 30436–30444.

[46] Costa L, Camino G, Luda di Cortemiglia M P. Mechanism of thermal degradation of fire-retardant melamine salts [J]. Fire Polym., 1990, 15: 211–218.

[47] Liu Y, Wang Q. Catalytic action of phospho-tungstic acid in the synthesis of melamine salts of pentaerythritol phosphate and their synergistic effects in flame retarded polypropylene [J]. Polym. Degrad. Stab., 2006, 91: 2513–2519.

[48] Chiang W Y, Hu H C H. Phosphate-containing flame-retardant polymers with good compatibility to polypropylene: I. The effect of phosphate structure on its thermal behavior [J]. J. Appl. Polym. Sci., 2001, 81: 1125–1135.

[49] Yang W, Lu H, Tai Q, et al. Flame retardancy mechanisms of poly(1,4-butylene terephthalate) containing microencapsulated ammonium polyphosphate and melamine cyanurate [J]. Polym. Adv. Technol., 2011, 22: 2136–2144.

[50] Trotta F, Zanetti M, Camino G. Thermal degradation of cyclodextrins [J]. Polym. Degrad. Stab., 2000, 69: 373–379.

[51] Giordano F, Novak C, Moyano J R. Thermal analysis of cyclodextrins and their inclusion compounds [J]. Thermochim. Acta, 2001, 380: 123–151.

[52] Le Bras M, Bugajny M, Lefebvre J, et al. Use of polyurethanesas char-forming agents in polypropylene intumescent formulations [J]. Polym. Int., 2000, 49: 1115–1124.

[53] Tang Y, Hu Y, Xiao J, et al. PA-6 and EVA alloy/claynanocomposites as char forming agents in poly(propylene) intumescent formulations [J]. Polym. Adv. Technol., 2005, 16: 338–343.

[54] Almeras X, Dabrowski F, Le Bras M, et al. Using polyamide-6 as charring agent in intumescent polypropylene formulations: I. Effect of the compatibilising agent on the fire retardancy performance [J]. Polym. Degrad. Stab., 2002, 77: 305–313.

[55] Almeras X, Dabrowski F, Le Bras M, et al. Using polyamide 6 as charring agent in intumescent polypropylene formulations: II. Thermal degradation [J]. Polym. Degrad. Stab., 2002, 77: 315–323.

[56] Yang B, Liu H, He B, et al. Effect of novel copolyimide charring agents on flame-retarded polypropylene [J]. Polym. Compos., 2013, 34: 634–640.

[57] Ke C, Li J, Fang K, et al. Enhancement of a hyper-branched charring and foaming agent on flame retardancy of polyamide 6 [J]. Polym. Adv. Technol., 2011, 22: 2237–2243.
[58] Ke C, Li J, Fang K, et al. Synergistic effect between a novel hyperbranched charring agent and ammonium polyphosphate on the flame retardant and anti-dripping properties of polylactide [J]. Polym. Degrad. Stab., 2010, 95: 763–70.
[59] Hu X, Li Y, Wang Y Z. Synergistic effect of the charring agent on the thermal and flame retardant properties of polyethylene [J]. Macromol. Mater. Eng., 2004, 289: 208–212.
[60] Li B, Xu M. Effect of a novel charring–foaming agent on flame retardancy and thermal degradation of intumescent flame retardant polypropylene [J]. Polym. Degrad. Stab., 2006, 91: 1380–1386.
[61] Pawelec W, Aubert M, Pfaendner R, et al. Triazene compounds as a novel and effective class of flame retardants for polypropylene [J]. Polym. Degrad. Stab., 2012, 97: 948–954.
[62] 刘云 . 无卤协效膨胀阻燃聚丙烯及其长玻纤增强复合材料 [D]. 四川 : 四川大学 , 2010.
[63] 韩俊峰 , 王德义 , 刘云 , 等 . 一种膨胀阻燃 PP 体系及其燃烧性能 [J]. 高分子材料科学与工程 , 2009, 25: 138–141.
[64] Yan Y W, Chen L, Jian R K, et al. Intumescence: An effect way to flame retardance and smoke suppression for polystyrene [J]. Polym. Degrad. Stab., 2012, 97: 1423–1431.
[65] Dong L P, Huang S C, Deng C, et al. A novel linear-chain polyamide charring agent for the fire safety of noncharring polyolefin [J]. Ind. Eng. Chem. Res., 2016, 55: 7132–7141.
[66] Shao Z B, Deng C, Tan Y, et al. Flame retardation of polypropylene via a novel intumescent flame retardant: Ethylenediamine-modified ammonium polyphosphate [J]. Polym. Degrad. Stab., 2014, 106: 88–96.
[67] Tan Y, Shao Z B, Chen X F, et al. Novel multifunctional organic inorganic hybrid curing agent with high flame-retardant efficiency for epoxy resin [J]. ACS Appl. Mater. Interfaces, 2015, 7: 17919–17928.
[68] Shao Z B, Deng C, Tan Y, et al. Ammonium polyphosphate chemically-modified with ethanolamine as an efficient intumescent flame retardant for polypropylene [J]. J. Mater. Chem. A, 2014, 2: 13955–13965.
[69] Shao Z B, Deng C, Tan Y, et al. An efficient mono-component polymeric intumescent flame retardant for polypropylene: preparation and application [J]. ACS Appl. Mater. Interfaces, 2014, 6: 7363–7370.
[70] Tan Y, Shao Z B, Yu L X, et al. Piperazine-modified ammonium polyphosphate as monocomponent flame-retardant hardener for epoxy resin: flame retardance, curing behavior and mechanical property [J]. Polym. Chem., 2016, 7: 3003–3012.
[71] Tan Y, Shao Z B, Yu L X, et al. Polyethyleneimine modified ammonium polyphosphate toward polyamine-hardener for epoxy resin: Thermal stability, flame retardance and smoke suppression [J]. Polym. Degrad. Stab., 2016, 131: 62–70.
[72] 邵珠宝 . 聚磷酸铵的化学改性及其阻燃应用研究 [D]. 四川 : 四川大学 , 2014.
[73] 谭翼 . 环氧树脂的多官能度无卤阻燃固化剂的设计合成及固化物性能调控 [D]. 四川 : 四川大学 , 2016.
[74] Guan Y H, Huang J Q, Yang J C, et al. An effective way to flame-retard biocomposite with ethanolamine modified ammonium polyphosphate and its flame retardant mechanisms [J]. Ind. Eng. Chem. Res., 2015, 54: 3524–3531.
[75] Iler R. Multilayers of colloidal particles [J]. J. Colloid. Interface. Sci., 1966, 594: 569–594.
[76] Decher G, Schlenoff J. Multilayer thin films, sequential assembly of nanocomposite materials [M]. 2nd ed. Weinheim: Wiley-VCH, 2012, 1112.
[77] Srikulkit K, Iamsamai C, Dubas S T. Development of flame retardant polyphosphoric acid coating based on the polyelectrolyte multilayers technique [J]. J. Met. Mater. Miner., 2006, 16: 41–45.
[78] Li Y C, Mannen S, Morgan A B, et al. Intumescent all-polymer multilayer nanocoating capable of extinguishing flame on fabric [J]. Adv. Mater., 2011, 23: 3926–3931.
[79] Laufer G, Kirkland C, Morgan A B, et al. Intumescent multilayer nanocoating, made with renewable polyelectrolytes, for flame-retardant cotton [J]. Biomacromolecules, 2012, 13: 2843–2848.

[80] Carosio F, Di Blasio A, Alongi J, Malucelli G. Green DNA-based flame retardant coatings assembled through layer by layer. Polymer 2013, 54: 5148–5153.
[81] Alongi J, Carletto R A, Di Blasio A, et al. DNA: a novel, green, natural flame retardant and suppressant for cotton [J]. J. Mater. Chem. A, 2013, 1: 4779–4785.
[82] Alongi J, Carletto R A, Di Blasio A, et al. Intrinsic intumescent-like flame retardant properties of DNA-treated cotton fabrics [J]. Carbohydr. Polym., 2013, 96: 296–304.
[83] Alongi J, Milnes J, Malucelli G, et al. Thermal degradation of DNA-treated cotton fabrics under different heating conditions [J]. J. Anal. Appl. Pyrolysis, 2014, 108: 212–221.
[84] Alongi J, Di Blasio A, Cuttica F, et al. Bulk or surface treatments of ethylene vinyl acetate copolymers with DNA: investigation on the flame retardant properties [J]. Euro. Polym. J., 2014, 51: 112–119.
[85] Alongi J, Di Blasio A, Cuttica F, et al. Flame retardant properties of ethylene vinyl acetate copolymers melt-compounded with deoxyribonucleic acid in the presence of α-cellulose or β-cyclodextrins [J]. Curr. Org. Chem., 2014, 18: 1651–1660.
[86] Carosio F, Alongi J, Malucelli G. Layer by layer ammonium polyphosphate-based coatings for flame retardancy of polyester–cotton blends [J]. Carbohydr. Polym., 2012, 88: 1460–1469.
[87] Alongi J, Carosio F, Malucelli G. Layer by layer complex architectures based on ammonium polyphosphate, chitosan and silica on polyester–cotton blends: flammability and combustion behavior [J]. Cellulose, 2012, 19: 1041–1050.
[88] Zhang T, Yan H Q, Peng M, et al. Construction of flame retardant nanocoating on ramie fabric layer-by-layer assembly of carbon nanotube and ammonium polyphosphate. Nanoscale 2013, 5: 3013–3021.
[89] Wang L, Zhang T, Yan H, et al. Modification of ramie fabric with a metal-ion-doped flame-retardant coating [J]. J. Appl. Polym. Sci., 2013, 129: 2986–2997.
[90] Huang G, Liang H, Wang X, et al. Poly(acrylic acid)/clay thin films assembled by layer-by-layer deposition for improving the flame retardancy properties of cotton [J]. Ind. Eng. Chem. Res., 2012, 51: 12299–12309.
[91] Huang G, Yang J, Gao J, et al. Thin films of intumescent flame retardant-polyacrylamide and exfoliated graphene oxide fabricated via layer-by-layer assembly for improving flame retardant properties of cotton fabric [J]. Ind. Eng. Chem. Res., 2012, 51: 12355–12366.
[92] Alongi J, Carosio F, Malucelli G. Influence of ammonium polyphosphate-/poly(acrylic acid)-based layer by layer architectures on the char formation in cotton, polyester and their blends [J]. Polym. Degrad. Stab., 2012, 97: 1644–1653.
[93] Carosio F, Alongi J, Malucelli G. Flammability and combustion properties of ammonium polyphosphate/poly(acrylic acid)-based layer by layer architectures deposited on cotton, polyester and their blends [J]. Polym. Degrad. Stab., 2013, 98: 1626–1637.
[94] Apaydin K, Laachachi A, Ball V, et al. Intumescent coating of (polyallylamine-polyphosphates) deposited on polyamide fabrics via layer-by-layer technique [J]. Polym. Degrad. Stab., 2014, 106: 158–164.
[95] Chang S, Slopek R P, Condon B, et al. Surface coating for flame-retardant behavior of cotton fabric using a continuous layer-by-layer process [J]. Ind. Eng. Chem. Res., 2014, 53: 3805–3812.
[96] Kim Y S, Davis R, Cain A, et al. Development of layer-by-layer assembled carbon nanofiber-filled coatings to reduce polyurethane foam flammability [J]. Polymer, 2011, 52: 2847–2855.
[97] Laufer G, Kirkland C, Cain A, et al. Clay–chitosan nanobrick walls: completely renewable gas barrier and flame-retardant nanocoatings [J]. ACS Appl. Mater. Interfaces, 2012, 4: 1643–1649.
[98] Laufer G, Kirkland C, Morgan A B, et al. Exceptionally flame retardant sulfur-based multilayer nanocoating for polyurethane prepared from aqueous polyelectrolyte solutions [J]. ACS Macro Lett., 2013, 2: 361–365.
[99] Carosio F, Di Blasio A, Cuttica F, et al. Self-assembled hybrid nanoarchitectures deposited on poly(urethane) foams capable of chemically adapting to extreme heat [J]. RSC Adv., 2014, 4: 16674–16680.
[100] Shi X H, Xu Y J, Long J W, et al. Layer-by-layer assembled flame-retardant architecture toward high

performance carbon fiber composite [J]. Chem. Eng. J., 2018, 353, 550–558.
[101] Shi X H, Chen L, Zhao Q, et al. Epoxy resin composites reinforced and fire-retarded by surficially-treated carbon fibers via a tunable and facile process [J]. Compo. Sci. Technol., 2020, 187, 107945.
[102] Shi X H, Chen L, Liu B W, et al. Carbon fibers decorated by polyelectrolyte complexes toward their epoxy resin composites with high fire safety [J]. Chin. J. Polym. Sci., 2018, 36(12), 1375–1384.
[103] 史小慧 . 表面处理的碳纤维阻燃增强的环氧树脂复合材料 [D]. 四川 : 四川大学 , 2018.

P
PHOSPHORUS 磷科学前沿与技术丛书
磷与火安全材料

6

含磷本征阻燃高分子材料

通过物理共混能便捷地获取阻燃的树脂、塑料及弹性体等材料，但面临阻燃剂阻燃效率不高、与基材相容性不佳而导致力学性能恶化的问题，另外在使用过程中会迁移析出而引起材料的阻燃性能降低和环境污染问题。对于聚酯、尼龙等成纤材料，添加固体阻燃剂会造成材料熔融纺丝困难；通过表面阻燃技术虽能高效提升纺织品的火安全性能，但往往不耐久且会影响纺织品的舒适度。为此，人们将含卤素、磷、氮、硅及硼等阻燃元素 / 基团引入高分子链段中，与基材以共价键及离子键等牢固、稳定结合，使材料具有耐久的本征阻燃效果，且利于保持材料固有的物化性能。本征阻燃高分子材料的设计、合成较为复杂，成本较高，怎样因“材”制宜地将高效的阻燃元素 / 基团引入高分子中，获取高性能的本征阻燃高分子材料，是本领域的研究热点和难点。

近些年，本征含磷阻燃高分子材料发展迅速，得益于含磷阻燃剂环境友好，阻燃效率较高，兼具气相和凝聚相阻燃作用，阻燃效果与“磷”的化学态及基材的性质有关；种类多样，反应性较高，前驱体有磷(膦)酸、磷(膦)酸酯、氯(环)磷腈、磷酰氯等；可设计性较强，可针对不同的材料将之灵活、高效地引入主链和侧(链)基中。另外，引入其他阻燃元素，使之发挥“协效”阻燃作用，可提升本征阻燃高分子材料的阻燃效率。含磷本征阻燃高分子材料现已有大量研究报道，主要包括聚酯、聚酰胺、聚氨酯、环氧树脂及不饱和聚酯树脂等。本章我们将围绕上述几种材料展开论述，简要地回顾相关具有代表性的重要工作，而后针对已有研究进展提出存在的问题和展望，为更多本征阻燃高分子材料的设计合成提供参考。

6.1 聚酯

聚酯(polyester, 一般指“聚对苯二甲酸乙二醇酯”，下同)的强度高、耐热性好、耐化学腐蚀性和尺寸稳定性优良，在合成纤维、工程塑料及包装材料等领域应用广泛。聚酯的主要用途之一是作为成纤聚合物，聚酯纤维是合成纤维中产量最大、用途最广的品种之一，一度占所有合成纤维用量的 90% 以上。但是，聚酯属于易燃材料，燃烧过程中会释放大量的热量和烟气，存在严重的熔滴问题，易造成人体二次伤害和引发二次火灾，研发阻燃“抗熔滴”聚酯是本领域研究的难点之一。在聚酯合成阶段，将阻燃“第三单体”加入共聚反应体系，可制备本征阻燃共聚酯(图 6.1)，近几年报道的含磷本征阻燃聚酯的性能对比见表 6.1。阻燃单体(醇 / 酸)需要具备较高的热稳定性，不影响聚酯的成纤性能和其他性能。一些含磷阻燃共聚酯的性能优良，早已实现了商品化，比如德国 Hoechst 公司的 Trevira CS 和日本 Toyobo 公司的 HEIM 等。

HOOC—C₆H₄—COOH + $HOCH_2CH_2OH$ —酯化, 220~260℃→ —聚合, 1. 220~260℃, 2. 280℃→ $[OCH_2CH_2O-C(=O)-C_6H_4]_m-C(=O)[X]_n$

X 含磷第三单体

含磷共聚酯

图 6.1　含磷共聚酯的合成路线图

表6.1　含磷共聚酯的性能对比表

项目	BCPPO	DDP	P(3)	ODOPHP	SHPPP	DHPPO-Na	DCPPO-Ph	DHPPO-K
单体含量 /%	5#	—	20#	—	5	10	10	10
P 质量分数 /%	—	1.0	2.6	—	—	1.1	1.3	1.3
T_g/℃	84	69	96	145	72	69	—	—
T_m/℃	242	235	—	—	220	217	—	—
T_d/℃	—	421	435	435	385	384	395	376
LOI/%	31.6	—	—	42	26	31	29	33
熔滴情况	—	否	否	—	—	—	—	—
UL-94 测试等级	—	V0	V0	—	—	—	—	—
Δ PHRR/%	—	—		—	−57	−71	−68	−77
Δ THR/%	—	—		—	−19	−35	−36	−26
Δ TSR/%	—	—		—	—	−68	—	—
Δ TSP/%	—	—	—	—	—	—	−25	−58
参考文献	[3]	[5]	[8]	[9]	[15]	[16]	[17]	

注：“单体含量”为摩尔分数（无标注）或质量分数（标注为“#”）。T_d 指在 N_2 下热失重 5%(质量分数）时的温度；Δ PHRR、Δ THR、Δ TSR 和Δ TSP 指锥形燃烧量热分析显示的阻燃样品对比参比样的变化值。

6.1.1 含磷共聚酯

2-羧乙基甲基次膦酸（2-carboxyethylmethylphosphinic acid, CEMPA）和 2-羧乙基苯基次膦酸（2-carboxyethylphenylphosphinic acid, CEPPA）是高效的聚酯阻燃剂，德国 Hoechst 公司利用 CEPPA 开发出 Trevira CS 阻燃共聚酯。CEPPA 阻燃效果突出，兼具凝聚相和气相阻燃效果[1]，但引入 CEPPA 会影响含磷共聚酯的结晶能力，而使聚酯的 T_m 和 T_g 降低[2]。（苯）氧化膦型阻燃剂对聚酯具有较高的阻燃效率，其中双（对羧苯基）苯基氧化膦 [bis(*p*-carboxyphenyl)phenylphosphine oxide, BCPPO] 以气相阻燃作用为主。加入 5%（质量分数）的 BCPPO 与聚酯进行共聚反应，获取的主链含磷共聚酯 LOI 达 31.6%，CCT（锥形燃烧量热测试）结果显示，PHRR 和 THR 比参比样分别降低 21% 和 24%，TSP 提高 18%；因引入 BCPPO，含磷共聚酯的 T_m 降低，但 T_g 略微升高[3]。Ueda 等[4] 报道了含苯环和萘环的氧化膦型阻燃剂（P-ol-1 和 P-ol-2），共聚得到的侧链含磷的共聚酯，当 P 质量分数在 0.38% ～ 1.52% 时，共聚酯的 LOI 为 29% ～ 34%。相关含磷阻燃单体的结构式见图 6.2。

Wang 等[5-6] 用 DDP 制备了一系列含磷阻燃共聚酯，当 P 质量分数为 0.75% 时，共聚酯通过了 UL-94 V0 等级测试。但含磷侧基会破坏聚酯分子链的规整性，使聚酯结晶性及抗张强度随之降低[7]。另外，DDP 及其衍生物的反应活性不高，共聚酯聚合用时长、催化剂用量高，因而人们尝试将酸酐、甲酯、乙酯或乙二醇酯等引入共聚体系中。Lin 等[8] 合成了 1-(4-acetoxyphenyl)-1-(4-carboxylphenyl)-1-(6-oxido-6*H*-dibenz[*c*,*e*][1,2] oxaphosphorin-6-yl)ethane[P(3)]，将之与聚酯在高温减压条件下酸解、缩合而制得含磷共聚酯。当 P 质量分数为 2% 时，阻燃共聚酯能通过 UL-94 V0 等级测试，不产生熔滴，且因 DOPO 侧基的位阻效应，而使含磷共聚酯的 T_g 显著提升。Wang 等[9] 将 2-(6-oxido-6*H*-dibenz[*c*,*e*][1,2] oxaphosphorin-6-yl)-1,4-hydroxyethoxy phenylene（ODOPHP）与对苯二甲酰氯反应，合成了一种侧基含 DOPO 的阻燃共聚酯，其耐热和阻燃性能突出，T_g 和 T_d 分别为 145℃和 435℃，LOI 达 42%。

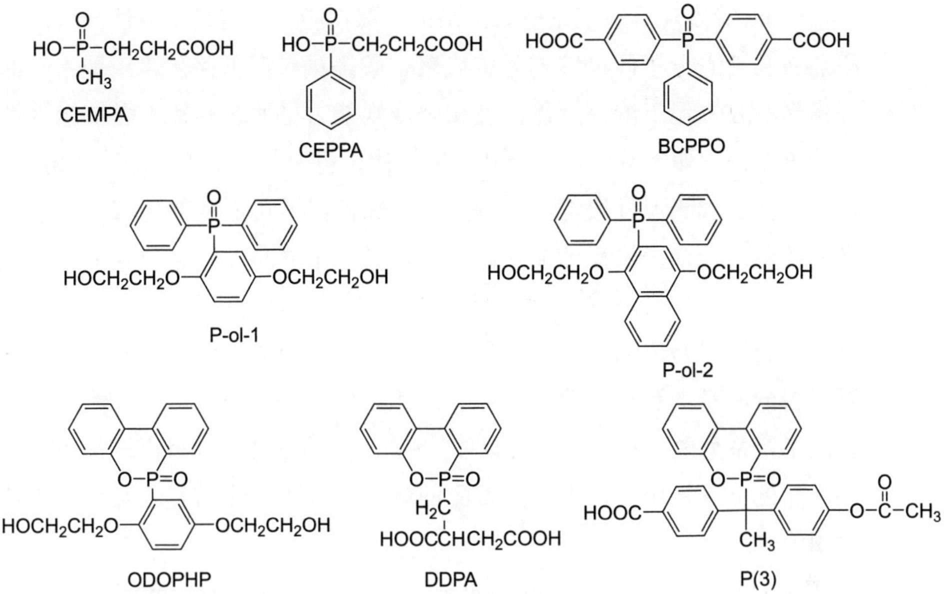

CEMPA　CEPPA　BCPPO

P-ol-1　P-ol-2

ODOPHP　DDPA　P(3)

图 6.2　含磷阻燃单体的结构式

6.1.2　含磷离聚物

聚酯等材料的熔体黏度随着温度升高而急剧降低，且成炭能力较差，不能形成炭层有效保护和支撑熔体，导致严重的熔滴问题。已报道的和商业化的阻燃聚酯品种多以“促熔滴”的方式加快基材熔融滴落带走热量而达到高效阻燃效果，聚酯分子链中的含磷基团 [次磷(膦)酸、苯基氧化膦、DOPO 等] 高温时会加速聚酯的热分解，而加剧材料的熔滴行为，造成“阻燃”与“抗熔滴”间的矛盾 [10]。为此，Wang 课题组引入纳米硫酸钡 [11]、有机改性蒙脱土 [12] 和层状磷酸锆 [13] 等，通过原位聚合制备了多种含磷阻燃共聚酯纳米复合材料。研究发现，纳米粒子对聚酯熔体具有增黏作用及阻隔效应，可同时提升材料的阻燃和抗熔滴性能，但因仍需依靠熔滴带走热量，不能从根本上解决共聚酯易熔滴的问题。另外，在聚酯中添加金属次磷酸盐或抗熔滴剂是获取阻燃抗熔滴聚酯材料的一种途径，但因阻燃剂存在分散性差、易迁移及耐水性差等问题，而不适用于发展抗熔滴聚酯纤维产品。

Wang 等发现具有三维交联网络的环氧树脂、含有高芳香性结构的聚酰亚胺及含有分子间氢键的芳香族聚酰胺等材料都不存在熔滴现象，而提出聚酯在高温下的高熔体黏度和强成炭能力是使之具备阻燃抗熔滴性能的关键：假如能设计合成一种功能单体，将之共聚引入聚酯分子链中，功能单体在加工温度段能保持稳定，而在高温下可形成物理或化学交联网络及促进成炭，聚酯即能在高温下具备高熔体黏度和强成炭能力，由此发展出高火安全性的阻燃抗熔滴聚酯[14-17]。研究发现，离聚物因分子链上含有离子基团而发生离子聚集，形成热可逆的物理交联网络，而限制材料分子链的运动，使之熔体黏度和熔体强度升高。由此，他们设计合成了一系列磷(膦)酸盐功能单体(图 6.3)，通过共价键将离子基团引入共聚酯的分子链中，以提升共聚酯的熔体强度和熔体黏度，实现阻燃抗熔滴的效果。

他们设计合成了 sodium salt of 2-hydroxyethyl 3-(phenylphosphinyl) propionate(SHPPP)，将之作为封端剂引入聚酯中，制得一种含磷阻燃共聚酯离聚物(PPETIs)[14]。PPETIs 在 DSC（差式扫描量热分析）中出现典型的多重熔融吸热峰，说明离聚物中存在离子聚集。引入 10%(摩尔分数)的含磷单体，可使 PPETIs(P 质量分数为 1.24%) 的 LOI 达到 27.3%，且在 LOI 测试过程中表现出明显的抗熔滴效果，测试后形成了致密的炭层。而后，他们将 SHPPP 引入支化共聚酯中(SHPPP 的摩尔分数为 5%)，提升了共聚酯的 LOI 和抗熔滴性能，且 CCT 结果显示其 PHRR 和 THR 分别比参比样降低了 57% 和 19%[15]。在高温下，PPETIs 的熔体黏度高、成炭能力强，使之兼具阻燃和抗熔滴性能，但 SHPPP 作为封端剂使用，限制了共聚酯分子量的提高和高含量离子基团的引入，导致 SHPPP 共聚酯的阻燃抗熔滴效果不够突出。

为此，他们设计合成了 10*H*-phenoxaphosphine-2,8-dicarboxylic acid,10-hydroxy-,2,8-dihydroxyethyl ester,10-oxide(DHPPO) 的钠、钾盐单体 DHPPO-Na、DHPPO-K(图 6.3)，将之作为第三单体引入聚酯中，通过熔融缩聚制得了含磷离聚物共聚酯(PETIs-Na、PETIs-K)[16-17]。在动态流变测试中，PETIs-Na 和 PETIs-K 的复数黏度(η^*)随温度的升高先下降而后急剧上升，表明热可逆的离子在高温下易于重排和聚集，大幅提升共聚酯的熔体黏度，且在高温下的残炭量从参比样的 9% 提升至 20% 以上，由此，在离子聚集导致的高熔体黏度及离子的催化成炭效果的共同作用下，共聚酯具备优良的阻燃及抗熔滴性能。当引入10%(摩尔分数)的DHPPO-Na，含磷共聚酯(P质量分数为1.1%)的LOI达31%，在LOI测试中没有熔滴产生、成炭效果显著；CCT结果显示其PHRR、THR及TSR分别比参比样降低了71%、35%和68%，与离聚物突出的凝聚相阻燃作用有关。

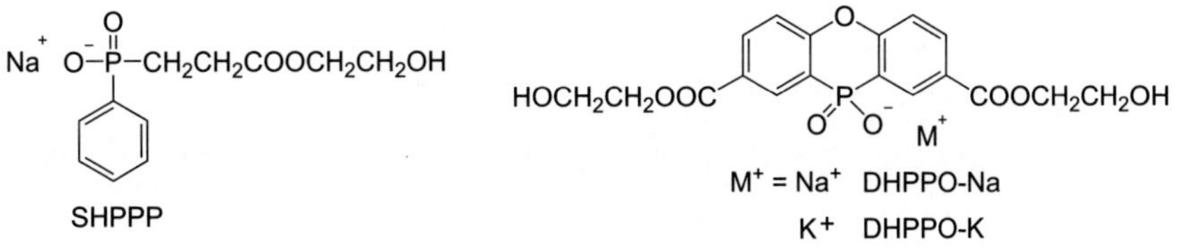

图6.3　含磷离聚物聚酯单体的结构式

其中，DHPPO-K的阻燃及抗熔滴效果更突出，当引入10%(摩尔分数)的DHPPO-K，含磷共聚酯PETIs-K(P质量分数为1.3%)的LOI高达33%，CCT结果显示其PHRR、THR及TSP分别比参比样降低了77%、26%和58%。此外，为了研究含磷离聚物对共聚酯阻燃与抗熔滴的贡献情况，他们还设计了一种含有类似的次磷酸苯酯(DCPPO-Ph)的共聚酯(PETPs)，即含10%(摩尔分数)DCPPO-Ph的共聚酯(P质量分数为1.3%)，LOI为29%，CCT结果显示其PHRR、THR及TSP分别比参比样降低68%、36%和25%，且其热稳定性突出，T_d约为395℃(比PETIs-K的高19℃)。PETPs主要具有气相阻燃效果，含磷基团在燃烧时羰基首先发生断裂，释放出含磷杂环碎片及磷氧自由基，作为自由基捕捉剂，中止燃烧的链式反应。另外，少量的磷残留在凝聚相中，起到促进基材碳化的作用。

DHPPO-K会加速聚酯骨架的分解，含磷、钾的基团保持在凝聚相中，可促进稳定阻隔炭层的形成，抑制热量和烟气的释放，“离子化”使共聚酯具有较突出的凝聚相阻燃效果。通过对PETIs-K热分解及燃烧的气相和凝聚相产物的分析，发现受热时PETIs-K的离子簇可形成广泛的物理交联作用抑制熔体的运动，而当被点燃后，DHPPO-K中的P—Ph键(图6.4中的G、H)首先断裂，导致磷主要留在炭层中。而随着燃烧的进行，含磷、钾片段逐渐迁移到了炭层表面，被快速氧化转变为KH_2PO_4。

在高温下，KH_2PO_4 脱水形成多聚磷酸钾（$xK_2O \cdot yP_2O_5$），催化基材脱水发生交联，形成稳定的石墨化炭层。另外，PETIs-K 的苯酚及其他衍生物小分子产物在气相中捕捉燃烧产生的自由基、多环芳香型自由基等中间体可作为成炭前驱物，促进固相中炭层的形成。

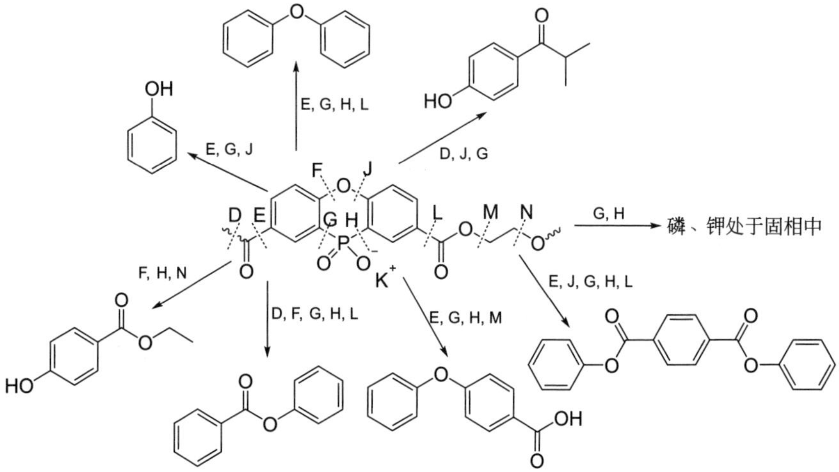

图 6.4　含 DHPPO-K 离聚物聚酯的热裂解过程图[17]

6.2 聚酰胺

聚酰胺（polyamide, 缩写为 PA），又称尼龙（nylon），是一种分子主链中含有酰胺基团重复单元的热塑性高分子材料，由二元羧酸和二元胺缩合（如尼龙 66）或内酰胺开环聚合（如尼龙 6）而成，包括脂肪族、半芳香族和芳香族聚酰胺等。聚酰胺的力学、耐热、耐磨损等性能优良，被大量用于汽车、电子电气、合成纤维和建筑等行业。虽然聚酰胺含有较高含量的氮，LOI 可达 24% 左右，通过了 UL-94 V2 等级测试，但远不能满足各领域的高阻燃要求，阻燃尼龙对国防军工及国民经济的意义重大。与聚酯类似，在共聚过程中将磷、卤素、硅等阻燃元素通过二酸或二胺引入聚酰胺链段中，合成本征阻燃 PA，可不恶化聚酰胺的其他性能，保持聚酰胺优良的可加工性及成纤性能，使之具备耐久的阻燃性能，可获取高性能阻燃 PA 纤维，近几年报道的含磷本征阻燃 PA 的各项性能列于表 6.2 中。

表6.2　含磷本征阻燃聚酰胺性能对比表

项目	PA66	PA66	PA11	PA66	PA6	PA6	PA6	PA6	PA66	
	含磷基团									
	CEPPA		DOPO					氧化膦	磷酰胺	
单体质量分数 /%	5	8	4.5	5	5	7.5	10	5	4.5	3
$M_n(\times 10^4)$	—	—	—	1.58	1.51	—	1.90	1.58	—	—
PDI（聚合物分散性指数）	—	—	—	2.07	3.12	—	2.52	2.07	—	—
T_g/℃	—	—	—	38	—	$-32^{\#}$	—	38	—	—
T_m/℃	250	256	235	217	215	201	192	217	236	—
X_c /%	25.8	28.7	—	—	28.1	—	13.1	—	—	—
T_d/℃	347	—	338	369	372	374	359	369	338	—
LOI/%	28	28.5	29	31.7	33.7	35	31.1	31.7	29	29
UL-94 测试等级	V0	V0	V0	V0	V0	V0	V0	V0	V0	V0
熔滴情况	否	—	否	—	轻微	是	轻微	—	否	否
Δ TTI /s	—	—	—	−2	−3	−2	−5	−2	—	—
Δ PHRR /%	−33	—	−14	−12	−14	−12	−20	−12	−14	—
Δ THR /%	−23	—	−12	−19	−24	−11	−14	−19	−12	—
Δ TSP /%	−14	—	−26	—	—	—	—	—	−26	—
Δ TSR /%	—	—	—	+89	—	—	+24	+105	—	—
拉伸强度 /MPa	—	70	58.3	58.5	54.3	20	44.1	58.5	58.3	—
断裂伸长率 /%	—	—	—	45.2	22.3	400	39.7	45.2	—	—
参考文献	[20]	[19]	[21]	[28]	[23]	[25]	[24]	[28]	[30]	[31]

注：T_g 由 DSC（无标注）或 DMA（动热热机械分析，标注为“#”）测定。

6.2.1　CEPPA 及其衍生物本征阻燃尼龙

CEPPA 具有优良的反应性，被广泛地用于合成本征阻燃聚酰胺。

Mourgas 等 [18] 将 CEPPA 与己内酰胺共聚，合成了一种本征含磷阻燃 PA6，在较高反应温度下，CEPPA 的羧基与苯次磷酸均能参与反应，可合成链中和链端含有 CEPPA 片段本征阻燃 PA6。阻燃 PA6（P 质量分数为 0.15%）的 M_n 达 5 万以上，PDI 为 3.9，T_m 为 219℃，X_c 为 30%，将之纺丝后制成的针织布（320 dtex，250 g/m^2）LOI 达 35.6%，通过了 UL-94 V0 等级测试。另外，他们将 CEPPA 己二胺盐与己二酸己二胺盐共缩聚，合成了一种链中和链端含 CEPPA 片段的 PA66，其热稳定性及力学性能与商用的 PA66 相近。进而，将之以质量比 1∶9 与 PA6 混合，可制备一种阻燃 PA6 纤维（P 质量分数约为 0.09%），T_m 为 255℃，X_c 约为 24%，以之制成的针织布（390 dtex，244 g/m^2）LOI 达 38.7%，通过了 UL-94 V0 等级测试。

因 CEPPA 中羧基与次磷酸具有不同反应性，会对共聚反应合成聚酰胺造成影响，而需要将之进行修饰，以使之两端具有相同的反应基团。例如，Zhang 等 [19] 将 4-(2-((2-carboxyethyl)(phenyl)phosphoryl)oxyethoxy)-4-oxohexanoic acid（CPPOA）与己二胺反应成盐，而后将之用于熔融共聚合成 PA66。当引入 8%（质量分数）的 CPPOA 时，阻燃 PA66 可通过 UL-94 V0 等级测试，LOI 达 28.5%，CPPOA 在 PA66 中兼具气相和凝聚相阻燃效果。但因 CPPOA 含有苯侧基，而影响 PA66 的聚合反应，导致含磷 PA66 的 M_n、T_m、X_c 及 T_d 显著降低。Cui 等 [20] 将 4-(3-(((4-carboxyphenyl)amino)(phenyl)phosphoryl)propanamido)benzoic acid（NENP）与己二胺成盐，再与 PA66 预聚物反应合成本征阻燃 PA66。NENP 具有膨胀阻燃效果，引入 5%（质量分数）即可使 PA66 的 LOI 提高至 28%，可通过 UL-94 V0 等级测试，且不产生熔滴，CCT 结果显示 PHRR、THR 和 TSP 较参比样分别降低了 33%、23% 和 14%，但其 T_d 降低至 347℃。CPPOA 和 NENP 的结构式见于图 6.5。

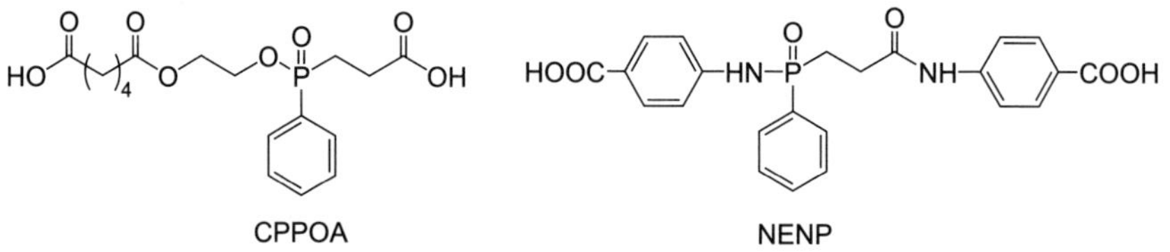

图 6.5　CEPPA 衍生二羧酸（CPPOA 和 NENP）的结构式

6.2.2 DOPO 衍生物本征阻燃尼龙

DDP 是聚酰胺的高效阻燃剂 [21-25]，Negrell 等 [21] 通过 DDP 与 11-氨基十一酸、1,10-癸二胺和 1,10-癸二酸共聚反应，合成了一种生物质阻燃聚酰胺。阻燃聚酰胺 [含 5.5%(质量分数) 的 DDP] 的 P 含量约为 5%(质量分数)，聚合度较高(M_n 达 1.62×10^4)，热稳定性突出(T_d 高达 393℃)，LOI 为 28%，可通过 UL-94 V0 等级测试，CCT 结果显示 PHRR、THR 和烟释放速率(SPR)都比参比样的低。Liu 等 [23] 利用 DDP 的癸二胺盐与己内酰胺间的熔融聚合反应，合成了一种阻燃聚酰胺(FRPA6)。引入 5%(质量分数)的 DDP，FRPA6-5 的 LOI 提升至 33.7%，可通过 UL-94 V0 等级测试，CCT 结果显示 PHRR 和 THR 分别比参比样的下降 14% 和 24%。将之纺丝成纤，FRPA6-5 纤维的断裂强力约为 3.0 cN/dtex，断裂伸长率为 45.2%；FRPA6-5 针织布(340 g/m^2)的 LOI 达 28.4%，在垂直燃烧测试(ASTM D6413)中能实现快速自熄。

Lu 等 [25] 将聚酰胺链段作为“硬段”、聚乙二醇(PEG)作为“软段”、DDP 作为反应型阻燃剂，通过熔融聚合反应合成了一种本征阻燃聚酰胺弹性体(图 6.6)。DDP 在此体系中以“促熔滴”和气相阻燃作用为主，引入约 7.5%(质量分数)，阻燃聚酰胺弹性体(PA6-8DDP)即可通过 UL-94 V0 等级测试，LOI 达 35%，CCT 结果显示 PHRR 和 THR 比参比样的稍有降低; PA6-8DDP 的热稳定性及力学性能保持优良，T_d 达 374℃，拉伸强度为 20 MPa，断裂伸长率达 400%。Zhang 等 [24] 将 DDP 与乙二醇酯化反应合成二醇(EDE)，再将之与醇封端的聚酰胺预聚物进行酯交换反应，合成了含聚酯片段的高分子量 PA6。DDP 以气相阻燃作用为主，引入 10%(质量分数)的 EDE，阻燃聚酰胺(PA6-D10)通过 UL-94 V0 等级测试，LOI 达 31.1%，CCT 结果显示 PHRR 和 THR 比 PA6 的有所降低。因引入聚酯链段及 DOPO 侧基，而对 PA6-D10 分子间氢键、结晶度（X_c）等造成不良影响，但 PA6-D10 的高分子量(M_n 达 1.90×10^4，PDI = 2.52)使其力学性能保持优良。

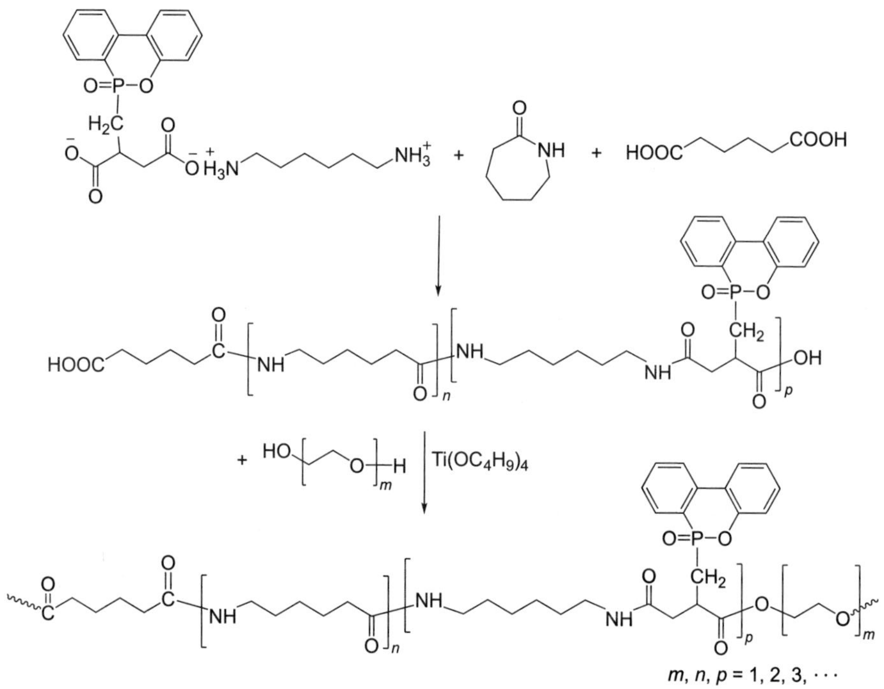

图 6.6　含 DDP 本征阻燃聚酰胺弹性体的合成路线

6.2.3　苯基氧化膦衍生物及其他含磷本征阻燃尼龙

与共聚酯类似，作为典型含氧化膦结构的反应型阻燃剂，BCPPO 被用于合成本征阻燃聚酰胺[26-29]；引入 7%(质量分数)的 BCPPO，即可使阻燃 PA66 通过 UL-94 V0 等级测试，LOI 达 27.2%，且其热稳定性比参比样的稍有提高。Liu 等[28]通过将一种 2,3-dicarboxy propyl diphenyl phosphine oxide(DPDPO)与己内酰胺反应，合成了一种本征阻燃 PA6，探究了 DPDPO 对 PA 阻燃和其他性能的影响情况。DPDPO 在此体系中以气相阻燃作用为主，引入 5%(质量分数)的 DPDPO，阻燃 PA6(PA6-5DPO)的 LOI 提升至 31.7%，可通过 UL-94 V0 等级测试，CCT 结果显示 PHRR 和 THR 比参比样的稍有降低，但 TSR 显著提升；PA6-5DPO 的耐热和力学性能都受到影响，与 PA 相比，T_g 降低 10℃(约 38℃)，T_d 降低 11℃(约 369℃)，拉伸强度降低 23%(约 58.5 MPa)，断裂伸长率降低至 45.2%。

引入 DDP、CEPPA 及氧化膦的聚酰胺都可通过 UL-94 V0 等级测试，且 LOI 都大幅提升，但却因以气相阻燃作用为主，而在 CCT 中的热释放和烟释放等方面表现不佳。Cui 等[30-31]设计合成了一种螺环磷酰二氯衍生二酸 TRFR，将之与己二胺成盐后与己二酸己二胺盐共聚，合成具有膨胀阻燃效果的本征阻燃含磷 PA66。引入 4.5%(质量分数)的 PDPPD 盐后，阻燃 PA66 通过 UL-94 V0 等级测试，且不产生熔滴，LOI 提升至 29%，CCT 结果显示 PHRR、THR 和 TSP 比参比样的依次降低 14%、12% 和 26%，同时具备抑制热释放和烟释放的效果，但因在主链中引入磷酰胺基团，而导致 PA66 的耐热性严重恶化，PA66 的 T_m 降低 30℃(约 236℃)，T_d 降低 47℃(约 338℃)。与之相比，引入 3%(质量分数)的 TRFR 盐，即可使阻燃 PA66 具有相近的阻燃效果(LOI 达 29%，可通过 UL-94 V0 等级测试)。含磷单体（DPDPO、PDPPD 和 TRFR）的结构式如图 6.7 所示。

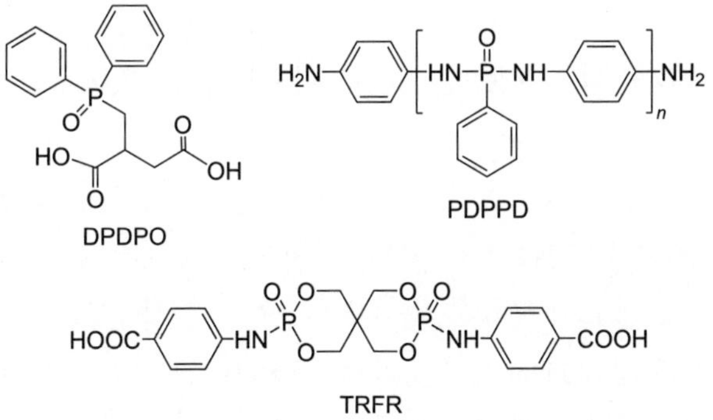

图 6.7　含磷单体（DPDPO、PDPPD 和 TRFR）的结构式

6.3 聚氨酯

聚氨酯(polyurethane, PU)，全名为聚氨基甲酸酯，由异氰酸酯和聚酯 / 聚醚多元醇反应而成，可制成聚氨酯泡沫塑料、聚氨酯纤维(即“氨

纶”)、聚氨酯橡胶及弹性体等。2021年，我国聚氨酯产量达到1566万吨，消费规模超过1200万吨，其中软质聚氨酯泡沫、硬质聚氨酯泡沫和聚氨酯弹性体占比较大。随着建材、氨纶、合成革和汽车等产业的快速发展，聚氨酯的用量将不断增长。但是，聚氨酯极为易燃，且燃烧过程中会产生大量烟雾和CO、NO、HCN等有毒气体，火灾危害巨大。在节能建筑、高铁以及大飞机等领域，低热释放、低烟毒释放的火安全性PU是亟须解决的关键材料，聚氨酯泡沫和水性聚氨酯是重点和难点。本征阻燃聚氨酯材料主要从设计合成阻燃多元醇着手，阻燃异氰酸酯因设计难度较大而报道较少。发展阻燃效率高、成本低的含磷多元醇是阻燃聚氨酯材料的研究热点，主要包含磷(膦)酸酯、DOPO、环磷腈及氧化膦等。

6.3.1 硬质聚氨酯泡沫

建筑节能保温材料迅速发展、需求量快速增长，2023年中国建筑保温材料市场规模将超过2000亿元。硬质聚氨酯泡沫(rigid polyurethane foam，RPUF)具有低密度、低热导率、高强度、高保温性等优点，是一种“量大面广”的隔热保温材料。但是，RPUF的碳氢比例高、结构多孔，非常易燃，且火焰蔓延速度快、放热量高，燃烧时伴有大量的烟雾及有毒气体产生，对高层建筑的人员及财产安全的危害巨大。建筑材料及制品燃烧性能分级标准中，对燃烧总热值进行了限定，将最大烟密度列入了燃烧性能等级分级标准。发展具有高火安全性的外墙保温RPUF材料、减少建筑火灾危害，已成为本领域的一个重要课题。为同时降低RPUF的热释放和烟释放，兼具气相和凝聚相的含磷阻燃剂受到重视，将含磷以及其他阻燃元素的多元醇引入PU分子链中，阻燃性耐久且其他主要性能不恶化。

磷(膦)酸酯多元醇的种类多样、阻燃效率高，可通过磷酰氯与多元醇反应或磷(膦)酸酯与多元醇酯交换反应合成。Wang等[32]合成了diethyl *N,N*-diethanolaminomethylphosphate(DDMP，即Fyrol 6)，将之作为阻燃扩链剂，制备本征阻燃硬质聚氨酯泡沫(RPUF)。DDMP可与异氰酸酯发生反应，接入聚氨酯分子中，阻燃效率较高，且催化成炭效果突出；加入 20 质量份数(pbw)DDMP，使 RPUF 的 LOI 提高至 29%，空气氛下残炭量提高到 19%。Zhao 等[33]将膨胀石墨(EG)引入 RPUF/DDMP 中，进一步提升 RPUF 的阻燃及抑烟性能。加入 8 php(指 100 质量份多元醇所对应物质的质量份)的 EG 和 16 php 的 DDMP，RPUF/DDMP16/EG8 的 LOI 达 30.4%，CCT 结果显示 PHRR、THR 和 TSP 比 RPUF 的依次降低了 54%、36% 和 62%，通过分析热分解的气相和固相产物，发现 DDMP 在此体系中兼具气相和凝聚相阻燃效果。

Yang 等[34-35]设计合成了 hexa-(5,5-dimethyl-1,3,2-dioxaphosphinane-hydroxyl-methyl-phenoxyl)-cyclotriphosphazene(HDPCP) 和 hexa-(phosphite-hydroxyl-methyl-phenoxyl)-cyclotriphosphazene(HPHPCP)，将之用作 RPUF 的反应型阻燃剂。含 15%(质量分数)HDPCP 的 RPUF(RPUF/HDPCP15)的热导率比参比样的更低，LOI 提升至 23%，CCT 结果显示 PHRR、THR 和 TSP 依次降低 34%、7% 和 10%，兼具热释放和烟释放抑制效果。Wang 等[36]合成了 2,4,6-triphosphoric acid diethyl ester hydroxymethyl phenoxy-phosphonate(TDHTPP)，将之溶于聚醚多元醇 4410，用于制备本征阻燃 RPUF。加入 15%(质量分数)的 TDHTPP，阻燃 RPUF(RPUF-15)的压缩强度比 RPUF 的提升约 105%(约 454 kPa)，热导率保持在约 0.031 W/(m・K)，LOI 达 24.5%，可通过 UL-94 V0 等级测试，但 CCT 结果显示热释放降低不明显。根据 ISO 2440:19 进行加速老化试验后(140℃/96 h)，RPUF-15 的阻燃性能基本保持不变，与之相比，亚磷酸二乙酯(diethyl phosphite)阻燃的 RPUF 不具备耐久的阻燃性能。HDPCP、HPHPCP 和 TDHTPP 的结构式见图 6.8。

近些年，以植物油(大豆油、蓖麻油等)制备 PU 材料的研究逐渐兴起。其中，大豆油来源广、成本适中、黏度较小，反应活性高，磷酸/磷酰化大豆油(图 6.9)被广泛研究，用于制备本征阻燃 RPUF[37-41]。Zhang 等[40-41]将大豆油与丙三醇进行酯交换反应，所得产物(GCO)经环氧化后再与磷酸二乙酯加成反应，合成大豆油基含磷多元醇(COFPL)，将 COFPL 与 GCO 以不同比例混合与二苯基甲烷-4,4′-二异氰酸酯(MDI)反应制备阻燃 RPUF。以 100% 的 COFPL 制备的阻燃 RPUF 的 LOI 达 24.3%，再加入 EG 配合后，可使 RPUF 具备较低热释放和烟释放特点。Acuña 等[42]将蓖麻油与二乙醇胺反应，合成含伯醇的多元醇(CODEOA)，再将

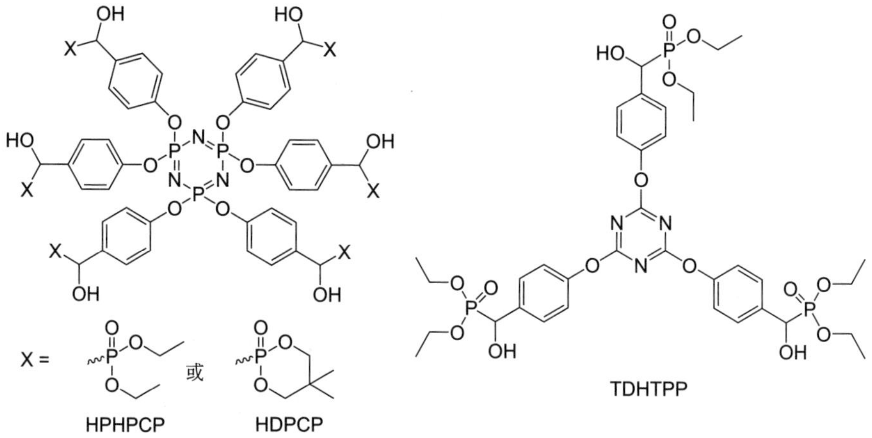

图 6.8 含磷 / 氮多元醇（HPHPCP、HDPCP 和 TDHTPP）的结构式

CODEOA 环氧化后再与苯膦酸反应，制得蓖麻油基含磷多元醇(CPPA)，将 CPPA 用于本征阻燃剂与 EG 和 GO 配合使用时，可使 RPUF 的 LOI 提升至 27.2%，可通过 UL-94 V0 等级测试，且 CCT 结果显示 PHRR、THR 和 TSP 比参比样的依次降低 54%、24% 和 15%。

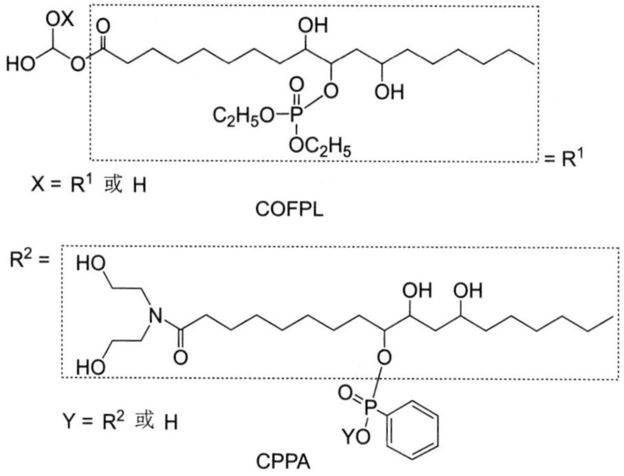

图 6.9 含磷大豆油（COFPL 和 CPPA）的结构式

6.3.2 软质聚氨酯泡沫

软质聚氨酯泡沫(flexible polyurethane foam，FPUF)是用量最大的聚

氨酯产品，具有高开孔(开孔率高达90%以上)、低密度、弹性恢复佳等优点，主要用于家具、交通工具座椅等垫材。但FPUF的开孔率高、比表面积大，导致其极为易燃而又难以阻燃，FPUF的易燃程度和阻燃难度远大于RPUF。另外，在众多高分子材料中，FPUF的烟毒释放尤为严重，故而需要同时降低其热释放与烟毒释放。高铁、大飞机等高速、密闭空间用的泡沫垫材对热释放和烟毒释放提出了极高要求。例如，欧盟EN45545-2规定高速列车的床垫、头枕、坐垫(组件)等热量释放不超过50 kW/m^2，Ds4不超过200，烟雾毒性不超过0.75。TB/T 3237明确规定了动车组弹性垫材的LOI不低于28%，燃烧性级别A或B(UIC564)，Ds1.5不超过100、Ds4不超过200。发展低热释放和低烟毒释放的FPUF意义重大、极具挑战性[43]。

氧化膦对PU阻燃及其他性能的影响被广泛地研究，Sivriev等[44-46]从四羟甲基硫酸磷[tetrakis(hydroxymethyl)phosphonium sulfate，THPS]出发，合成了一系列多官能度氧化膦多元醇MPO、PPO、AMPO、DMPO和TMPO等(图6.10)，引入RPUF中可提升RPUF的阻燃性能且不恶化热稳定性及力学性能。但FPUF用阻燃多元醇设计难度更大，需要具备高磷含量，提高阻燃效率；当量值高，可保证“软段”含量，不影响FPUF的回弹性；具备与聚醚/聚酯多元醇相近的反应活性，以协调FPUF的起泡和交联速度[47]。Chen等[48]从THPS出发，合成三羟甲基氧化磷(phosphoryltrimethanol，PTMA)，将之作为交联剂，与聚醚多元醇(TMN 3050)和含氮聚醚多元醇(CPOP-3628H)作为“软段”配合使用，制备出本征阻燃FPUF(图6.11)。PTMA凝聚相阻燃效果突出，加入15 php的PTMA，FPUF-PTMA$_{15}$的LOI提高到23%，CCT结果显示PHRR和THR比FPUF分别降低了27%和56%，且FPUF-PTMA$_{15}$的T_d达235℃，拉伸强度与FPUF相近(约76 kPa)。

Rao等[49]通过将甲基膦酸二甲酯(dimethyl methylphosphonate，DMMP)与二乙醇胺的酯交换反应，合成了一种含磷、氮的聚多元醇(DMOP)，再将之作为扩链剂，制得了耐久的本征阻燃FPUF。由此，将DMOP作为“软段”引入FPUF的链段中，FPUF/DMOP仍具备优良的热稳定性(T_d > 220℃)，DMOP以气相阻燃作用为主，引入10 php的DMOP，FPUF/DMOP-10的LOI达22.5%(FPUF的LOI为17%)，通

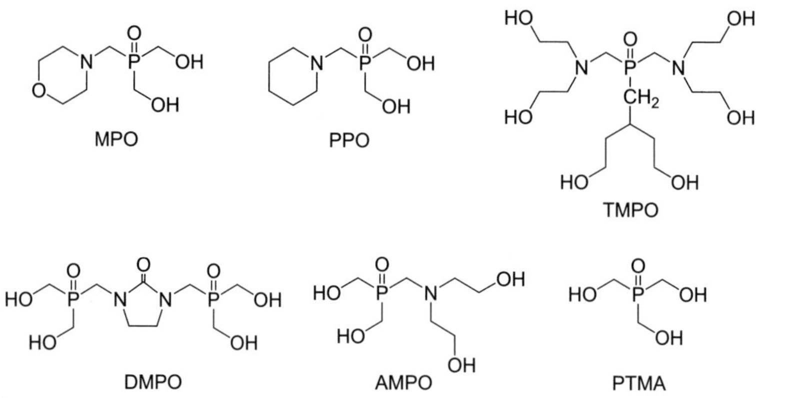

MPO　PPO　TMPO

DMPO　AMPO　PTMA

图 6.10　由 THPS 合成的氧化膦多元醇的结构式

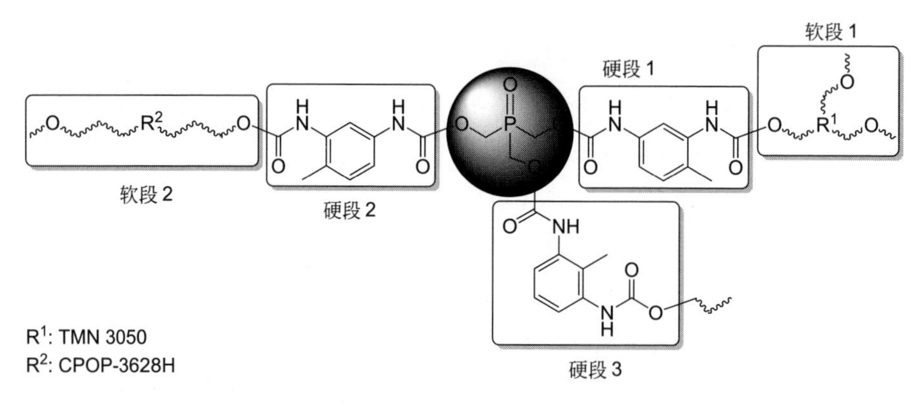

图 6.11　PTMA（交联剂）和多元醇 TMN 3050、CPOP-3628H 与异氰酸酯反应得到的阻燃 FPUF 的链段结构[48]，其中多元醇反应残基构成 FPUF 软段，异氰酸酯残基构成硬段

过了 Cal T. B. 117A 规定测试，且 CCT 结果显示点燃时间延迟，PHRR 和 THR 分别比 FPUF 的分别降低约 15% 和 17%。根据 ISO 2440∶19 进行加速老化试验后(140℃ /64 h)，FPUF/DMOP-10 阻燃性能保持不变。与之相比，FPUF/DMMP-10(含 10 php 的 DMMP)的 LOI 达 22.0%，可通过 Cal T. B. 117A 规定测试，但进行加速老化试验后(140℃ /64 h)，阻燃性能严重恶化，LOI 降低至 19%，不能通过 Cal T. B. 117A 规定测试。

他们又以苯基磷酰氯与乙二醇反应，合成了一种含磷多元醇(PDEO)，将之用于制备本征阻燃 FPUF[50]。FPUF/PDEO-10(含 10 php 的 PDEO)具备耐久阻燃效果，可通过 Cal T. B. 117A 规定测试，LOI 达 22.5%，但 PDEO 不能抑制 FPUF 的热释放。为此，他们将 EG 加入

FPUF/PDEO，进一步提高 FPUF 的火安全性[51]。FPUF/10EG/5PDEO（含 10 php 的 EG 和 5 php 的 PDEO）在 Cal T. B. 117A 规定测试中离火即熄，LOI 达 24.5%，CCT 结果显示 PHRR、THR 和 TSP 依次比参比样的降低 49%、51% 和 24%，且力学性能保持优良，拉伸强度约为 100 kPa（FPUF 的约为 110 kPa）。EG/PDEO 也能用于 RPUF[52]，RPUF/15EG/2PDEO（含 15 php 的 EG 和 2 php 的 PDEO）的 LOI 达 34.5%，可通过 UL-94 V0 等级测试，CCT 结果显示 PHRR、THR 和 TSR 依次比 RPUF 的降低 65%、57% 和 78%。上述含磷多元醇低聚物 DMOP 和 PDEO 的结构式见图 6.12。

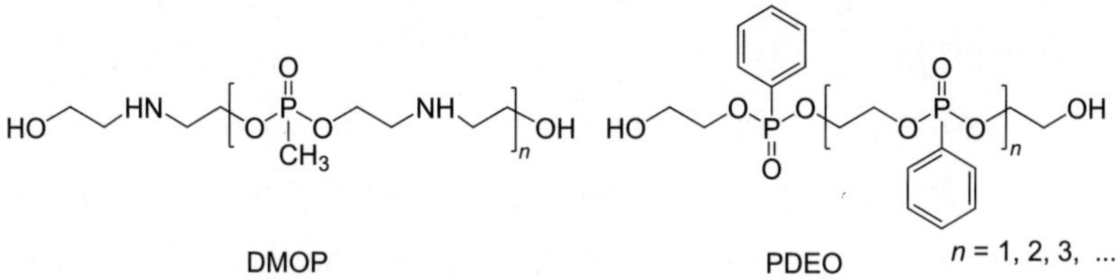

图 6.12　含磷多元醇（DMOP 和 PDEO）的结构式

6.3.3　水性聚氨酯

水性聚氨酯（WPU）以水为分散剂，具有安全、无污染、成本较低廉等优点，主要作为涂料、胶黏剂、人造革用树脂等用于纺织品、建材和皮革等行业。WPU 的行业规模还不大，2021年中国 WPU产能约为 51.2 万吨，但随着各领域对易挥发有机物质（VOC）的限制，WPU 将面临新发展机遇，大飞机、高铁及新能源汽车等领域中 WPU 用量将迎来“爆炸式”的增长。然而 WPU 的易燃性问题是其面临的一大挑战，提升 WPU 的阻燃性能、发展高火安全 WPU 的重要性不断凸显。本征阻燃 WPU 可使 WPU 乳液保持稳定，且不会恶化 WPU 的外观及其他性能，是阻燃 WPU 的重要方向之一。发展本征阻燃的 WPU 可从“软段”（聚酯 / 聚醚多元醇）和“硬段”（扩链剂或固化剂）着手。“软段”在 WPU 中占比大，将阻燃多元醇引入 WPU 链中，可高效提升 WPU 的阻燃性能，且对 WPU 的物理机械性能影响较小。

Zhang 等[53]合成了 2-ethyl-2-(2-oxo-5,5-dimethyl-1,3,2-dioxaphosphorinanyl-2-methylene)-1,3-propanediol（EPPD），用于制备含螺环磷酸酯本征阻燃 WPU（PWPU）。引入 12%（质量分数）的 EPPD，PWPU 通过 UL-94 V0 等级测试，LOI 达 26.6%。因 PWPU 的磷酸酯基团位于侧基而非主链，从而具备突出的耐水解性能，在经过 60℃/7 天的水解试验后，PWPU 的阻燃性能基本保持，拉伸强度和断裂伸长率的保持率分别达 92% 和 91%。Wang 等[54]合成了 3,9-bis((2-hydroxyethyl)amino)-2,4,8,10-tetraoxa-3,9-diphosphaspiro[5.5]undecane 3,9-dioxide（PDNP），将之作为"软段"引入 WPU 中，WPU-9[含 9%（质量分数）PDNP] 的 LOI 提升至 26%，CCT 结果显示 PHRR 和 THR 分别降低 19% 和 25%。而后，他们将 PDNP 与六官能度的磷酸酯多元醇 tri(*N*,*N*-bis-(2-hydroxy-ethyl)acyloxoethyl) phosphate（TNAP）复配加入 WPU 中[55]，WPU-2-3[含 2% 的 TNAP 和 3%（质量分数）的 PDNP] 的 LOI 达 24.5%，拉伸强度、杨氏模量显著提高而断裂伸长率降低，且其热稳定性保持优良（T_d 约 252℃）。上述含磷多元醇 EPPD、PDNP 和 TNAP 的结构式见图 6.13。

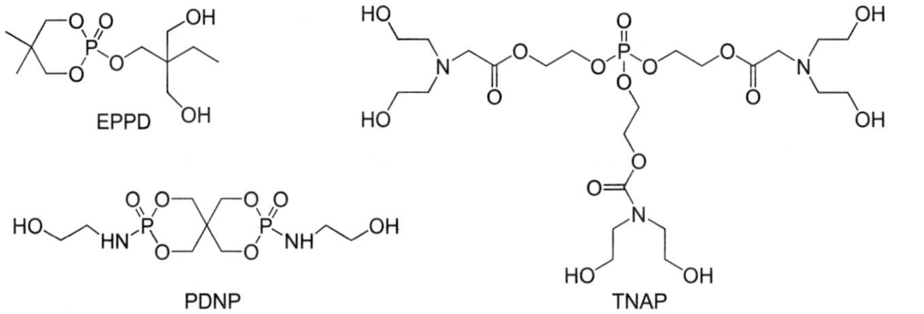

图 6.13 磷酸酯多元醇 EPPD、PDNP 和 TNAP 的结构式

Wang 等[56-58]将 DOPO 引入 WPU 的侧基中，可使 WPU 兼顾阻燃性能和其他重要性能。将二乙醇胺与甲醛反应后再与 DOPO 加成，合成 9,10-dihydro-9-oxa-10-[*N*,*N*-bis-(2-hydroxyethylamino-methyl)]-10-phosphaphenanthrene-10-oxide（DOPO-DAM），而后将之用于制备兼具气相和凝聚相阻燃效果的阻燃 WPU。WPU-9[P 含量为 8%（质量分数）左右] 的 LOI 达 31%，CCT 结果显示 PHRR、THR 和 TSP 依次比 WPU 降低 41%、34% 和 66%，WPU-9 的热稳定性优良，T_d 达 267℃，但拉伸强度比 WPU 明显降低 64%。而后，他们合成了侧基含 DOPO 和磷酸酯的

聚酯型二醇 FRD[P 含量为 9.86%(质量分数)]，使之发挥“协效”阻燃作用[58]。加入 7%(质量分数)的 FRD，阻燃 WPU(FRWPU-7)可通过 UL-94 V0 等级测试，LOI 达 30.5%，CCT 结果显示 PHRR、THR 和 TSP 依次比 WPU 降低 47%、33% 和 64%，热稳定性和力学性能保持优良，T_d 达 265℃，拉伸强度和断裂伸长率比 WPU 更高。DOPO-DAM 和 FRD 的结构式见图 6.14。

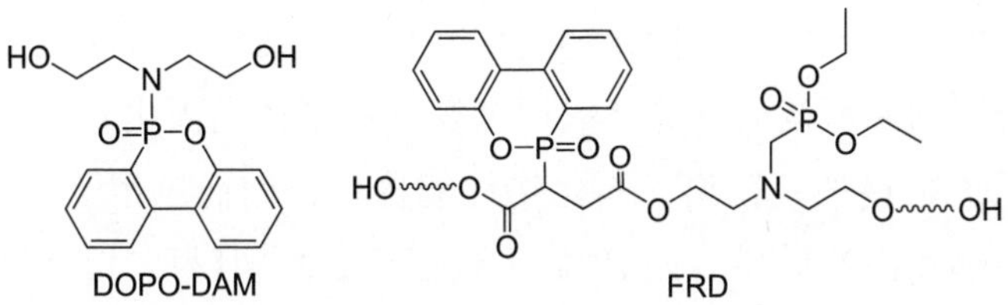

图 6.14 侧基含磷多元醇（DOPO-DAM 和 FRD）的化学式

Luo 等[59]将苯磷酸苯酯二胺 bis(4-aminophenoxy) phenyl phosphine oxide(BPPO)用作后交联剂，作为“硬段”引入 WPU 中得到的 AWPU[P 含量为 1.19%(质量分数)]LOI 达 30.1%，可通过 UL-94 V0 等级测试，CCT 结果显示 PHRR 和 THR 分别比 WPU 降低 57% 和 42%，但烟释放量增大，引入 BPPO 没有恶化 WPU 的热稳定性和力学性能，AWPU 的 T_d 与 WPU 相近(约 244℃)，拉伸强度比 WPU 提升 37%(断裂伸长率降低 31%)。而后，他们将侧基含磷的 Fyrol 6 两种多元醇作为“硬段”和主链含磷的 OP550 作为“软段”引入“双组分”WPU 中[60]，获得的阻燃 WPU 的乳液稳定、薄膜物理机械性能保持优良。引入 Fyrol 6 使 WPU(FFWPU)的拉伸强度提升，断裂伸长率均有所降低，加入 15%(质量分数)的 Fyrol 6，FFWPU 可通过 UL-94 V0 等级测试，LOI 提升至 28.2%。引入 OP550(OFWPU)拉伸强度和断裂伸长率都降低，加入 15%(质量分数)的 OP550，OFWPU 可通过 UL-94 V0 等级测试，LOI 提升至 28.6%。BPPO 和 OP550 的化学式见图 6.15。

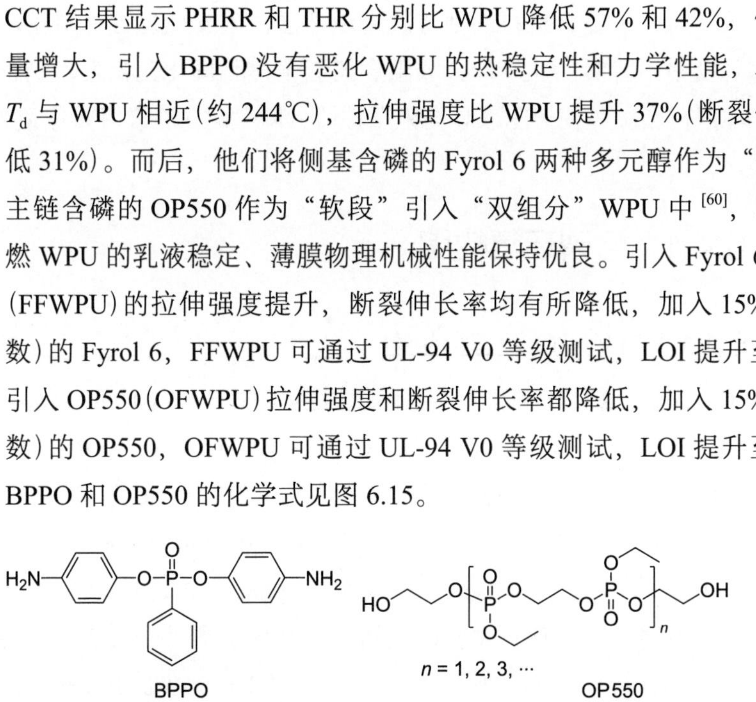

图 6.15 BPPO 和 OP550 的化学式

6.4
环氧树脂

环氧树脂(epoxy resin，EP)是指分子内含有两个及两个以上环氧基，经固化可形成三维网络状固化物的化合物，包括缩水甘油醚类、缩水甘油胺、酚醛树脂型及脂环族环氧树脂等。环氧树脂固化方便简易，固化收缩率低，粘接性能突出，固化物性能优良，因而应用范围极为广泛，用量占全部热固性材料的近 70%(不包括聚氨酯塑料)。但环氧树脂较为易燃，燃烧过程中火蔓延迅速，且伴有大量浓烟及有毒气体产生，对人体和环境造成极大危害，阻燃环氧树脂是一种需求迫切的关键材料。其中，电子电气行业已占环氧树脂 40% 以上的消费量，因电子器件内部的过热现象严重、火灾隐患巨大，而对环氧树脂的阻燃、耐热及介电等性能要求不断提高。另外，在高铁、大飞机、新能源汽车及国防军工等领域，高分子复合材料的地位越来越凸显，火安全复合材料用环氧树脂的研发刻不容缓。从设计合成阻燃树脂单体和固化剂出发，制备本征阻燃环氧树脂，可使树脂兼具高阻燃性能、阻燃耐久性及环境耐受性等。

6.4.1 含磷环氧树脂

6.4.1.1 DOPO 及其衍生物

Wang 等[61-63]将双酚 A 型环氧树脂(DGEBA)与 DOPO 及其对苯二醌、马来酸、衣康酸的加成物 DOPO-BQ、DOPO-MA、DOPO-ITA(即 DPP)反应以及将 DOPO-BQ 与环氧氯丙烷反应[64]，合成了一系列含 DOPO 的环氧树脂，经与 4, 4′- 二氨基二苯砜(4, 4′-diaminodiphenyl sulfone, DDS)、线型酚醛树脂(Novolac)、双氰胺(dicyandiamide, DICY)反应固化，获取了不同的阻燃环氧树脂固化物。当 P 含量达某一阈值时，各树脂固化物的 LOI 都可达到 27% 以上，且通过了 UL-94 V0 等级测试，但因树脂的交联密度降低而使之 T_g 和 T_d 都显著降低，具体数据见表 6.3。Wang

等[65]将 DOPO-BQ 以不同比例与 DGEBA 树脂混合，用不同的固化剂（包括 2 种酚醛 / 密胺树脂 PS-3313 和 PS-3333）固化。含氮固化剂的树脂固化物阻燃性能突出，尤其是当 P 含量仅为 1%（质量分数）[N 含量为 2.8%（质量分数）] 时，DICY 树脂固化物 LOI 值高达 34%，可通过 UL-94 V0 等级测试，说明磷 / 氮协效可显著提升材料的阻燃效率。

表6.3　DOPO及衍生物与环氧树脂加成物的性能对比表

环氧树脂	含磷基团	固化剂	P 质量分数 /%	$T_g/\Delta T_g$ /℃	$T_d/\Delta T_d$ /℃	LOI /%	UL-94	参考文献
双酚 A	DOPO	DDS	2.5	124/−66	375/−30	30	V0	[61]
		Novolac	2.2	117/−34	366/−57	27	V0	
双酚 A	DOPO-BQ	DDS	2.9	—	—	32	—	[62]
		DICY	2.9	—	—	32	—	
双酚 A	DOPO-MA	DDS	1.7	152/−48	383/−56	—	V0	[63]
	DOPO-ITA			151/−24	420/−11	—	V0	
双酚 A	DOPO-BQ	DICY	1.0	137/+4*	318/−7#	34	V0	[65]
		Novolac	1.6	138/+9*	376/−9#	29	V2	
		PS-3313	1.5	146/+7*	323/−6#	33	V0	
		PS-3333	1.5	143/+6*	348/−10#	33	V0	
酚醛型	DOPO	DDS	1.7	228/−27	386/−21	27	V0	[68]
		Novolac	1.5	178/−38	391/−16	26	V0	
		DICY	1.9	213/−35	363/−10	34	V0	
酚醛型	DOPO	DDM	1.2	181/−37*	—	30.4	V0	[66]
		PACM	1.4	172/−31*	—	29.5	V0	
酚醛型	DOPO	DDM	0.81	—	—	31.5	V0	[67]
	DOPA			—	—	31.6	V0	
	DOPOM			—	—	33.5	V0	

注：$T_g/\Delta T_g$ 是由 DMA（无标注）或 DSC（标注为“*”）测定；T_d（ΔT_d）取值为热失重 5%（无标注）或 10%（标注为“#”）。

Seibold 等[66]以对苯二醛与含 P—H 键含磷化合物，比如 DOPO、2,8-dimethyl-phenoxaphosphin-10-oxide（DPPO）、亚磷酸二乙酯等，合成含磷二苄醇（X_2-TDA），再与环氧树脂（DEN 438）反应制备含磷环氧树脂。DOPO 衍生物的阻燃效率最佳，当 P 含量为 1.24%（质量分数）时，4,4′-二氨基二苯甲烷（4,4′-diaminodiphenylmethane，DDM）固化 DOPO 树脂的 LOI 达 30.4%，可通过 UL-94 V0 等级测试，但阻燃树脂的 T_g 比参比样的降低 37℃。Schäfer 等 [67] 将 DOPO、DPPO 和亚磷酸二苯酯及其类似物与酚醛型环氧树脂 DEN 438 反应，制得一系列含磷阻燃环氧树脂。DOPO 及其衍生物具有高效的气相阻燃作用，当 P 含量为 0.8%(质量分数)时，DOPO 甲醛加成物 6-(hydroxymethyl)dibenzo[*c*,*e*][1,2]oxaphosphinine 6-oxide(DOPOM) 及其氧化物 dibenzo[*c*,*e*][1,2]oxaphosphinic acid(DOPA) 的阻燃树脂都可通过 UL-94 V0 等级测试，LOI 依次为 31.5%、31.6 和 33.5%。但是，阻燃环氧树脂的耐热性能恶化，T_g 随阻燃剂加入量的提高而“线性”降低，降低幅度排序为 DOPO < DOPA < DOPOM。

DOPO-BQ、DOPO-MA、DOPO-ITA、DPPO、DOPA 和 DOPOM 的结构式见图 6.16。

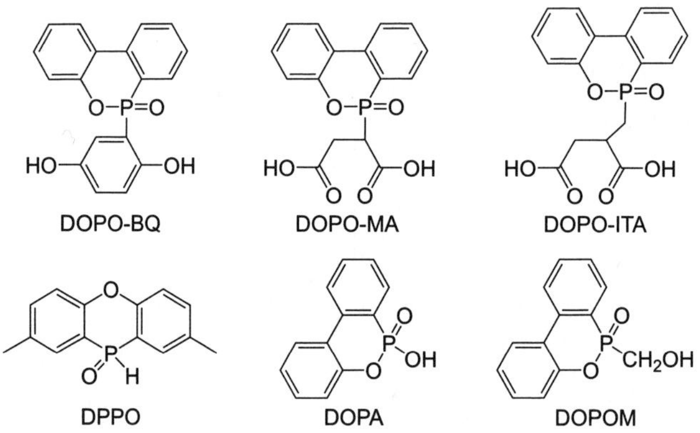

图 6.16　DOPO-BQ、DOPO-MA、DOPO-ITA、DPPO、DOPA 和 DOPOM 的结构式

Ma 等 [69] 通过 DOPO-ITA 与环氧溴丙烷或溴丙烯反应制备含磷的二烯，而后经间氯过氧苯甲酸(3-chloroperbenzoic acid，*m*-CPBA)环氧化制备含 DOPO 环氧树脂 EADI。通过甲基六氢苯酐(methyl hexahydrophthalic anhydride，MHHPA)固化 EADI 及其与 DGEBA 的混合物，可得各项性能优良的本征阻燃环氧树脂。磷含量为 4.4%(质量分数) 时，EADI/MHHPA 树脂的 LOI 为 22.8%，可通过 UL-94 V0 等级测试，且其 T_g、拉伸强度与断裂伸长率与 DGEBA/MHHPA 相当。Liu 等 [70] 以 DOPO 与香草醛、愈创木酚合成了 6-(bis(4-hydroxy-3-methoxyphenyl)methyl) dibenzo[*c*,*e*][1,2]oxaphosphinine 6-oxide(BDB)，再以之与环氧氯丙烷反应，制得含磷环氧树脂单体 DGEBDB。将 DGEBDB 与 DGEBA 以 7∶3 混匀(B3D7)，B3D7/DDM 满足树脂传递模塑成型(resin transfer molding,

RTM)的固化要求(黏度≤ 1 Pa · s)，树脂固化物 [P 含量为 1.81%(质量分数)] 的 LOI 为 33.4%，可通过 UL-94 V0 等级测试，且阻燃环氧树脂的各项性能保持协调，树脂拉伸强度和弯曲强度均比参比样的更高。

EADI 与 DGEBDB 的结构式见图 6.17。

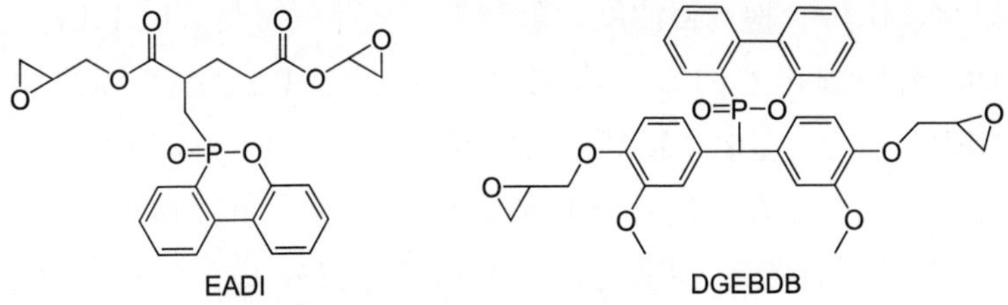

图 6.17　EADI 和 DGEBDB 的结构式

6.4.1.2　磷（膦）酸酯衍生物

Gao 等 [71] 从三氯化磷和新戊二醇出发，制备螺环膦化合物，将之与苯醌经加成反应合成一种含磷的酚化合物 4-[(5,5-dimethyl-2-oxide-1,3,2-dioxaphosphorinan-4-yl)oxy]-phenol(DODPP)，经三苯基膦催化，DODPP 与 DGEBA 反应生成不同磷含量的环氧树脂。以聚酰胺固化环氧树脂，P 含量为 3%(质量分数)的固化物通过 UL-94 V0 等级测试，LOI 达 30.2%，CCT 结果显示 PHRR 比参比样显著降低近 81%，但 T_g 比 DGEBA 的降低 26℃。Wang 等 [72-73] 利用 3- 环己烯-1-甲醇与(苯)磷酰氯反应，合成含磷的脂环族烯烃，而后经过氧硫酸氢钾复合盐(OXONE)环氧化，制得几种含磷脂环族环氧树脂(图 6.18)。Epo-A、Epo-B 和 Epo-C 与 MHHPA 的固化物 LOI 分别为 23.9%、22.7% 和 23.2%(ERL-4221/MHHPA 的 LOI 为 18.2%)。此种含磷脂环族环氧树脂难以成炭，且残炭松散、不致密，有利于废旧覆铜板的回收，但“热”和“质”阻隔作用不佳，难以满足高阻燃要求。

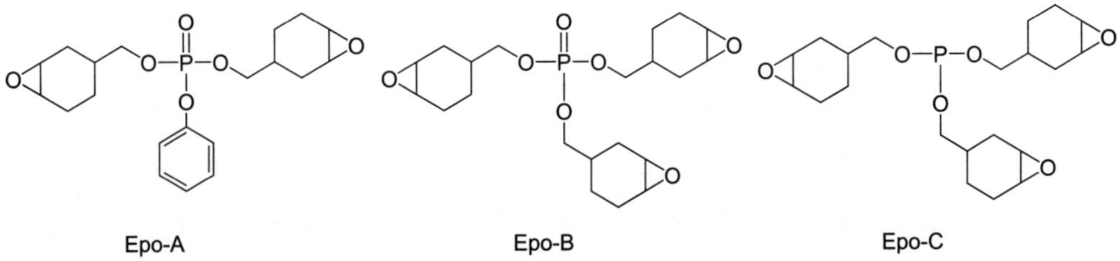

图 6.18　Epo-A、Epo-B 和 Epo-C 的结构式

双酚 A 与人类的雌激素结构相似，是一种生殖毒性物质，会影响人类免疫和大脑健康，现已在与人类食品接触的领域被严格限制[74]。因此，人们致力于利用生物质多酚替代双酚 A 发展高性能环氧树脂。比如，Miao 等[75]将丁子香酚(eugenol)与三氯氧磷反应合成含磷烯烃，后经 *m*-CPBA 环氧化，制得一种三官能度的阻燃生物基环氧树脂(TEUP-EP)。TEUP-EP/DDM 树脂固化物的 LOI 达 31.4%，可通过 UL-94 V0 等级测试。且与 DGEBA 相比，阻燃生物基树脂具备更高的 T_g(约 204℃)、更高的弯曲强度和弯曲模量以及更低的介电常数和介电损耗，但 TEUP-EP 树脂的 T_d 显著降低(约 320℃)。另外，Pourchet 等[76]以异丁子香酚与苯氧磷酰氯为原料，合成了一种二官能度的含磷环氧树脂 diepoxy isoeugenol phenylphosphate(DEpiEPP)，而后将之与 DGEBA 混合，经樟脑酸酐(camphoric anhydride，CA)反应固化，制得一种生物基阻燃环氧树脂。当 P 含量为 3%(质量分数)时，阻燃树脂的膨胀阻燃效果突出，CCT 结果显示 PHRR 和 THR 比 DGEBA/CA 的分别降低 52% 和 36%，但因 P—O 键热稳定性不佳，而使其 T_d 降低了 59℃(约 296℃)。

TEUP-EP 与 DEpiEPP 的结构式见图 6.19。

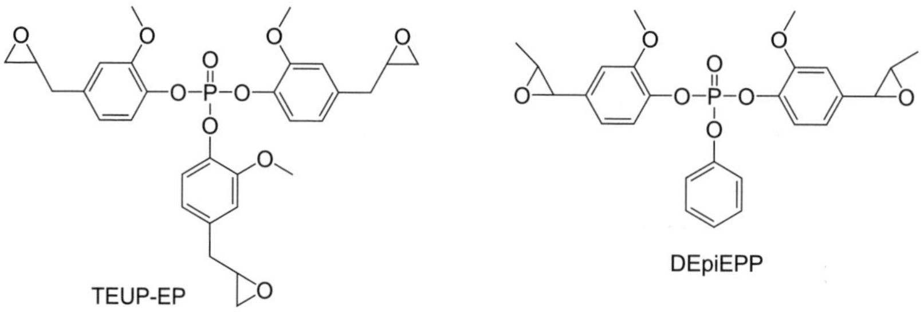

TEUP-EP

DEpiEPP

图 6.19　TEUP-EP 和 DEpiEPP 的结构式

Ménard 等[77]将二乙基(3- 巯丙基)磷酸酯与三环氧丙基间苯三酚(P3EP)以 1∶1 加成反应，合成含硫与膦酸酯的环氧树脂(P2EP1SP)，再将之与 DGEBA 混合制得一种阻燃环氧树脂。当 P 含量为 3%(质量分数) 时，P2EP1SP/IPDA(IPDA 为异佛尔酮二胺) 固化物 CTT 结果显示 PHRR 和 THR 比 DGEBA 树脂分别降低 44% 和 56%。但与参比样相比，P2EP1SP/IPDA 的 T_g 降低约 63℃且 $T_{10\%}$ 降低近 41℃。Wang 等[78]以香草醛分别与 DDM 和对苯二胺(*p*-phenylenediamine，PDA)反应生成含席夫碱的二酚，再与亚磷酸酯通过加成反应合成含磷二酚，后将之与环氧氯丙烷反应，制备出两种含磷环氧树脂单体 EP1 和 EP2。磷含量分别为 6.5% 和 7.2%（质量分数）的 EP1/DDM 和 EP2/DDM 树脂都通过 UL-94 V0 等级测试，LOI 分别为 31.4% 和 32.8%，T_g 分别高达 183℃和 214℃（DER331 树脂的为 166℃），但阻燃树脂的热稳定性因引入磷酸酯而恶化（T_d 低于 300℃）。

P2EP1SP 和 EP1、EP2 的结构式见图 6.20。

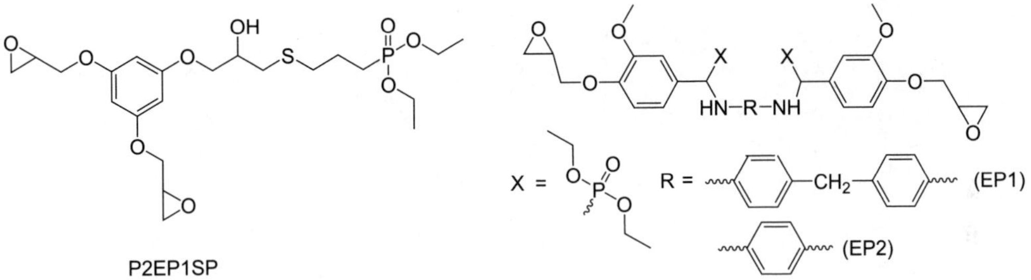

图 6.20　P2EP1SP 和 EP1、EP2 的结构式

6.4.1.3　环磷腈衍生物

环磷腈及其衍生物因具备突出的热稳定性和催化成炭作用，而被用于制备高交联密度的高阻燃、高耐热环氧树脂(图 6.21)，典型环磷腈衍生环氧树脂的性能列于表 6.4 中。Wang 等 [79-82] 以六氯环三磷腈为前驱物，合成相应的醇、胺、酚等衍生物，再将之与 DGEBA 树脂反应制得一系列阻燃环氧树脂(CE-1、CE-2、CE-3 和 CE-4)。以 DDM、DICY、Novolac 等固化的环氧树脂都具有高 LOI(> 28%)，通过 UL-94 V0 等级测试，且 T_g 显著提高，成炭性能突出。其中，CE-3/Novolac 的 T_g 为 170℃，T_d 高达 436℃，750℃时残炭量达 48.3%，因成炭性能突出而使之阻燃性能优良，LOI 高达 38.7%，通过 UL-94 V0 等级测试; CE-4/Novolac 树脂的 LOI 达 32.6%，通过 UL-94 V0 级，T_g 为 167℃，T_d 为 309℃，且与 DGEBA 树脂相比，CE-4 树脂的拉伸强度、拉伸模量及弯曲强度、弯曲模量都更高，而冲击强度仅稍有降低，仍保持在 25 J/m 以上。

Gouri 等 [83] 以六氯环三磷腈与 2, 3-环氧-1-丙醇反应，合成了一种六官能度的含磷环氧树脂，将之与 DGEBA 以 1∶4 混合，再用 DDM 固化，树脂固化物具备优良的阻燃性能，通过 UL-94 V0 等级测试。Xu 等 [84] 以

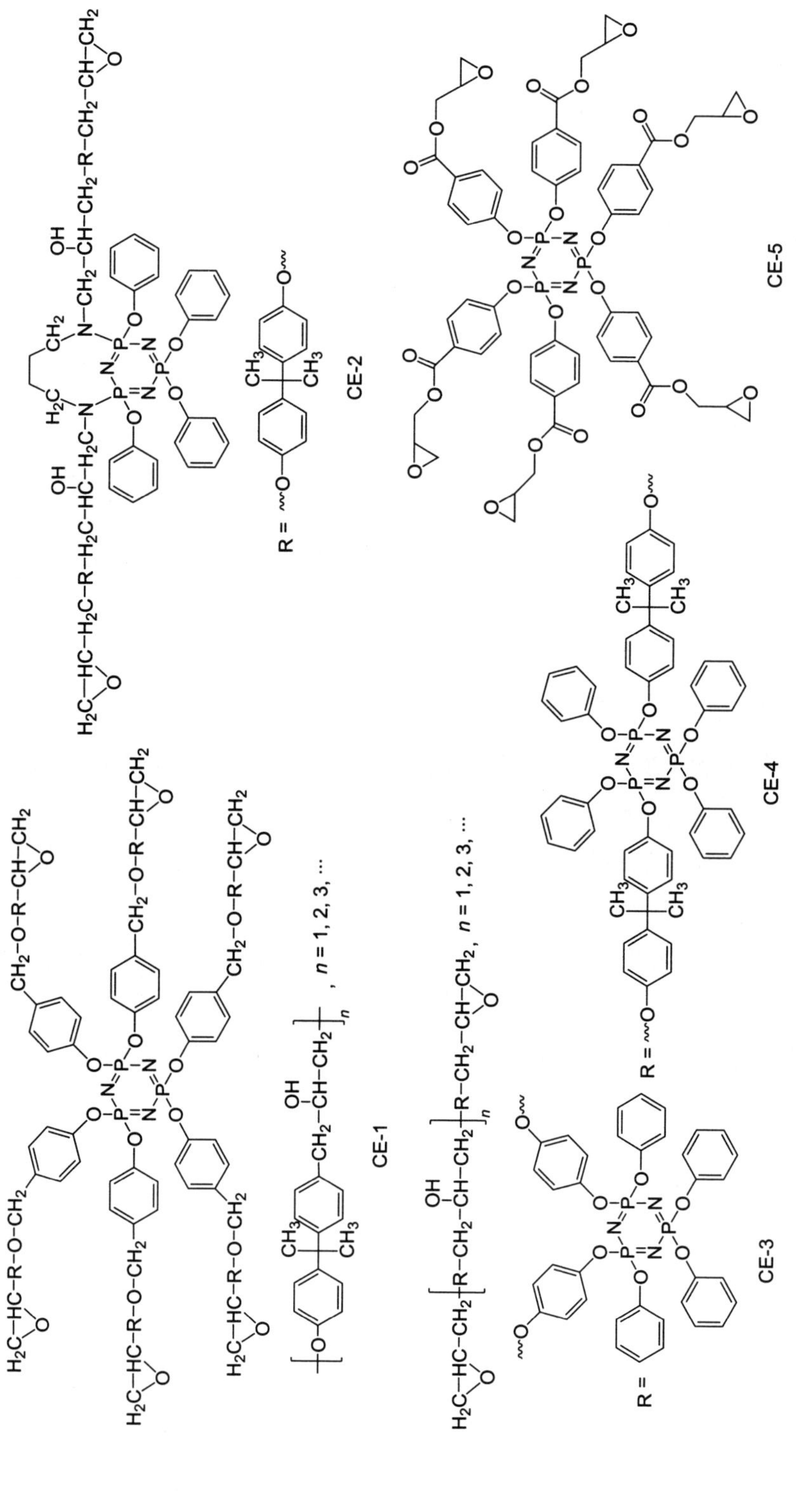

CE-1

CE-2

CE-3

CE-4

CE-5

图 6.21　环磷腈衍生环氧树脂的结构式

六氯环三磷腈和对羟基苯甲醛反应，获取环磷腈对苯甲酸，再将之与环氧氯丙烷反应合成环磷腈衍生环氧树脂(CTP-EP)。尽管因CTP-EP树脂中含有酯键而易水解，但CTP-EP/DDM固化物的交联网络完善，具有较好的耐水解性能，CTP-EP/DDM树脂[P含量为5.8%(质量分数)]的阻燃和耐热性能优良，LOI达33.5%，通过UL-94 V0等级测试，PHRR、THR和TSP比DGEBA树脂的依次降低74%、39%和61%。因刚性基团的引入而使树脂的T_g比DGEBA树脂的高12℃(达167℃)，但又因酯键的热稳定性较差而使树脂的T_d显著降低至290℃左右。

表6.4　环磷腈衍生环氧树脂性能对比表

环氧树脂	固化剂	P质量分数/%	T_g/ΔT_g /℃	T_d/ΔT_d /℃	W_R/ΔW_R /%	LOI /%	UL-94	参考文献
CE-1	DDM	2.4	138/+10	271/−11	23.5/+14.1	28.5	V1	[79]
	DICY	2.5	134/+4	322/-3	42.4/+34.8	31.2	V0	
	Novolac	2.2	145/+9	379/+17	56.2/+47.5	33.5	V0	
	PMDA	2.4	138/+7	238/−21	54.6/+46.5	32.9	V0	
CE-2	DDM	—	158/—	287/—	31.0/—	31.1	V0	[82]
	DDS	—	160/—	316/—	38.5/—	32.5	V0	
	Novolac	—	165/—	287/—	36.3/—	30.1	V0	
CE-3	MeTHPA	—	157/—	386/—	42.2/—	36.5	V0	[81]
	Novolac	—	170/—	436/—	48.3/—	38.7	V0	
	DDM	—	166/—	404/—	42.9/—	39.2	V0	
CE-4	DICY	—	157/—	308/—	26.7/—	32.4	V0	[80]
	DDM	—	159/—	344/—	33.2/—	29.7	V0	
	Novolac	—	167/—	309/—	37.7/—	32.6	V0	
CE-5	DDM	5.8	167/+12	290/−74	39/+14.9	33.5	V0	[84]
	DDS	5.6	—	—	—	34.3	V0	
	mPDA	6.4	—	—	—	31.8	V0	

注：CE-5 T_g/ΔT_g由DMA、其余由DSC测定；CE-5 T_d（ΔT_d）为热失重5%时、其他为3%时的温度（变化量）；CE-1 W_R/ΔW_R为600℃时、CE-5为700℃时、其他为750℃时的残炭（变化量）。

6.4.2　含磷（共）固化剂

尚未固化的环氧树脂仅是小分子或线型低分子材料，因性能所限，几乎不能作为功能或结构材料使用。经固化剂作用，树脂交联形成具备三维网络的固化物，由此具备优良的力学、耐热及介电等性能。按结构与固化效果，环氧树脂固化剂分为：①活性氢作用固化剂，比如脂肪族、脂环族及芳香族胺，多酚，羧酸和酸酐等；②阴 / 阳离子催化固化剂，包括叔胺、咪唑、硫醇和金属盐络合物等。一些低 / 寡聚物，比如聚酰胺、密胺树脂及酚醛树脂等的应用较为广泛。固化剂不仅影响环氧树脂的固化条件(温度、时间等)，且能使环氧树脂固化物具有不同的性能，固化剂的用量及具体的固化条件等的改变，可对固化物的性能起到一定的调控作用。发展阻燃(共)固化剂是获取本征阻燃环氧树脂的重要途径之一，包括含有 DOPO、氧化膦、磷(膦)酸酯及磷(膦)酸盐等的醇 / 酚类、酸酐类及胺类等。

6.4.2.1 胺类（共）固化剂

多元胺是逐步聚合型固化剂，所含的活性氢攻击环氧基，逐步加成聚合反应，形成三维交联固化网络。固化剂与环氧树脂需等当量反应，加入过多或过少的固化剂都不能形成结构完善的固化物。不同的胺与环氧树脂的反应效率不一样，一般是二乙烯三胺等脂肪胺 > 异佛尔酮二胺等脂环胺 > 二氨基二苯基甲烷等芳香胺。以多元胺固化环氧树脂时，酚、醇羟基等与环氧基团的氧形成氢键而促进其开环，加速其固化反应的进行 [85]。多元胺 / 环氧树脂体系中，伯氨基($—NH_2$)先与环氧基团反应生成仲氨基(—NHR)，而后仲氨基再与环氧基团反应生成叔氨基($—NR_2$)，在固化过程中产生的羟基既可与环氧基团反应，也能加速固化反应的进行。近年来，人们设计合成了一系列含磷多胺固化剂，发展出性能各异、适用于不同领域的阻燃环氧树脂及其复合材料。

芳香族胺固化的环氧树脂具备优良的力学、耐热性能，广泛用于结构材料及复合材料等领域。Braun 等 [86] 将一系列磷价态不同的含磷芳香族二胺（图 6.22），用于固化环氧树脂，包括 Ar_3PO(−1)、Ar_2PO_2(+1)、$ArPO_3$(+3)和 PO_4(+5)，研究碳纤维环氧树脂复合材料 [树脂含量约 40%(体积分数)] 的阻燃性能及机理。其中，价态较低的主要在气相中起阻燃作用，而价态较高的以凝聚相阻燃作用为主。Ar_3PO 阻燃复合材料 [树脂的 P 含量为 2.7%(质量分数)] 通过 UL-94 V1 等级测试，LOI 约为 39%，

CCT 结果显示 PHRR 比参比样的降低约 25%，但 CO 释放量及烟释放量显著增加，这与材料的不完全燃烧有关。PO_4 催化成炭效果显著，但因增强纤维会影响炭层强度，而使 PO_4 阻燃环氧树脂复合材料 [树脂的 P 含量为 2.6%(质量分数)] 的阻燃性能不佳，LOI 仅为 29%，达到 UL-94 HB 级，CCT 结果显示 PHRR 反而比参比样的更高。

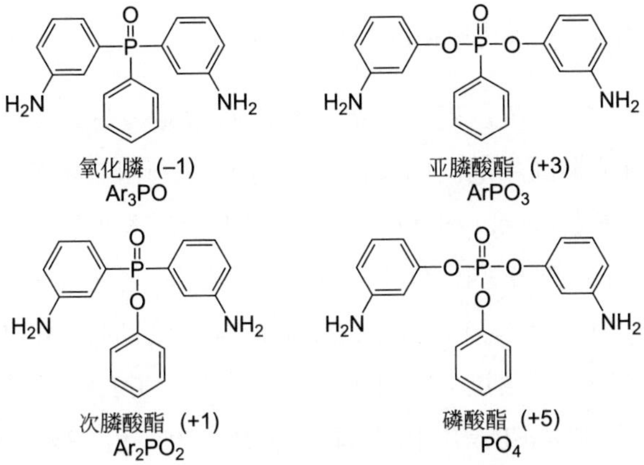

图 6.22 Ar_3PO、Ar_2PO_2、$ArPO_3$ 和 PO_4 的结构式

DOPO 热稳定性优良，气相阻燃效果突出，以之发展含磷芳香胺，作为环氧树脂固化剂，可获得高性能的阻燃环氧树脂和复合材料。Wu 等[87]将 DOPO 与 4,4′-二氨基二苯甲酮加成合成了一种含双 DOPO 的芳香胺(m-2DOPO-$2NH_2$)，将之和其他含磷和 / 或氮的固化剂用于阻燃一种含硅环氧树脂(BE-Si20)。BE-Si20/m-2DOPO-$2NH_2$ 树脂 [P 含量为 2.4%(质量分数)] 的 LOI 从 BE-Si20/DDM 的 21% 提升至 35%，且阻燃树脂的耐热性能突出，T_g 达 164℃，T_d 高于 310℃。Schartel 等[88-89]合成了一种含 DOPO 二胺(BisDOPO-NH_2)，将之用作 DGEBA/DDS 的共固化剂，制备阻燃碳纤维环氧树脂复合材料 [树脂含量约 40%(体积分数)]。BisDOPO-NH_2 阻燃效果较突出，主要起到气相阻燃效果，当阻燃树脂的 P 含量为 2%(质量分数)时，纤维复合材料的 LOI 提升至 48%，通过 UL-94 V1 等级测试。与参比样的相比，阻燃复合材料的 T_g 更高(约 177℃)，层间断裂韧性提高，但弯曲强度和层间剪切强度稍有降低。

m-2DOPO-$2NH_2$ 和 BisDOPO-NH_2 的结构式见图 6.23。

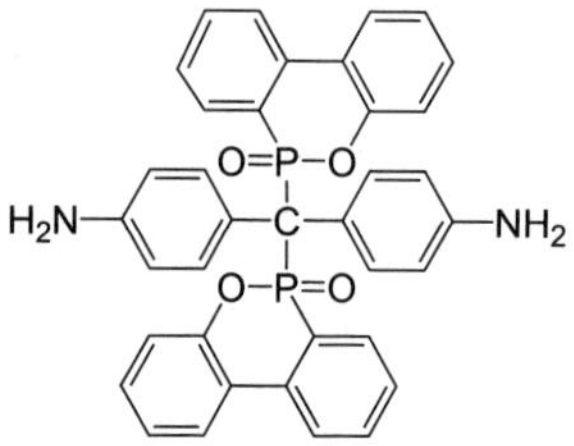

m-2DOPO-2NH$_2$ 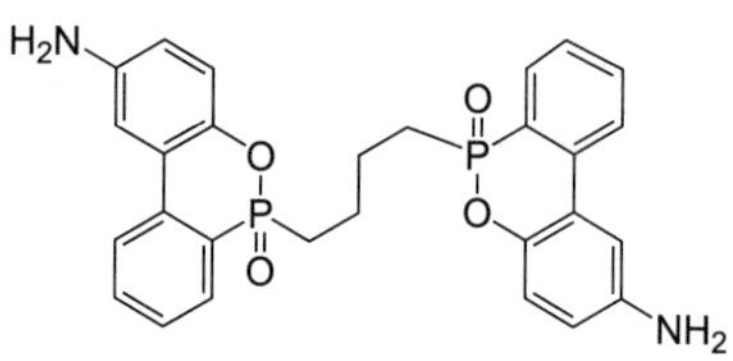　　BisDOPO-NH$_2$

图 6.23　m−2DOPO−2NH$_2$ 和 BisDOPO−NH$_2$ 的结构式

脂肪族/脂环族多胺反应活性高，利用磷酰氯等与之反应，可制备种类多样的含磷阻燃固化剂。比如，Shao 等 [90-92] 利用二苯基磷酰氯与四乙烯五胺、聚乙烯亚胺(polyethylenimine，PEI)及其类似物反应制备了几种含磷脂环族固化剂(DPTA、DPPEI 和 PTDP)，以之制备兼具高阻燃性和高透明性的环氧树脂；当 P 含量为 2%(质量分数)时，DPPEI/DGEBA 的 LOI 提升至 29.8%，通过 UL-94 V0 等级测试，CCT 结果显示 PHRR、THR 和 TSP 比 PEI/DGEBA 的依次降低 64%、70% 和 78%。Zhao 等 [93] 设计合成了几种磷化学环境不同的苯基磷酰胺 FP1、FP2、FP3 和苯氧基磷酰胺 FPO1、FPO2、FPO3(图 6.24)，作为环氧树脂的阻燃共固化剂。其中，FP1、FP2、FP3 的气相和凝聚相阻燃作用突出、阻燃效率较高，含 5%(质量分数)FP1 的环氧树脂通过 UL-94 V0 等级测试，但对 RTM 碳纤维复合材料的阻燃效率不够高 [94]。

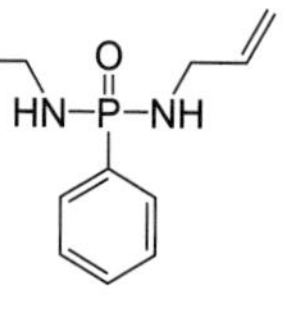

FP1 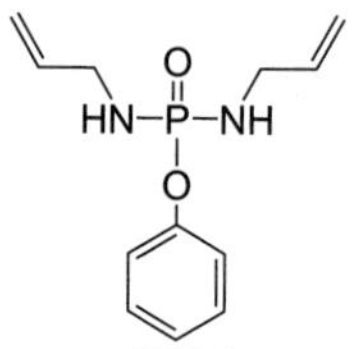　　FPO1

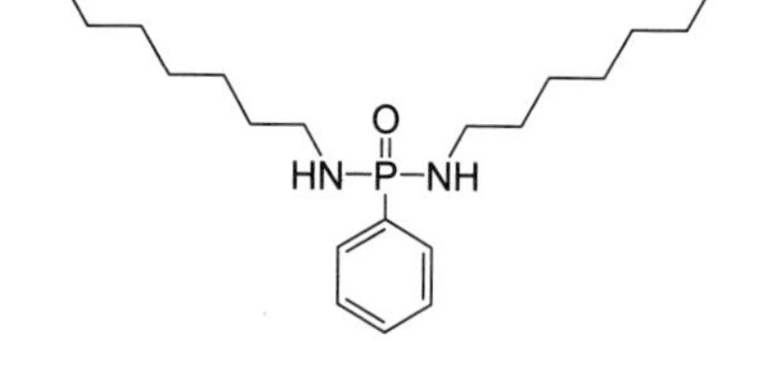

FP2 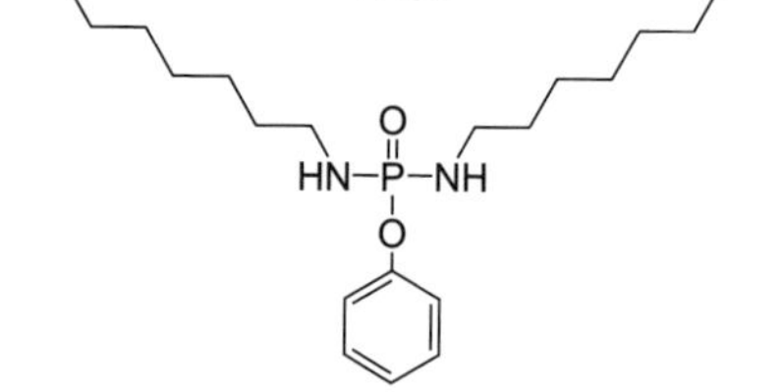　　FPO2

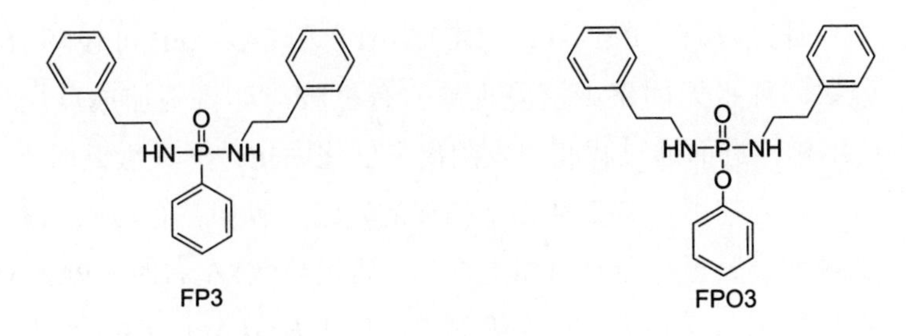

图 6.24　苯（氧）基磷酰胺阻燃共固化剂的结构式

Wang 课题组开拓了一种化学改性 APP 的新途径，通过在醇 / 水溶剂中的界面离子交换反应将有机胺引入 APP 分子链中，制得一种有机 - 无机杂化 APP。将此种 APP 作为单组分膨胀型阻燃剂用于聚合物及复合材料中，有机链段改善了无机阻燃剂与基体的界面相容性，且使 APP 在材料热分解及燃烧过程中起到“三源”一体的阻燃作用，具备突出的膨胀阻燃效果[95-97]。那么，可否利用杂化 APP 中有机胺残留的氨基与环氧树脂反应，将聚磷酸盐通过离子键引入环氧树脂分子网络中，以获取性能优良的本征阻燃环氧树脂？为此，他们将聚乙烯亚胺(PEI)、二乙烯三胺(DETA)和哌嗪(PAz)与 APP 以不同比例反应，合成了 PEI-APP、DETA-APP 和 PAz-APP(图 6.25)，将之作为环氧树脂的阻燃固化剂，发展出几种高阻燃、低烟释放的高火安全环氧树脂[98-100]。

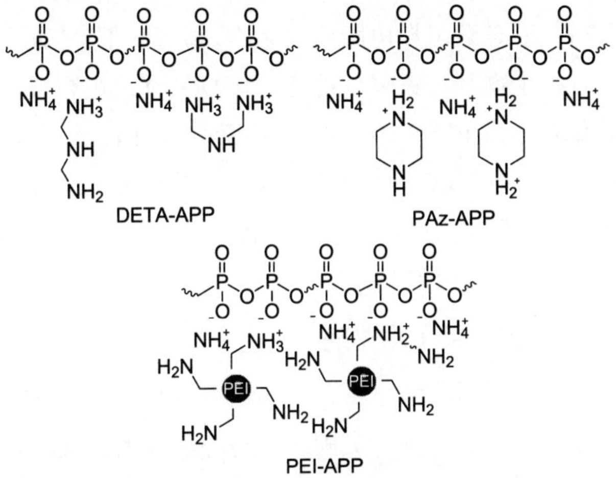

DETA-APP　　PAz-APP

PEI-APP

图 6.25　脂肪族、脂环族多胺改性聚磷酸铵的结构式

研究发现，PEI-APP、DETA-APP 和 PAz-APP 可在环氧树脂中均匀分散，几乎无团聚或沉降现象，有机胺与环氧基加成反应生成 C—N—C 结构，进而通过叔胺引发阴离子催化固化，形成醚键网络(C—O—C)，故而固化物中具有 2 种化学构成的网络。其中，含哌嗪的 PAz-APP 的阻燃效率最突出，当 P 含量为 3.5%(质量分数)左右时，PAz-APP/E44 树脂固化物通过 UL-94 V0 等级测试，LOI 为 31.5%，CCT 结果显示 PHRR、THR 和 TSP 比 PAz/E44 的依次降低约 82%、81% 和 80%，残炭量高达 66%，突出的热释放和烟释放抑制效果与聚磷酸盐的高效膨胀阻燃作用有关。且阻燃树脂力学性能良好，冲击强度有所提升(约 8.9 kJ/m^2)，但因哌嗪催化固化而产生醚键网络，而导致其 T_g 不够高(约 139℃)，且因聚磷酸铵突出的催化成炭作用，树脂的热失重温度明显降低(T_d 约 293℃)。

席夫碱是由胺和醛或酮缩合而成的含亚胺或甲亚胺基团(—RC＝N—)的化合物，将之与 DOPO 和亚磷酸酯反应形成含磷席夫碱(图 6.26)，用作环氧树脂的阻燃共固化剂。Huo 等[101-104]设计合成了一系列含 DOPO 的席夫碱(BPD、DPT、DTA 及 DIB)，将之用于阻燃 DDS/DGEBA 或 DDM/DGEBA 树脂。当 P 含量为 0.75%(质量分数)时，阻燃环氧树脂 LOI 可达 36.5% 以上，均可通过 UL-94 V0 等级测试，CCT 结果显示阻燃树脂较参比样的 PHRR 和 THR 都有所降低，DIB 的效果最为显著。因 BPD、DTA 和 DIB 含有咪唑基团，引发环氧树脂发生阴离子固化形成醚键网络，而导致阻燃树脂的 T_g 和 T_d 显著降低。Yao 等[105]从糠醛出发合成了一种生物基席夫碱，再将之与 DOPO 反应合成了一种阻燃环氧树脂共固化剂。当 P 含量为 0.45%(质量分数)时，阻燃环氧树脂通过 UL-94 V0 等级测试，LOI 为 35.7%，CCT 结果显示 PHRR、THR 和 TSP 比参比样的依次降低 41%、38% 和 21%，且此种席夫碱具有增韧效果，可使阻燃树脂的冲击强度提升。

6.4.2.2 酸酐/羧酸(共)固化剂

酸酐固化的环氧树脂收缩率低、耐热性突出且介电性能优良，在电子电气等领域占有率很高。酸酐类固化剂与环氧基的反应活性较低，固化所需温度较高，需要加入叔胺等碱性催化剂以降低环氧树脂/酸酐体系的固化温度，苯酐/叔胺/环氧树脂的固化机理见图 6.27[106]。首先，叔胺攻击环氧基引发开环，产生的氧阴离子攻击酸酐形成羧酸根离子，

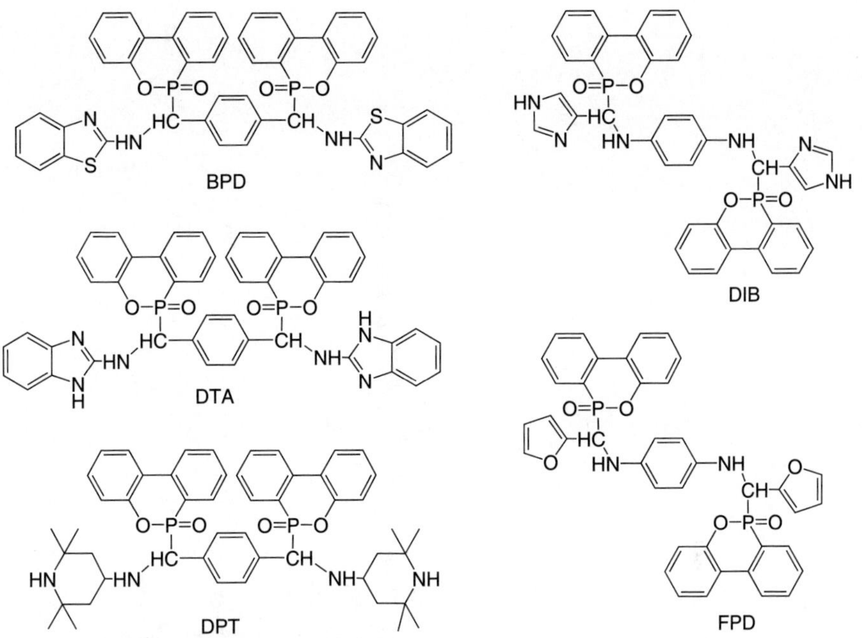

图 6.26 含磷席夫碱阻燃共固化剂的结构式

随后羧酸根攻击环氧基团使之开环成烷氧阴离子，烷氧阴离子再与酸酐反应生成羧酸根离子，如此反复地进行下去，由此完全地固化环氧树脂，而在固化过程中叔胺可不断“再生”。与胺类固化剂相比，酸酐在固化环氧树脂过程中不产生强极性的羟基，固化物具有更优异介电性能和耐热性能。另外，环氧树脂 / 酸酐体系的操作期长，固化过程中的收缩率极低，而经常被用于大型复合材料成型工艺。

近年来，电子产品向高集成、高密度及小型化的方向发展，电子器件内部过热现象严重、火灾隐患巨大。酸酐固化的环氧树脂比胺固化的环氧树脂更为易燃且难阻燃，发展阻燃酸酐固化剂，获取满足高频高速电子器件用高火安全、高耐热、低介电性能的环氧树脂是本领域的难点之一。以 DOPO 与衣康酸酐反应，可简便高效地制备含磷酸酐，将之与苯酐及四氢苯酐以 3∶1 混合后固化环氧树脂，可使 DGEBA 树脂(P 质量分数为 3.5%)的 LOI 达到 37% 以上[107]。以含磷的多酚与氯化偏苯三酸酐反应，可获得多官能度的含磷酸酐 TDA、BPAODOPE(图 6.28)[108-109]。将 TDA 和 MHHPA 以 1∶1.14 共固化 DGEBA 树脂 (P 质量分数为 1.5%)，阻燃树脂通过 UL-94 V0 等级测试，LOI 达 32.7%，且阻燃树脂的耐热性保持优良，T_g 和 T_d 达 128℃和 324℃。

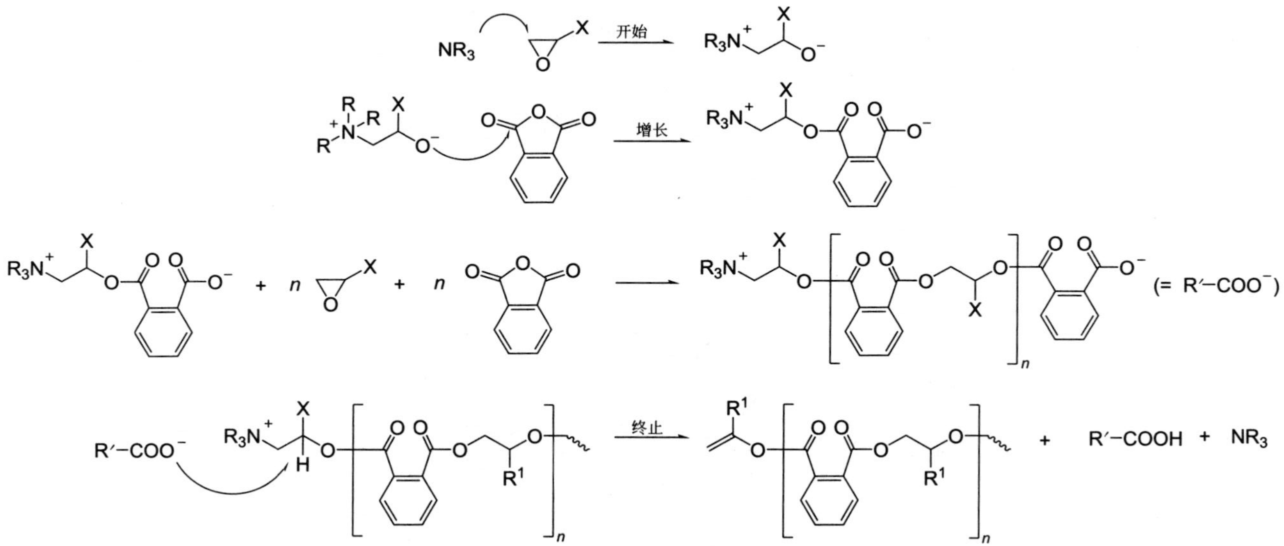

图 6.27　苯酐 / 叔胺 / 环氧树脂体系固化过程机理图

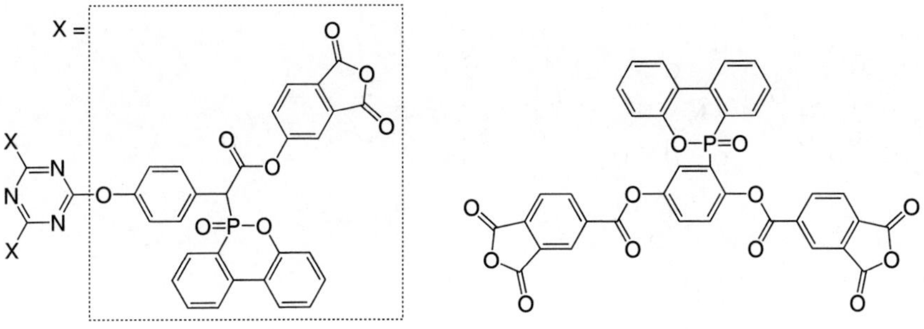

图 6.28 含磷酸酐 TDA、BPAODOPE 的结构式

近年来，从生物质多元羧酸出发合成含磷阻燃羧酸，将之作为阻燃共固化剂获取高性能环氧树脂，逐渐受到人们的重视。Duan 等[110-111]以 THEIC、马来酸酐和 DOPO 等合成出含磷、氮和硼等的羧酸衍生物(TMD、TMDB)，将之与 MeTHPA 以不同比例混合用于固化环氧树脂。当 TMDB 与 MeTHPA（甲基四氢苯酐）为 1∶3 的比例时，阻燃树脂(P 质量分数为 1.5%)的 LOI 达 32.4%，通过 UL-94 V0 等级测试，CCT 结果显示 PHRR、THR 和 TSP 比参比样的分别降低约 61%、43% 和 37%，且阻燃树脂的耐热性能优良，其 T_g 和 T_d 没有明显降低(分别为 132℃和 348℃)。Huang 等[112]以香草醛与六氯环三磷腈合成环磷腈衍生六元羧酸(HCPVC)，以之固化环氧树脂，用作木材的阻燃涂料。HCPVC 可在 120℃下固化环氧树脂，树脂固化物(HCPVC/EP)具备高硬度，粘接强度、光泽度、冲击强度，耐溶剂性及热稳定性等，HCPVC/EP 兼具气相和凝聚相阻燃作用，可使木材通过 UL-94 V0 等级测试，LOI 提升至 30.7%。含磷羧酸 TMD、TMDB 和 HCPVC 的结构式见图 6.29。

6.4.2.3 咪唑类固化剂

与其他固化剂相比，咪唑固化剂用量少，催化固化效率高，在中温下短时间内即能快速固化环氧树脂，且固化物的机械性能优良，热变形温度高，热稳定性优良，具备优良的介电性能和力学性能，非常适用于要求操作温度较低且制品小、轻、薄的微电子封装领域。咪唑中的仲氨基及叔氨基与环氧树脂的反应效率较高，无需与环氧树脂等当量进行反应，典型的固化历程见图 6.30。首先，咪唑的 3 位叔氨基与环氧基团发生加成反应，再经分子内质子转移(1 位仲胺的氢转向氧负离子)而生

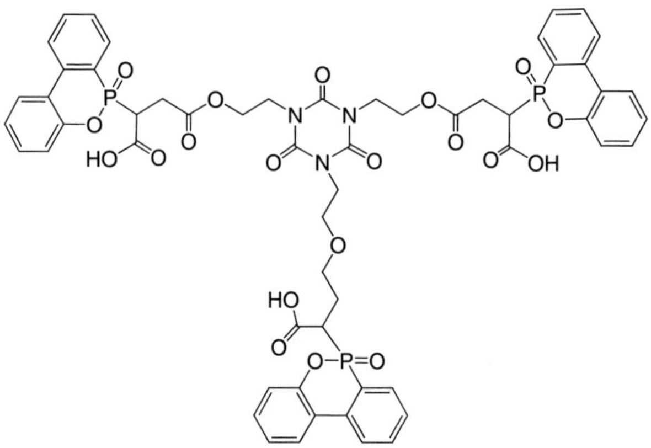

TMD

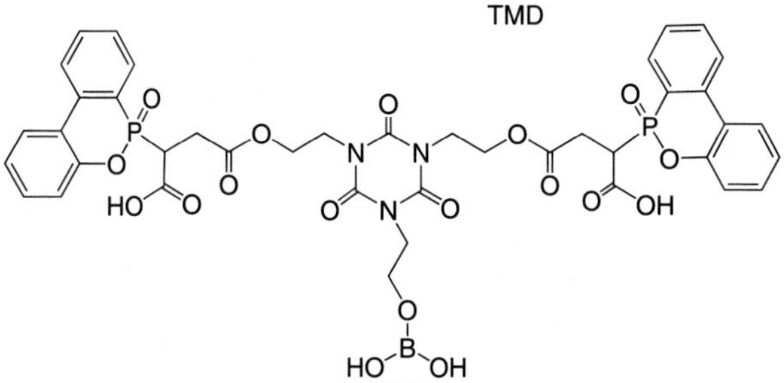

TMDB

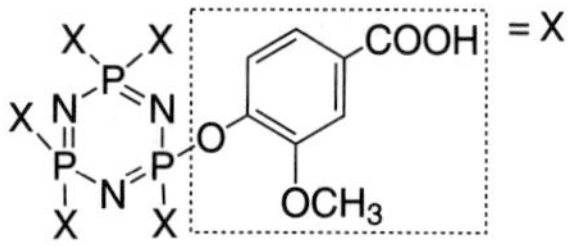

HCPVC

图 6.29　含磷羧酸 TMD、TMDB、HCPVC 的结构式

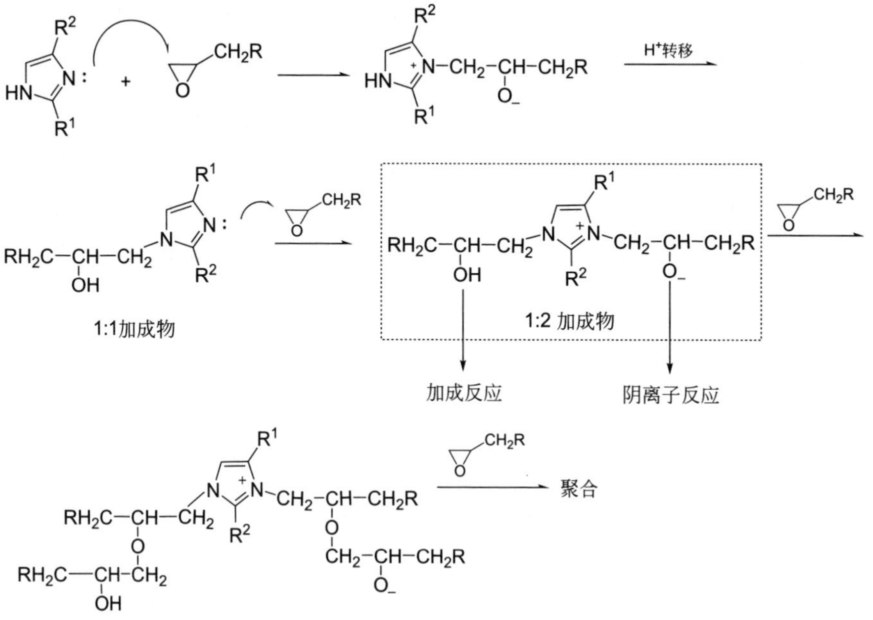

H^+转移

1:1加成物

1:2 加成物

加成反应

阴离子反应

聚合

R_1, R_2= 氢、烷基或苯基

图 6.30　咪唑 / 环氧树脂体系固化过程机理图

成 1∶1 加成物，而后与环氧基团加成反应生成 1∶2 咪唑鎓两性离子。此种两性离子既可由烷氧阴离子(—O⁻)引发环氧基团的阴离子开环聚合，又能通过醇羟基(—OH)与环氧基团加成反应，由此实现环氧树脂的快速固化，形成高交联密度的聚合物[113]。

环氧树脂及复合材料的施工过程中，环氧树脂、固化剂以及添加剂(阻燃剂等)需混合配制作为“单组分”材料使用。但咪唑与环氧树脂的活性过高，甚至在常温下即发生反应而导致环氧树脂在储存或施工过程中黏度不断增大而适用期过短，不能适用于“单组分”环氧树脂体系。故而，需要对咪唑进行“钝化”改性，使之能在常温下与环氧基团呈反应惰性，而受热后又可催化树脂快速固化，即具备“潜伏性”固化效果。人们发现，咪唑及其衍生物对环氧树脂的高反应性源于结构中的仲胺和叔胺基团，故而通过对活性结构进行修饰(包括取代基改性、形成盐/络合物、形成离子液体等[114-115])，以控制咪唑的反应活性，提升其与环氧树脂的储存稳定性。近期，Wang 课题组提出以磷酰基及含磷酸对咪唑化合物进行改性，合成含磷 1-取代咪唑及咪唑盐，含磷基团在钝化咪唑化合物对环氧基团的反应性同时，又可将阻燃基团引入环氧树脂中，使树脂具备优良的本征阻燃性能[116-118]。

他们以二苯(氧)基磷酰氯与咪唑(MZ)反应，合成了 2 种含磷 1-取代咪唑 diphenyl 1*H*-imidazol-1-yl-phosphonate(DPIPP) 和 1-(diphenylphosphinyl)-1*H*-imidazole(DPPIO)，作为环氧树脂固化剂[116]。其中，磷酰取代基具有吸电效应及位阻作用，从而抑制咪唑与环氧树脂的反应性，使之具备“潜伏性”固化效果，且与环氧树脂反应后又以共价键接入环氧树脂中，使树脂具备本征阻燃性能(图 6.31)。DPIPP/E44 固化物(P 质量分数为 1.55%)的 LOI 达 31.5%，通过 UL-94 V0 等级测试，CCT 结果显示 PHRR、THR 和 TSP 比 1-甲基咪唑固化物的依次降低 46%、38% 和 47%，凝聚相阻燃效果显著。因分子内“离子键”作为物理交联点而刚性较强，但交联密度低、耐热性不佳，T_d 约为 319℃，T_g 约为 120℃。DPPIO/E44 固化物(P 质量分数为 1.72%)以气相阻燃作用为主，LOI 高达 38.0%，通过 UL-94 V0 等级测试(1.6 mm)，CCT 结果显示 PHRR 和 THR 比参比样分别降低约 45% 和 44%，但 TSP 提高约 15%，且耐热性优良，T_d 达 345℃，因磷酰苯基的位阻效应而使树脂 T_g 较高（157℃）。

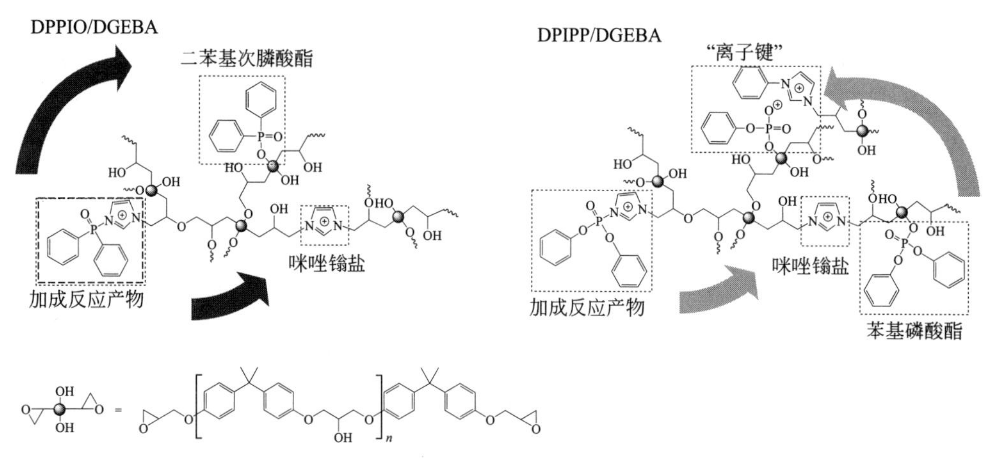

图 6.31 DPPIO 和 DPIPP 固化 DGEBA 的过程示意图

随后他们利用有机含磷酸与咪唑的中和反应，快速、高产率地合成了 2 种含磷咪唑盐 imidazolium dibenzo[*c*,*e*][1,2]oxaphosphate（IDOP）和 imidazolium diphenylphosphinate（IDPP），用作环氧树脂的“潜伏性”阻燃固化剂。IDOP 中的离子键及 DOPO 基团的位阻效应抑制了咪唑的反应性，而使之具备“潜伏性”固化效果。在较高温度下（>80ºC），IDOP 与环氧基团发生反应固化环氧树脂，含磷基团以共价键及离子键引入环氧树脂中（图 6.32）[117]。IDOP/E44 固化物（P 质量分数为 1.55%）的 LOI 提升至 37%，通过了 UL-94 V0 等级测试，CCT 结果显示 PHRR 和 THR 比参比样的分别降低约 40% 和 38%，但 TSP 反而提升 7%，IDOP 以气相阻燃作用为主，凝聚相阻燃作用有限。IDOP/E44 的交联密度低，刚性强，T_d 与参比样的相近（达 355℃），T_g 较高（144℃），且引入含磷基团没有恶化环氧树脂的介电性能，1 MHz 下 IDOP/E44 的 ε 为 4.4，tan δ 为 0.018。

IDPP 的固化效率比 IDOP 更高，IDPP/E44（含质量分数为 15% 的 IDPP）在 150 ºC 下在 6.5 min 内即可产生凝胶，IDPP 的含磷基团主要以离子键接入环氧树脂中（图 6.33），对树脂的网络结构影响较小[118]。IDPP 兼具气相和凝聚相阻燃效果，E44 固化物（P 质量分数为 1.62%）的 LOI 达 37.0%，通过了 UL-94 V0 等级测试，CCT 结果显示 PHRR、THR 和 TSP 比参比样的分别降低约 24%、43% 和 3%。树脂的交联密度高，耐热性能

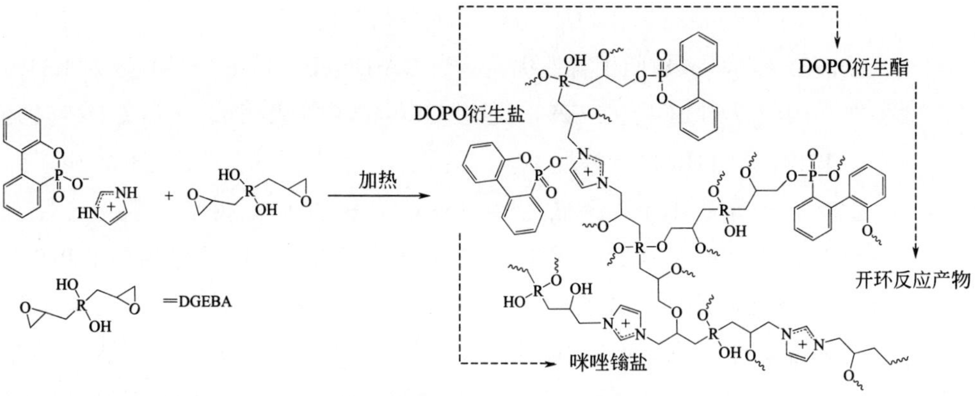

图 6.32 IDOP 固化 DGEBA 的过程示意图

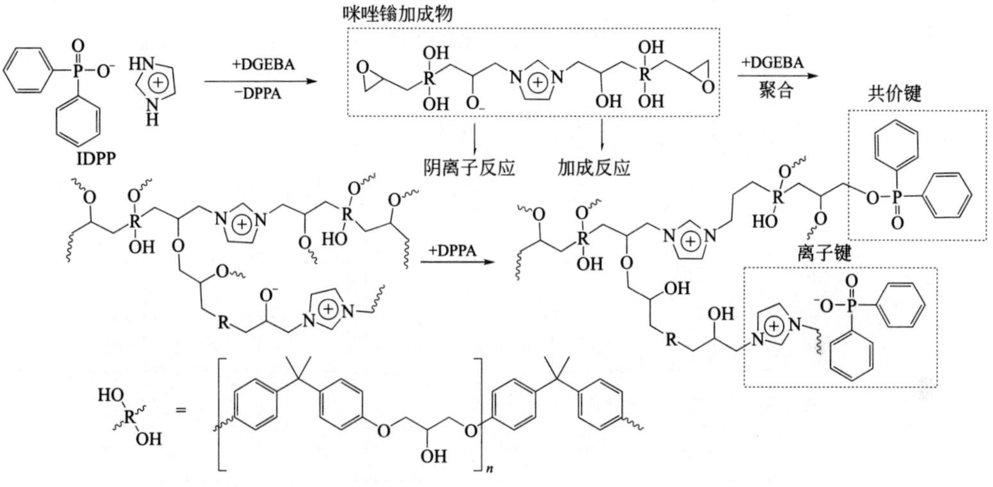

图 6.33 IDPP/DGEBA 的固化过程示意图

优良，T_g 与参比样的相近(约 173℃)，T_d 达 339℃，含磷基团的引入不影响环氧树脂的介电性能，1 MHz 下 IDPP/E44 固化物的 ε 为 4.0，tan δ 为 0.018。此外，IDPP 同样适用于双缩水甘油胺树脂(tetraglycidyl diphenyl methane，即 AG-80 树脂)，在 50℃下，IDPP/AG-80 能长时间保持稳定，而在 120℃左右又可快速固化，IDPP/AG-80 固化物(P 质量分数为 1.62%)可通过 UL-94 V0 等级测试，LOI 达 38%，CCT 结果显示 IDPP/AG-80 树脂的热释放被明显抑制。

Yang 等 [119-120] 设计合成了含 DOPO 和环三磷腈的含磷 1-取代咪唑

(DA、BICP)，将之作为环氧树脂的“潜伏性”阻燃固化剂。DA 常温下呈液态，与环氧树脂相容性优良，当 DA/DGEBA 的 P 质量分数为 1.31% 时，固化物的 LOI 达 37.2%，通过 UL-94 V0 等级测试，但 CCT 结果显示 PHRR 和 THR 降低幅度不大，且因 DA 引入丙基及催化固化产生了大量醚键，而使树脂 T_g 降低(仅约 153℃)。BICP 阻燃树脂(P 质量分数为 1.01%)的 LOI 达 31.2%，通过 UL-94 V0 等级测试，CCT 结果显示 PHRR 和 THR 比参比样的分别降低 60% 和 33%，且因引入刚性的环三磷腈及交联密度的提高，而使树脂固化物的耐热性能明显提升，T_g 高达 190℃。进而，他们将 DOPO 引入 BICP 阻燃树脂体系中[121]，DOPO 引发树脂的快速固化，且提升树脂的气相阻燃效果：当 P 质量分数为 2.3% 时(DOPO∶BICP=1∶1.21)，树脂的 LOI 高达 38.3%，通过 UL-94 V0 等级测试，CCT 结果显示 PHRR、THR 和 TSP 比参比样的依次降低 73%、53% 和 51%。

含磷咪唑化合物阻燃环氧树脂性能对比见表 6.5。

表6.5　含磷咪唑化合物阻燃环氧树脂性能对比表

环氧树脂	阻燃剂	P 质量分数 /%	LOI /%	UL-94	ΔPHRR /%	ΔTHR /%	ΔTSP /%	T_g/ Δ T_g /℃	T_d/ Δ T_d /℃	参考文献
E44	DPIPP	1.55	31.5	V0	−46	−38	−47	120/−21	319/+19	[116]
E44	DPPIO	1.72	38.0	V0	−45	−44	+15	157/+16	345/+45	
E44	IDOP	1.55	37.0	V0	−40	−38	+7	144/−31	355/−3	[117]
E44	IDPP	1.62	37.0	V0	−24	−43	−3%	173/−2	339/−20	[118]
AG-80			38.0	V0	−63	−51	+45	204/−7	335/−15	
CYD-128	DA	1.31	37.2	V0	−32	−19	—	153/−1	318/−68	[119]
CYD-128	BICP	1.01	31.2	V0	−60	−33	—	190/+34	317/−25	[120]
CYD-128	BICP+DOPO	2.3	38.3	V0	−73	−53	−51	176/+20	301/−31	[121]

注：CYD-128 为 DGEBA 树脂，环氧当量约为 188 g/mol。

6.5 不饱和聚酯树脂

不饱和聚酯树脂(unsaturated polyester resin，UPR)是指由不饱和 / 饱和二元酸或酸酐与二元醇通过缩聚反应制备的含有非芳香不饱和双键的聚酯低聚物，通常与低黏度的交联单体(苯乙烯等)混溶形成预聚物溶液。在引发剂和促进剂作用下，UPR 与交联单体发生聚合反应，可形成具有三维交联结构的固化物。UPR 的价格低廉、易于加工且固化物的性能优良，是热固性树脂中用量最大的品种之一，主要用于玻璃钢、人造石及涂料和浇筑等领域。但 UPR 中 C、H 的含量较高，受热分解时会产生大量可燃性气体小分子，火灾隐患较大。一旦被点燃，UPR 的火焰传播速度快，且伴有大量的热释放及烟气释放，高性能火安全 UPR 是一种亟须突破的关键材料。通过将阻燃基团加入树脂单体二元酸 / 二元醇或交联剂 / 活性稀释剂中，获取本征阻燃 UPR，可使 UPR 兼具阻燃性、可加工性、力学性能及耐热性能，典型的阻燃剂结构见图 6.34，阻燃树脂数据对比见表 6.6。

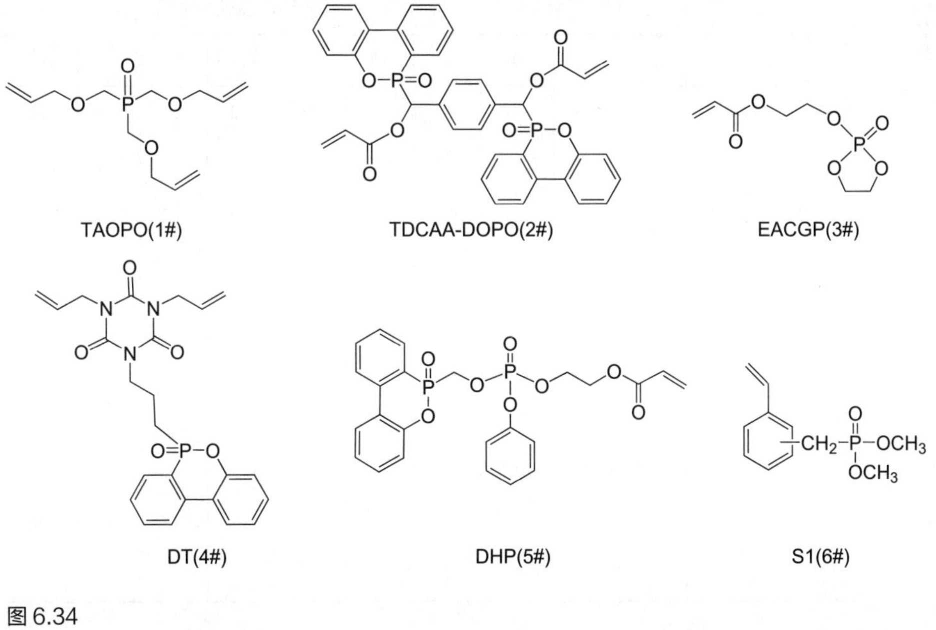

TAOPO(1#)　TDCAA-DOPO(2#)　EACGP(3#)

DT(4#)　DHP(5#)　S1(6#)

图 6.34

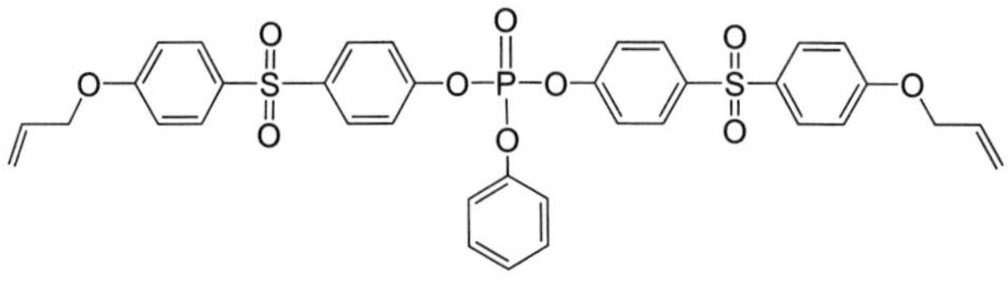

DASPP(7#)

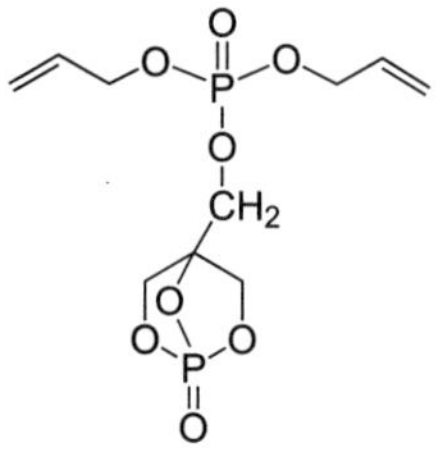

PDAP(8#)

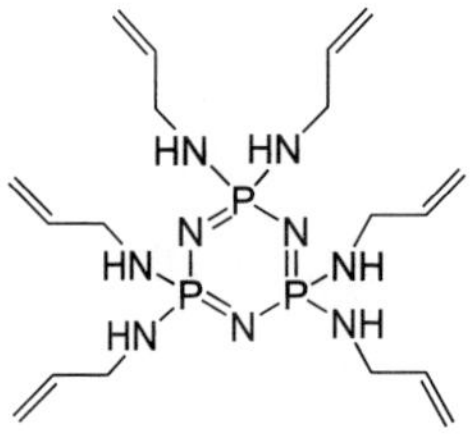

HACTP(9#)

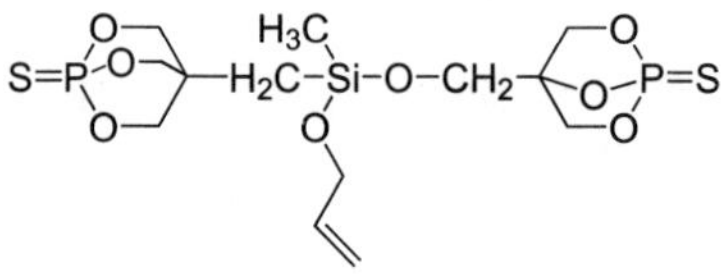

MVDOS(10#)

图 6.34　磷系阻燃交联剂的结构式

表6.6　图6.34中含磷交联单体本征阻燃UPR的性能对比表

项目	1#	2#	3#	4#	5#	6#	7#	8#	9#	10#
单体质量分数 /%	25.5	20	20	30	20	38	12	20	20	20
T_d/℃	225	310	317[*]	310	298[*]	211	259	273[*]	343[*]	228
残炭质量分数 /%	10.7[a]	13.8	18.2[b]	10.6[b]	6.5	21.3[b]	—	13.1[b]	7.8	19.1[b]
Δ残炭质量分数 /%	+2.9[a]	+4.3	+13.2[b]	−2.2[b]	+1.3	+21.1[b]	—	+9.6[b]	+5.9	+14.3[b]
LOI/%	27	27.2	26.5	29.8	29	—	25.2	27.5	26	30.4
UL-94	—	—	—	V1	V0	—	—	—	—	V0
Δ PHRR/%	−46	−44	−55[※]	−46	−37[※]	−49	—	−53[※]	−45	−57
Δ THR/%	−45	−43	−28[※]	−33	—	−9	—	−39[※]	−22	−29
Δ TSP/%	—	—	—	—	—	—	—	—	—	−30
Δ拉伸强度 /%	—	—	—	−27	—	—	—	—	−4	—

续表

项目	1#	2#	3#	4#	5#	6#	7#	8#	9#	10#
Δ弯曲强度 /%	—	—	—	−17	—	—	—	—	—	—
参考文献	[134]	[129]	[130]	[137]	[128]	[135]	[136]	[131]	[132]	[138]

注：6# 全部取代苯乙烯，其他单体按比例加入 UPR 中（8# 按 phr.、其他的按质量分数）。T_d 指在 TG 中 N_2 下热失重某比例时的温度（质量分数 5% 或 10% 标为 "*"），样品残炭量及Δ残炭量记录温度为 600℃（注为 "a"）、700℃或 800℃（注为 "b"）；Δ PHRR、Δ THR 和Δ TSP 由锥形燃烧量热和微型量热（注 "※"）测得。

6.5.1 含磷不饱和聚酯低聚物

将含磷的酸、醇或酚等单体与邻苯二甲酸酐、顺丁烯二酸酐、1，2-丙二醇经共聚反应，合成含磷的 UPR 预聚物，是发展本征阻燃 UPR 的一种重要手段。人们将苯基磷酰二氯和间苯二酚合成的苯磷酸二(间苯二酚)酯(BPHPPO)以及 CEPPA 分别作为阻燃单体，合成主链含磷的本征阻燃 UPR。当 BPHPPO 含量为 18%(质量分数)时，树脂的 LOI 为 30%，且可通过 UL-94 V0 等级测试，但树脂的热稳定性恶化 [热重分析(TG)结果显示氮气和空气氛下的 T_d 分别下降约 30℃和 64℃][122]。当 P 为 3.5%(质量分数)时，含 CEPPA 的 UPR LOI 达 26.9%，但树脂的固化效率降低，树脂的固化条件为 32℃ /10 h。为兼顾 UPR 的阻燃性能及固化效率，再将 DMMP 加入阻燃 UPR 树脂预聚物中，当树脂的 P 达 5%(质量分数)时，阻燃 UPR 的 LOI 提升至 28.6%[123]。

Zhang 等 [124-125] 分别利用衣康酸、马来酸与 DOPO 反应合成含磷二元酸(DPP 和 DOPO-MA)，再将之作为单体合成侧基含 DOPO 的本征阻燃 UPR。其中，磷含量为 1.6%(质量分数)时，含 DPP 树脂的 LOI 为 29%，且通过 UL-94 V0 等级测试，CCT 结果显示其 PHRR 和 THR 比参比样分别降低了约 42% 和 43%，但比消光面积值(SEA)增大，这与 DOPO 的气相阻燃作用有关。当含磷为 1.7%(质量分数)时，含 DOPO-MA 树脂的 LOI 达 25.4%，通过 UL-94 V1 等级测试，但是 DOPO-MA 对 UPR 的固化延迟作用显著，树脂的固化起始温度和峰值温度均升高约 40℃，较大地影响了该产品的加工过程。另外，因含磷的酸、醇或酚等前驱体种类及反应性、可加工性和阻燃效率等的限制，而导致含磷 UPR 预聚物的设计局限性较大，不能以之灵活、高效制备具备应用前景的含磷本征阻燃 UPR。

6.5.2 含磷交联剂

苯乙烯是 UPR 中最常用的稀释剂，但其易挥发、具有刺激性，是 UPR 燃烧时热释放和烟释放量较大的“罪魁祸首”之一[126]。因此，设计合成含有非芳香不饱和双键的含磷单体 / 低聚物，将之作为阻燃交联剂加入 UPR 中，以(部分)取代苯乙烯，是制备高性能本征阻燃 UPR 的一个重要方向。含磷阻燃交联剂通常是通过丙烯酰氯、烯丙醇、烯丙胺等与含磷前驱体反应合成，包括氧化膦、磷(膦)酸酯以及 DOPO 等的衍生物。阻燃交联剂通过自由基反应与 UPR 预聚物及苯乙烯共聚反应，将阻燃元素及阻燃基团引入 UPR 网络中，从而得到本征阻燃 UPR 固化物。怎样“合理”设计 UPR 的含磷交联单体，提升其阻燃及抑烟效率，降低阻燃基团对 UPR 树脂网络的影响，使树脂兼具优良的阻燃、抑烟及力学等性能，是发展高性能火安全本征阻燃 UPR 的关键。

人们设计合成了一系列含 DOPO 或 / 和磷酸酯侧基的丙烯酸酯 10-(2,5-diacrylic ester phenyl)-9,10-dihydro-9-oxa-10-phosphaphenanthrene-10-oxide（ODOPB-AC）、1,4-phenylene-bis((6-oxido-6*H*-dibenz-[*c*,*e*][1,2]-oxaphosphorinyl)methylene)diacrylate（TDCAA-DOPO）、ethyl acrylate cyclic glycol phosphate（EACGP）和 2-((((6-oxidodibenzo[*c*,*e*][1,2]oxaphosphinin-6-yl)methoxy)(phenoxy)phosphoryl)oxy)ethyl acrylate（DHP）等，而后将它们作为阻燃交联剂，以制备本征阻燃不饱和聚酯[127-130]。Cao 等[129]合成了一种含双 DOPO 的二醇 1,4-phenylene-bis((6-oxido-6*H*-dibenz-[*c*,*e*][1,2]-oxaphosphorinyl)carbinol)（TDCA-DOPO），将之与丙烯酰氯反应生成丙烯酸酯，制备反应型阻燃剂 TDCAA-DOPO，而后，再将 TDCA-DOPO 作为添加型、TDCAA-DOPO 作为反应型阻燃剂加入 UPR 中。当用量均为 15% 质量分数时，含 TDCAA-DOPO 树脂(P 质量分数为 1.26%)的 LOI 提升至 25.8%，CCT 结果显示 PHRR 及 THR 比参比样分别降低 35% 和 43%，兼具气相和凝聚相阻燃效果，且耐热和阻燃性

能更高，T_g 和 T_d 都高于参比样(分别达 116℃和 298℃)。DHP 同时含有 DOPO 和磷酸酯基团，阻燃效果突出，引入 20% 质量分数 DHP，阻燃 UPR 的 LOI 提升至 29%，通过 UL-94 V0 等级测试 [128]。

利用(苯)磷酰氯制备出 1-oxo-2,6,7-trioxa-1- phosphabicyclo-[2.2.2] octane-methyl diallyl phosphate(PDAP)和 di(allyloxybisphenol sulfone) phenoxy phosphonate(DASPP)等含烯键的磷酸酯类活性单体，可将含磷基团引入 UPR 的主链网络中 [131-133]。例如，Dai 等 [131] 报道了一种侧基含笼状磷酸酯的二烯丙基化合物 PDAP，以 PDAP 为阻燃交联剂制备了本征阻燃 UPR。PDAP 具备典型的膨胀阻燃效果，当引入 20% 质量分数的 PDAP 时，阻燃 UPR 的 LOI 提升至 27.5%。他们以磷酰氯为前驱体合成了一种阻燃交联单体 DASPP，以之将位阻效应显著的二苯砜等刚性基团引入 UPR 链中，使阻燃 UPR 的力学及热性能保持甚至稍有提升。引入 20% 质量分数的 DASPP，UPR 的 LOI 提升至 26%，CCT 结果显示 PHRR 和 THR 比参比样的分别降低 45% 和 22%，且 T_d 与拉伸强度与参比样的相近 [132]。由此，通过调整阻燃基团的结构和位置，降低对 UPR 力学及热性能的影响，从而获取了高性能阻燃 UPR。

Lin 等 [134] 从三羟甲基氧化磷(THPO)出发，通过烯丙基氯引入双键，合成一种氧化膦衍生的阻燃交联单体 tris(allyloxymethyl) phosphine oxide (TAOPO)，用于制备本征阻燃 UPR。当 TAOPO 的用量为 25.5% 质量分数时，树脂的 LOI 为 27%，CCT 结果显示 PHRR 和 THR 分别比参比样低 45.7% 和 45.5%，但阻燃树脂的热稳定性明显恶化，TG 结果显示氮气氛下的 T_d 降低约 58℃。人们尝试合成含磷的活性稀释剂，以之(部分)取代苯乙烯，降低因其挥发性而造成环境污染及对固化可控性等影响。Tibiletti 等 [135] 将乙烯基苄基膦酸二甲酯(dimethyl-vinylbenzyl phosphonate, 记为 S1)以不同比例取代苯乙烯，制备了含磷本征阻燃 UPR。当苯乙烯∶S1 = 3∶1、1∶1 及 0∶1 时，与参比样相比，CCT 结果显示阻燃 UPR 的点燃时间(TTI)不断缩短，PHRR 和 THR 分别降低约 27% 和 9%、48% 和 17%、49% 和 9%，残炭量依次提高 2.7%、13%、21%，S1 兼具气相和凝聚相阻燃作用，且与树脂中的磷含量有关(高含量的 S1 表现为凝聚相为主)。但引入 S1 导致 UPR 中未交联单体量增加、交联密度降低，耐热性能恶化(T_d 和 T_g 都显著降低)。

人们发展了 hexa-allylamino-cyclotriphosphazene（HACTP）、methyl vinyl di(1-thio-2,6,7-trioxal-1-phosphabicyclo [2.2] octane-4-methoxy) silane（MVDOS）和 bis(acryloxyethyl diphenyl phosphate) sulfone（BADPS）等含多种阻燃元素的反应型阻燃剂，提升了 UPR 阻燃效率[136-139]。例如，Huo 等[137]以 DOPO 与三烯丙基异氰酸酯（TAIC）加成反应制备一种含磷、氮的二烯基阻燃剂（DT）。当引入 30% 质量分数的 DT 时（P 质量分数为 2.0%），阻燃 UPR 的 LOI 达 29.8%，通过 UL-94 V1 等级测试，CCT 结果显示树脂点燃时间延长，PHRR 和 THR 比参比样的分别降低 46% 和 33%，且阻燃树脂热稳定性优良，T_d 达 310℃（比参比样的仅低 2℃）。Zhang 等[138]以硫代磷酰氯与季戊四醇反应合成笼状硫代磷酸酯，再将之与甲基乙烯基二氯基硅烷反应，制得了一种含磷、硫及硅的阻燃剂 MVDOS。当加入 20% 质量分数的 MVDOS 时，阻燃 UPR 的 LOI 提升至 30.4%，通过 UL-94 V0 等级测试，CCT 结果显示 PHRR、THR 和 TSP 比参比样的分别降低 57%、29% 和 30%，且 MVDOS 对树脂的力学性能影响不大，而阻燃树脂的拉伸强度和断裂伸长率稍有提升。

6.6 展望

本章回顾了含磷本征阻燃聚酯、聚酰胺、聚氨酯、环氧树脂及不饱和聚酯等典型高分子材料的相关研究，人们设计合成出不同的功能单体 / 低聚物，将氧化膦、磷酸酯、DOPO 及环磷腈等含磷基团引入分子链 / 交联网络中，而赋予高分子材料耐久阻燃功能，获取了一系列高火安全性材料，极大地拓宽了以上材料的应用范围，解决了一些领域和场所中高火安全性材料短缺的问题。然而，仍面临一些问题亟待解决：①含磷阻燃单体的阻燃效率不够高，引入量过高会导致材料的耐热、力学等性能恶化；②“阻燃”与“抑烟”的矛盾尚未完全解决，现有报道集中于阻燃性能，对材料的烟气释放及烟毒性的研究较少；③火安全玻璃钢等材料在高铁、大飞机等领域的重要性凸显，但相关的研究较少，亟须加快发展高性能阻燃纤维增强复合材料的制备技术。

针对以上问题，我们进行了以下讨论和展望：

根据不同材料的合成方式及性能特点，因“材”制宜地设计合成阻燃单体 / 低聚物，将阻燃元素 / 基团“合理”地引入高分子材料中，提高阻燃剂的阻燃效率，降低对材料分子链 / 交联网络结构及性能的影响，可获取高性能本征阻燃高分子材料。例如，Wang 课题组针对大位阻侧基阻扰聚酰胺的聚合反应、破坏结晶性，恶化其力学及耐热等性能，设计合成了一些含特殊侧基的聚酰胺，增强分子链间的氢键、π-π 作用等，使聚酰胺的各项性能保持优良[140]。为获取电子电气用高性能环氧树脂，他们设计合成了几种含磷咪唑盐作为环氧树脂的阻燃固化剂，一些含磷基团与咪唑鎓结合，以“盐”的形式引入树脂分子链中，使之具备本征阻燃性能[117-118]，且因含磷基团对树脂结构的影响较小、空间位阻显著，能够抑制树脂分子链的热松弛及介电松弛，而使树脂具备高 T_d、T_g 和低介电性能。

含磷阻燃剂兼具气相和凝聚相阻燃作用，气相阻燃作用以捕捉自由基、中止燃烧链反应为主，凝聚相阻燃作用以催化成炭，形成“热、质”阻隔炭层为主。阻燃剂阻燃效果与其磷氧化态相关，磷氧化态高的(磷酸酯、环磷腈等)主要是凝聚相阻燃作用，磷氧化态低的(次膦酸盐、DOPO 等)主要是气相阻燃作用[134, 141]。故而，通过磷氧化态调控气相和凝聚相阻燃作用是实现“阻燃”与“抑烟”兼顾的重要途径。另外，利用金属离子、氮、硼、硅等阻燃剂的协效作用，可获取高阻燃、低烟毒释放的材料。通过离子键、配位键等将过渡金属离子引入高分子材料分子链 / 交联网络中，金属氧化物、金属盐及有机金属配合物常作为催化剂与含磷阻燃体系协同使用，二价金属离子能催化交联及脱氢反应，变价金属离子，特别是过渡金属离子，可用作自由基捕捉剂或氧化催化剂。

纤维增强复合材料是实现高铁、大飞机、新能源汽车等零部件“轻量化”的关键材料之一。为满足高性能纤维增强复合材料的大规模应用要求，树脂基体的黏度及固化条件等需要满足相应的使用要求，黏度低、反应性适中的阻燃固化剂更适用于制备阻燃复合材料。另外，因碳纤维(CF)会破坏树脂致密炭层的形成，而导致复合材料的阻燃性能的提升比较困难。例如，Zhao 等 [94] 设计合成了一种磷酰胺阻燃剂(FP1)，将之用作 RTM 6 的共固化剂，加入 8%(质量分数)的 FP1，RTM/FP1 的 LOI 为 38%，通过 UL-94 V0 等级测试，而 RTM/CF/FP1 的 LOI 为 43%，但是 UL-94 测试为无级别，CCT 结果显示 RTM/CF/FP1 的 PHRR 甚至较 RTM/CF 的升高约 9%。研究发现，气相阻燃效果为主的阻燃剂在纤维复合材料中阻燃效率更高，但会加剧烟气释放，这是发展高火安全纤维复合材料亟需解决的问题。

另外，为解决含磷共聚酯“阻燃”与“抗熔滴”的矛盾，Wang 课题组设计合成了一系列侧基含苯乙炔基团 [142]、苯乙炔-苯酰亚胺基团 [143]、苯基马来酰亚胺基团 [144]、芳香席夫碱基团 [145] 以及主链含偶氮苯单元 [146] 的共聚酯(图 6.35)，通过“物理相互作用”、“高温自交联碳化”和“高温重排”等机制，在较低的引入量下，实现了共聚酯真正的不熔滴，获取了具有阻燃抗熔滴性能的高火安全性共聚酯。此种思路具备拓展性，可在塑料及树脂 [147] 等材料中发挥相似效果。另外，利用一些不含磷及其他阻燃元素的高成炭单体，可构筑出本征阻燃树脂材料，其中对生物质多酚的研究尤为广泛，比如木质素 [148]、单宁酸 [149]、愈创木酚 [150]、丁子香酚 [151] 等。一些“非磷”阻燃剂和阻燃体系不断发展，对于某些高分子材料，含磷阻燃材料面临成为“非最优解”的困局。

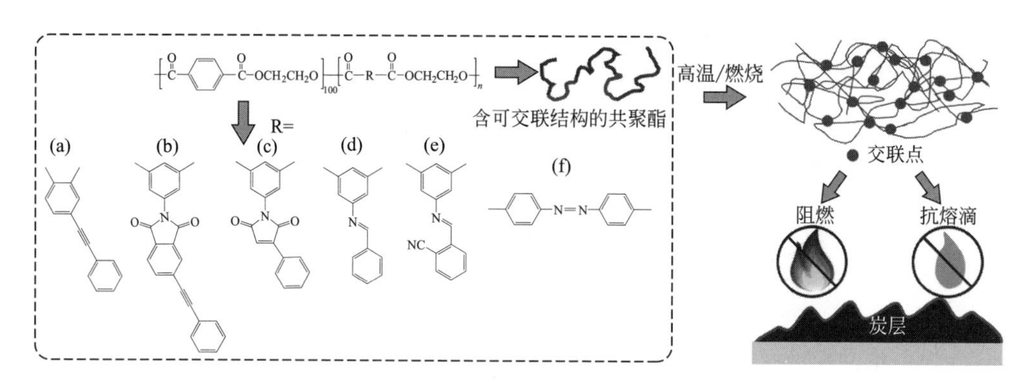

图 6.35 高温化学自交联共聚酯及阻燃抗熔滴机理，(a) 为侧基含苯乙炔基团，(b) 为侧基含苯乙炔－苯酰亚胺基团，(c) 为侧基含苯基马来酰亚胺基团，(d) 和 (e) 为侧基含芳香席夫碱基团，(f) 为主链含偶氮苯单元的基团 [148]

参考文献

[1] Day M, Suprunchuk T, Wiles D. Combustion and pyrolysis of poly (ethylene terephthalate). Ⅱ. A study of the gas-phase inhibition reactions of flame retardant systems [J]. Journal of Applied Polymer Science, 1981, 26(9): 3085-3098.

[2] Asrar J, Berger P A, Hurlbut J. Synthesis and characterization of a fire-retardant polyester: Copolymers of ethylene terephthalate and 2-carboxyethyl (phenylphosphinic) acid [J]. Journal of Polymer Science Part A: Polymer Chemistry, 1999, 37(16): 3119-3128.

[3] Wang L S, Wang X L, Yan G L. Synthesis, characterisation and flame retardance behaviour of poly (ethylene terephthalate) copolymer containing triaryl phosphine oxide [J]. Polymer Degradation and Stability, 2000, 69(1): 127-130.

[4] Ueda A, Matsumoto T, Imamura T, et al. Flame resistant polyester from di aryl-di (hydroxyalkylene oxy) aryl phosphine oxide [P]. US. 1991.

[5] Wang C S, Shieh J Y, Sun Y M. Synthesis and properties of phosphorus containing PET and PEN (Ⅰ) [J]. Journal of Applied Polymer Science, 1998, 70(10): 1959-1964.

[6] Wang C S, Shieh J Y, Sun Y M. Phosphorus containing PET and PEN by direct esterification [J]. European Polymer Journal, 1999, 35(8): 1465-1472.

[7] Chang S J, Sheen Y C, Chang R S, et al. The thermal degradation of phosphorus-containing copolyesters [J]. Polymer Degradation and Stability, 1996, 54(2-3): 365-371.

[8] Lin C H, Huang C M, Wang M W, et al. Synthesis of a phosphinated acetoxybenzoic acid and its application in enhancing T_g and flame retardancy of poly (ethylene terephthalate) [J]. Journal of Polymer Science Part A: Polymer Chemistry, 2014, 52(3): 424-434.

[9] Wang C S, Lin C H, Chen C Y. Synthesis and properties of phosphorus-containing polyesters derived from 2-(6-oxido-6*H*-dibenz< *c*, *e*>< 1, 2> oxaphosphorin-6-yl)-1, 4-hydroxyethoxy phenylene [J]. Journal of Polymer Science Part A: Polymer Chemistry, 1998, 36(17): 3051-3061.

[10] Zhao H B, Wang Y Z. Design and Synthesis of PET-Based Copolyesters with Flame-Retardant and Antidripping Performance [J]. Macromolecular Rapid Communications, 2017, 38(23): 1700451.

[11] Qu M H, Wang Y Z, Liu Y, et al. Flammability and thermal degradation behaviors of phosphorus-containing copolyester/$BaSO_4$ nanocomposites [J]. Journal of Applied Polymer Science, 2006, 102(1): 564-570.

[12] Ge X G, Wang D Y, Wang C, et al. A novel phosphorus-containing copolyester/montmorillonite nanocomposites with improved flame retardancy [J]. European Polymer Journal, 2007, 43(7): 2882-2890.

[13] Wang D Y, Liu X Q, Wang J S, et al. Preparation and characterisation of a novel fire retardant PET/ α-zirconium phosphate nanocomposite [J]. Polymer Degradation and Stability, 2009, 94(4): 544-549.

[14] Ge X G, Wang C, Hu Z, et al. Phosphorus-containing telechelic polyester-based ionomer: Facile synthesis and antidripping effects [J]. Journal of Polymer Science Part A: Polymer Chemistry, 2008, 46(9): 2994-3006.

[15] Wang J S, Zhao H B, Ge X G, et al. Novel flame-retardant and antidripping branched polyesters prepared via phosphorus-containing ionic monomer as end-capping agent [J]. Industrial & Engineering Chemistry Research, 2010, 49(9): 4190-4196.

[16] Zhang Y, Chen L, Zhao J J, et al. A phosphorus-containing PET ionomer: from ionic aggregates to flame retardance and restricted melt-dripping [J]. Polymer Chemistry, 2014, 5(6): 1982-1991.

[17] Zhang Y, Ni Y P, He M X, et al. Phosphorus-containing copolyesters: The effect of ionic group and its analogous phosphorus heterocycles on their flame-retardant and anti-dripping performances [J]. Polymer, 2015, 60: 50-61.

[18] Mourgas G, Giebel E, Schneck T, et al. Syntheses of intrinsically flame - retardant polyamide 6 fibers and fabrics [J]. Journal of Applied Polymer Science, 2019, 136(31): 47829.

[19] Zhang J, Lian S, He Y, et al. Intrinsically flame-retardant polyamide 66 with high flame retardancy and mechanical properties [J]. RSC Advances, 2021, 11(1): 433-441.

[20] Lyu W, Cui Y, Zhang X, et al. Thermal stability, flame retardance, and mechanical properties of polyamide 66 modified by a nitrogen–phosphorous reacting flame retardant [J]. Journal of Applied Polymer Science, 2016, 133(24).

[21] Negrell C, Frénéhard O, Sonnier R, et al. Self-extinguishing bio-based polyamides [J]. Polymer Degradation and Stability, 2016, 134: 10-18.

[22] Li Y, Liu K, Zhang J, et al. Preparation and characterizations of inherent flame retarded polyamide 66 containing the phosphorus linking pendent group [J]. Polymers for Advanced Technologies, 2018, 29(2): 951-960.

[23] Liu K, Li Y, Tao L, et al. Preparation and characterization of polyamide 6 fibre based on a phosphorus-containing flame retardant [J]. RSC Advances, 2018, 8(17): 9261-9271.

[24] Zhang S, Fan X, Xu C, et al. An inherently flame-retardant polyamide 6 containing a phosphorus group prepared by transesterification polymerization [J]. Polymer, 2020, 207: 122890.

[25] Lu P, Zhao Z Y, Xu B R, et al. A novel inherently flame-retardant thermoplastic polyamide elastomer [J]. Chemical Engineering Journal, 2020, 379: 122278.

[26] Chen X T, Zhang M, Tang X D. Synthesis and properties of soluble aromatic copolyamides containing phosphine oxide moiety [J]. Chinese Journal of Polymer Science, 2008, 26(06): 793-797.

[27] Yang X, Li Q, Chen Z, et al. Fabrication and thermal stability studies of polyamide 66 containing triaryl phosphine oxide [J]. Bulletin of Materials Science, 2009, 32(4): 375.

[28] Liu K, Li Y, Tao L, et al. Synthesis and characterization of inherently flame retardant polyamide 6 based on a phosphine oxide derivative [J]. Polymer Degradation and Stability, 2019, 163: 151-160.

[29] Wu L, Wu X, Qi H R, et al. Colorless and transparent semi-alicyclic polyimide films with intrinsic flame retardancy based on alicyclic dianhydrides and aromatic phosphorous-containing diamine: Preparation and properties [J]. Polymers for Advanced Technologies, 2020, 32(3): 1061-1074.

[30] Lyu W, Cui Y, Zhang X, et al. Fire and thermal properties of PA 66 resin treated with poly-N-aniline-phenyl phosphamide as a flame retardant [J]. Fire and Materials, 2017, 41(4): 349-361.

[31] Fu H, Cui Y, Lv J. Fire retardant mechanism of PA66 modified by a "trinity" reactive flame retardant [J]. Journal of Applied Polymer Science, 2020, 137(1): 47488.

[32] Wang X L, Yang K K, Wang Y Z. Physical and chemical effects of diethyl *N*, *N'*-diethanolaminomethylphosphate on flame retardancy of rigid polyurethane foam [J]. Journal of Applied Polymer Science, 2001, 82(2): 276-282.

[33] Zhao B, Liu D Y, Liang W J, et al. Bi-phase flame-retardant actions of water-blown rigid polyurethane foam containing diethyl-*N*, *N*-bis (2-hydroxyethyl) phosphoramide and expandable graphite [J]. Journal of Analytical and Applied Pyrolysis, 2017, 124: 247-255.

[34] Yang R, Wang B, Han X, et al. Synthesis and characterization of flame retardant rigid polyurethane foam based on a reactive flame retardant containing phosphazene and cyclophosphonate [J]. Polymer Degradation and Stability, 2017, 144: 62-69.

[35] Yang R, Hu W, Xu L, et al. Synthesis, mechanical properties and fire behaviors of rigid polyurethane foam with a reactive flame retardant containing phosphazene and phosphate [J]. Polymer Degradation and Stability, 2015, 122: 102-109.

[36] Wang S X, Zhao H B, Rao W H, et al. Inherently flame-retardant rigid polyurethane foams with excellent thermal insulation and mechanical properties [J]. Polymer, 2018, 153: 616-625.

[37] Bhoyate S, Ionescu M, Kahol P K, et al. Castor-oil derived nonhalogenated reactive flame - retardant - based polyurethane foams with significant reduced heat release rate [J]. Journal of Applied Polymer Science, 2019, 136(13): 47276.

[38] Ding H, Huang K, Li S, et al. Synthesis of a novel phosphorus and nitrogen-containing bio-based polyol and its application in flame retardant polyurethane foam [J]. Journal of Analytical and Applied

Pyrolysis, 2017, 128: 102-113.
[39] Heinen M, Gerbase A E, Petzhold C L. Vegetable oil-based rigid polyurethanes and phosphorylated flame-retardants derived from epoxydized soybean oil [J]. Polymer Degradation and Stability, 2014, 108: 76-86.
[40] Zhang L, Zhang M, Hu L, et al. Synthesis of rigid polyurethane foams with castor oil-based flame retardant polyols [J]. Industrial Crops and Products, 2014, 52: 380-388.
[41] Zhang L, Zhang M, Zhou Y, et al. The study of mechanical behavior and flame retardancy of castor oil phosphate-based rigid polyurethane foam composites containing expanded graphite and triethyl phosphate [J]. Polymer Degradation and Stability, 2013, 98(12): 2784-2794.
[42] Acuña P, Zhang J, Yin G Z, et al. Bio-based rigid polyurethane foam from castor oil with excellent flame retardancy and high insulation capacity via cooperation with carbon-based materials [J]. Journal of Materials Science, 2021, 56(3): 2684-2701.
[43] 谢葳，雷宇浩，宁建国．国内外轨道交通机车车辆防火标准对比分析 [J]. 铁道技术监督，2015, 43(07): 7-12.
[44] Sivriev H, Borissov G, Zabski L, et al. Synthesis and studies of phosphorus-containing polyurethane foams based on tetrakis (hydroxymethyl) phosphonium chloride derivatives [J]. Journal of Applied Polymer Science, 1982, 27(11): 4137-4147.
[45] Sivriev H, Kaleva V, Borissov G. Synthesis of polyurethanes from phosphorus-and nitrogen-containing diols obtained on the basis of tetrakis (hydroxymethyl) phosphonium chloride [J]. European Polymer Journal, 1986, 22(9): 761-765.
[46] Sivriev C, Żabski L. Flame retarded rigid polyurethane foams by chemical modification with phosphorus-and nitrogen-containing polyols [J]. European Polymer Journal, 1994, 30(4): 509-514.
[47] 陈明军．含磷三聚氰胺盐和多元醇阻燃软质聚氨酯泡沫塑料研究 [D]. 四川：四川大学，2014.
[48] Chen M J, Chen C R, Tan Y, et al. Inherently flame-retardant flexible polyurethane foam with low content of phosphorus-containing cross-linking agent [J]. Industrial & Engineering Chemistry Research, 2014, 53(3): 1160-1171.
[49] Rao W H, Xu H X, Xu Y J, et al. Persistently flame-retardant flexible polyurethane foams by a novel phosphorus-containing polyol [J]. Chemical Engineering Journal, 2018, 343: 198-206.
[50] Rao W H, Zhu Z M, Wang S X, et al. A reactive phosphorus-containing polyol incorporated into flexible polyurethane foam: Self-extinguishing behavior and mechanism [J]. Polymer Degradation and Stability, 2018, 153: 192-200.
[51] Rao W H, Liao W, Wang H, et al. Flame-retardant and smoke-suppressant flexible polyurethane foams based on reactive phosphorus-containing polyol and expandable graphite [J]. Journal of Hazardous Materials, 2018, 360: 651-660.
[52] Wu N, Niu F, Lang W, et al. Synthesis of reactive phenylphosphoryl glycol ether oligomer and improved flame retardancy and mechanical property of modified rigid polyurethane foams [J]. Materials & Design, 2019, 181: 107929.
[53] Zhang P, Tian S, Fan H, et al. Flame retardancy and hydrolysis resistance of waterborne polyurethane bearing organophosphate moieties lateral chain [J]. Progress in Organic Coatings, 2015, 89: 170-180.
[54] Wang S, Du Z, Cheng X, et al. Synthesis of a phosphorus- and nitrogen-containing flame retardant and evaluation of its application in waterborne polyurethane [J]. Journal of Applied Polymer Science, 2018, 135(16): 46093.
[55] Wang S, Du X, Jiang Y, et al. Synergetic enhancement of mechanical and fire-resistance performance of waterborne polyurethane by introducing two kinds of phosphorus–nitrogen flame retardant [J]. Journal of Colloid and Interface Science, 2019, 537: 197-205.
[56] Wang H, Wang S, Du X, et al. Synthesis of a novel flame retardant based on DOPO derivatives and its application in waterborne polyurethane [J]. RSC Advances, 2019, 9(13): 7411-7419.
[57] Wang H, Wang S, Dn X, et al. A novel DOPO-containing HTBN endowing waterborne polyurethane

with excellent flame retardance and mechanical properties [J]. Journal of Applied Polymer Science, 2020, 137(44): 49368.

[58] Wang S, Du X, Fu X, et al. Highly effective flame-retarded polyester diol with synergistic effects for waterborne polyurethane application [J]. Journal of Applied Polymer Science, 2020, 137(10): 48444.

[59] Wu G, Li J, Luo Y. Flame retardancy and thermal degradation mechanism of a novel post-chain extension flame retardant waterborne polyurethane [J]. Polymer Degradation and Stability, 2016, 123: 36-46.

[60] Yin X, Luo Y, Zhang J. Synthesis and characterization of halogen-free flame retardant two-component waterborne polyurethane by different modification [J]. Industrial & Engineering Chemistry Research, 2017, 56(7): 1791-1802.

[61] Wang C S, Lin C H. Synthesis and properties of phosphorus-containing epoxy resins by novel method [J]. Journal of Polymer Science Part A: Polymer Chemistry, 1999, 37(21): 3903-3909.

[62] Wang C S, Lin C H. Synthesis and properties of phosphorus containing advanced epoxy resins [J]. Journal of Applied Polymer Science, 2000, 75(3): 429-436.

[63] Lin C H, Wu C, Wang C S. Synthesis and properties of phosphorus-containing advanced epoxy resins. [J]. Journal of Applied Polymer Science, 2000, 78(1): 228-235.

[64] Wang C S, Shieh J Y. Phosphorus-containing epoxy resin for an electronic application [J]. Journal of Applied Polymer Science, 1999, 73(3): 353-361.

[65] Wang X, Zhang Q. Synthesis, characterization, and cure properties of phosphorus-containing epoxy resins for flame retardance [J]. European Polymer Journal, 2004, 40(2): 385-395.

[66] Seibold S, Schäfer A, Lohstroh W, et al. Phosphorus-containing terephthaldialdehyde adducts—Structure determination and their application as flame retardants in epoxy resins [J]. Journal of Applied Polymer Science, 2008, 108(1): 264-271.

[67] Schäfer A, Seibold S, Lohstroh W, et al. Synthesis and properties of flame-retardant epoxy resins based on DOPO and one of its analog DPPO [J]. Journal of Applied Polymer Science, 2007, 105(2): 685-696.

[68] Lin C H, Wang C S. Novel phosphorus-containing epoxy resins Part Ⅰ. Synthesis and properties [J]. Polymer, 2001, 42(5): 1869-1878.

[69] Ma S, Liu X, Jiang Y, et al. Synthesis and properties of phosphorus-containing bio-based epoxy resin from itaconic acid [J]. Science China Chemistry, 2013, 57(3): 379-388.

[70] Liu J, Dai J, Wang S, et al. Facile synthesis of bio-based reactive flame retardant from vanillin and guaiacol for epoxy resin [J]. Composites Part B: Engineering, 2020, 190: 107926.

[71] Gao L P, Wang D Y, Wang Y Z, et al. A flame-retardant epoxy resin based on a reactive phosphorus-containing monomer of DODPP and its thermal and flame-retardant properties [J]. Polymer Degradation and Stability, 2008, 93(7): 1308-1315.

[72] Liu W S, Wang Z G, Xiong L, et al. Phosphorus-containing liquid cycloaliphatic epoxy resins for reworkable environment-friendly electronic packaging materials [J]. Polymer, 2010, 51(21): 4776-4783.

[73] Chen Z, Zhao L N, Wang Z G. Synthesis of phosphite-type trifunctional cycloaliphatic epoxide and the decrosslinking behavior of its cured network [J]. Polymer, 2013, 54(19): 5182-5187.

[74] Auvergne R, Caillol S, David G, et al. Biobased thermosetting epoxy: present and future [J]. Chemical Reviews, 2014, 114(2): 1082-1115.

[75] Miao J T, Yuan L, Guan Q, et al. Biobased epoxy resin derived from eugenol with excellent integrated performance and high renewable carbon content [J]. Polymer International, 2018, 67(9): 1194-1202.

[76] Pourchet S, Sonnier R, Ben-Abdelkader M, et al. New reactive isoeugenol based phosphate flame retardant: toward green epoxy resins [J]. ACS Sustainable Chemistry & Engineering, 2019, 7(16): 14074-14088.

[77] Ménard R, Negrell C, Ferry L, et al. Synthesis of biobased phosphorus-containing flame retardants

for epoxy thermosets comparison of additive and reactive approaches [J]. Polymer Degradation and Stability, 2015, 120: 300-312.
[78] Wang S, Ma S, Xu C, et al. Vanillin-derived high-performance flame retardant epoxy resins: facile synthesis and properties [J]. Macromolecules, 2017, 50(5): 1892-1901.
[79] Liu R, Wang X. Synthesis, characterization, thermal properties and flame retardancy of a novel nonflammable phosphazene-based epoxy resin [J]. Polymer Degradation and Stability, 2009, 94(4): 617-624.
[80] Bai Y, Wang X, Wu D. Novel cyclolinear cyclotriphosphazene-linked epoxy resin for halogen-free fire resistance: synthesis, characterization, and flammability characteristics [J]. Industrial & Engineering Chemistry Research, 2012, 51(46): 15064-15074.
[81] Liu J, Tang J, Wang X, et al. Synthesis, characterization and curing properties of a novel cyclolinear phosphazene-based epoxy resin for halogen-free flame retardancy and high performance [J]. RSC Advances, 2012, 2(13): 5789-5799.
[82] Sun J, Wang X, Wu D. Novel spirocyclic phosphazene-based epoxy resin for halogen-free fire resistance: synthesis, curing behaviors, and flammability characteristics [J]. ACS Applied Materials & Interfaces, 2012, 4(8): 4047-4061.
[83] El Gouri M, El Bachiri A, Hegazi S E, et al. Thermal degradation of a reactive flame retardant based on cyclotriphosphazene and its blend with DGEBA epoxy resin [J]. Polymer Degradation and Stability, 2009, 94(11): 2101-2106.
[84] Xu G R, Xu M J, Li B. Synthesis and characterization of a novel epoxy resin based on cyclotriphosphazene and its thermal degradation and flammability performance [J]. Polymer Degradation and Stability, 2014, 109: 240-248.
[85] 胡玉明 . 环氧树脂固化剂及添加剂 [M]. 北京 : 化学工业出版社 , 2011.
[86] Braun U, Balabanovich A I, Schartel B, et al. Influence of the oxidation state of phosphorus on the decomposition and fire behaviour of flame-retarded epoxy resin composites [J]. Polymer, 2006, 47(26): 8495-8508.
[87] Wu C S, Liu Y L, Chiu Y S. Epoxy resins possessing flame retardant elements from silicon incorporated epoxy compounds cured with phosphorus or nitrogen containing curing agents [J]. Polymer, 2002, 43(15): 4277-4284.
[88] Schartel B, Braun U, Balabanovich A I, et al. Pyrolysis and fire behaviour of epoxy systems containing a novel 9,10-dihydro-9-oxa-10-phosphaphenanthrene-10-oxide-(DOPO)-based diamino hardener [J]. European Polymer Journal, 2008, 44(3): 704-715.
[89] Artner J, Ciesielski M, Walter O, et al. A novel DOPO - based diamine as hardener and flame retardant for epoxy resin systems [J]. Macromolecular Materials and Engineering, 2008, 293(6): 503-514.
[90] Shao Z B, Zhang M X, Li Y, et al. A novel multi-functional polymeric curing agent: synthesis, characterization, and its epoxy resin with simultaneous excellent flame retardance and transparency [J]. Chemical Engineering Journal, 2018, 345: 471-482.
[91] Shao Z B, Tang Z C, Lin X Z, et al. Phosphorus/sulfur-containing aliphatic polyamide curing agent endowing epoxy resin with well-balanced flame safety, transparency and refractive index [J]. Materials & Design, 2020, 187: 108417.
[92] Shao Z, Yue W, Piao M, et al. An excellent intrinsic transparent epoxy resin with high flame retardancy: synthesis, characterization, and properties [J]. Macromolecular Materials and Engineering, 2019, 304(10): 1900254.
[93] Zhao X M, Babu H V, Llorcaab J, et al. Impact of halogen-free flame retardant with varied phosphorus chemical surrounding on the properties of diglycidyl ether of bisphenol-A type epoxy resin: synthesis, fire behaviour, flame-retardant mechanism and mechanical properties [J]. RSC Advances, 2016, 6(64): 59226-59236.
[94] Zhao X M, Zhang L, Alonso P J, et al. Influence of phenylphosphonic amide on rheological, mechanical and flammable properties of carbon fiber/RTM6 composites [J]. Composites Part B:

Engineering, 2018, 149: 74-81.

[95] Shao Z B, Deng C, Tan Y, et al. An efficient mono-component polymeric intumescent flame retardant for polypropylene: preparation and application [J]. ACS Applied Materials & Interfaces, 2014, 6(10): 7363-7370.

[96] Shao Z B, Deng C, Tan Y, et al. Ammonium polyphosphate chemically-modified with ethanolamine as an efficient intumescent flame retardant for polypropylene [J]. Journal of Materials Chemistry A, 2014, 2(34): 13955.

[97] Xu B R, Deng C, Li Y M, et al. Novel amino glycerin decorated ammonium polyphosphate for the highly-efficient intumescent flame retardance of wood flour/polypropylene composite via simultaneous interfacial and bulk charring [J]. Composites Part B: Engineering, 2019, 172: 636-648.

[98] Tan Y, Shao Z B, Chen X F, et al. Novel multifunctional organic-Inorganic hybrid curing agent with high flame-retardant efficiency for epoxy resin [J]. ACS Applied Materials & Interfaces, 2015, 7(32): 17919-17928.

[99] Tan Y, Shao Z B, Yu L X, et al. Piperazine-modified ammonium polyphosphate as monocomponent flame-retardant hardener for epoxy resin: flame retardance, curing behavior and mechanical property [J]. Polymer Chemistry, 2016, 7(17): 3003-3012.

[100] Tan Y, Shao Z B, Yu L X, et al. Polyethyleneimine modified ammonium polyphosphate toward polyamine-hardener for epoxy resin: Thermal stability, flame retardance and smoke suppression [J]. Polymer Degradation and Stability, 2016, 131: 62-70.

[101] Huo S, Wang J, Yang S, et al. Synthesis of a novel reactive flame retardant containing phosphaphenanthrene and piperidine groups and its application in epoxy resin [J]. Polymer Degradation and Stability, 2017, 146: 250-259.

[102] Huo S, Wang J, Yang S, et al. Flame-retardant performance and mechanism of epoxy thermosets modified with a novel reactive flame retardant containing phosphorus, nitrogen, and sulfur [J]. Polymers for Advanced Technologies, 2018, 29(1): 497-506.

[103] Huo S, Liu Z, Li C, et al. Synthesis of a phosphaphenanthrene/benzimidazole-based curing agent and its application in flame-retardant epoxy resin [J]. Polymer Degradation and Stability, 2019, 163: 100-109.

[104] Huo S, Wang J, Yang S, et al. Synthesis of a DOPO-containing imidazole curing agent and its application in reactive flame retarded epoxy resin [J]. Polymer Degradation and Stability, 2019, 159: 79-89.

[105] Yao Z, Qian L, Qiu Y, et al. Flame retardant and toughening behaviors of bio-based DOPO-containing curing agent in epoxy thermoset [J]. Polymers for Advanced Technologies, 2020, 31(3): 461-471.

[106] Vidil T, Tournilhac F, Musso S, et al. Control of reactions and network structures of epoxy thermosets [J]. Progress in Polymer Science, 2016, 62: 126-179.

[107] Cho C S, Fu S C, Chen L W, et al. Aryl phosphinate anhydride curing for flame retardant epoxy networks [J]. Polymer International, 1998, 47(2): 203-209.

[108] Liang B, Cao J, Hong X, et al. Synthesis and properties of a novel phosphorous-containing flame-retardant hardener for epoxy resin [J]. Journal of Applied Polymer Science, 2013, 128(5): 2759-2765.

[109] Wirasaputra A, Yao X, Zhu Y, et al. Flame-retarded epoxy resins with a curing agent of DOPO-triazine based anhydride [J]. Macromolecular Materials and Engineering, 2016, 301(8): 982-991.

[110] Duan H, Chen Y, Ji S, et al. A novel phosphorus/nitrogen-containing polycarboxylic acid endowing epoxy resin with excellent flame retardance and mechanical properties [J]. Chemical Engineering Journal, 2019, 375: 121916.

[111] Chen Y, Duan H, Ji S, et al. Novel phosphorus/nitrogen/boron-containing carboxylic acid as co-curing agent for fire safety of epoxy resin with enhanced mechanical properties [J]. Journal of Hazardous Materials, 2020, 402: 123769.

[112] Huang Y, Ma T, Wang Q, et al. Synthesis of biobased flame-retardant carboxylic acid curing agent and application in wood surface coating [J]. ACS Sustainable Chemistry & Engineering, 2019, 7(17): 14727-14738.
[113] Heise M S, Martin G C. Curing mechanism and thermal properties of epoxy-imidazole systems [J]. Macromolecules, 1989, 22(1): 99-104.
[114] Barton J M, Buist G J, Hamerton I, et al. Preparation and characterization of imidazole-metal complexes and evaluation of cured epoxy networks [J]. Journal of Materials Chemistry, 1994, 4(3): 379-384.
[115] Kudo K, Furutani M, Arimitsu K. Imidazole Derivatives with an Intramolecular Hydrogen Bond as Thermal Latent Curing Agents for Thermosetting Resins [J]. ACS Macro Letters, 2015, 4(10): 1085-1088.
[116] Xu Y J, Wang J, Tan Y, et al. A novel and feasible approach for one-pack flame-retardant epoxy resin with long pot life and fast curing [J]. Chemical Engineering Journal, 2018, 337: 30-39.
[117] Xu Y J, Chen L, Rao W H, et al. Latent curing epoxy system with excellent thermal stability, flame retardance and dielectric property [J]. Chemical Engineering Journal, 2018, 347: 223-232.
[118] Xu Y J, Shi X H, Lu J H, et al. Novel phosphorus-containing imidazolium as hardener for epoxy resin aiming at controllable latent curing behavior and flame retardancy [J]. Composites Part B: Engineering, 2020, 184: 107673.
[119] Huo S, Yang S, Wang J, et al. A liquid phosphorus-containing imidazole derivative as flame-retardant curing agent for epoxy resin with enhanced thermal latency, mechanical, and flame-retardant performances [J]. Journal of Hazardous Materials, 2020, 386: 121984.
[120] Cheng J, Wang J, Yang S, et al. Benzimidazolyl-substituted cyclotriphosphazene derivative as latent flame-retardant curing agent for one-component epoxy resin system with excellent comprehensive performance [J]. Composites Part B: Engineering, 2019, 177: 107440.
[121] Yang S, Huo S, Wang J, et al. A highly fire-safe and smoke-suppressive single-component epoxy resin with switchable curing temperature and rapid curing rate [J]. Composites Part B: Engineering, 2021, 207: 108601.
[122] 张臣，刘述梅，黄君仪，等．反应型含磷阻燃不饱和聚酯的合成及固化 [J]. 石油化工，2009, 38(05): 515-520.
[123] 张秀成，王玉峰，李斌，等．反应型阻燃不饱和聚酯树脂 [J]. 东北林业大学学报，2002 (06): 61-64.
[124] Zhang C, Huang J Y, Liu S M, et al. The synthesis and properties of a reactive flame-retardant unsaturated polyester resin from a phosphorus-containing diacid [J]. Polymers for Advanced Technologies, 2011, 22(12): 1768-1777.
[125] Zhang C, Liu S M, Zhao J Q, et al. Synthesis and properties of a modified unsaturated polyester resin with phosphorus-containing pendant groups [J]. Polymer bulletin, 2013, 70(4): 1097-1111.
[126] Weil E D, Levchik S V. Commercial flame retardancy of unsaturated polyester and vinyl resins [J]. Journal of Fire Sciences, 2004, 22(4): 293-303.
[127] Bai Z, Song L, Hu Y, et al. Preparation, flame retardancy, and thermal degradation of unsaturated polyester resin modified with a novel phosphorus containing acrylate [J]. Industrial & Engineering Chemistry Research, 2013, 52(36): 12855-12864.
[128] Lin Y, Jiang S, Gui Z, et al. Synthesis of a novel highly effective flame retardant containing multivalent phosphorus and its application in unsaturated polyester resins [J]. RSC Advances, 2016, 6(89): 86632-86639.
[129] Cao Y, Wang X L, Zhang W Q, et al. Bi-DOPO structure flame retardants with or without reactive group: their effects on thermal stability and flammability of unsaturated polyester [J]. Industrial & Engineering Chemistry Research, 2017, 56(20): 5913-5924.
[130] Dai K, Song L, Hu Y. Study of the flame retardancy and thermal properties of unsaturated polyester resin via incorporation of a reactive cyclic phosphorus-containing monomer [J]. High Performance Polymers, 2013, 25(8): 938-946.

[131] Dai K, Song L, Jiang S, et al. Unsaturated polyester resins modified with phosphorus-containing groups: Effects on thermal properties and flammability [J]. Polymer Degradation and Stability, 2013, 98(10): 2033-2040.
[132] Dai K, Song L, Yuen R K, et al. Enhanced properties of the incorporation of a novel reactive phosphorus-and sulfur-containing flame-retardant monomer into unsaturated polyester resin [J]. Industrial & Engineering Chemistry Research, 2012, 51(49): 15918-15926.
[133] Wazarkar K, Kathalewar M, Sabnis A. Flammability behavior of unsaturated polyesters modified with novel phosphorous containing flame retardants [J]. Polymer Composites, 2017, 38(7): 1483-1491.
[134] Lin Y, Yu B, Jin X, Song L, et al. Study on thermal degradation and combustion behavior of flame retardant unsaturated polyester resin modified with a reactive phosphorus containing monomer [J]. RSC Advances, 2016, 6(55): 49633-49642.
[135] Tibiletti L, Ferry L, Longuet C, et al. Thermal degradation and fire behavior of thermoset resins modified with phosphorus containing styrene [J]. Polymer Degradation and Stability, 2012, 97(12): 2602-2610.
[136] Kuan J F, Lin K F. Synthesis of hexa-allylamino-cyclotriphosphazene as a reactive fire retardant for unsaturated polyesters [J]. Journal of Applied Polymer Science, 2004, 91(2): 697-702.
[137] Huo S, Wang J, Yang S, et al. Synthesis of a novel reactive flame retardant containing phosphaphenanthrene and triazine-trione groups and its application in unsaturated polyester resin [J]. Materials Research Express, 2018, 5(3): 035306.
[138] Zhang G, Song D, Ma S, et al. A novel P-S-Si-based cage-structural monomer for flame-retardant modification of unsaturated polyester resin [J]. Polymers for Advanced Technologies, 2021, 32(4): 1604-1614.
[139] Dai K, Deng Z, Liu G, et al. Effects of a reactive phosphorus–sulfur containing flame-retardant monomer on the flame retardancy and thermal and mechanical properties of unsaturated polyester resin [J]. Polymers, 2020, 12(7): 1441.
[140] Zhao H B, Wang Y Z. Design and synthesis of PET-based copolyesters with flame-retardant and antidripping performance [J]. Macromolecular Rapid Communications, 2017, 38(23): 1700451.
[141] Velencoso M M, Battig A, Markwart J C, et al. Molecular Firefighting-How Modern Phosphorus Chemistry Can Help Solve the Challenge of Flame Retardancy [J]. Angewandte Chemie International Edition, 2018, 57(33): 10450-10467.
[142] Zhao H B, Liu B W, Wang X L, et al. A flame-retardant-free and thermo-cross-linkable copolyester: Flame-retardant and anti-dripping mode of action [J]. Polymer, 2014, 55(10): 2394-2403.
[143] Chen L, Zhao H B, Ni Y P, et al. 3D printable robust shape memory PET copolyesters with fire safety via π-stacking and synergistic crosslinking [J]. Journal of Materials Chemistry A, 2019, 7(28): 17037-17045.
[144] Dong X, Chen L, Duan R T, et al. Phenylmaleimide-containing PET-based copolyester: cross-linking from 2π + π cycloaddition toward flame retardance and anti-dripping [J]. Polymer Chemistry, 2016, 7(15): 2698-2708.
[145] Wu J N, Chen L, Fu T, et al. New application for aromatic Schiff base: High efficient flame-retardant and anti-dripping action for polyesters [J]. Chemical Engineering Journal, 2018, 336: 622-632.
[146] Jing X K, Wang X S, Guo D M, et al. The high-temperature self-crosslinking contribution of azobenzene groups to the flame retardance and anti-dripping of copolyesters [J]. Journal of Materials Chemistry A, 2013, 1(32): 9264-9272.
[147] Liu B W, Zhao H B, Tan Y, et al. Novel crosslinkable epoxy resins containing phenylacetylene and azobenzene groups: From thermal crosslinking to flame retardance [J]. Polymer Degradation and Stability, 2015, 122: 66-76.
[148] Chen L, Liu B, Fu T, et al. New methods for flame-retarding PET without melt dripping [J]. Chinese Science Bulletin, 2020, 65(0023-074X): 3160.

[149] Qi M, Xu Y J, Rao W H, et al. Epoxidized soybean oil cured with tannic acid for fully bio-based epoxy resin [J]. RSC Advances, 2018, 8(47): 26948-26958.
[150] Qi Y, Wang J, Kou Y, et al. Synthesis of an aromatic N-heterocycle derived from biomass and its use as a polymer feedstock [J]. Nature Communication, 2019, 10(1): 2107.
[151] Wan J, Zhao J, Gan B, et al. Ultrastiff Biobased Epoxy Resin with High T_g and Low Permittivity: From Synthesis to Properties [J]. ACS Sustainable Chemistry & Engineering, 2016, 4(5): 2869-2880.

P
PHOSPHORUS 磷科学前沿与技术丛书
磷与火安全材料

7

有机磷阻燃剂的环境评价

目前，阻燃剂已经成为仅次于增塑剂的第二大塑料助剂。2022 年全球阻燃剂市场销售额达到了 22 亿美元，预计 2029 年将达到 33 亿美元，年复合增长率为 6.1%[1]。然而阻燃剂多以添加剂而非与材料通过反应以键合形式使用，因此容易通过磨损、迁移挥发等过程释放到周围环境中，造成环境污染，并威胁人体健康和生态环境安全。近年来，有关溴系阻燃剂的环境污染和生态影响受到越来越广泛的重视，这一部分在第 1 章内容中已有所述及：其中多溴二苯醚(polybrominated diphenyl ethers，PBDEs)被证实具有环境持久性、生物蓄积性及多种生物毒性，是新兴污染物研究的热点之一。欧盟于 2003 年开始禁止生产 PBDE 和 OBDPO；《斯德哥尔摩公约》也于 2009 年将 PBDE 和 OBDPO 正式列入持久性有机污染物控制名录。

作为溴系阻燃剂的理想替代品，有机磷系阻燃剂近年来得到了飞速的发展。由于长期以来环保意识的进步和政策法规的实施，2013 年欧洲阻燃剂市场份额中超过 20% 的为有机磷系阻燃剂，仅次于无机阻燃剂，年消耗量超过 11 万吨；而在北美，有机磷系阻燃剂的市场份额也与溴系阻燃剂持平，年消费量超过 7 万吨[2]。由于单价更高，欧洲、北美的有机磷系阻燃剂年销售额均高于溴系阻燃剂和无机阻燃剂，居第一位。我国有机磷系阻燃剂生产多集中于华东沿海地区，包括山东、江苏、上海、浙江等省市。世界范围的阻燃剂产业结构调整也影响着我国的阻燃剂市场。

有机含磷阻燃剂种类繁多，按照磷的氧合状态区别可以分为三类：次膦酸酯类(phosphinates)、膦酸酯类(phosphonates)和磷酸酯类(phosphates)(图 7.1)。

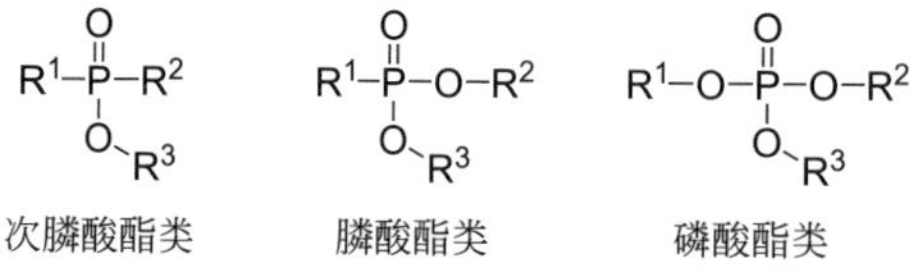

$R^1-P(=O)(-R^2)-O-R^3$　　$R^1-P(=O)(-O-R^2)-O-R^3$　　$R^1-O-P(=O)(-O-R^2)-O-R^3$

次膦酸酯类　　膦酸酯类　　磷酸酯类

图 7.1　有机含磷阻燃剂的三种典型结构

其中，使用量最大、用途最广泛的有机含磷阻燃剂为磷酸酯类。随着磷酯键取代基(R)不同，阻燃剂物理化学性质差异较大，环境行为也有很大的区别。一些典型的有机磷酸酯类阻燃剂，其结构和主要的环境参数如图 7.2 和表 7.1 所示。

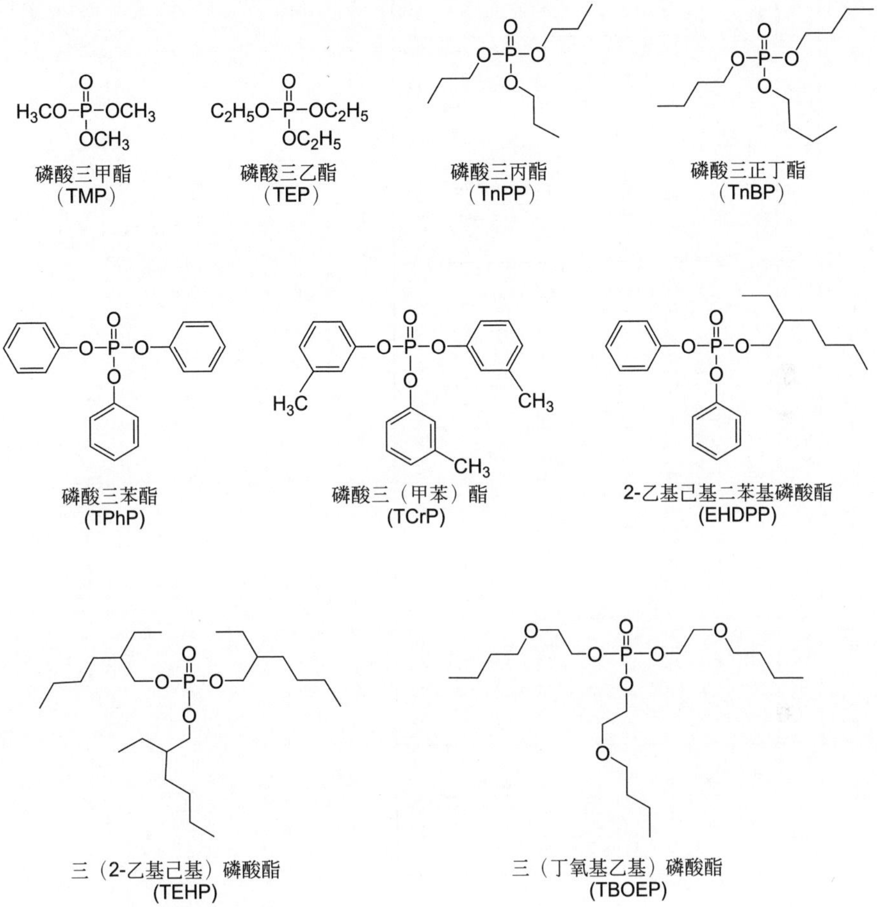

磷酸三甲酯（TMP）　磷酸三乙酯（TEP）　磷酸三丙酯（TnPP）　磷酸三正丁酯（TnBP）

磷酸三苯酯(TPhP)　磷酸三（甲苯）酯(TCrP)　2-乙基己基二苯基磷酸酯(EHDPP)

三（2-乙基己基）磷酸酯(TEHP)　三（丁氧基乙基）磷酸酯(TBOEP)

图 7.2　典型有机磷酸酯的化学结构式

有机磷酸酯类阻燃剂在水中的溶解性从易溶于水的 TEP、TMP 到微溶的 TCrP、TEHP，跨度近 6 个数量级。有机磷酸酯类阻燃剂在水中的半衰期差别很小，低分子量的有机磷酸酯类阻燃剂由于溶解度更大，而在水体中的赋存水平更高。这一结果也与表 7.1 中 $\lg K_{ow}$ 值(*n*-octanol/

表7.1　典型有机磷酸酯类阻燃剂的环境参数

缩写	全称	CAS 号	分子式	S①	V_p②	H③	$\lg K_{ow}$④	$\lg K_{oc}$⑤	BCF⑥	$t_{1/2}$⑦
TMP	磷酸三甲酯	512-56-1	$C_3H_9O_4P$	5.0×10^5	8.5×10^{-1}		−0.65			
TEP	磷酸三乙酯	78-40-0	$C_6H_{15}O_4P$	5.0×10^5	3.9×10^{-1}	3.5×10^{-6}	0.8	1.68	3.88	
TnPP	磷酸三丙酯	513-08-6	$C_9H_{21}O_4P$	8.3×10^2	4.3×10^{-3}	8.2×10^{-6}	1.87	2.83	63.1	
TnBP	磷酸三正丁酯	126-73-8	$C_{12}H_{27}O_4P$	2.8×10^2	1.1×10^{-3}	1.5×10^{-7}	4.00	3.28	1.03×10^3	<1
TPhP	磷酸三苯酯	115-86-6	$C_{18}H_{15}O_4P$	1.9	6.6×10^{-6}	3.3×10^{-6}	4.59	3.72	113	
TCrP	磷酸三（甲苯）酯	1330-78-5	$C_{21}H_{21}O_4P$	0.36	6.0×10^{-7}	9.2×10^{-7}	5.11	4.35	8.56×10^3	
EHDPP	2- 乙基己基二苯基磷酸酯	1241-94-7	$C_{20}H_{27}O_4P$	1.9	6.5×10^{-7}	6.5×10^{-7}	6.64	4.21	6.49×10^4	
TEHP	三（2- 乙基己基）磷酸酯	78-42-2	$C_{24}H_{51}O_4P$	0.6	8.5×10^{-8}	9.6×10^{-5}	9.49	6.87	1.00×10^6	
TBOEP	三（丁氧基乙基）磷酸酯	78-51-3	$C_{18}H_{39}O_7P$	1.2×10^3	2.5×10^{-8}	3.3×10^{-11}	3.75	4.38	1.08×10^3	3

① 25℃水溶解度（mg/L）；
② 25℃蒸气压（mmHg）；
③ 25℃ 亨利定律常数 [atm/(m^3•mol)]；
④ 正辛醇 / 水分配系数；
⑤ 土壤吸附系数；
⑥ 生物富集系数；
⑦ 大气光降解半衰期 [，以 OH 计，5×10^{-5}/(mol•h)]

water partition coefficient，正辛醇 / 水分配系数❶）相互印证。与商品化溴系阻燃剂（lgK_{ow}值为 4.3～9.9）相比，有机磷酸酯类阻燃剂的亲脂性更弱，因此后者生物富集能力要弱于前者，但也无法据此得出后者环境风险更小的结论[3-4]。同样有机磷酸酯类阻燃剂的饱和蒸气压和亨利常数值也具有极大的变异性，从易挥发的 TMP、TEP 到难挥发的 TBOEP，在大环境下水气迁移过程（如海洋 - 大气）中具有不同环境行为[5]。人们很难根据某一有机磷酸酯类阻燃剂的环境行为推断其余有机磷酸酯类阻燃剂的环境行为，这也给研究人员带来了巨大的挑战。

7.1 有机磷阻燃剂的毒性研究进展

有机磷酸酯类阻燃剂的结构、组成均与广泛应用的有机磷农药相近，在环境中也能较快降解，同时有机磷酸酯类阻燃剂大都具有半挥发性质，水溶性也较好，使其在环境中的迁移能力大大增强。某些有机磷酸酯类阻燃剂具有较高的亲脂性，因此具有在生物体内蓄积的能力，可能通过食物链对处于最高营养级的人类造成潜在的健康损害。目前，人们对于有机磷阻燃剂的毒性仍缺乏深入全面的认识，主要的研究对象多为含卤（如氯）的有机磷酸酯类阻燃剂，各种模型生物也集中在鱼类、禽类和鼠类等，对于人体的毒性研究甚少。对于不含卤素的有机磷阻燃剂研究报道较少，甚至在已发表的文献中也有不少相矛盾的结论。

在动物急性毒性实验中，使被试验动物中半数死亡的毒性浓度，叫

❶ 正辛醇 / 水分配系数（K_{ow}），系讨论有机污染物在环境介质，包括水、土壤或沉积物中分配平衡的参数，亲水的极性有机物污染物（如正丁酸、甲基异丁基醚）具有较低正辛醇 / 水分配系数（如小于 10），因而在土壤或沉积物中的吸附系数（K_{oc}）以及在水生生物中的富集因子（BCF）相应就小；大多数有机物是弱极性和非极性的憎水 / 疏水性化合物，具有较大的正辛醇 / 水分配系数（如大于 10），在土壤或沉积物中的吸附系数以及在水生生物中的富集因子相应就大。

作半致死浓度，用 LC_{50}(lethal concentration 50%)表示。LC_{50} 是 1975 年美国公共卫生协会(American Public Health Association，APHA)、美国给水工程协会(American Water Works Association，AWWA)和水污染控制联合会(Water Pollution Control Federation，WPCF)联合首次提出的，是衡量存在于水中的毒物对水生动物和存在于空气中的有毒性物质对哺乳动物乃至人类毒性大小的重要参数。研究发现，TPhP 对鱼和大鼠的 LC_{50} 分别为 0.36 ～ 290 mg/L 和 3500 ～ 10800 mg/kg[6-7]。除此之外，最近的研究结果显示 TPhP 暴露会明显扰乱斑马鱼肝脏糖类和脂类代谢[8]。此外，DNA 复制、细胞周期、非同源性末端接合、碱基切除修复也会受到严重影响，因此研究者认为 TPhP 阻碍了斑马鱼肝脏细胞的 DNA 损伤修复[9-10]。而对雄性小鼠的研究发现，TPhP 会导致氧化应激以及内分泌紊乱[11]。动物细胞体外试验证实 TPhP 是一种雌激素受体拮抗剂，抑制雌二醇与雌激素受体结合，同时高浓度暴露会导致细胞内雌二醇和睾酮浓度升高，抑制细胞活性，致使 DNA 损伤，提高乳酸脱氢酶释放[12]。流行病学调查发现 TPhP 暴露与男性精子数量的下降有显著相关性[13]。

TCrP 与 TPhP 结构类似，对动物的毒性研究也表现出类似的结果。相较 TPhP，TCrP 对水生生物具有更高的急性毒性，96 h LC_{50} 为 0.061 ～ 0.75 mg/L[14]。研究发现，TPhP 和 TCrP 暴露均会阻碍斑马鱼心脏循环过程，在 0.50 mg/L、1.0 mg/L TPhP 暴露组和 0.10 mg/L、0.50 mg/L、1.0 mg/L TCrP 暴露组均出现了斑马鱼心动过缓及心肌减少的现象[15-16]。

TnBP 在动物长期暴露实验中也表现出一定的神经毒性特征，这可能与这种有机磷阻燃剂在化学结构上与有机磷杀虫剂十分相似有关。新的研究还显示，TnBP 与哮喘、过敏性鼻炎的流行有直接关系[17]。

在动物试验中，不同的有机磷阻燃剂对斑马鱼胚胎的毒性不同，毒性由高到低可排序为 TPhP、异苯丙基磷酸酯 [TiPPP，tris(isopropylated phenyl)phosphate]、叔丁基苯基磷酸二苯酯(BPDP，tert-butylphenyl diphenyl phosphate)、(2-乙基己基)联苯磷酸酯(EHDP，2-ethylhexyl diphenyl phosphate)和 TCrP[18]。最新体外实验研究表明，TnBP、TEHP、TBOEP、TDCPP、TPhP 和 TCrP 等多种有机磷阻燃剂具有与孕烷 X 受

体[1]的结合活性，显示了一定的内分泌干扰效应[19]。

有机磷阻燃剂大多具有类似的结构，因此其联合毒性往往呈现加和甚至协同的效应，但目前鲜有对有机磷阻燃剂联合暴露毒性，特别是模拟真实环境下低浓度、长期、联合暴露毒性的研究。有机磷阻燃剂毒性数据是评价其环境风险的基础，考虑到有机磷阻燃剂在环境中的广泛分布，开展深入的毒性评价十分重要且迫切。

7.2 有机磷阻燃剂环境存在水平

有机磷阻燃剂多以添加剂形式应用于各种高分子材料，添加量多少不一，多为 1% ～ 30%(质量分数)之间。Kajiwara 等分析了日本市场上新生产的消费品，如电子设备、窗帘、墙纸和其他建筑材料中的 11 种有机磷阻燃剂，结果是所有被分析样品中均以 TPhP 含量最高，为 0.56 ～ 14 mg/g[20]。王成云等对我国市场上阻燃纺织品的检测结果表明，TCEP、TDCPP、TCPP 等含氯的有机磷阻燃剂在国内使用比较普遍，平均添加量均在 20 ～ 30 mg/g[21]。

材料中的有机磷阻燃剂在生产、使用、处置和回收的整个过程中可能通过简单的挥发、磨损、泄漏从而释放到周围环境中。有研究发现个人电脑在日常使用时会持续向室内空气中释放 TPhP[22]。日本学者研究了建筑材料和电器中有机磷阻燃剂的逸失速率，最高可达 339 μg/(m^2•h)[23]。材料中有机磷阻燃剂的释放，以及电子电气废弃物等垃圾回收已被证实是室内外环境中有机磷阻燃剂的主要来源[24-26]，而工业、生活污水的排放则是有机磷阻燃剂污染物进入各种水体的主要途

[1] 孕烷 X 受体（pregnane X receptor，PXR）是核受体超家族成员之一，以同名内源性配体孕烷命名，主要表达在肝脏、小肠、胃、肾脏等组织，在机体异源性 / 内源性物质的代谢及排泄过程中起重要的调节作用。

径[27]。此外，Möller 等在北极和南极大气中检测到有机磷阻燃剂污染物的存在，首次证实了有机磷阻燃剂污染物在全球范围内的远距离迁移能力[28]。有机磷阻燃剂污染物随大气大范围迁移并随大气沉降是有机磷阻燃剂污染物在环境中广泛分布的重要原因[5]。了解有机磷阻燃剂污染物在不同环境中的存在水平是评估其环境风险的前提，众多国内外学者也就此开展了相关研究。表 7.2 汇总了文献报道的不同环境介质中三种典型有机磷阻燃剂污染物中值浓度的最低和最高值，可供读者初步了解。

表7.2　文献报道的不同环境介质中三种典型有机磷阻燃剂污染物中值浓度最低和最高值

环境介质	阻燃剂缩写	最低中值浓度①	最低中值浓度描述	最高中值浓度①	最高中值浓度描述
室内粉尘	TnBP	0.01μg/g	巴基斯坦	1.4μg/g	日本
	TPhP	0.07μg/g	菲律宾	14.3μg/g	日本
	TBOEP	0.02μg/g	埃及	508μg/g	日本
公共场所粉尘	TnBP	0.02μg/g	埃及：办公室	1.2μg/g	瑞典：托儿所
	TPhP	0.01μg/g	巴基斯坦：公共场所	1.97μg/g	比利时：购物中心
	TBOEP	0.07μg/g	巴基斯坦：公共场所	1600μg/g	瑞典：托儿所
室内空气	TnBP	2 ng/m^3	瑞典：医疗中心	27.1 ng/m^3	日本：住宅
	TPhP	1.4 ng/m^3	瑞士：购物中心	42500 ng/m^3	中国：垃圾站
	TBOEP	0.97 ng/m^3	日本：办公室	23 ng/m^3	日本：住宅
室外空气	TnBP	10 pg/m^3	海洋大气	570 pg/m^3	挪威：市中心
	TPhP	16.5 pg/m^3	德国：北海大气	42500 pg/m^3	美国：市中心
	TBOEP	6.5 pg/m^3	德国：北海大气	23 pg/m^3	美国：市中心
地表水	TnBP	10 ng/L	海洋大气	570 ng/L	挪威：市中心
	TPhP	16.5 ng/L	德国：北海大气	42500 ng/L	美国：市中心
	TBOEP	6.5 ng/L	德国：北海大气	23 ng/L	美国：市中心
饮用水	TnBP	60 ng/L	西班牙	84 ng/L	美国
	TPhP	N/A②		N/A②	
	TBOEP	70.1 ng/L	中国	190 ng/L	美国
沉积物	TnBP	0.91 ng/g	中国：太湖	2040 ng/g	挪威
	TPhP	0.57 ng/g	中国：太湖	2600 ng/g	挪威
	TBOEP	1.66 ng/g	中国：太湖	2150 ng/g	挪威

续表

环境介质	阻燃剂缩写	最低中值浓度①	最低中值浓度描述	最高中值浓度①	最高中值浓度描述
有机体（脂重）	TnBP	0.39 ng/g	日本：母乳	120 ng/g	瑞典：海鲶鱼
	TPhP	1.4 ng/g	日本：母乳	400 ng/g	瑞典：海鲶鱼
	TBOEP	ND③	菲律宾 / 越南：母乳	570 ng/g	瑞典：淡水鲤鱼

① 本表仅涉及文献报道的中位浓度数据。

② TPhP 的中位浓度数据不存在。

③ 超出检测限。

7.2.1 空气中的有机磷阻燃剂

由于有机磷阻燃剂的半挥发性质，室内空气是室内材料中释放的有机磷阻燃剂污染物的主要受纳体，其浓度水平、分布特征受室内的释放源，如建筑建材、家具、电子电器的影响。住宅室内空气中有机磷阻燃剂污染物的浓度在 11.4 ～ 234 mg/m^3，主要种类包括 TCPP(含卤)和 TnBP(无卤)。在一些销售家用商品的商场(如电器、家具和纺织品商场)，空气中有机磷阻燃剂污染物的种类和浓度(25.6 ～ 157 mg/m^3)也与住宅区类似[23,25,29-31]。而在我国南部某电子垃圾回收厂采集的空气中，TPhP 的浓度高达 46.5 μg/m^3[32]。国外的电子回收厂区总有机磷阻燃剂污染物的浓度也远高于其他室内环境[33]。在这些特殊环境下，从业者的职业暴露远高于一般人群的日常暴露。

室内空气中的有机磷阻燃剂污染物最终将扩散至室外大气中。有机磷阻燃剂污染物在室外空气中的浓度远低于室内，大约在 1 pg/m^3 ～ 99 ng/m^3，且检出率和检出浓度较高的有机磷阻燃剂污染物多为含氯品种，如 TCEP、TCPP、TCIPP 和 TDCIPP 等[34-37]。早在 20 世纪 90 年代，科学家们就曾在南极洲的气溶胶中检测到有机磷阻燃剂污染物的存在，这表明有机磷阻燃剂污染物具有与 POPs 类似的通过大气环流远距离迁移的能力[38]。此后，越来越多的研究和数据亦证实了这一结论。Möller 等人分析了德国北海上空的气体样品，8 种有机磷阻燃剂污染物总浓度在 110 ～ 1400 pg/m^3，其中浓度最高的样品来自大陆气团，受沿海工业区污染的影响[35]。Salamova 等对北美五大湖上空的大气监测发现，含氯有机磷阻燃剂污染物总浓度为 120 ～ 2100 pg/m^3，以 TCEP、TCPP 和 TDCIPP 为主 [37]。中国南海北部大气颗粒中含氯有机磷阻燃剂污染物总浓度为 47.1 ～ 160.9 pg/m^3，其中 TCEP 含量最高，其次为 TCPP[39]。中国大连市区气相中，含氯有机磷阻燃剂污染物总浓度为 56 ～ 6380 pg/m^3，以 TCIPP 为主 [40]。

与城市等人类活动密集地区空气相比，偏远地区空气中含氯有机磷阻燃剂污染物的比例明显高于不含氯的有机磷阻燃剂污染物，这说明，含氯有机磷阻燃剂污染物在长距离迁移过程中，比不含氯有机磷阻燃剂污染物更难自然降解，因此可能具有一定的环境持久性 [34]。但这也并不意味着不含氯的有机磷阻燃剂污染物对于环境的影响更小。

7.2.2 灰尘中的有机磷阻燃剂

由于室内家具、装饰、电器等材料的释放，有机磷阻燃剂污染物几乎在各种不同室内环境的灰尘中无处不在。国内外学者研究并报道了有机磷阻燃剂污染物在各种室内环境，诸如住宅 [41]、办公室 [42]、学校 [43]、宾馆 [44]、商场 [45]、医院和监狱 [46] 等灰尘中的存在水平和特征。总有机磷阻燃剂污染物的浓度水平差异很大，在 0.02 ～ 15100 μg/g。室内灰尘中有机磷阻燃剂污染物的浓度与溴系阻燃剂的浓度相当甚至显著超出，这也直接反映了在这些场所中溴系阻燃剂的限制使用及有机磷阻燃剂作为替代品的迅猛发展。不同国家和地区的室内灰尘中有机磷阻燃剂污染物浓度和成分特征也存在显著差异。欧洲国家(如瑞典 [46]、德国 [47]、比利时 [45] 等)、美国 [41] 和新西兰 [48] 等国家住宅灰尘中有机磷阻燃剂污染物浓度相当，且与其他国家相比，处于较高水平，其中主要的有机磷阻燃剂污染物为含氯有机磷阻燃剂如 TCPP、TCEP、TDCPP 和无卤含磷阻燃剂如 TBOEP、TPhP。而菲律宾 [49]、巴基斯坦 [50] 和埃及 [51] 等国家住宅灰尘中的总有机磷阻燃剂污染物浓度则要显著地低于上述国家，造成这一差异的可能原因在于发展中国家的防火阻燃法规不如发达国家要求严格，PBDEs 等传统溴系阻燃剂仍在这些国家和地区继续使用。对日本的室内灰尘研究则发现，其中 TBOEP 的浓度显著高于其他国家 [52]，分析认为这可能与日本住宅多为木地板，与日常阻燃地板抛光剂的大量使用有关。

其他类型的室内环境灰尘中有机磷阻燃剂污染物的分布特征与住宅灰尘基本类似，TBOEP 的比例占绝对优势，含氯的 TDCPP、TCEP、TCPP 和无卤的 TPhP 是剩余的主要检出物。从浓度水平看，其他室内灰尘要高于住宅灰尘。监狱、托儿所、医院等公共场所由于要定期进行地板抛光，灰尘中 TBOEP 的浓度最高达到 mg/g 级别 [17,46,52]。在瑞典的办公室灰尘中检出的 TCPP 和 TDCPP 浓度分别高达 73.0 μg/g 和 67.0 μg/g，这与办公室内铺设的添加了含氯有机磷阻燃剂的地板材料直接相关。中国广东省电子垃圾拆解区室内灰尘中有机磷阻燃剂污染物中位数浓度为 2.18 ～ 29 μg/g，以 TCIPP 和 TPhP 为主，这也与工作环境直接相关 [46]。

汽车空间狭小，但也是现代人重要的室内环境之一。车内灰尘中的有机磷阻燃剂污染物来自各种仪表盘、模具、内衬垫等高分子材料中添加的阻燃剂 [51]。另外，在汽车灰尘中发现了较高浓度的 TnBP。研究人员指出，这可能来自液压机中添加的抗压剂 [53]。

与室外空气环境类似，室外环境灰尘中也可检出有机磷阻燃剂污染物。例如，澳大利亚消防站灰尘中 9 种典型有机磷阻燃剂污染物，总浓度为 3.4 ～ 530 μg/g，以含氯的 TCIPP 和无卤的 TBOEP 为主 [54]。河南省街道灰尘样本中有机磷阻燃剂污染物总浓度为 2.77 ～ 505 μg/kg[55]。中国大连市区道路灰尘中 10 种有机磷阻燃剂污染物浓度为 0.3 ～ 7.48 μg/g，以 TCIPP 为主 [56]。研究人员对苏州市 25 个街道灰尘进行监测发现，4 种有机磷阻燃剂污染物中位数浓度为 1.039 μg/g，以 TBOEP 为主，其次为 TCPP[57]。

灰尘中有机磷阻燃剂污染物的浓度还受季节 [42] 和不同粒径 [44] 的影响。不同季节间，不同有机磷阻燃剂污染物的浓度差异可以达到 2 ～ 10 倍。灰尘中有机磷阻燃剂污染物在冬季和早春浓度要明显高于夏季，这可能与有机磷阻燃剂污染物的半挥发性有关，使得其环境行为(气-固分配)对温度的变化比较敏感。不同有机磷阻燃剂在不同粒径灰尘上的分布特征具有很大差异，选取不同粒径范围的灰尘可能对检测结果造成重大影响。然而目前相关研究仍十分缺乏。

7.2.3 水体中的有机磷阻燃剂

有机磷阻燃剂污染物进入水体的途径有很多，阻燃剂生产厂家的工业废水、生活污水的排放，环境介质中的有机磷阻燃剂污染物残留作为“源”，随降水、径流进入水体，都使得环境水体成为有机磷阻燃剂污染物的一个重要的“汇”。进入水环境后，有机磷阻燃剂污染物可与水中的悬浮颗粒物、沉积物中的有机质、矿物质等发生分配、物理吸附和化学吸附等一系列物理化学反应，进而转入沉积相中，也会通过水汽交换重新进入大气。在水体 - 沉积物体系中，有机磷阻燃剂污染物发生各种物理、化学、生物等变化，或重新进入其他环境介质乃至生物体内。

多个国家的河流和湖泊中检出浓度和检出率较高的有机磷阻燃剂污染物有含氯有机磷阻燃剂(如 TCPP、TCEP)和无卤有机磷阻燃剂(如 TPhP、TBOEP、TnBP)。地表水有机磷阻燃剂污染物的主要来源是污水排放，在工业和城市污水排放点附近的水域有机磷阻燃剂污染物水平较高。一项针对欧洲各国污水处理厂水质情况的调查显示，大多数污水处理厂的出水中可检出 TCPP 和 TCEP，浓度维持在数十到数百纳克每升，甚至更高[58]。英国埃尔河检出的有机磷阻燃剂污染物浓度为 113 ～ 26050 ng/L，以 TCPP 浓度最高[59]。德国易北河检出的几种常见有机磷阻燃剂污染物浓度为 10 ～ 250 ng/L，同样 TCPP 含量最高[60]。我国长江中以含氯的 TCEP 和 TCPP 为主；北京地表水中检出率较高的是 TCPP、TCEP、TBOEP 等[61-62]；珠江三角洲八个主要水道中，有机磷阻燃剂污染物浓度为 134 ～ 442 ng/L，以 TCPP、TCEP 和 TnBP 为主[63]。污水处理过程对不同有机磷阻燃剂污染物的去除效果差异很大[53,64-66]。不含氯的有机磷阻燃剂(如 TBOEP、TnBP、TPhP 等)均可以被有效去除(平均去除率可达 68%)，但对于含氯的有机磷阻燃剂，去除率极低(平均去除率仅为 2%)，甚至可能出现蓄积。对不同处理步骤出水的分析发现，有机磷阻燃剂污染物去除主要发生在主曝气池的生物降解和污泥吸附过程。处理后的污水中仍含有大量有机磷阻燃剂污染物，再加上大量未经处理排放的污水，是造成环境接纳水体有机磷阻燃剂污染物污染的主要原因[67-68]。据文献报道，各国地表河流中有机磷阻燃剂污染物的总浓度水平在 76 ～ 2230 ng/L，其中 TBOEP 是最常见的优势污染物，其次是各种含氯的有机磷阻燃剂 [27,67-70]。

Wang 等分析了我国珠江三角洲毗邻沿岸海水中的有机磷阻燃剂污染物存在水平，总浓度干湿两季分别为 2040 ～ 3120 ng/L 和 1080 ～ 2500 ng/L，其中含氯的 TCEP 和 TCPP 是含量最高的两种有机磷阻燃剂 [61]。珠江三角洲地区每年向毗邻海域排放的有机磷阻燃剂污染物总量接近 5694 t/y。而在黄海和东海的沿岸海水中，有机磷阻燃剂污染物的浓度也达到 91.3 ～ 1390 ng/L[71]。地下水有机磷阻燃剂污染物的污染也已被研究证实。Regnery 等比较了具有不同补充水源的地下水蓄水层样品，结果显示在以有机磷阻燃剂污染水体（如污水处理厂出水受纳水体）为补充水源的地下水样品中，有机磷阻燃剂污染物的浓度水平最高（>0.1 mg/L），而受人类活动影响较小的如温泉和深水井中大多低于检测限 [72]。他们还发现了在具有 20 ～ 45 年历史的地下水层中，仍有 3 ～ 9 ng/L 的 TCPP 和 TCEP 检出，表明了这两种含氯有机磷阻燃剂在蓄水层中的污染具有持久性。

水体中有机磷阻燃剂的普遍污染，也威胁到了饮用水安全。一项针对美国饮用水处理工艺的研究发现，所采用的处理工艺对 TnBP、TBOEP、TCEP 和 TDCPP 的去除效果并不明显 [73]。饮用水中有机磷阻燃剂污染物的浓度在几到几百纳克每升之间，Li 等报道了我国各城市自来水中有机磷阻燃剂污染物含量在 85.1 ～ 325 ng/L 之间，其中 TBOEP、TPhP 和 TCPP 是三种含量较高有机磷阻燃剂污染物的代表 [74]。

7.2.4 沉积物、土壤中的有机磷阻燃剂

相比灰尘、空气和水体，沉积物和土壤中有机磷阻燃剂的污染是较易被人们忽视的一环，但它却是整个有机磷阻燃剂污染物环境行为中十分重要的一环。部分有机磷阻燃剂污染物可能在底泥和土壤中被微生物降解，也有部分有机磷阻燃剂污染物在此蓄积、重新释放进入环境，甚至进入生物体内，随食物链迁移。

污水处理厂的活性污泥反应池是有机磷阻燃剂污染物从水相向沉积

相转移的重要场所。未被生物降解的或者疏水性较强的有机磷阻燃剂（如EHDPP）则会在剩余污泥中富集，Zeng等发现在我国珠江三角洲地区污泥中有机磷阻燃剂污染物的浓度在96.7～1310 ng/g，其中TBOEP、TPhP和TnBP浓度较高[75]。Martínez-Carballo等对奥地利三条河流的沉积物样品进行了分析，发现水相中含量最高的TCPP在沉积相中浓度亦高达1300 μg/kg[68]。而在水相中未检出的TEHP、TCrP在沉积物中的含量却也分别达到140 μg/kg和39 μg/kg，这可能是因为水溶性较差的有机磷阻燃剂易于吸附在有机颗粒物上，逐步向沉积相沉淀转移并发生蓄积。我国太湖底泥[76]和台湾地区海洋和河流底泥样品[77]有机磷阻燃剂污染物的浓度较低，平均浓度在7 ng/g左右，其中TCPP含量最高。这说明弥散性的来源，如大气的干湿沉降可能是这些地区底泥中有机磷阻燃剂污染物的重要来源。

土壤中检出的有机磷阻燃剂污染物有两种不同的分布特征，显示了两种不同的来源。尼泊尔加德满都谷地土壤中以磷酸三甲酚酯（tricresyl phosphate，TMPP）最为丰富，其次为TCPP、TEHP和EHDPP，浓度为17～25300 ng/g[78]。采自日本温室大棚附近的土壤中TCrP则是含量最高的有机磷阻燃剂，主要来自农用塑料膜的释放[79]。而城区表层土壤中的主要污染物为含氯的TCEP、TCPP和无卤的TPhP、TBOEP、TEHP等，则主要来自大气沉降，中位浓度含量也比种植土壤中的浓度数值更低[80]。我国成都市主城区表层土壤中常见有机磷阻燃剂污染物含量为31.6～211 ng/g，其中含量最高的TBOEP为23 ng/g[81]。Li等对我国浙江省62份土壤样品进行检测发现，TPhP含量最高，中位浓度为9.94 ng/g，其次为TEHP[82]。天津市废弃物拆解回收区域土壤中TCPP、TPhP和TBOEP为主要检出物，其浓度为10～1374 ng/g，废弃物户外储存和户外拆解作业区土壤中的浓度显著高于其他区域[83]。

7.2.5 生物体中的有机磷阻燃剂

有机磷阻燃剂污染物在环境介质当中广泛分布，特别是某些含氯有机磷阻燃剂具有持久性和较高的正辛醇-水分配系数，使得其不可避免地进入生物体内，并可能在生物体内发生富集和随食物链、食物网的生物放大作用，对处于最高营养级的人类造成潜在的健康损害。

Sundkvist 等考察了采自瑞典湖泊和沿海地区的鱼类和贝壳类样品中 11 种有机磷阻燃剂污染物的分布[84]。结果显示，TCPP 和 TPhP 是水生生物相中最主要的有机磷阻燃剂污染物，平均浓度分别为 45 ng/g 和 12 ng/g[指单位质量脂重(lipid weight，lw)中所含污染物的质量，下同]。除在特定点污染源附近的生物样品中有机磷阻燃剂污染物带有明显的源特征外，其余生物样品中有机磷阻燃剂的成分和含量均无明显地域差别，表明该地区水生生物主要受面源性有机磷阻燃剂污染的影响。他们还发现，有机磷阻燃剂污染物的总生物体内负荷与生物脂肪含量没有明显的相关性，但是有机磷阻燃剂污染物在不同生长期的鱼类体内存在生物蓄积现象。Kim 等检测了菲律宾马尼拉湾地区 20 种共 58 个鱼类样品中有机磷阻燃剂污染物的分布情况[85]。在大多数样品中总有机磷阻燃剂污染水平在 μg/g 级别，其中 TEHP、TEP 和 TnBP 是最主要的污染物。如表 7.1 所示，TEHP 具有很强的疏水性和较高的生物富集系数，因此容易在生物体内蓄积。Ma 等在珠江鱼体内检出了较高浓度的有机磷阻燃剂污染物，尤其是 TBOEP(1647 ～ 8840 ng/g)、TCEP(82.7 ～ 4690 ng/g)和 TnBP(43.9 ～ 2950 ng/g)，这与前文述及的在珠江三角洲附近水域中检出高浓度有机磷阻燃剂污染物的情况相吻合[86]。在我国清远地区(广东第二大电子垃圾拆解地)的家禽体内检出高浓度的 TPhP 也反映出了当地特定的污染特征[32,86]。

人体无时无刻不暴露在环境有机磷阻燃剂污染物中，因此人体内也不可避免地存在有机磷阻燃剂污染物。在瑞典母亲的母乳中，有机磷阻燃剂污染物的中值浓度为 99 ng/g[84]。而在菲律宾、日本和越南分别为 70 ng/g、22 ng/g 和 10 ng/g[87]。这反映了不同地区有机磷阻燃剂使用量的差异，造成这一差异的主要原因可能是发展中国家，尤其是亚洲国家的防火阻燃法规不如发达国家(尤其是欧洲国家)要求严格，无卤阻燃剂的使用并不普及。而且不同地区母乳中的优势污染物也不尽相同。然而，现有有限的数据仍不足以揭示生物体内(包括人体内)有机磷阻燃剂污染物的来源和存在特征，急需更全面的研究以阐释有机磷阻燃剂污染物的生物蓄积行为。

7.3
有机磷阻燃剂的人体暴露

环境介质中的污染物进入人体的主要途径包括呼吸、饮食、皮肤吸收及无意识的灰尘摄入等[88]。人们在长期研究各种污染物人体暴露的过程中，形成了各类暴露评估模型，并总结了具有不同人群特征的暴露参数。借助有效的暴露模型和参数，以及污染物在不同暴露介质中的存在水平，粗略估计污染物经某一特定暴露途径进入人体的暴露剂量，是目前最流行的人体暴露评估方法。对于有机磷阻燃剂污染物的人体暴露，学者们也已进行了相应的尝试。

儿童通过灰尘摄入有机磷阻燃剂污染物的剂量远高于成人，这是由于儿童的生活习惯与灰尘的接触机会要大于成人。而高职业暴露使司机、飞行员和机组人员等处于有机磷阻燃剂污染物高暴露剂量[89]。Van den Eede 等根据在比利时住宅和工作场所测得的灰尘中有机磷阻燃剂污染物浓度水平，估算了一般工作人员（工作时间：家庭时间 = 1∶2）接受的高水平暴露（中值浓度下高灰尘摄入量）为 6.6 ng/(kg•d)。儿童（24 h 在房间里）的高水平暴露为 128 ng/(kg•d)[45]。Brommer 等还考虑了车内灰尘的暴露情况，他们按成人在车内 / 办公场所 / 住宅时间分配为 4.2%/23.8%/72% 估算，德国成人每天接受的高水平暴露量为 6.5 ng/(kg•d)，儿童（4.2% 时间在车内，其余时间在住宅）为 22.4 ng/(kg•d)[47]。Ali 等估算了新西兰相同暴露情况下，成人和儿童暴露剂量分别为 2.99 ng/(kg•d) 和 69.8 ng/(kg•d)[48]。罗马尼亚成人和儿童接受的灰尘有机磷阻燃剂污染物暴露情况与新西兰相近，分别为 2.60 ng/(kg•d) 和 60.6 ng/(kg•d)[90]。Stapleton 等报道的美国波士顿成人和儿童的日均暴露量分别为 419 ng/d 和 1680 ng/d[41]。巴基斯坦和科威特的研究则重点关注了出租车司机的暴露水平，作为长时间（27.9% 时间在车内）接受车内灰尘有机磷阻燃剂污染物暴露的特殊群体，他们的日均高暴露剂量分别为 0.7 ng/(kg•d) 和 14.4 ng/(kg•d)[50]。这显示了巴基斯坦与其他国家和地区相比，灰尘中有机磷阻燃剂污染物的存在水平相对较低。同样的，尽管采取的时间分配估算方式有略微差异，埃及的成人和儿童通过灰尘摄入的有机磷阻燃剂污染物分别为 0.19 ng/(kg•d) 和 2.62 ng/(kg•d)，远远低于其他国家人群的暴露水平 [51]。

与 PBDEs 等典型 POPs 不同，大部分有机磷阻燃剂污染物在生物体内能够较快被降解 [91-92]，其水解产物——磷酸二酯(diester phosphate，DP)被认为是主要的代谢产物，DP 随尿液排出体外，并能够被仪器检测 [93-97]。国外有学者以尿液中 DP 作为生物标志物，评估人体的有机磷阻燃剂污染物暴露水平。Schindler 等对德国客机机组人员的尿液检测发现，暴露组尿液中 TnBP、TCEP 和 TPhP 的磷酸二酯代谢产物 DBP(磷酸三丁酯)、BCEP(三氯乙基磷酸酯)和 DPhP 浓度分别为 0.28μg/L、0.33μg/L 和 1.1 μg/L，均高于非暴露组，显示飞行人员可能接受包括飞机液压油中泄漏的 TnBP 和 TPhP，以及机舱内高度防火要求的材料中添加的 TCEP 等有机磷阻燃剂的暴露 [98]。研究发现尿液中 TDCPP 的磷酸二酯代谢产物 BDCPP 的浓度与接受的 TDCPP 环境暴露成正相关，且与室内灰尘中 TDCPP 浓度的相关性比与其他微环境中的相关性高。这说明灰尘摄入是该暴露人群 TDCPP 暴露剂量的主要贡献者。

呼吸是空气中污染物进入人体的主要途径，人群通过呼吸的有机磷阻燃剂污染物暴露剂量与呼吸频率密切相关。不同人群，不同活动状态下，人体的呼吸频率也不同，从而对于有机磷阻燃剂污染物呼吸暴露的准确估算造成影响。Marklund 等以成人呼吸率为 0.24 m^3/(kg•d) 计，灰尘摄入量为 1.03 mg/(kg•d) 计，得到监狱内成年人通过呼吸和灰尘摄入有机磷阻燃剂污染物总剂量为 5.8 μg/(kg•d)，这一暴露量超出了最大允许的日均暴露量 [31]。以一个日本成年人呼吸率为 0.3 m^3/(kg•d) 计，他通过呼吸 TCPP 的最高摄入量可达 0.38 μg/(kg•d) [99]。Staaf 将人群在不同区域每日活动时间细致划分，并详细测定了各微环境下空气中有机磷阻燃剂污染物的存在水平，最后估算得到 TCEP 和 TCPP 的平均呼吸摄入量为 4 μg/d 和 3 μg/d [25]。通常情况下，人群通过呼吸摄入的有机磷阻燃剂污染物剂量低于通过灰尘的摄入量。值得注意的是，有机磷阻燃剂污染物在空气中可能存在气态和颗粒态两种形态，因此在测定微环境空气中有机磷阻燃剂污染物的人体暴露时，应综合考虑不同形态影响，比如不同粒径可吸入颗粒上的有机磷阻燃剂污染物表现出的人体效应具有显著差异。但目前相关研究仍较缺失。

食物被认为是人类接触有机磷阻燃剂污染物的主要途径之一，也是许多 POPs 类物质进入人体的最主要途径[100]。鉴于某些有机磷阻燃剂污染物具有类似 POPs 的性质(如 TEHP)，且已在作为人类膳食结构的生物体中检出，饮食对人体总有机磷阻燃剂污染物暴露的贡献不可忽视。20 世纪 80 年代，就已经有学者研究了不同年龄人群通过饮食摄入的 TnBP、TPhP 和 TEHP，其剂量分别在 3.5 ～ 3.9 ng/(kg•d)、0.3 ～ 4.4 ng/(kg•d) 和 23 ～ 71 ng/(kg•d)[101]。按成人每周摄入鱼类产品 375 g 计，Sundkvist 等得到的人群有机磷阻燃剂污染物日均暴露剂量为 20 ～ 180 ng/(kg•d)。5 kg 体重的婴儿通过母乳摄入的有机磷阻燃剂污染物为 64 ng/(kg•d)。从上述结果可以发现，通过饮食摄入的有机磷阻燃剂污染物比之灰尘摄入和呼吸摄入要小得多。然而对于一些以水产品为主食的岛民，有机磷阻燃剂污染物饮食摄入量则要高得多。Kim 等计算得到菲律宾人通过食用鱼类暴露的总有机磷阻燃剂污染物剂量为 5.9 ng/(kg•d)，与其他两种暴露途径基本相当[85,102]。在澳大利亚昆士兰东南部采集的 92 份食品样品中，TCPP 和 DPhP(磷酸二苯酯)检出率最高[103]。比利时布鲁塞尔和安特卫普地区脂肪和油类中 EHDPP 和 TCIPP 的含量最高[104]。中国天津乳制品中 EHDPP、TPhP、TDCIPP、TnBP 和 TBOEP 含量最高[105]。中国湖北、重庆、四川和广西，大米和蔬菜中有机磷阻燃剂污染物含量为 0.38 ～ 287 ng/g，以 TPhP、TCEP 和 TCPP 为主[106]。中国广东省电子垃圾拆解区收集的鸡蛋样品中则以 TCEP 和 TDCIPP 含量最高[107]。目前还没有针对我国人群总体膳食结构中有机磷阻燃剂污染物残留水平的研究，我国人群通过饮食暴露的有机磷阻燃剂污染物量也无从估算，相关研究亟须开展。

7.4
挑战与机遇

7.4.1 有机磷阻燃剂污染物的处理技术

以废水为例，有机磷阻燃剂污染物的特点为高化学需氧量(chemical oxygen demand，COD)、高总磷、含有难降解的有机物污染物[108]。目前，常用的处理工艺主要为生物法、物理法、化学法，其中生物法包括常规好氧曝气工艺及厌氧水解酸化工艺等，化学法有电化学法、Fenton等高级氧化技术、混凝方法等，物理法包括活性炭吸附工艺、沉淀分离、膜过滤技术等。

7.4.1.1 生物处理法

生物法的原理是利用微生物的自身代谢功能吸收并降解水中的有机物以及其他有毒有害成分。在实际工程中，运用好氧生物处理污水的技术比较成熟，生物处理效率高、成本较低，并且不会产生二次污染。

有机磷阻燃剂废水具有较高的COD、较高的总磷，并且总磷中含有一定浓度的大分子量的难处理有机磷。有研究者采用好氧曝气生物处理法去除隔油之后的阻燃剂，经过生物好氧反应，废水中的大部分有机污染物得到降解，并且能将部分溶解性有机磷变成无机磷，之后采用石灰乳沉淀去除水中大部分无机磷酸盐[109]。实验及工程运行结果表明，废水的COD、挥发酚、总磷、石油类烷烃、环烷烃和芳香烃类化合物平均去除率均可达90%以上。

生物法除了运行成本较高以外，在处理含磷阻燃剂废水时也存在一些难点。首先对于不溶于水或微溶于水的阻燃剂(如TCrP、TEHP等)生物法的处理效果一般，其次对于高浓度有机磷阻燃剂废水，使用生物法的处理效果没有物理化学方法好。现在许多城市污水处理厂的核心工艺为生物法，而当城市污水厂接纳一些集成电路板生产废水、纺织废水等工业水时，对污水中所含的阻燃剂处理效果一般，导致一些并未降解完全的阻燃剂进入水环境。

7.4.1.2 物理处理法

污水的物理处理法多为采用机械或者物理方法对污水中的污染物进行分离、处理，主要针对水溶性较差的阻燃剂，通过物理方法能将其与水分离。20 世纪 70 年代出现的物理吸附法对于难溶性有机物有较好的处理效果，由于物理吸附法操作简单、效果明显，并且吸附的产物可以回收利用，不会产生二次污染，该方法受到普遍的关注。其他常见的物理处理法有气浮法、沉淀法、过滤法、渗透法以及反渗透法等。

物理方法常用于阻燃剂废水的预处理，夏斯颖报道了利用石墨烯以及几种经典的吸附剂对含磷阻燃剂废水的吸附作用，发现物理吸附处理效果极佳[110]。欧云川等使用了萃取的工艺作为预处理来解决有机磷阻燃剂生产废水的难题，该项目中进水的 COD 与总磷浓度都超过 10000 mg/L，废水中含有吡啶，是一种高浓度有机废水，其总磷中的有机磷占到 95% 以上[111]。因为部分有机污染物有能溶于乳状液膜的物理性质，于是使用液膜萃取、酸析沉降再络合萃取的方法，最终出水的 B/C 比达到了 0.32，总磷降至 310 mg/L，其中无机磷占到 230 mg/L，通过预处理，极大地减轻了后续处理的工艺负荷。

以常见的有机磷阻燃剂商品——双酚 A-双(二苯基磷酸酯)[bisphenol-A bis(diphenyl phosphate)，BDP] 为例，其生产中产生的工业废水具有高总磷、高 COD、低 B/C 比值等特点，废水中所含的 BDP、苯酚、双酚 A 等难生物降解物质对微生物有抑制作用，其中磷主要以有机磷形式存在，无法用传统沉淀法直接除磷，更无法直接生化处理。周华敏等采用树脂吸附为前端预处理工艺，通过树脂吸附作用去除 COD、双酚 A、苯酚、中间体以及有机磷，处理效果很好。后续采用微电解以及多级沉淀工艺，进一步去除苯酚和有机磷，之后采用混凝沉淀去除无机磷，出水再进入后端生化处理[112]。

将阻燃剂转入树脂、膜等一些媒介，保证污水中溶解性有机污染物的进水含量不会过高，利于后续生物处理或者化学处理，虽然保证了出水水质，但如何集中处理高浓度阻燃剂仍是重要难题。

7.4.1.3 化学处理法

常用的化学处理法有混凝法、电化学法、化学吸附、高级氧化技术等，更多是将物理和化学法结合成组合工艺使用。化学法、物化法与生物法相比，能较迅速地去除更多的污染物，且操作简单，容易实现自动控制，并能有效地去除污水中多种阻燃剂。

鸟粪石沉淀法是一种常用的物化法。鸟粪石(struvite)是矿石的一种，亦称鸟兽积粪，系聚积的鸟类、蝙蝠和海豹的粪便和尸体，含氮11%~16%、含磷酸盐8%~12%、含钾2%~3%(均为质量分数)，是一种优质肥料，主要成分为$Mg(NH_4)PO_4 \cdot 6H_2O$。冯莹莹在有机磷阻燃剂生产废水处理的研究中，充分利用废水中高浓度的磷酸根离子及高浓度氨氮的特点，采用鸟粪石沉淀法、混凝沉淀法，最大化发挥鸟粪石的作用，总磷去除率可以达到97%[113]。鸟粪石沉淀法优势明显，但在国内尚未见实施的案例，主要存在以下两个问题。一个问题是沉淀工艺不太好控制，理论上实现完全沉淀要求水中的Mg^{2+}∶NH_4^+∶PO_4^{3-}(摩尔比)尽可能接近1∶1∶1，但作为矿石的鸟粪石并不是一种纯净的化合物，且实际上废水的成分比较复杂，铵与磷酸根的比例不可能完美，因此就需要添加额外试剂，如氯化铵、氯化镁、磷酸钠等，对废水中的离子组成进行调节(比如某些废水存在只含磷而不含氨氮的情况下，要用鸟粪石法就必须额外添加氯化铵等进行调节)。同时氯化镁的添加量也要控制得恰到好处，一旦过量则会出现试剂残留，反而导致水质超标。另一个问题在于我国现行的固废危废政策。鸟粪石沉淀法在欧美用得比较多，主要用以生活污水处理，对应的也有鸟粪石作为肥料的政策。比如位于美国芝加哥的Stickney污水厂，是世界上最大的二级处理污水处理厂，他们选择了鸟粪石沉淀法生物除磷，并打造了世界上最大的磷回收工厂，成为全球污水资源回收的新标杆。而我国在这一点上要求更加严格，对于化工废水的沉淀产物一律按照固体废弃物与危害废弃物处理。对于生活污水产生的鸟粪石也没有政策指导用在农业生产中。

高级氧化技术是最近环境领域新发展的一项技术。实际工程中，采用最多的是臭氧以及臭氧催化氧化工艺等。高级氧化技术经常作为污水预处理技术，与生物处理技术或其他物化方法联用以达到所需处理效果。阻燃剂废水都具有高COD的特点，采用高级氧化技术作为降解COD的核心工艺是非常好的选择。Fenton 氧化法为一种高级氧化技术，广义上说是利用催化剂、光辐射或电化学作用通过 H_2O_2 产生羟基自由基(OH•)处理有机物的技术。卜庆伟等利用 Fenton 氧化技术作为有机磷酸酯阻燃剂生产废水的预处理技术，降解 COD，同时还将大部分有机磷转化为无机磷，便于后续化学工艺除磷 [114]。电化学法是处理阻燃剂废水的常用工艺，并且将其与高级氧化技术结合使用能更好地降解 COD。微电解去除有机磷系阻燃剂中的苯酚和 COD，依靠铁碳构成原电池将大分子物质开环断链，再经过一次高级氧化工艺就能达到很好的出水 [112-113]。通过对电解法、Fenton 法、电解 Fenton 法三种工艺对阻燃剂废水的去除效果的比较，表明电解 Fenton 法处理阻燃剂废水效果最佳 [115]。电解 Fenton 法处理废水是传统 Fenton 法发展的方向，不仅能去除许多难降解的有机物，对除磷也有很大的作用，而且 COD 去除率高。胡金梅等将物理吸附方法与后续化学处理方法结合，利用活性炭作为吸附剂的同时，把铁与活性炭结合作为 Fenton 氧化技术的催化材料，相较于均相 Fenton 反应体系，该非均相 Fenton 反应体系拥有催化剂可循环使用、过氧化氢的用量少、效率高等优点 [116]。从现在许多研究来看，在降解 COD 的核心工艺的选择上大多以高级氧化技术与电化学为主，主要因为其高效性且对于污染物无选择性。但化学法容易产生副产物且运行成本较高，在选择工艺的时候需要通过大量化学实验，找到最佳运行效果及工况。

7.4.2 挑战与机遇并存

随着有机磷阻燃剂的广泛生产和使用，其环境赋存日益增加。有机磷阻燃剂可在水体、空气、土壤和生物体中进行迁移；可通过吸入、皮肤接触和饮食途径对人类健康产生神经、生殖毒性和内分泌紊乱等毒性效应。然而，目前有机磷阻燃剂污染物的环境暴露、环境行为、毒性效应、毒性机制以及风险评估的研究十分有限，研究不够深入，同时缺乏大样本量的人群队列研究。因此，有机磷阻燃剂污染物的研究需要在以下几个方面进一步加强：

① 我国不同地区、不同年龄人群的有机磷阻燃剂污染物暴露水平、变化趋势及影响因素研究；

② 有机磷阻燃剂污染物体内毒代动力学过程研究，特别是新型代谢产物和代谢酶的鉴定与发现；

③ 对有机磷阻燃剂污染物暴露导致的有害健康结局或毒性终点的识别研究；

④ 有机磷阻燃剂污染物特异性的生物标志物亟待发现，可采用高通量组学方法(如表观遗传组、转录组、蛋白组及代谢组等)作为技术手段来发现新的生物标志物、解析毒性通路并阐明有害结局路径；

⑤ 进行人群健康效应风险评估时需联合考虑有机磷阻燃剂污染物的生物标志物、环境中其他危险因素以及人群易感性等要素，从而为降低甚至消除有机磷阻燃剂污染物暴露，以及相关政策、法律及程序的制定提供重要的科学依据，且对以上相关法规、程序实施的有效性提供反馈，维护公众的健康。

当然，更为重要的是，要从源头发展更为绿色环保的含磷阻燃剂，如基于生物质含磷化合物来源的新型高效生物基阻燃剂的设计与合成、本征含磷阻燃高分子材料的设计与制备等。2012 年，四川大学王玉忠教授课题组创新性地提出了一种利用高温交联成炭本征阻燃共聚酯的新方法，仅通过 Diels-Alder 环加成反应、重排反应等温度可控的热交联反应形成多芳环网状结构，抑制了分子链热运动，使得共聚酯复数黏度随温度增加呈指数级反常增长，有效抑制了共聚酯在燃烧过程中的熔滴现象，而多芳环交联网络结构在高温下继续芳构化成炭，隔氧绝热，从而提升材料阻燃性能[117-120]。这些共聚酯结构中不含有磷、卤素等传统的阻燃元素，也不会有前述阻燃剂在生产、使用、回收过程中存在的环境生态问题。这种开创性的阻燃方法不仅改变了人们对阻燃的传统观念，而且根据这一新的阻燃原理，可望发展出一系列新的能够解决传统阻燃难题的绿色阻燃技术，为开发高性能阻燃高分子提供了新思路。

参考文献

[1] 2023—2029 全球与中国阻燃剂市场现状及未来发展趋势 [R]. 北京：恒州博智国际信息咨询有限公司 , 2023, 01.

[2] 智研咨询 . 2017—2022 年中国有机磷系阻燃剂市场供需预测及发展趋势研究报告 [R]. 北京：智研咨询 , 2017, 106.

[3] Reemtsma T, Quintana J B, Rodil R, et al. Organophosphorus flame retardants and plasticizers in water and air I. Occurrence and fate[J]. TrAC Trends in Analytical Chemistry, 2008, 27(9): 727-737.

[4] Quintana J B, Rodil R, Reemtsma T, et al. Organophosphorus flame retardants and plasticizers in water and air II. Analytical methodology [J]. TrAC Trends in Analytical Chemistry, 2008, 27(10): 904–915.
[5] 丁锦建 . 典型有机磷阻燃剂人体暴露途径与蓄积特征研究 [D]. 浙江 : 浙江大学 , 2016.
[6] U. S. Environmental Protection Agency. Report on Alternatives to the Flame Retardant DecaBDE: Evaluation of Toxicity, Availability, Affordability, and Fire Safety Issues[R]. Illinois: USEPA, 2007.
[7] Lassen C, Løkke S, Andersen L I. Brominated Flame Retardants-Substance Flow Analysis and Assessment of Alternatives[R]. Danish Environmental Protection Agency, 1999.
[8] Liu X, Ji K, Choi K. Endocrine disruption potentials of organophosphate flame retardants and related mechanisms in H295R and MVLN cell lines and in zebrafish[J]. Aquatic Toxicology, 2012, 114: 173-181.
[9] Liu X, Jung D, Jo A, et al. Long - term exposure to triphenylphosphate alters hormone balance and HPG, HPI, and HPT gene expression in zebrafish (Danio rerio)[J]. Environmental Toxicology and Chemistry, 2016, 35(9): 2288-2296.
[10] Du Z, Zhang Y, Wang G, et al. TPhP exposure disturbs carbohydrate metabolism, lipid metabolism, and the DNA damage repair system in zebrafish liver[J]. Scientific Reports, 2016, 6: 21827.
[11] 周启星 , 赵梦阳 , 来子阳 , 等 . 有机磷阻燃剂的环境暴露与动物毒性效应 [J]. 生态毒理学报 , 2017, 12(5): 1-11.
[12] Chen G, Jin Y, Wu Y, et al. Exposure of male mice to two kinds of organophosphate flame retardants (OPFRs) induced oxidative stress and endocrine disruption[J]. Environmental Toxicology and Pharmacology, 2015, 40(1): 310-318.
[13] Meeker J D, Stapleton H M. House dust concentrations of organophosphate flame retardants in relation to hormone levels and semen quality parameters[J]. Environmental Health Perspectives, 2010, 118(3): 318-323.
[14] Fisk P R, Girling A E, Wildey R J. Prioritisation of flame retardants for environmental risk assessment[M]. Bristol: U. K. Environment Agency, 2003.
[15] Du Z, Wang G, Gao S, et al. Aryl organophosphate flame retardants induced cardiotoxicity during zebrafish embryogenesis: By disturbing expression of the transcriptional regulators[J]. Aquatic Toxicology, 2015, 161: 25-32.
[16] McGee S P, Konstantinov A, Stapleton H M, et al. Aryl phosphate esters within a major PentaBDE replacement product induce cardiotoxicity in developing zebrafish embryos: Potential role of the aryl hydrocarbon receptor[J]. Toxicological Sciences, 2013, 133(1): 144-156.
[17] Araki A, Saito I, Kanazawa A, et al. Phosphorus flame retardants in indoor dust and their relation to asthma and allergies of inhabitants[J]. Indoor Air, 2014, 24(1): 3-15.
[18] Behl M, Hsieh J H, Shafer T J, et al. Use of alternative assays to identify and prioritize organophosphorus flame retardants for potential developmental and neurotoxicity[J]. Neurotoxicology and Teratology, 2015, 52: 181-193.
[19] Kojima H, Takeuchi S, Itoh T, et al. In vitro endocrine disruption potential of organophosphate flame retardants via human nuclear receptors[J]. Toxicology, 2013, 314(1): 76-83.
[20] Kajiwara N, Noma Y, Takigami H. Brominated and organophosphate flame retardants in selected consumer products on the Japanese market in 2008[J]. Journal of Hazardous Materials, 2011, 192(3): 1250-1259.
[21] 王成云 , 李丽霞 , 谢堂堂 , 等 . 超声萃取 / 气相色谱 - 串联质谱法同时测定纺织品中 6 种禁用有机磷阻燃剂 [J]. 分析测试学报 , 2011, 30(8): 917-921.
[22] Carlsson H, Nilsson U, Becker G, et al. Organophosphate ester flame retardants and plasticizers in the indoor environment: analytical methodology and occurrence[J]. Environmental Science & Technology, 1997, 31(10): 2931-2936.
[23] Saito I, Onuki A, Seto H. Indoor organophosphate and polybrominated flame retardants in Tokyo[J]. Indoor Air, 2007, 17(1): 28-36.
[24] Marklund A, Andersson B, Haglund P. Traffic as a source of organophosphorus flame retardants and plasticizers in snow[J]. Environmental Science & Technology, 2005, 39(10): 3555-3562.

[25] Staaf T, Östman C. Organophosphate triesters in indoor environments[J]. Journal of Environmental Monitoring, 2005, 7(9): 883-887.

[26] Zheng X, Xu F, Chen K, et al. Flame retardants and organochlorines in indoor dust from several e-waste recycling sites in South China: composition variations and implications for human exposure[J]. Environment International, 2015, 78: 1-7.

[27] Fries E, Püttmann W. Monitoring of the three organophosphate esters TBP, TCEP and TBEP in river water and ground water (Oder, Germany)[J]. Journal of Environmental Monitoring, 2003, 5(2): 346-352.

[28] Möller A, Sturm R, Xie Z, et al. Organophosphorus flame retardants and plasticizers in airborne particles over the Northern Pacific and Indian Ocean toward the polar regions: evidence for global occurrence[J]. Environmental Science & Technology, 2012, 46(6): 3127-3134.

[29] Hartmann P C, Burgi D, Giger W. Organophosphate flame retardants and plasticizers in indoor air[J]. Chemosphere, 2004, 57(8): 781-787.

[30] Bergh C, Torgrip R, Emenius G, et al. Organophosphate and phthalate esters in air and settled dust – a multi - location indoor study[J]. Indoor Air, 2011, 21(1): 67-76.

[31] Marklund A, Andersson B, Haglund P. Organophosphorus flame retardants and plasticizers in air from various indoor environments[J]. Journal of Environmental Monitoring, 2005, 7(8): 814-819.

[32] Bi X, Simoneit B R T, Wang Z, et al. The major components of particles emitted during recycling of waste printed circuit boards in a typical e-waste workshop of South China[J]. Atmospheric Environment, 2010, 44(35): 4440-4445.

[33] Makinen M S E, Makinen M R A, Koistinen J T B, et al. Respiratory and dermal exposure to organophosphorus flame retardants and tetrabromobisphenol A at five work environments[J]. Environmental Science & Technology, 2009, 43(3): 941-947.

[34] Castro-Jiménez J, Berrojalbiz N, Pizarro M, et al. Organophosphate ester (OPE) flame retardants and plasticizers in the open Mediterranean and Black Seas atmosphere[J]. Environmental Science & Technology, 2014, 48(6): 3203-3209.

[35] Möller A, Xie Z, Caba A, et al. Organophosphorus flame retardants and plasticizers in the atmosphere of the North Sea[J]. Environmental Pollution, 2011, 159(12): 3660-3665.

[36] Salamova A, Hermanson M H, Hites R A. Organophosphate and halogenated flame retardants in atmospheric particles from a European Arctic site[J]. Environmental Science & Technology, 2014, 48(11): 6133-6140.

[37] Salamova A, Ma Y, Venier M, et al. High levels of organophosphate flame retardants in the Great Lakes atmosphere[J]. Environmental Science & Technology Letters, 2014, 1(1): 8-14.

[38] Ciccioli P, Cecinato A, Brancaleoni E, et al. Chemical composition of particulate organic matter (POM) collected at Terra Nova Bay in Antarctica[J]. International Journal of Environmental Analytical Chemistry, 1994, 55(1-4): 47-59.

[39] Lai S, Xie Z, Song T, et al. Occurrence and dry deposition of organophosphate esters in atmospheric particles over the northern South China Sea[J]. Chemosphere, 2015, 127: 195-200.

[40] Wang Y, Bao M, Tan F, et al. Distribution of organophosphate esters between the gas phase and PM2. 5 in urban Dalian, China[J]. Environmental Pollution, 2020, 259: 113882.

[41] Stapleton H M, Klosterhaus S, Eagle S, et al. Detection of organophosphate flame retardants in furniture foam and U. S. house dust[J]. Environmental Science & Technology, 2009, 43(19): 7490-7495.

[42] Cao Z, Xu F, Covaci A, et al. Differences in the seasonal variation of brominated and phosphorus flame retardants in office dust[J]. Environment International, 2014, 65: 100-106.

[43] Mizouchi S, Ichiba M, Takigami H, et al. Exposure assessment of organophosphorus and organobromine flame retardants via indoor dust from elementary schools and domestic houses[J]. Chemosphere, 2015, 123: 17-25.

[44] Cao Z, Xu F, Covaci A, et al. Distribution patterns of brominated, chlorinated, and phosphorus flame retardants with particle size in indoor and outdoor dust and implications for human exposure[J].

Environmental Science & Technology, 2014, 48(15): 8839-8846.
[45] Van den Eede N, Dirtu A C, Neels H, et al. Analytical developments and preliminary assessment of human exposure to organophosphate flame retardants from indoor dust[J]. Environment International, 2011, 37(2): 454-461.
[46] Marklund A, Andersson B, Haglund P. Screening of organophosphorus compounds and their distribution in various indoor environments[J]. Chemosphere, 2003, 53(9): 1137-1146.
[47] Brommer S, Harrad S, Van den Eede N, et al. Concentrations of organophosphate esters and brominated flame retardants in German indoor dust samples[J]. Journal of Environmental Monitoring, 2012, 14(9): 2482-2487.
[48] Ali N, Dirtu A C, Van den Eede N, et al. Occurrence of alternative flame retardants in indoor dust from New Zealand: indoor sources and human exposure assessment[J]. Chemosphere, 2012, 88(11): 1276-1282.
[49] Kim J W, Isobe T, Sudaryanto A, et al. Organophosphorus flame retardants in house dust from the Philippines: occurrence and assessment of human exposure[J]. Environmental Science and Pollution Research, 2013, 20(2): 812-822.
[50] Ali N, Ali L, Mehdi T, et al. Levels and profiles of organochlorines and flame retardants in car and house dust from Kuwait and Pakistan: Implication for human exposure via dust ingestion[J]. Environment International, 2013, 55: 62-70.
[51] Abdallah M A E, Covaci A. Organophosphate flame retardants in indoor dust from Egypt: implications for human exposure[J]. Environmental Science & Technology, 2014, 48(9): 4782-4789.
[52] Kanazawa A, Saito I, Araki A, et al. Association between indoor exposure to semi - volatile organic compounds and building - related symptoms among the occupants of residential dwellings[J]. Indoor Air, 2010, 20(1): 72-84.
[53] Marklund A, Andersson B, Haglund P. Organophosphorus flame retardants and plasticizers in Swedish sewage treatment plants[J]. Environmental Science & Technology, 2005, 39(19): 7423-7429.
[54] Banks A P W, Engelsman M, He C, et al. The occurrence of PAHs and flame-retardants in air and dust from Australian fire stations[J]. Journal of Occupational and Environmental Hygiene, 2020, 17(2-3): 73-84.
[55] Pang L, Yang H, Pang R, et al. Occurrence, distribution, and risk assessment of organophosphate esters in urban street dust in the central province of Henan, China[J]. Environmental Science and Pollution Research, 2019, 26(27): 27862-27871.
[56] Zhang Z, Wang Y, Tan F, et al. Characteristics and risk assessment of organophosphorus flame retardants in urban road dust of Dalian, Northeast China[J]. Science of the Total Environment, 2020, 705: 135995.
[57] 李静，王俊霞，许婉婷，等. 道路灰尘中有机磷阻燃剂污染特征及人体暴露 [J]. 环境科学，2017, 38(10): 4220-4227.
[58] Loos R, Carvalho R, António D C, et al. EU-wide monitoring survey on emerging polar organic contaminants in wastewater treatment plant effluents[J]. Water Research, 2013, 47(17): 6475-6487.
[59] Cristale J, Katsoyiannis A, Sweetman A J, et al. Occurrence and risk assessment of organophosphorus and brominated flame retardants in the River Aire (UK)[J]. Environmental Pollution, 2013, 179:194-200.
[60] Bollmann U E, Möller A, Xie Z, et al. Occurrence and fate of organophosphorus flame retardants and plasticizers in coastal and marine surface waters[J]. Water Research, 2012, 46(2): 531-538.
[61] Wang X, He Y, Lin L, et al. Application of fully automatic hollow fiber liquid phase microextraction to assess the distribution of organophosphate esters in the Pearl River Estuaries[J]. Science of the Total Environment, 2014, 470-471: 263-269.
[62] Shi Y, Gao L, Li W, et al. Occurrence, distribution and seasonal variation of organophosphate flame retardants and plasticizers in urban surface water in Beijing, China[J]. Environmental Pollution, 2016, 209: 1-10.
[63] Shi Y, Zhang Y, Du Y, et al. Occurrence, composition and biological risk of organophosphate esters

(OPEs) in water of the Pearl River Estuary, South China[J]. Environmental Science and Pollution Research, 2020, 27(13): 1485214862.

[64] Fries E, Püttmann W. Occurrence of organophosphate esters in surface water and ground water in Germany[J]. Journal of Environmental Monitoring, 2001, 3(6): 621-626.

[65] Rodil R, Quintana J B, Concha-Graña E, et al. Emerging pollutants in sewage, surface and drinking water in Galicia (NW Spain)[J]. Chemosphere, 2012, 86(10): 1040-1049.

[66] Meyer J, Bester K. Organophosphate flame retardants and plasticisers in wastewater treatment plants[J]. Journal of Environmental Monitoring, 2004, 6(7): 599-605.

[67] Andresen J A, Grundmann A, Bester K. Organophosphorus flame retardants and plasticisers in surface waters[J]. Science of the Total Environment, 2004, 332(1-3): 155-166.

[68] Martínez-Carballo E, González-Barreiro C, Sitka A, et al. Determination of selected organophosphate esters in the aquatic environment of Austria[J]. Science of the Total Environment, 2007, 388(1-3): 290-299.

[69] Bacaloni A, Cavaliere C, Foglia P, et al. Liquid chromatography/tandem mass spectrometry determination of organophosphorus flame retardants and plasticizers in drinking and surface waters[J]. Rapid Communications in Mass Spectrometry, 2007, 21(7): 1123-1130.

[70] Kim S D, Cho J, Kim I S, et al. Occurrence and removal of pharmaceuticals and endocrine disruptors in South Korean surface, drinking, and waste waters[J]. Water Research, 2007, 41(5): 1013-1021.

[71] Hu M, Li J, Zhang B, et al. Regional distribution of halogenated organophosphate flame retardants in seawater samples from three coastal cities in China[J]. Marine Pollution Bulletin, 2014, 86(1-2): 569-574.

[72] Regnery J, Püttmann W, Merz C, et al. Occurrence and distribution of organophosphorus flame retardants and plasticizers in anthropogenically affected groundwater[J]. Journal of Environmental Monitoring, 2011, 13(2): 347-354.

[73] Stackelberg P E, Furlong E T, Meyer M T, et al. Persistence of pharmaceutical compounds and other organic wastewater contaminants in a conventional drinking-water-treatment plant[J]. Science of the Total Environment, 2004, 329(1-3): 99-113.

[74] Li J, Yu N, Zhang B, et al. Occurrence of organophosphate flame retardants in drinking water from China[J]. Water Research, 2014, 54: 53-61.

[75] Zeng X, He L, Cao S, et al. Occurrence and distribution of organophosphate flame retardants/plasticizers in wastewater treatment plant sludges from the Pearl River Delta, China[J]. Environmental Toxicology and Chemistry, 2014, 33(8): 1720-1725.

[76] Cao S, Zeng X, Song H, et al. Levels and distributions of organophosphate flame retardants and plasticizers in sediment from Taihu Lake, China[J]. Environmental Toxicology and Chemistry, 2012, 31(7): 1478-1484.

[77] Chung H W, Ding W H. Determination of organophosphate flame retardants in sediments by microwave-assisted extraction and gas chromatography–mass spectrometry with electron impact and chemical ionization[J]. Analytical and Bioanalytical Chemistry, 2009, 395(7): 2325-2334.

[78] Yadav I C, Devi N L, Li J, et al. Concentration and spatial distribution of organophosphate esters in the soil-sediment profile of Kathmandu Valley, Nepal: Implication for risk assessment[J]. Science of the Total Environment, 2018, 613-614: 502-512.

[79] Cho K J, Hirakawa T, Mukai T, et al. Origin and stormwater runoff of TCP (tricresyl phosphate) isomers[J]. Water Research, 1996, 30(6): 1431-1438.

[80] Mihajlović I, Fries E. Atmospheric deposition of chlorinated organophosphate flame retardants (OFR) onto soils[J]. Atmospheric Environment, 2012, 56: 177-183.

[81] 印红玲，李世平，叶芝祥，等．成都市土壤中有机磷阻燃剂的污染特征及来源分析 [J]. 环境科学学报，2016, 36(2): 606-613.

[82] Li X, Ma J, Fang D, et al. Organophosphate flame retardants in soils of Zhejiang province, China: levels, distribution, sources, and exposure risks[J]. Archives of Environmental Contamination and Toxicology, 2020, 78(2): 206-215.

[83] 汪玉，祝洪凯，姚义鸣，等．有机磷酸酯阻燃剂在废物回收区域土壤和室外灰尘中的分布研究 [C]. 持久性有机污染物论坛 2017 暨第十二届持久性有机污染物学术研讨会论文集．武汉，2017: 191-192.

[84] Sundkvist A M, Olofsson U, Haglund P. Organophosphorus flame retardants and plasticizers in marine and fresh water biota and in human milk[J]. Journal of Environmental Monitoring, 2010, 12(4): 943-951.

[85] Kim J W, Isobe T, Chang K H, et al. Levels and distribution of organophosphorus flame retardants and plasticizers in fishes from Manila Bay, the Philippines[J]. Environmental Pollution, 2011, 159(12): 3653-3659.

[86] Ma Y, Cui K, Zeng F, et al. Microwave-assisted extraction combined with gel permeation chromatography and silica gel cleanup followed by gas chromatography–mass spectrometry for the determination of organophosphorus flame retardants and plasticizers in biological samples[J]. Analytica Chimica Acta, 2013, 786: 47-53.

[87] Kim J W, Isobe T, Muto M, et al. Organophosphorus flame retardants (PFRs) in human breast milk from several Asian countries[J]. Chemosphere, 2014, 116: 91-97.

[88] Daso A P, Fatoki O S, Odendaal J P, et al. A review on sources of brominated flame retardants and routes of human exposure with emphasis on polybrominated diphenyl ethers[J]. Environmental Reviews, 2010, 18(NA): 239-254.

[89] 符元证，史亚利，逯晓波，等．有机磷酸酯阻燃剂暴露的毒性效应及生物标志物研究进展 [J]. 中华预防医学杂志，2020, 54(10): 1152-1160.

[90] Dirtu A C, Ali N, Van den Eede N, et al. Country specific comparison for profile of chlorinated, brominated and phosphate organic contaminants in indoor dust. Case study for Eastern Romania, 2010[J]. Environment International, 2012, 49: 1-8.

[91] World Health Organization. Environmental Health Criteria 209: Flame Retardants: Tris (Chloropropyl) Phosphate and Tris (2-Chloroethyl) Phosphate[M]. Geneva: WHO, 1998.

[92] Lynn R K, Garvie-Gould C, Wong K, et al. Metabolism, distribution, and excretion of the flame retardant, tris (2, 3-dibromopropyl) phosphate (Tris-BP) in the rat: identification of mutagenic and nephrotoxic metabolites[J]. Toxicology and Applied Pharmacology, 1982, 63(1): 105-119.

[93] Cooper E M, Covaci A, Van Nuijs A L N, et al. Analysis of the flame retardant metabolites bis (1, 3-dichloro-2-propyl) phosphate (BDCPP) and diphenyl phosphate (DPP) in urine using liquid chromatography–tandem mass spectrometry[J]. Analytical and Bioanalytical Chemistry, 2011, 401(7): 2123-2132.

[94] Chu S, Chen D, Letcher R J. Dicationic ion-pairing of phosphoric acid diesters post-liquid chromatography and subsequent determination by electrospray positive ionization-tandem mass spectrometry[J]. Journal of Chromatography A, 2011, 1218(44): 8083-8088.

[95] Reemtsma T, Lingott J, Roegler S. Determination of 14 monoalkyl phosphates, dialkyl phosphates and dialkyl thiophosphates by LC-MS/MS in human urinary samples[J]. Science of the Total Environment, 2011, 409(10): 1990-1993.

[96] Möller K, Crescenzi C, Nilsson U. Determination of a flame retardant hydrolysis product in human urine by SPE and LC–MS. Comparison of molecularly imprinted solid-phase extraction with a mixed-mode anion exchanger[J]. Analytical and Bioanalytical Chemistry, 2004, 378(1): 197-204.

[97] Jonsson O B, Nilsson U L. Determination of organophosphate ester plasticisers in blood donor plasma using a new stir - bar assisted microporous membrane liquid - liquid extractor[J]. Journal of Separation Science, 2003, 26(9 - 10): 886-892.

[98] Schindler B K, Weiss T, Schütze A, et al. Occupational exposure of air crews to tricresyl phosphate isomers and organophosphate flame retardants after fume events[J]. Archives of Toxicology, 2013, 87(4): 645-648.

[99] Otake T, Yoshinaga J, Yanagisawa Y. Analysis of organic esters of plasticizer in indoor air by GC – MS and GC – FPD[J]. Environmental Science & Technology, 2001, 35(15): 3099-3102.

[100] Chen Y, Li J, Liu L, et al. Polybrominated diphenyl ethers fate in China: a review with an emphasis

on environmental contamination levels, human exposure and regulation[J]. Journal of Environmental Management, 2012, 113: 22-30.
[101] Gunderson E L. FDA Total Diet Study, April 1982-April 1984, dietary intakes of pesticides, selected elements, and other chemicals[J]. Journal of the Association of Official Analytical Chemists, 1988, 71(6): 1200-1209.
[102] Kim J W, Ramaswamy B R, Chang K H, et al. Multiresidue analytical method for the determination of antimicrobials, preservatives, benzotriazole UV stabilizers, flame retardants and plasticizers in fish using ultra high performance liquid chromatography coupled with tandem mass spectrometry[J]. Journal of Chromatography A, 2011, 1218(22): 3511-3520.
[103] He C, Wang X, Tang S, et al. Concentrations of organophosphate esters and their specific metabolites in food in Southeast Queensland, Australia: Is dietary exposure an important pathway of organophosphate esters and their metabolites?[J]. Environmental Science & Technology, 2018, 52(21): 12765-12773.
[104] Poma G, Sales C, Bruyland B, et al. Occurrence of organophosphorus flame retardants and plasticizers (PFRs) in Belgian foodstuffs and estimation of the dietary exposure of the adult population[J]. Environmental Science & Technology, 2018, 52(4): 2331-2338.
[105] Li J, Zhao L, Letcher R J, et al. A review on organophosphate ester (OPE) flame retardants and plasticizers in foodstuffs: levels, distribution, human dietary exposure, and future directions[J]. Environment International, 2019, 127: 35-51.
[106] Zhang X, Zou W, Mu L, et al. Rice ingestion is a major pathway for human exposure to organophosphate flame retardants (OPFRs) in China[J]. Journal of Hazardous Materials, 2016, 318: 686-693.
[107] Hoffman K, Stapleton H M, Lorenzo A, et al. Prenatal exposure to organophosphates and associations with birthweight and gestational length[J]. Environment International, 2018, 116: 248-254.
[108] 屈子涵，唐玉霖，秦晓，等．我国水环境中主要阻燃剂及其处理 [J]. 化工进展，2020, 39(S1): 250-255.
[109] 田爱军，李冰，王水，等．好氧生化 - 化学沉淀工艺处理有机磷阻燃剂废水 [J]. 环境科技，2012, 25(1): 45-48.
[110] 夏斯颖．石墨烯对含磷阻燃剂废水的吸附研究 [D]. 苏州：江苏大学，2017.
[111] 欧云川，程迪，马文静，等．有机磷阻燃剂生产废水预处理工艺研究 [J]. 化工环保，2012, 32(1): 44-48.
[112] 周华敏，裘建平，张婕．磷酸酯阻燃剂生产废水的预处理与回用实例 [J]. 广东化工，2015, 42(12): 154-155.
[113] 冯莹莹．鸟粪石沉淀 - 微电解 -Fenton-EGSB 组合工艺预处理有机磷系阻燃剂废水 [D]. 合肥：合肥工业大学，2017.
[114] 卜庆伟，赵亭月，刘健，等．Fenton 氧化预处理磷酸酯阻燃剂生产废水 [J]. 水资源保护，2016, 32(6): 90-92.
[115] 何锡辉，张渝，成琼，等．电解 Fenton 法处理阻燃剂废水的研究 [J]. 工业水处理，2005, 25(6): 30-33.
[116] 胡金梅，黄天寅，虞磊，等．活性炭载 - 铁 - 类芬顿法优化降解阻燃剂废水 [J]. 水处理技术，2017, 43(4): 89-93.
[117] Zhao H B, Chen L, Yang J C, et al. A novel flame-retardant-free copolyester: cross-linking towards self extinguishing and non-dripping [J]. Journal of Materials Chemistry, 2012, 22(37): 19849-19857.
[118] Zhao H B, Wang Y Z. Design and synthesis of PET-based copolyesters with flame-retardant and anti-dripping performance [J]. Macromolecular Rapid Communications. 2017, 38(23): 1700451.
[119] Liu B W, Chen L, Guo D M, et al. Fire-safe polyesters enabled by end-group capturing chemistry [J]. Angewandte Chemie International Edition, 2019, 58(27): 9188-9193.
[120] Chen L, Liu B, Fu T, et al. New methods for flame-retarding PET without melt dripping [J]. Chinese Science Bulletin, 2020, 65(0023-074X): 3160.

P
PHOSPHORUS 磷科学前沿与技术丛书
磷与火安全材料

8

含磷生物质阻燃剂

随着科技的发展，阻燃剂的绿色化已经成为阻燃技术发展的必然选择。采用自然界存在的生物质原料作为阻燃剂符合可持续发展的绿色战略要求，相关研究因此也成为关注的热点，方兴未艾。不同于合成化合物，这类物质存在于生命体内，或来自人工栽培的植物，或来自人类饲养的动物，来源广泛、廉价易得，可再生且对环境友好。由于富含羟基，许多生物质原料是天然的碳源，包括各种多糖类物质，如淀粉、纤维素、环糊精、小分子糖类和植物油等，被研究人员用于构建各种催化碳化阻燃体系，如典型的膨胀型阻燃体系，一直是阻燃研究领域关注的热点。近年来也涌现出一些天然酸源的报道，如各种含磷的生物质原料(脱氧核糖核酸、植酸等)[1]。随着用于阻燃的生物质原料品种的不断丰富，如何选择和设计适当的结构、实现不同高分子基体的高效阻燃是目前发展的难点。在本章内容里，笔者详细回顾并总结了目前含磷生物质阻燃剂的发展现状，指出含磷生物质阻燃剂的化学改性和效率提高是其走向应用的必要措施。

8.1

脱氧核糖核酸

脱氧核糖核酸(deoxyribonucleic acid，DNA)是生物细胞内含有的四种生物大分子之一。DNA 是染色体的主要组成部分，由五碳糖核、含氮碱基及磷酸基团等组成，它们自身就构成了一种单组分的大分子型膨胀型阻燃剂体系：核苷酸中 5′- 磷脂键断开后能产生磷酸，并进一步受热生成聚 / 焦 / 过磷酸等脱水性物质；脱氧腺苷单元中，脱氧核糖作为多羟基化合物，在磷酸脱水作用下迅速成炭；碱基作为含氮杂环类化合物，包括腺嘌呤(adenine，A)、鸟嘌呤(guanine，G)、胞嘧啶(cytosine，C)和胸腺嘧啶(thymine，T)，受热释放氨气等含氮惰性气体[2-4]，如图 8.1(a) 所示。Alongi 等人研究了 DNA 的热降解过程，发现其在热降解之后能起到膨胀型阻燃剂的作用[5]。

与传统膨胀型阻燃剂的膨胀成炭温度(300 ～ 350℃)相比，DNA 能够在更低的温度(160 ～ 200℃)下发泡并形成隔热炭层，这可能是 DNA 高效阻燃的原因之一。图 8.1(b) 反映了不同辐照功率下 DNA 的锥形燃烧量热结果，有效证明了 DNA 作为膨胀型阻燃剂的可行性：辐照功率为 25 kW/m^2 时，DNA 粉末压片制得的测试样品并不能被有效点燃，最后残余量为 66%(质量分数)，体积膨胀比可达 1600%；辐照功率增大到 35 kW/m^2 时，DNA 测试样品残余量为 56%(质量分数)，体积膨胀比达到最大值，约为 1700%；继续增大辐照功率，测试样品残余质量和体积膨胀率逐渐下降，至辐照功率为 75 kW/m^2 时，体积膨胀率明显降低，而残余量也仅剩 30%(质量分数)。这一方面说明了 DNA 作为膨胀型阻燃剂良好的膨胀成炭效果，另一方面也揭示了 DNA 阻燃效果受火场热通量(辐照功率)影响较大，对于初起火灾的防护屏蔽效果更好。

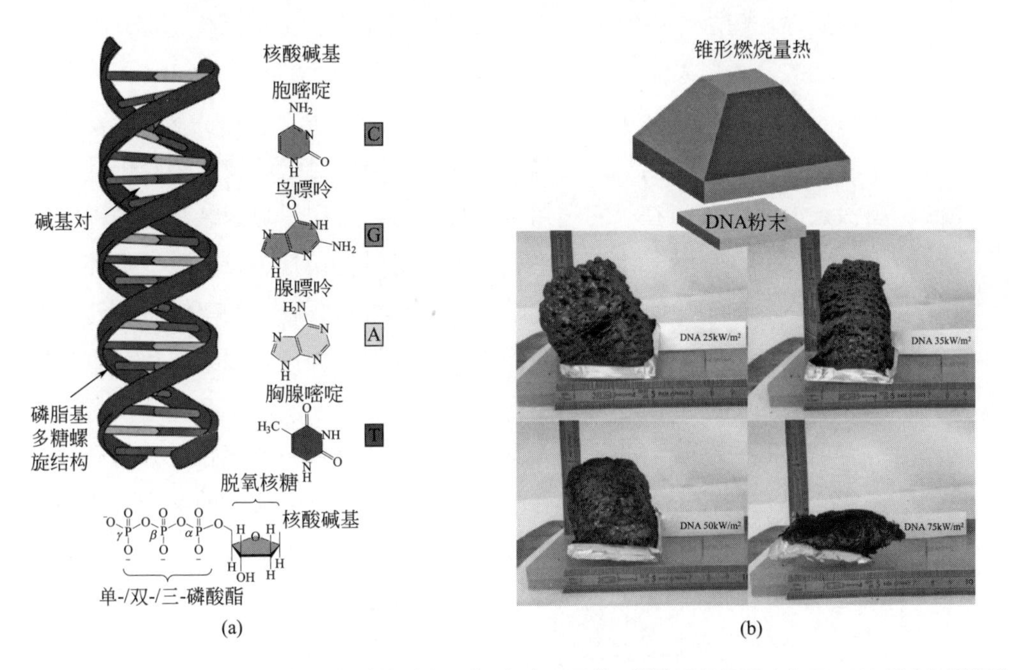

图 8.1 （a）DNA 的双螺旋结构与碱基对分子式；（b）不同锥形燃烧量热辐照功率下 DNA 粉末的燃烧残余物数码照片

早期研究表明，当 DNA 作为涂层用于织物表面时，会在织物遇热分解之前膨胀形成防火屏障，且 DNA 的残余物具有类似陶瓷的热稳定性，是很好的隔热层。Alongi 等人研究了不同 DNA 添加量对棉织物热稳定性能的影响规律。其中，DNA 添加量越高，表面处理棉织物的热稳定性能越好，600℃下残炭率随 DNA 含量的增加而增大，同时 $T_{10\%}$ 温度会随之降低，表明 DNA 会促使棉织物纤维素基体提前分解碳化，最终促进了膨胀炭层的形成[6]。

层层组装（layer-by-layer assembly，LBL）是自 20 世纪 90 年代以来，Decher 等人改进并快速发展起来的一种简易、多功能的表面修饰方法[7]。LBL 最初利用带电基板（substrate）在带相反电荷的聚电解质溶液中，通过有序地吸附材料的相反电荷交替沉积，从而制备聚电解质自组装多层膜（polyelectrolyte self-assembled mulilayers）。随着研究的不断深入，自组装的驱动力从静电作用力拓展到配位作用、氢键、特异性分子识别等，可用于组装的组分也从聚电解质延伸到纳米粒子、胶束等。因此，LBL 技术，广义上来定义，就是利用分子间的弱相互作用力（除静电引力外，也包括氢键、疏水作用力等）使层与层间自发地缔合形成结构稳定并具有特定功能的分子聚集体。自 2006 年泰国朱拉隆功大学 S. T. Dubas 等人首次报道了通过 LBL 技术在丝织物表面制备了阻燃涂层之后，这项技术成为了一种非常重要的阻燃后整理的方法[8]。层层自组装技术相较于其他制备涂层的方法优点在于它适用于多种基材，可用于自组装组分的种类丰富，可以实现在分子水平和纳米尺度上对材料结构进行有效的调控，可在常压室温等温和条件下操作等，因此作为一种工艺简单的膜制备技术，在聚合物基体表面制备特殊功能化涂层成为一种具有很大应用前景的后整理技术之一。

总结既往文献，设计 LBL 阻燃涂层常常从两种角度出发。第一种是基于无机纳米粒子组成的具有阻隔作用的涂层，曾被广泛用于制备 LBL 阻燃涂层的无机纳米粒子种类丰富，包括蒙脱土、α-磷酸锆、层状双氢氧化物、碳纳米管、二氧化硅、二氧化钛等等。这些涂层一般都是纯无机或者是有机-无机杂化的涂层，其阻燃的机理可以参考聚合物纳米复合材料的阻燃机理，聚合物纳米复合材料在燃烧过程中无机纳米粒子迁移到材料表面，那么在表面聚集起来的无机纳米粒子可以作为屏障来保护基体并促进成炭，而层层自组装涂层则直接沉积在聚合物表面来实现阻隔的作用。第二种是基于燃烧过程形成稳定炭层的涂层，一般将一些含磷聚电解质与生物基聚电解质结合，在燃烧过程中形成稳定的炭层从而阻隔燃烧过程中热量和气体的传播。常用的一些含磷聚电解质包括多聚磷酸、聚磷酸铵、植酸、DNA、磷化纤维素等阴离子[9-10]。

Carosio 和 Alongi 等人通过 LBL 技术，利用 DNA 作为含磷阴离子聚电解质和富含氨基的天然大分子壳聚糖(chitosan，CS)作为阳离子聚电解质在棉织物表面构筑了 LBL 阻燃双层膜(bi-layer，BL)，所得棉织物极限氧指数可达 24.0%，PHRR 也较未处理棉织物降低了 40%，且在垂直燃烧测试中能够自熄[11]。DNA 涂层数量增加，阻燃织物的 PHRR 和 THR 都随之变小，残余质量随之增加，但当涂层数增加到一定量(20 BL)后，残余质量增幅和 PHRR 降幅均变小。因此在应用 LBL 技术进行 DNA 涂层时，选择恰当的涂层数非常重要。进一步地，他们选择了支化聚乙烯亚胺和聚二烯丙基二甲基氯化铵作为阳离子聚电解质、聚丙烯酸和两种含磷聚电解质为阴离子聚电解质，四种聚电解质交替浸渍，在 PET 泡沫上构筑了 LBL 阻燃四层膜(quad-layer，QL)。两种含磷聚电解质分别为 DNA 和商品化的 APP。作者详细比较了两种基于不同含磷聚电解质涂层的热稳定性和阻燃性能：基于 APP 的 QL 阻燃涂层抑制热释放和抗熔滴效果更佳，但基于 DNA 的 QL 阻燃涂层热稳定性更好。Bourbigot 等人探索了壳聚糖和 DNA 在 LBL 膨胀阻燃涂层中的应用。结果显示，在锥形燃烧量热 35 kW/m^2 辐照功率下，阻燃涂层可显著降低样品的 THR 和 PHRR 值(分别下降 32% 和 41 %)。Bourbigot 等人研究发现，在水平火焰扩散试验中，DNA 和 CS 的协同膨胀现象不同于传统 IFR 体系肉眼可见的宏观膨胀结构，而是形成微观可见的富气泡残余物。经 CS 和 DNA 涂层处理的织物，燃烧部分能够保持其原始纹理和形状：在低倍放大率下拍摄的显微照片中，未燃烧的纤维和燃烧的残余物形貌几乎相同。当然，在较高放大率下观察到火焰施加期间，LBL 阻燃涂层仍能膨胀形成的类似气泡结构。对气泡分析元素组成，发现除 C、O 元素之外，还有大量的 P 元素存在。在锥形燃烧量热测试过程中，涂层织物在保持织物组织、纤维未受损的地方留下了一个残余物空腔；有趣的是，与水平火焰扩散试验燃烧残余物相比，并没有发现膨胀状气泡的形成。这一发现表明，这些涂层只能在低加热速率(如水平火焰蔓延试验)下生成此类膨胀结构，而不是高加热速率(如锥形燃烧量热试验期间)[6]。

8.2 植酸

植酸(phytic acid)又称肌酸、环己六醇六磷酸，是从植物种子中提取的一种有机磷类化合物，结构式如图 8.2 所示。主要存在于植物的种子、根干和茎中，其中以豆科植物的种子、谷物的麸皮和胚芽中含量最高。植酸磷含量可达 28%(质量分数)，是植物多种组织中磷元素的主要存储形式[12]。

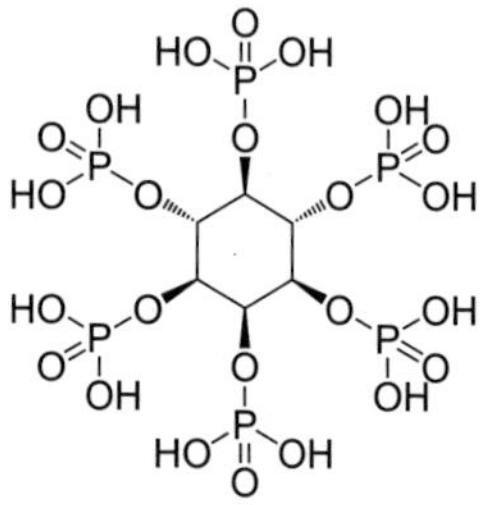

图 8.2 植酸结构式

作为一种生物相容性良好、环保、无毒且易于获得的有机酸，植酸已广泛应用于食品、医药、金属加工、日用化工、油漆涂料、纺织工业、塑料工艺及高分子工业等领域。研究表明，高磷含量的植酸在受热过程中会断开磷酸酯键，分解释放出磷酸分子，内核的肌醇分子作为典型的多羟基化合物在磷酸作用下脱水碳化形成炭层，可以隔绝或减缓高分子基体与外界的热量传递与物质交换，对聚合物基体起到一定的保护作用[13]。植酸在高分子材料领域的阻燃应用研究主要集中于本体的共混阻燃改性和纺织品的表面阻燃整理两方面。

8.2.1 植酸及其衍生物的共混阻燃改性

Zhang 等用植酸掺杂聚苯胺(PANI)合成了一种高度灵敏、环保且阻燃的螺旋结构传感器，所得的柔性传感器显示出极佳的灵敏度，最小应变检测极限为0.05%，可以区分由不同密度和不同高度的液滴引起的应变。更重要的是，由于植酸的存在，高度灵敏的传感器在点燃后仅需20 s即可自动熄灭[14]。Zhou等以植酸作为阻燃添加剂，制备了PANI沉积的导电阻燃纸复合材料，并对其热性能和阻燃性能进行了表征。发现植酸作为掺杂酸极大地提高了PANI沉积的导电阻燃纸复合材料的阻燃性，在较低的聚合温度下有利于获得具有较高电导率和较好阻燃性的PANI沉积纸复合材料。当掺杂酸浓度为0.3 mol/L时，纸样阻燃效果最好，LOI值达到33%左右[15]。植酸单独发挥阻燃效果的研究实例很少，更多的研究成果还是关于植酸与其他石油基或生物基物质复合使用，并提高了植酸的阻燃效率。

8.2.1.1 植酸协效阻燃研究

Costes等使用植酸和木质素通过熔融共混的方法制备了阻燃PLA复合材料。结果显示，植酸的存在可使木质素颗粒更好地分散到基质中，从而降低了木质素引起的PLA热降解[16]。另外，木质素能够显著降低阻燃复合材料由于植酸加入引起的吸湿性。在锥形燃烧量热测试中，木质素和植酸的结合使PHRR降低了44%，并在UL-94测试中通过V2级测试。

Zhang等利用两种生物基聚电解质正电性CS和负电性植酸之间的离子络合作用，制备了一种绿色阻燃剂聚电解质复合物(polyelectrolyte complex，PEC)，并将其用于乙烯-乙酸乙烯酯共聚物(EVA)的阻燃改性。研究结果表明，复合阻燃剂PEC明显增强了EVA的热稳定性和成炭性，添加20%(质量分数)的PEC，EVA/20PEC的PHRR和THR分别降低了31%和16%，明显提升了EVA共聚物的火安全性能[17]。在燃烧过程中，PEC可以同时扮演酸源、碳源和气源的角色并发挥多种作用，使复合物燃烧后形成的残炭膨胀饱满而致密，从而起到明显的阻隔效果。此外，在PEC的作用下，EVA的杨氏模量略有增加，并且仍保持了热塑性弹性体出色的延展性。

Sun等将植酸和三聚氰胺甲醛树脂(MF)作为壳材对聚磷酸铵(APP)进行包覆改性，制备了一种微胶囊型阻燃剂(APP@MF-PA)，可显著提高 APP 的耐水性及在聚合物基体中的分散性和相容性。作者进一步将 APP@MF-PA 与另一种由三聚氯氰、乙醇胺和乙二胺反应制备的大分子三嗪衍生物(CFA)共混加入 PP 基体中[18]，结果表明当加入 20%(质量分数)的 APP@MF-PA 和 5.0%(质量分数)的 CFA 时，阻燃 PP 复合物的 LOI 值增加到 35%，PHRR 和 CO 释放峰值分别下降了 85% 和 88%，同时燃烧残余炭层的致密性和石墨化程度也得到明显提升。Jin 等通过使植酸与酪蛋白反应合成生物聚电解质，将其作为壳层材料与聚磷酸铵(APP)制备得到壳-核结构的微胶囊型阻燃剂(PC@APP)，并应用于 PLA 添加阻燃改性[19]，仅添加 5%(质量分数)的 PC@APP(壳含量为 31.3%)即显著提升 PLA 复合材料的阻燃性能，LOI 提高到 28.3%，UL-94 垂直燃烧通过 V0 等级，且 PHRR 降低 20%。其中，PC@APP 可以促进 PLA 基质降解，并有助于形成紧密结构的炭层，从而提高 PLA 复合材料的阻燃性。同时，分散良好的 PC@APP 还可增强 PLA 复合材料的力学性能。

Wang 等将植酸对层状双金属氢氧化物(LDH)进行插层改性得到 PA-LDH，并将其与 APP 协同对 PP 进行阻燃改性[13]。研究表明，APP 与 PA-LDH 之间发生了协同效应，APP 与 PA-LDH 的组合形成了更加稳定的炭层，有效抑制了火焰的蔓延和挥发。Fang 等通过自组装的方式，利用氢键等次价作用力，将哌嗪和植酸先后组装“接枝”到氧化石墨烯(GO)表面，得到一种哌嗪、植酸超分子聚集体改性的氧化石墨烯(PPGO)并应用于环氧树脂的阻燃改性中，如图 8.3 所示[20]。结果显示，哌嗪、植酸和氧化石墨烯具有明显的协同效应。在燃烧初期，哌嗪释放难燃稀释性气体(水蒸气和氨气)并促进炭渣形成，此后植酸的脱水碳化作用和 GO 片层的阻隔作用形成更加致密的炭层，从而减少热量释放。与纯环氧树脂相比，阻燃改性样品的 PHRR 降低 42%，THR 降低 22%，CO 释放量峰值降低 44%，明显提升了环氧树脂的火安全性能。

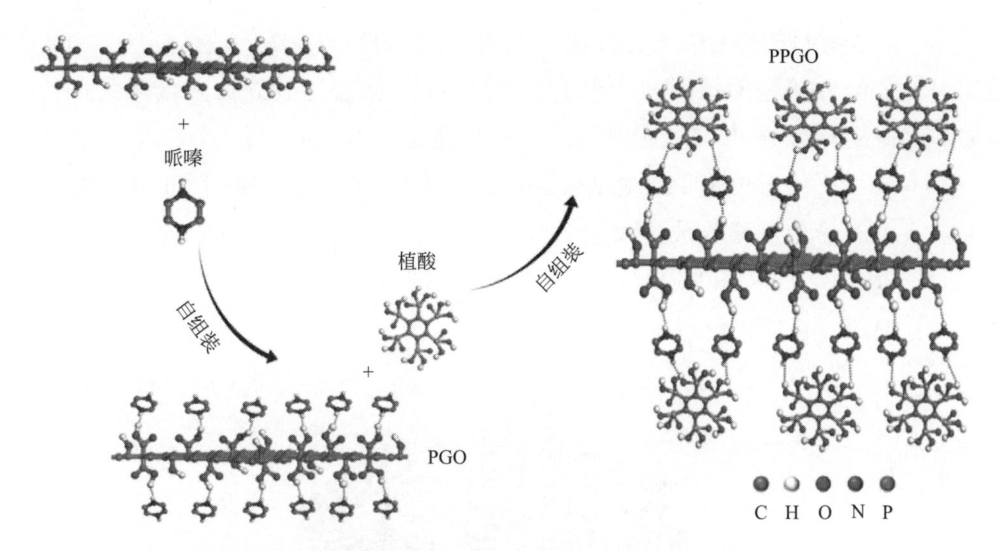

图 8.3　植酸、哌嗪超分子聚集体改性的氧化石墨烯（PPGO）的制备过程

8.2.1.2　植酸盐协效阻燃研究

作为一种天然来源的配体化合物，植酸由于分子上的 6 个带负电的磷酸基团上连接着 12 个可以水解成氢离子的羟基，在酸性条件下，可以与金属阳离子发生配位作用，反应生成稳定不易水解的植酸 - 金属配合物。植酸也通常与钙、镁等金属离子形成复盐存在于植物种子内。利用这一特性，人们将其添加到植物源食品中，作为可以防止矿质元素过量吸收的主要抗营养成分。

随着对植酸应用开发的深入，研究人员也合成了不同类型的植酸盐，包括各种有机胺盐和金属盐。除了较高的磷含量之外，金属离子特有的催化作用及铵根离子受热释放不可燃气体对聚合物基体的阻燃也具有积极作用，因此，植酸盐作为一种高效的阻燃剂在聚合物阻燃改性研究中也有若干应用。Wang 等利用水热法通过植酸与三聚氰胺形成聚离子化合物，随后在正负电荷之间的静电相互作用和氢键等次价力的共同作用下，组装成纳米片层状的三聚氰胺植酸盐（PAMA），如图 8.4 所示 [21]，将其作为多功能膨胀型阻燃剂用于环氧树脂的阻燃改性中。阻燃性能测试表明，加入 6%（质量分数）的 PAMA 得到的阻燃环氧树脂的 LOI 为 29.7%，并通过了 UL-94 垂直燃烧 V0 等级测试。与纯环氧树脂相比，阻燃环氧树脂的 PHRR 和 TSP 分别降低 62.3% 和 36.2%，显著提升了材料的综合火安全性能。Gao 等通过植酸与哌嗪的成盐反应，制备了一种新型的植酸盐(PHYPI)。PHYPI 添加量为 18.0%(质量分数)时，得到的改性 PP 的 LOI 为 25.0%，并通过了 UL-94 垂直燃烧 V0 等级测试 [22]。锥形燃烧量热测试表明，PHYPI 的存在有效抑制了 PP 燃烧过程中的热和烟雾释放。添加 20%（质量分数)PHYPI 的 PP 阻燃材料，其 PHRR、THR 和 PSPR(烟释放速率峰值)较未改性 PP 分别降低了 65.6%、13.5% 和 32.8%。

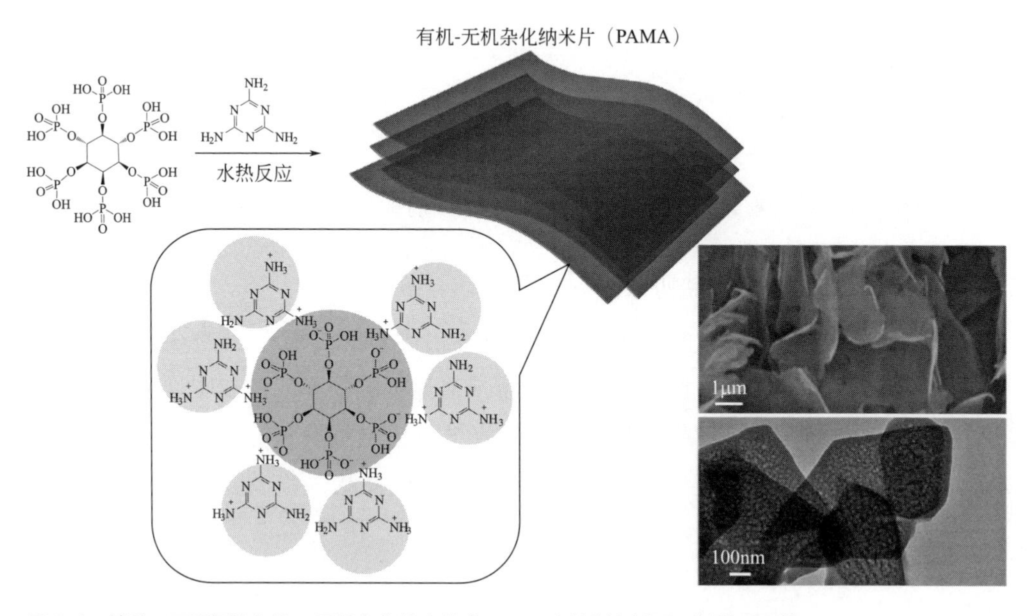

图 8.4　植酸、三聚氰胺有机 - 无机杂化纳米片（PAMA）的制备过程及其微观形貌

Yang 等通过氯化钙、氯化镁与植酸的复分解反应，合成了一种生物阻燃剂植酸钙镁（CaMg-PA)。将其与羧酸化处理后的碳纳米管(CNTs)结合，采用熔融共混的方法制备了阻燃 PLA[23]。锥形燃烧量热测试结果表明，添加 30%(质量分数)的 CaMg-PA 可使 PLA 阻燃复合材料 PHRR 降低 38%，THR 也呈现明显降低趋势，表明其具有较好的阻燃性能。凝聚相阻燃机理分析表明，植酸中含磷基团的碳化促进作用和金属离子的催化作用，促使燃烧样品表面形成了更加致密的炭层，提高了热稳定性，从而阻碍了热量的渗透和挥发性物质的逸出。Wang 等利用植酸锰(MP)修饰聚苯胺壳包裹碳纳米管(MP-CNT)，并将其用作 EP 的添加型阻燃剂。添加 4.0%(质量分数)的 MP-CNT 时，PHRR 和 THR 分别降低了 27.2%

和 12.3%[24]。作者分析，植酸的催化成炭性能导致了富含磷元素的膨胀型炭渣的产生，并且石墨化程度较高，抑制了热的转移。此外，植酸锰扮演了燃烧过程中氧化还原反应催化剂的角色，催化碳化进程，抑制挥发性物质(如芳香类物质、CO 等)的释放，有利于降低燃烧烟气的毒性。

8.2.2 植酸及其衍生物的表面阻燃整理

植酸分子结构中含有大量羟基，在水溶液中极易电离形成带负电的离子基团，因此可以采用前述 LBL 技术将其整理到纤维或织物上，提高纤维或织物的阻燃性能。此外，植酸具有较好的水溶性，也可采用其他的表面阻燃方法(如溶胶 - 凝胶法、浸涂法等)整理到纤维或织物，以达到阻燃的目的。

Li 等以植酸钠与 3-氨丙基三乙氧基硅烷 [(3-aminopropyl) triethoxysilane，APTES] 为阻燃剂通过 LBL 技术制备了棉织物阻燃涂层。喷火测试结果表明，当组装层数为 15 双层时，阻燃棉织物的成炭能力较强，能够保持完整的炭层，但是无法通过垂直燃烧测试[25]。Liu 等在上述工作的基础上，引入另外一种天然大分子 CS，通过 LBL 技术构筑了三元阻燃涂层。当组装层数为 15 双层时，阻燃棉织物的 LOI 值为 29.0%，并且可以通过 UL-94 垂直燃烧测试，以上结果说明 CS 的加入可以提高该体系的阻燃效率；CS 作为碳源，与植酸一起构成了膨胀型阻燃涂层，在燃烧过程中形成连续致密稳定的残炭，阻止热量和可燃物从燃烧区扩散到聚合物降解区，进而提高了棉织物的阻燃性能[26]。为了进一步提高含植酸体系的阻燃效率，Li 等以植酸铵与 CS 为阻燃体系，通过 LBL 技术制备阻燃棉织物。增重量为 8.0%(质量分数)样品的 LOI 值为 27.0%，并通过了垂直燃烧测试；锥形燃烧量热测试显示，阻燃改性的棉织物 PHRR 和 THR 值明显降低，后者降幅可达 65%，表明样品具有较好的阻燃性能[27]。阻燃机理分析结果表明，植酸中的磷元素能够催化纤维素基体成炭，并参与形成稳定的炭层，阻止了热质传递。此外，Liu 等选取卵清蛋白(ovalbumin)和植酸为阻燃剂，通过 LBL 技术制备阻燃涂层[28]。经整理后的棉织物增加了残炭量及燃烧时间，具有良好的阻燃性能，体现了植酸和蛋白涂层体系的磷氮协效作用。

Nie 等以植酸和正十二烷基三甲氧基硅烷（*n*-dodecyltrimethoxysilane）为阻燃剂，通过溶胶-凝胶法制备了一种环保型疏水性表面阻燃棉织物。垂直燃烧测试结果表明，所制备的棉织物在燃烧过程中具有优良的阻燃性能，可实现自熄，LOI 值可达 27.4%[29]。Ren 等在正硅酸中加入植酸和尿素，制备了磷氮掺杂二氧化硅阻燃涂层（Si-P-N）用于聚丙烯腈（polyacrylonitrile，PAN）织物阻燃。Si-P-N-PAN 样品的 LOI 值高达 42.1%，具有优异的阻燃性能[30]。分析认为植酸催化形成的炭层可以有效地防止 PAN 的进一步分解，同时，SiO_2 网络也为 PAN 提供了隔热和隔氧的屏障，使 PAN 织物的阻燃性能得到提高。

Li 等选用 3- 哌嗪基丙基 - 甲基二甲氧基硅烷（3-piperazinepropylmethyldimethoxysilane）和植酸的反应产物 GPA 为阻燃剂，通过快速浸涂技术（dip-coating）将其整理到棉织物上[31]。在垂直燃烧测试中，增重量为 14.33%（质量分数）的阻燃棉织物样品实现了自熄。锥形燃烧量热结果表明，样品 PHRR 及 THR 值分别降低了 46% 和 58%，说明 GPA 显著降低了棉织物燃烧过程中的热量释放，提高了其阻燃性能。该体系兼有气相和凝固相阻燃机理，植酸中含有的磷元素受热形成的聚磷酸等磷酸衍生物促进了石墨化程度较高的残炭的形成，同时有效抑制了可燃性气体的释放。此外，GPA 还被应用于涤纶（PET）织物的表面整理[32]。微型量热测试结果表明，阻燃 PET 织物的 PHRR 降低，且在锥形燃烧量热测试中其 PHRR 和 THR 也有所降低，证明 GPA 涂层有效提高了涤纶织物的阻燃性能。Liu 等选用尿素与植酸反应，得到新型且环保的阻燃剂植酸铵，并通过浸轧烘干技术制备阻燃耐久莱赛尔织物[33]。整理后，莱赛尔织物的LOI值提升至39.2%，经30次水洗后保持在29.7%，具有阻燃耐水洗性。

植酸及其衍生物作为一种新型的生物基阻燃剂，因其磷含量高、热稳定性较好、分子内同时含有可扮演酸源和碳源角色的官能团，在高分子材料阻燃研究领域具有较为明显的发展潜力，并取得了一些研究成果，对其阻燃作用和协效阻燃作用积累了不少的数据和研究基础。但目前依然存在一些需要进一步探究的问题：

① 单独植酸作为阻燃剂的机理与其他的有机磷 / 膦酸类似，且阻燃效果差异不大。因此，基于植酸的协效体系的研究应成为此类研究的重

点。此方向的难点在于与植酸进行协效阻燃的体系选择，应该以尽可能提高阻燃性能发挥为依据，目前还没有明显的规律性，缺少较为系统的研究和明确的指向。

② 与其他很多含磷，尤其是磷 / 膦酸酯类阻燃体系类似，植酸作为阻燃剂在燃烧过程中会促进高分子基体提前降解，阻燃复合材料的 LOI 和抗熔滴效果较差。如何提高含有植酸的阻燃聚合物的综合阻燃性能也需要重点研究。

因此，通过改性技术将其他阻燃元素与植酸结合或将其他阻燃剂与植酸复配，改变植酸单一的阻燃机理，增强综合阻燃性能，应当成为植酸阻燃应用未来发展的重要方向。

8.3 生物基原料的磷化改性

8.3.1 木质素及其磷化改性

木质素(lignin)是一类复杂的天然芳香聚合物，其在维管植物和一些藻类的支持组织中是重要的结构材料。木质素在高等植物细胞壁的形成过程中扮演着重要角色，特别是在木材和树皮中，赋予了木材刚性并且使木材不容易腐烂。在化学上，木质素是交叉链接的酚聚合物，由三种不同的肉桂醇单体，即对香豆醇(*p*-coumaryl alcohol，H)、松柏醇(coniferyl alcohol，G)和芥子醇(sinapyl alcohol，S)组成，如图 8.5 所示，三者主要通过醚键(β-O-4、α-O-4 和 4-O-5)和碳-碳键(5-5、β-5、β-1、β-β)等相互连接成富氧的芳香聚合物[34]。一般情况下，木质素是农业和纸浆工业的副产品，全球年产量可达 6.0×10^{14}t，但每年只有不足 5% 的工业木质素用于商业用途，包括添加剂、分散剂、黏合剂或表面活性剂，其余 95% 被焚烧以充当能源或直接排放，造成极大的资源浪费和环境压力[35]。从大量的木质素提取和加工新技术研究来看，木质素作为芳香族化合物的可再生来源正受到越来越广泛的关注，木质素的高值转化也会极大程度提升制浆工业的经济效益和生物炼制的整体竞争力。

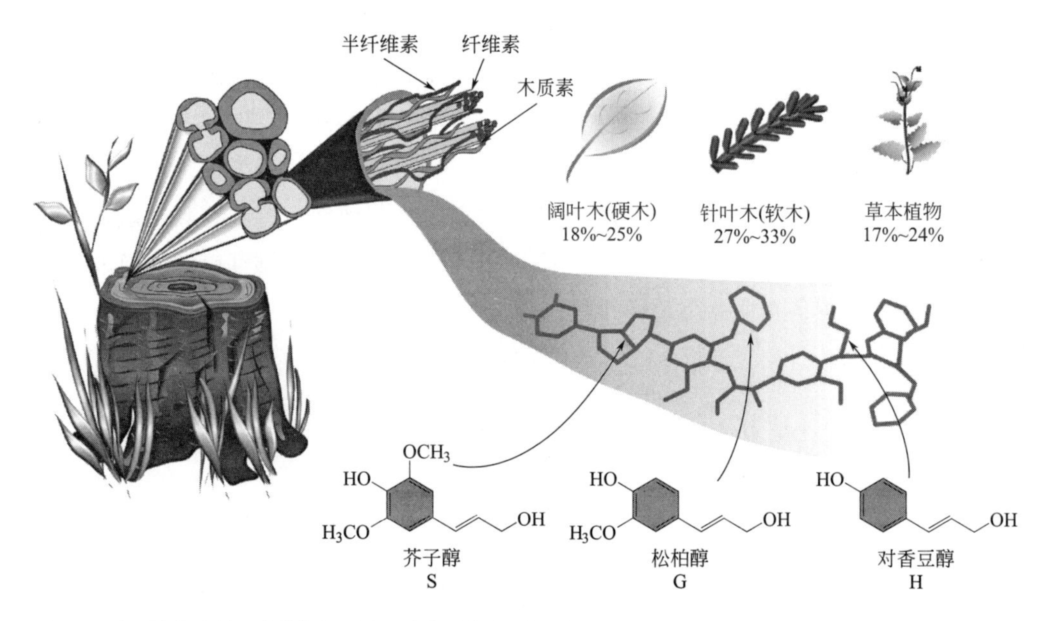

图 8.5　木质素在自然界中的存在及其三种典型苯醇亚基结构

工业上木质素的分离通常有两种方法，即含硫法和无硫法。根据木质素的来源和提取过程，大致可将工业木质素产品分为以下几类。磺酸盐木质素(sulfonatelignin，LL)和硫酸盐木质素(kraftlignin，KL)通常是含硫化合物在一定的温度和 pH 的条件下提取得到的。相比之下，溶剂型木质素(organosolv lignin，OL)和碱木质素(soda lignin，SL)则分别采用溶剂法制浆和碱法制浆获得[34]。木质素的种类和物理特性如表 8.1 所示。

表8.1　几种典型工业木质素产品的物理特性

缩写	全称	600 ℃残重(质量分数)/%	M_n / (g/mol)	T_g /℃
LL	磺酸盐木质素	55 ~ 58	1000 ~ 3000	140 ~ 150
KL	硫酸盐木质素	41 ~ 48	15000 ~ 50000	124 ~ 174
OL	溶剂型木质素	54	800 ~ 3000	91 ~ 97
SL	碱木质素	N/A	500 ~ 5000	90 ~ 110

传统含卤阻燃剂潜在的环境生态问题和毒性问题使得具有丰富羟基

和高成炭能力的木质素逐渐成为阻燃剂热点。2019 年，Hobbs 等总结了用于合成聚合物材料的生物基阻燃剂的最新进展，并讨论了木质素及其衍生物作为阻燃剂的应用[36]。早在生物基阻燃剂概念兴起以前，木质素就被作为多种高分子材料的阻燃成炭剂应用，这是由于木质素特殊的多羟基芳香结构使其具有良好的成炭能力[37-38]。木质素的热降解和碳化过程通常通过三个步骤完成：醚键裂解、C—C 键裂解和脱烷基、脱甲基碳化。碳化过程通常会产生表面粗糙、比表面积大的焦炭，隔氧绝热，通过物理屏蔽作用起到一定的阻燃效果。Li 等研究了水曲柳木质素的热降解和成炭过程[39]。结果表明，在加热期间首先发生单体单元之间的醚桥裂解，这种降解可导致炭层结构重组为共轭程度更高的结构，即通过多个交联反应而使炭层具有高石墨化度。Hosoya 等研究了影响木质素碳化能力的关键因素，发现木质素在热解气化条件下焦油馏分的气体生成速度非常慢，且焦油组分和气相成炭的结构发生了变化，焦炭的形成与木质素芳香环中的甲氧基密切相关[40]。木质素在惰性气氛中高温加热时会产生大量的残炭和结焦，可以降低高分子材料的燃烧热和放热速率。

尽管木质素芳环组成高，作为添加剂引入高分子材料之后，可以赋予基材一定的阻燃性，但其热稳定性较差，无法满足高分子材料的加工过程。并且由于木质素其本身结构复杂多变和不同提取工艺导致分子量的不确定性(表 8.1)，作为阻燃剂应用的效率与它的结构和特定的化学组成密切相关，这一点可以从木质素本身的防火性能中看出。以 KL 和 OL 为例，从不同的提取过程中得到的两种木质素的燃烧过程也不尽相同：从锥形燃烧量热仪和微型燃烧量热仪测得的 PHRR 和有效燃烧热数据来看，KL 均远低于 OL。KL 的低热释放是由于木质素生产过程中引入了硫，进而在高温下生成了二氧化硫。

总体而言，单独将木质素应用于各种高分子基体的阻燃效率均很有限。研究者发现，木质素与金属氢氧化物、磷系化合物等阻燃剂复配，可以进一步提升木质素的阻燃效率。除了催化的有机炭层外，这些组合还形成了无机热稳定化合物，从而增加了凝聚相残余物的质量。这种现象导致热释放速率进一步降低。更多的研究者将木质素用作现有阻燃体系如含磷氮膨胀型阻燃剂（IFR）的增效剂。常规的 IFR 系统由三部分组成，即酸源、碳化剂和发泡剂，木质素因其较高的成炭能力成为碳化剂的良好选择。木质素含有不同的化学反应位点，如羟基、甲氧基、羧基等，对其进行磷化修饰，与未改性木质素相比，磷化改性木质素在一些复合材料中表现出更好的阻燃效率[41]。

磷化合物(如正磷酸及其前驱体)的加入增加了催化木质素脱水形成的残炭量。Li 等人报道了类似的结果，强调了含磷无机化合物，如 APP 和磷酸二氢铵(dihydrogen ammonium phosphate，DHAP)对木质素热降解和碳化过程的影响。这些化合物促进了木质素结构中 C—O 键的断裂，形成了高度共轭和交联的体系，最终促进成炭。

因为磷化木质素结合了磷元素在凝聚相中的阻燃作用，强化了木质素在凝聚相中的碳化效应，所以它在高分子材料中通常表现出增强的阻燃性能。挥发性的含磷物质还可通过淬灭自由基在气相中表现出阻燃活性。

磷酰化木质素的制备存在几种典型反应类型：通过威廉森反应(Williamson reaction)使磷氯化合物，如氯化磷、氯氧磷和氯磷腈发生反应。由于磷酰化木质素产物的交联结构增加，其变得更稳定且不易溶解。磷酰化木质素的成炭能力与磷的接枝量也直接相关。为了提高最终的磷含量，Yu 等人首先用甲醛处理木质素并引入甲氧基增加羟基的数量，然后再接枝磷 / 氮化合物。作者通过咪唑与 $POCl_3$ 反应制备了含氮磷酰氯中间体，然后将木质素 OH 与磷氮中间体反应，最终得到了一种磷氮改性木质素，其含有 8.1%(质量分数)的磷和 7.2%(质量分数)的氮，如图 8.6(a) 所示[42]。将其用于聚丙烯阻燃改性中，与未经处理的木质素相比，此种改性木质素具有更好的热性能和着火性能，这得益于改性木质素形成了连续且非常致密的残炭结构。当改性木质素含量为 20%(质量分数)时，聚丙烯的 PHRR 和 THR 分别比纯聚丙烯降低 72% 和 15%。Xing 等采用类似的工艺，以甲醛、三氯氧磷(chosphoryl chloride)和乙二醇为原料，经三步反应制得了含磷木质素，如图 8.6(b) 所示，进一步提高了酚醛胶囊化 APP 对聚氨酯泡沫(PUF)的阻燃性能[43]。加入磷化木质素可以进一步降低 PUF 的热释放速率，总释放热量和平均质量损失率也随着阻燃剂含量的增加而降低。Ferry 等将木质素用作 PBS 生物聚酯的阻燃剂，碱性木质素通过接枝分子或大分子的磷化合物成功进行了表面改性，成功降低了燃烧过程中的热释放峰值。Prieur 等将木质素磷酸化加成物用作

ABS的阻燃剂，发现可显著增加聚合物在高温下的残留量，增强聚合物的阻燃性[44]。当质量分数达到30%时，磷化木质素在ABS中仍能保持良好分散，PHRR明显降低，磷化木质素受热形成了物理屏蔽炭层，显著降低了ABS降解产生的可燃性气体释放。Mendis等利用吡啶催化的酯化反应，将木质素用二苯基磷酰氯进行磷酸化，以提高其成炭能力[45]。

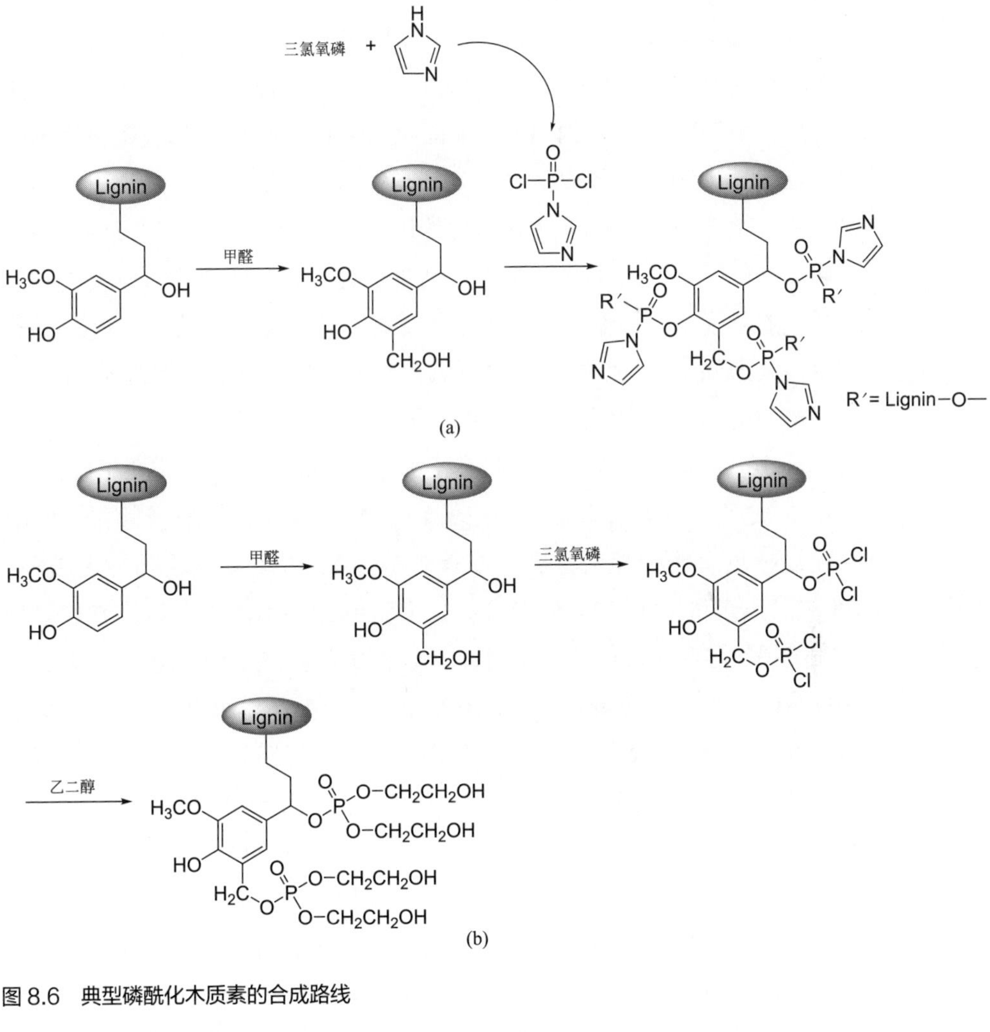

(a)

(b)

图8.6　典型磷酰化木质素的合成路线

除单独的磷化改性之外，研究人员也使用氮磷协同改性木质素，并将其用作不同的高分子材料阻燃改性。氮源可以是3-氨基-1,2,4-三唑(3-amino-1,2,4-triazole，A-TAZ)、咪唑(imidazole)、氢氧化铵、三聚氰胺(melamine)、4,4-二氨基二苯甲烷(4,4′-diaminodiphenyl methane, DDM)或对苯二胺(*p*-phenylenediamine); 磷源可以是三氯化磷[phosphorus(Ⅲ) chloride]、亚磷酸二乙酯(diethyl phosphite, DEP)、多磷酸或DOPO等。氮源通常与木质素或改性木质素形成化学键，在燃烧过程中产生NH_3等惰性气体；磷源的关键作用是促进木质素和基体高分子脱水碳化，最终生成稳定的含磷炭层。

Matsushita等以KL为原料，将A-TAZ通过Mannich反应引入KL中，产物再与磷酰氯反应，并与α,ω-烷基二醇合成膨胀型阻燃树脂，该树脂不可燃，与UL-94等级为HB的商品化酚醛树脂相比，膨胀型阻燃树脂的热释放速率和总热释放量显著降低，经质量平衡计算，燃烧过程中产生的挥发性含磷物质可以起到阻燃作用[46]。Costes等采用类似的方法对木质素进行了氮和磷化学改性[47]。结果发现，未经处理的木质素在PLA中起到的凝聚相阻燃作用主要通过木质素本身焦炭化实现，但PLA的热稳定性大大降低；相比之下，磷/氮化学处理的木质素可以限制PLA的热降解，显著改善阻燃性能，并通过了UL-94 V0级测试。Zhang等通过木质素、DOPO和六亚甲基二异氰酸酯(hexamethylene diisocyanate, HDI)合成了木质素基阻燃剂，记为LHD：随着木质素含量增加，LHD的残炭量也呈增加趋势，当木质素含量为15%(质量分数)时，LHD在700℃时残炭量为16.1%(质量分数)。将合成的LHD与木质素基聚氨酯的预聚物共混后，通过共固化制备阻燃木质素基聚氨酯(FLPU)，当LHD含量达到25%（质量分数)时，FLPU的LOI值达到30.2%[48]。聚氨酯基体分解产生可燃裂解产物，这些产物被膨胀炭层阻隔，有效地防止可燃气体的快速释放以及氧气和热量的传递，从而减慢FLPU的燃烧过程。Zhu等通过液化-酯化-盐化反应，首次将木质素与含磷、氮的官能团进行化学接枝，制备了木质素基磷酸三聚氰胺化合物，记为LPMC，并取代部分多元醇，与异氰酸酯反应制得阻燃性能优异的木质素改性聚氨酯泡沫塑料(PU-LPMC)[49]。该泡沫塑料在热降解过程中释放出大量不可燃气体，燃烧后在泡沫表面形成致密的$(C—P—N—O)_x$杂化炭层，通过气相和凝聚相的双重阻燃作用，提升了聚合物的阻燃性能。

除磷氮协效之外，研究者们还通过引入金属离子，尤其是具有催化活性的过渡金属离子，与木质素衍生物形成配合物，进一步促进聚合物的脱氢和催化凝聚相中的成炭，增强磷 / 氮改性木质素的阻燃效果。Liu 等首先利用甲醛、聚乙烯亚胺(polyethylenimine，PEI)改性木质素，再通过 Mannich 反应，将 DEP 引入 PEI 侧基得到一种磷 / 氮改性木质素，最终将其与醋酸锌发生配合作用，从而在磷 / 氮改性木质素中引入锌(Ⅱ)离子，如图 8.7 所示 [50]。加入 10%(质量分数)的改性木质素配合物后，聚丁二酸丁二醇酯 [poly(butylene succinate)，PBS] 的峰值放热速率和总放热速率分别显著降低了 51% 和 68%。此外，总烟释放量也减少了 50%。对焦炭残留物的观察表明，金属离子和改性木质素配体之间有着明显的协同作用，从而增强了木质素本身的碳化趋势，最终形成致密、完整和厚实的炭层。随后，他们将铜(Ⅱ)离子添加到此种磷 / 氮改性木质素中，并与 PP 共混制得阻燃复合材料 [51]，与未改性木质素相比，改性木质素不仅降低了燃烧放热速率和总放热速率，减缓了燃烧过程，而且降低了燃烧过程中的总烟生成率，有效地改善了复合材料的热稳定性和火安全性能。

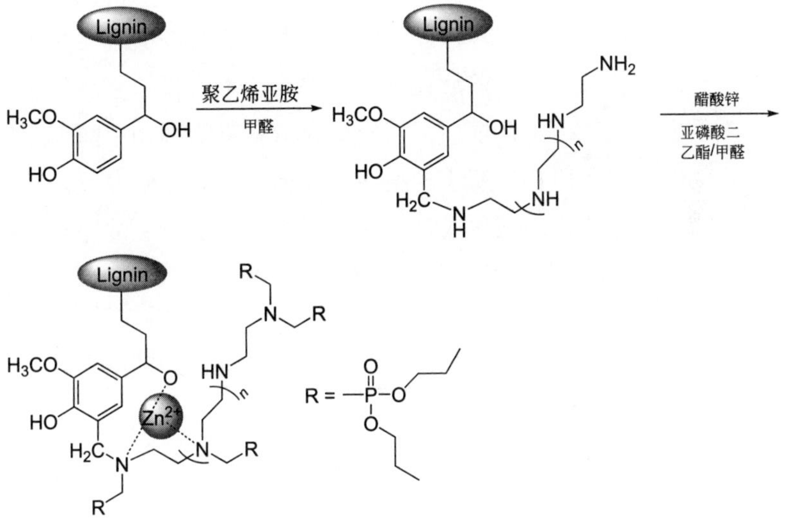

图 8.7　磷 / 氮改性木质素配合物的合成路线

此外，将醋酸镍(钴或锌)引入磷 / 氮改性木质素 /PP 阻燃复合材料中，可以进一步提高磷 / 氮改性木质素的热稳定性和阻燃效率 [52]。如添加 2%(质量分数)的醋酸镍对磷 / 氮改性木质素 /PP 有催化降解作用，也使残炭率显著提高至44%，LOI测试表明，镍(Ⅱ)离子的加入使阻燃复合材料的LOI由22%(纯PP为17.5%)提高到26%，具有较好的协同阻燃性能。

利用木质素作为生物基阻燃剂制备高性能的高分子材料已经成为近年来的研究热点。与植酸、DNA等含磷的生物质化合物不同，由于木质素本身的阻燃性能有限，研究者广泛采用磷、氮等阻燃元素对木质素进行进一步的化学改性，提高其阻燃效率。此外，将不同的金属离子与改性木质素结合是进一步提高改性木质素阻燃效果的有效措施。尽管许多方法都能提高木质素基复合材料的阻燃性能，但这类复合材料仍不能满足工业上真正的阻燃需求。

目前木质素基阻燃剂仍然存在两个挑战。一个挑战是木质素在高分子基体中的分散和界面相互作用。使用磷、氮等阻燃元素对木质素进行化学改性，可以在一定程度上改善木质素在高分子基体中的分散效果和界面相互作用，但通常这些元素的低修饰量导致改性木质素阻燃效率的提升仍不能满足实际需求。因此在实际应用过程中，往往会添加高含量的木质素衍生阻燃剂。与此同时，高含量的添加势必会影响最终聚合物的机械性能。另一个挑战在于，化学改性木质素的方法虽然能获得较好的阻燃效果，但工艺烦琐，需使用大量有机溶剂和甲醛等反应底物，这与使用生物质原料的初衷背道而驰。因此，后续研究应该简化化学改性工艺流程，实行绿色化改进；在提高木质素阻燃性的同时，考虑同时赋予其多种功能，如抗菌性、易染色性等。

8.3.2 多糖及其磷化改性

多糖(polysaccharide)，是由糖苷键结合的糖链，包含超过10个单糖组成的高分子糖类。由相同的单糖单元构成的多糖称为同多糖(homopolysaccharide)，如淀粉、纤维素、糖原、葡聚糖；以不同的单糖单元组成的多糖称为杂多糖(heteropolysaccharide)，如透明质酸是由D-葡萄糖醛酸及*N*-乙酰葡糖胺组成的双糖单位糖胺聚糖。多糖是构成生命体的四大基本物质之一，广泛存在于各种生命体内，如植物的种子、茎和叶组织，动物黏液，昆虫及甲壳动物的壳，真菌、细菌的胞内胞外等。多糖类物质富含羟基，除表现出特定的反应特性之外，还可在高沸点酸的作用下脱水碳化，形成致密的交联炭层。初中化学的演示实验中，教师用一根蘸取了浓硫酸的玻璃棒在纸上写字，很快，原本透明的字迹会显出黑色，甚至字迹处的纸张逐渐出现破洞。如果把纸换成别的天然多糖类物质，比如棉布、淀粉，或是小分子双糖类的蔗糖，都能观察到类似的脱水碳化现象。因此，研究者们将这些含有多羟基的多糖化合物作为膨胀型阻燃体系的碳源使用，并拓展了相应的研究。

8.3.2.1 纤维素及其磷化改性

纤维素(cellulose)是由D-吡喃葡萄糖以β-1,4糖苷键组成的大分子多糖，是高等植物细胞壁的主要成分。纤维素是自然界中分布最广、含量最多的一种多糖，占植物界碳含量的50%(质量分数)以上。棉花的纤维素含量接近100%(质量分数)，为天然的最纯纤维素来源。一般木材中，纤维素占40%～50%(质量分数)，还有10%～30%(质量分数)的半纤维素和20%～30%(质量分数)的木质素。纤维素富含羟基，在阻燃领域可作为碳源，也可以通过不同的化学或物理方法对纤维素进行修饰用于不同材料中。与其他的多糖类物质比较，纤维素是非食品来源，避免了浪费粮食的问题。

要对纤维素进行阻燃应用，首先要了解纤维素自身的热分解行为。纤维素在热分解过程中，在某些条件下会产生碳化结构。纤维素热分解过程中所涉及的化学反应以及导致炭层形成的机理是非常复杂的，相关研究结论仍然是模棱两可和有争议的。纤维素热解过程中的热降解条件以及周围组分对成炭量和热稳定性有必然的影响。根据Broido的研究报道，纤维素的分解可以通过两个相互竞争的反应来表示[图8.8(a)][53]。第一步发生在280℃以下，形成脱水纤维素(anhydrocellulose)，后者更易在低温热解和缓慢加热的情况下生成。在更高的温度下，一种竞争的、更吸热的“解拉链”反应开始将剩余的纤维素降解生成焦油(tar)。而脱水纤维素则进一步经历放热分解，最终形成焦炭和各种挥发性气体。然而，Broido和Nelson重新研究了Broido的第一个动力学模型，结果表明，作为中间产物的脱水纤维素的形成是不稳定且无法监测的[54]。最近有研究者提出了一个更为复杂的动力学模型，该模型考虑了“活性纤维素”的形成，从糖苷键和无糖键的断裂两个方面研究质量损失，作为纤维素热解过程中的中间步骤 [图 8.8(b)]。

纤维素的热降解途径受温度条件和热解时间的影响很大。低升温速率和低温处理有利于脱水反应和纤维素结构的重排，从而增加焦炭产量。升温速率越低，由于脱水反应的活化能低于糖基化反应或 C—C 键断裂反应的活化能，残炭产量高。此外，较长的停留时间也有利于挥发气体与煤焦之间的二次反应，提高固体结构的产率。相反，较高的温度、较短的停留时间和快速的热解促进了纤维素的解聚，提高了挥发性产物的产率，减少了固体产物。对于纤维素裂解行为的理解有助于更好地进行阻燃设计。

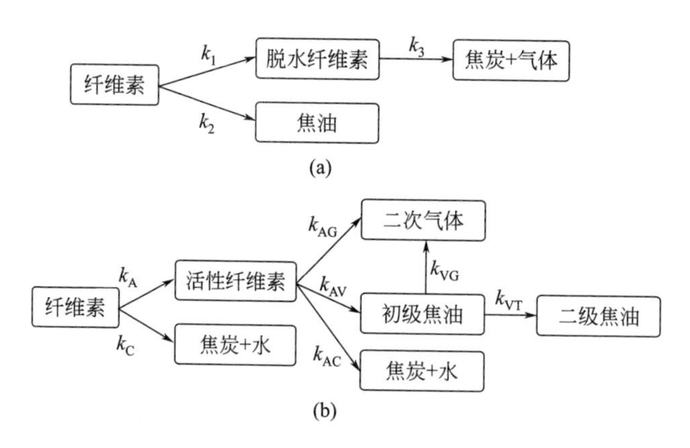

图 8.8 纤维素热解动力学模型：(a) Broido 模型；(b) Wooten 模型

表面改性是促进纤维素热降解过程中碳化的一种有效方法。Fox 等人报道了在用缩水甘油基苯基多面体低聚倍半硅氧烷（glycidyl phenyl polyhedral oligomeric silsesquioxane，GP-POSS）处理的纳米纤维纤维素的厌氧热降解过程中，残炭量增加了 5 倍 [55]。Dobele 等人的研究表明，在纤维素中加入 5%（质量分数）以上的磷酸，可显著减少热解过程中左旋葡萄糖酮（levoglucosenone）的生成。值得注意的是，左旋葡萄糖酮是一种脱水的环状结构，是纤维素解聚的产物，其含量取决于磷酸的浸渍量 [56]。磷酸的高浸渍率 [5%（质量分数）以上] 导致左旋葡萄糖苷酮的产率降低，表明脱水反应促进了缩合结构的形成，而这对于纤维素热解残炭量的提升作用举足轻重。

由于含有大量的羟基官能团，纤维素具有易于功能化的优点：C-2、C-3和C-6位有三个反应性羟基官能团。这种结构提供了通过伯醇(C-6)、仲醇(C-2和C-3)、醚键(β-1,4键)和C—C键(C-2与C-3之间的键)的所有常见反应来修饰纤维素的可能性。酯化反应是纤维素功能化最常用和最容易的反应。然而，在实际改性过程中仍然存在一些困难，特别是由于纤维素的高度组织超分子结构(由于结晶域、氢键、范德瓦耳斯力和疏水相互作用的存在)影响纤维素的反应活性。

纤维素的化学改性是提高纤维素阻燃性能的有效途径。为了提高纤维素的成炭能力，进而提高其阻燃性能，纤维素的磷酸化是目前研究最广泛的改性方法。事实证明，含磷化合物的存在有助于催化纤维素的热降解并促进形成固体残炭产物。

磷酸化是为了提高织物的阻燃性能而发展起来的。许多研究者致力于纤维素磷酸化反应的研究，并取得了进展。本节内容还提供了其他可再生资源(其他多糖、生物酚等)磷酸化的完整信息，强调了磷酸化生物基化合物的阻燃应用。纤维素的磷酸化反应可以通过羟基官能团化磷酸或其盐、多磷化合物、五氧化二磷或五硫化二磷、卤化衍生物、膦酸酐或通过含磷聚合物的接枝来实现。可以通过使用溶剂溶胀，或是利用微波辅助作为环境友好的无溶剂过程来提升极性磷酸化分子在纤维素中扩散以获得更快的磷酸化反应速率。Dahiya等人指出，纤维素芳基膦酸酯化合物的合成可被视为纤维素材料阻燃处理的延伸，因为它在热降解过程中导致更高的残炭产率[57]。研究者发现，纤维素与磷酸在熔融的尿素中的反应可以产生高度磷酸化的纤维素衍生物。由于多聚磷酸结构的产生，这些纤维素衍生物在热降解后也会产生大量的残炭，从而抑制纤维素的进一步分解。然而，这些磷酸化反应通常会导致纤维素水溶性增加，进而降低阻燃材料的耐水性。

研究者采用相同的磷酸-尿素改性方法制备得到了磷酸化微晶纤维素(phosphorylated microcrystalline cellulose，MCC-P)，将其单独或与植酸铝(aluminum phytate salt，Al-Phyt)复配加入聚乳酸(PLA)中，以改善其阻燃性能[58]。掺入20%(质量分数)的MCC-P可使其通过UL-94 V0等级测试，但在锥形燃烧量热测试中，PHRR相对于纯PLA仅略有降低。

单独使用 MCC-P 并不能快速形成连续稳定的炭层。在达到显著的 PHRR 降低效果之前，它必须与 PLA 中的 Al-Phyt 结合。Al-Phyt 与 MCC-P 复合后，由于复配配方中铝的催化作用和更高的磷含量，改变了纤维素成炭历程，有助于快速形成具有均匀黏结形态的碳化层。Aoki 等人还将丙酸纤维素(cellulose propionate，CP)与烷基氯膦酸盐反应，生成具有磷酰侧链的纤维素酯衍生物，通过促进纤维素在较低温度下的脱水成炭和去饱和反应来防止热解过程中的重量损失，从而进一步促进炭层的形成。两种磷酸化丙酸纤维素在 C-6 位羟基的丙酰化程度不同(CP1 与 CP2)，如图 8.9 所示[59]。作者强调了 CP1 和 CP2 磷酸化衍生物的热降解途径之间的差异，表明 CP2 磷酸化衍生物的残炭量更高。实际上，在热降解过程中，CP1 和 CP2 衍生物在脱磷酸后首先在优先位置(C-2/C-3 或 C-6)脱饱和。这导致在 CP1 的情况下会形成更多的羰基，这些羰基可以参与各种裂解反应，导致易燃挥发性物质的裂解释放，而 CP2 的裂解则导致更高产率的残炭生成。这对于指导磷化纤维素基阻燃剂的设计、制备具有重要意义。

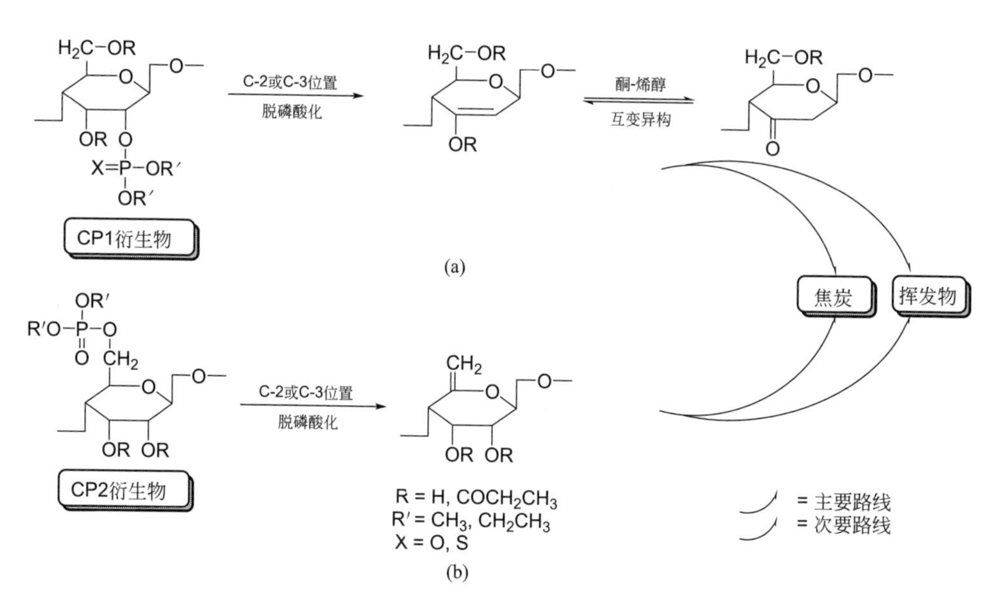

图 8.9 两种磷酸化丙酸纤维素衍生物的热裂解路线：(a) CP1; (b) CP2

Fox 等人利用磷酸磷酰化处理纳米纤维素(nanofibrillated cellulose)，以期获得一种可代替 APP 用于膨胀阻燃 PLA 的生物基阻燃剂。作者将磷酸纤维素纤维浸泡在磷酸/尿素混合溶液中，然后用NaOH或NH_4OH中和，制备了一种磷酸化率较低(最大磷酸化度仅为0.78)磷化纤维素纤维[60]。虽然磷酸化程度较低，但改性纤维素的热降解行为变化显著：初始降解温度和最大热失重温度都降低了50℃，残炭产率则增加了20%以上。然而，将15%(质量分数)的上述磷酸化纤维共混入PLA中，并不能实现材料的UL-94 V0等级测试，需要进一步复配APP才能满足阻燃性能要求。

除了纤维素的磷化改性以外，研究者们也广泛使用纤维素衍生物来设计复配型阻燃体系。Hu等利用乙基纤维素(ethyl cellulose)微胶囊化聚磷酸铵(APP)，并与三嗪类成炭剂(一种三聚氯氰与乙二胺的聚合产物)复合来阻燃PBS[61]。研究发现，纯PBS的LOI只有22%。当微胶囊化APP加入量为20%(质量分数)时，阻燃复合材料的LOI可达29%；当PBS中同时加入15%(质量分数)的微胶囊化APP和5%(质量分数)的三嗪成炭剂之后，PBS的LOI进一步提升至35.5%，提高了PBS的阻燃效率。

不同的纤维素形貌也会对阻燃材料最终性能产生影响。用纳米晶纤维素(nanocrystalline cellulose，NCC)代替微米晶纤维素(microcrystalline cellulose，MCC)来改善聚乳酸(PLA)等生物基聚合物的阻燃性能是提高其阻燃性能的有效途径。在最近的研究中，研究人员比较了20%(质量分数)的纳米晶和微米晶纤维素的阻燃效果。结果表明，NCC表现出更优的阻燃效果，使阻燃复合材料PHRR显著降低，而微晶纤维素则无效[58]。纳米尺度的NCC提升了PLA基体与纤维素纳米颗粒之间的界面相互作用，导致碳化效应增加。当这两种纤维素颗粒与生物基磷阻燃添加剂(以Al-Phyt为例)结合时，这一优势得以进一步放大。

8.3.2.2 淀粉、环糊精及其磷化改性

淀粉(starch，St)同样是由D-吡喃葡萄糖组成的大分子多糖。与纤维素不同的是，淀粉是以α-1,4糖苷键链接的。按照分子链拓扑结构的不同，淀粉有直链淀粉和支链淀粉两类。前者为无分支的螺旋结构，后者主链结构含有24～30个以α-1,4糖苷键首尾相连的葡萄糖残基，而在支链处以α-1,6糖苷键链接。

不管天然淀粉的性质如何，它的热降解分为三个阶段。第一阶段对

应于水分子的物理解吸附，发生在 80 ～ 120℃之间。第二阶段从 300℃左右开始，涉及化学脱水和热分解，羟基之间的热缩合导致醚键的形成和水的释放。葡萄糖环中相邻羟基的脱水也会发生，导致 C＝C 键的形成或环的断裂。芳香环，如相互连接的苯和呋喃结构是在较高的温度下形成的。第三阶段发生在 500℃以上，碳化反应最终形成大的共轭芳香结构 [62-66]。

淀粉的热分解行为和热稳定性主要取决于其组成和结构。研究发现，玉米淀粉的热稳定性随直链淀粉含量的增加而降低 [66]。通过接枝新的官能团对淀粉进行化学改性也可以影响淀粉的热分解行为 [63]。乙酰化淀粉的热分解温度随取代度(degree of substitution，DS)的增加而升高，这是由于乙酰化后淀粉分子中残留的羟基较少所致。事实上，羟基被乙酰基取代，通过分子间或分子内反应减少了脱水反应的发生 [1]。淀粉分解温度的提高是一个非常有趣的问题，因为它使淀粉能够适用于在高温下加工的工业高分子材料。

与纤维素类似，淀粉与环糊精中富含羟基，可以在高分子材料燃烧过程中脱水成炭，从而在凝聚相起到屏蔽阻隔的作用，故常用作膨胀型阻燃剂的碳源 [67-70]。膨胀系统可以通过形成膨胀炭层在燃烧过程中保护基体材料。膨胀体系的形成通常需要三个组分：酸源、碳源和气源。热塑性高分子材料最常见的膨胀型阻燃体系包括聚磷酸铵(APP)和季戊四醇(PER)。APP 作为酸源，受热分解产生磷酸，以及过磷酸、焦磷酸、聚磷酸等衍生物，同时作为发泡剂，释放出氨气等不燃性惰性稀释气体。PER 则起成炭剂的作用。随着温度的升高，高分子材料和碳源开始降解，并被释放的磷酸及其衍生物催化，导致自由基化合物的形成。成炭剂的存在导致一些降解产物被捕获在固相中，从而产生 P—O—C 交联的多环芳烃结构，这些结构因释放的大量惰性气体而膨胀。在燃烧过程中，淀粉与膨胀体系的其他组分(如 APP 或无卤阻燃剂，包括含氮、磷的阻燃剂)相互作用，导致燃烧样品表面形成膨胀炭层，有效抑制了氧和可燃气体的扩散以及传热。Reti 等人开发了一种 PLA 阻燃复合材料，含有 12%(质量分数)的 APP 和 28%(质量分数)的淀粉，最终复合材料的 LOI 为 32%[67]。Wang 等人设计了另一种含有 10%(质量分数)的淀粉和 20%(质量分数)的膨胀型阻燃剂(IFR)的 PLA 阻燃复合材料，其中 IFR 由微胶囊

APP 和三聚氰胺(MEL)(2:1)组成，由于具有高碳化效应，复合材料可通过 UL-94 V0 等级测试，LOI 值为 41%[69]。此种阻燃配方亦可推广到聚乙烯醇(polyvinyl alcohol，PVA)阻燃应用[68]。

研究表明，淀粉含量仅为 1% ～ 5%(质量分数)的 PLA 与含磷、氮阻燃剂复配后，其阻燃性能即可得到进一步提高，同时表现出较好的抑制熔滴行为[70]。淀粉的存在导致了与阻燃剂的协同作用，极大提高了残炭量。Wang 等利用淀粉与无卤阻燃剂复配应用在 PLA 上。体系中添加 15%(质量分数)的阻燃剂时，阻燃 PLA 的 LOI 值为 27.2%；其中淀粉含量为 3%(质量分数)时，LOI 值可增至 33.0%(质量分数)。但是随着淀粉增多，LOI 值却呈下降趋势。因为过量添加可能造成炭层存在缺陷，从而在燃烧过程中成为氧和热量传递交换的通道，降低其阻燃性能[70]。

氧化淀粉也被证明具有很高的阻燃活性。淀粉在铜盐和碱的存在下，容易被氧直接氧化形成多含氧酸(polyoxyacids)。氧化淀粉的阻燃效果是由于其热分解机理导致，在 150 ～ 280℃左右形成泡沫状炭层结构。这种结构在分解初期的形成是由于淀粉黏度降低、分子间脱水和脱羧反应所致。炭层具有优良的隔热性能，在氧化淀粉水溶液处理时，能显著改善木材的防火性能[71]。

环糊精(cyclodextrin，CD)是直链淀粉在由芽孢杆菌产生的环糊精葡萄糖基转移酶作用下生成的一系列环状低聚糖的总称，通常含有 6 ～ 12 个 D-吡喃葡萄糖单元。其中研究得较多并且具有重要实际意义的是含有 6、7、8 个吡喃葡萄糖单元的环状分子，分别称为 alpha-、beta-和gama-环糊精(α-CD、β-CD 和 γ-CD)。与淀粉类似，环糊精的热降解也可分为三个阶段。第一阶段对应于水分子的物理解吸附，发生在 80 ～ 120℃之间。第二阶段从 260℃左右开始，涉及化学脱水、热分解和碳化反应，生成二氧化碳气体和残炭。第三阶段发生在 400℃左右，残炭发生缓慢的热降解。

对环糊精的阻燃研究可以追溯到 20 世纪 90 年代，第一个开创性的工作归功于 Le Bras 等人，研究者首次将 β-CD 作为低密度聚乙烯(LDPE)膨胀型阻燃配方的一部分进行了评价[72]。与其他多元醇碳源(包括 PER、木糖醇或山梨醇)相比，β-CD 作为碳源与焦磷酸铵(ammonium pyrophosphate，APyP)相互作用并不显著，CDs 并不能提高 LDPE 的阻燃性，这可能是因为添加剂在加工温度范围内发生了特殊的自由基反应。

然而，在最近的研究中，β-CD 被证明是 PLA 的传统膨胀型阻燃体系中碳源有效的替代物。Feng 等制备了不同质量比的 β-CD/APP/MA 膨胀阻燃配方，并将其与 PLA 熔融共混。结果显示，含 20%（质量分数）的 β-CD/APP/MEL（三者质量比 1:2:1）的 LOI 值为 34.5%（与纯 PLA 的 19.8% 相比），并可通过 UL-94 V0 等级测试，这得益于大量残炭物质的形成[73]。Zeng 等报道了一种磷酸酯化 β-CD（CD-H_3PO_4）并取代一部分聚醚多元醇（polyether polyol）合成了一种本征阻燃的生物基聚氨酯（polyurethane，PU）[74]。在燃烧过程中，β-CD 不仅作为多元醇碳源促进碳的形成，而且通过 P—O—C 键与磷酸酯和 PU 基体交联形成致密的炭层。这种炭层比普通 PU 炭层致密完整，能更有效地起到隔热和阻氧的作用，具有良好的阻燃性。15%CD-H_3PO_4-PU 泡沫的着火时间达到 152 s，是纯 PU 泡沫的 10 倍以上。当火焰熄灭时，泡沫即可自行熄灭。锥形燃烧量热结果显示，15%CD-H_3PO_4-PU 泡沫的 THR 比纯 PU 泡沫降低了 70%。TTI 的明显延迟和 THR 的大幅降低可以显著降低火焰传播的危害，提升泡沫材料的火安全性能。与此同时，得益于 β-CD 的刚性环状结构和多官能团带来的高交联密度，改性后泡沫的压缩强度得到提升，同时对泡沫的压缩回弹影响较小。

也有报道显示，CD 可以与一些含磷的小分子化合物形成包合物（embedding cyclodextrin-inclusion compounds）。包合物（inclusion compounds）是指一种分子被包嵌于另一物质分子（构成）的空穴结构中形成的包合体，或被形象地称为“分子胶囊”[75]。其中，具有空穴结构的包合分子称为主分子（host molecule），被包嵌的分子称为客分子（guest molecule）。不同类型的主分子，可形成不同结构的包合物，如管状包合物、层状包合物、笼状包合物、单分子包合物、分子筛包合物或高分子包合物等。如主分子为环糊精，则为环糊精包合物。环糊精和客体分子的包合过程和包合物的稳定性受很多因素的影响，主要可分为化学因素和几何因素。

① 主客体尺寸的匹配性；

② 客体分子的几何形状；

③ 客体分子的极性与电荷；

④ 介质环糊精包合物的形成；

⑤ 分子间氢键的形成。

前两项属于几何因素，后三项是化学因素，在化学因素和几何因素中，几何因素对包合物的形成起到决定性作用。

Wang 等人利用 β-CD 和聚丙二醇(polypropylene glycol，PPG)包合物制备了(准)聚轮烷 [poly(pseudorotaxane)，PPR]，并将其作为 IFR 配方中的绿色碳源[76]。与游离 β-CD 相比，PPR 具有更高的碳化效率和更高的石墨化网络程度。将其与 APP/MA 复配可表现出最优的成炭能力。复配物加入 PLA 之后，它的 LOI 从纯 PLA 的 20% 跃升到了 34%[复配阻燃剂添加量为 20%(质量分数)]，并可通过 UL-94 V0 等级测试。此外，在 35kW/m^2 的热辐照功率下，阻燃 PLA 复合材料的 PHRR 和 THR 分别降低了 70% 和 17%。也有研究者在聚对苯二甲酸乙二醇酯(PET)薄膜中嵌入含有市售磷-氮型阻燃剂 [Antiblaze RD-1，英国 Albright & Wilson 公司出品的一种水溶性磷氮阻燃剂，主要结构为 nitrilotris(methylene) tris(ammonium phosphonate)] 的 CD 包合物，赋予了薄膜材料实质性的阻燃性[77]。

Alongi 等人进一步利用这种包埋方法制备了环糊精纳米海绵(nanosponges，NS)，其特点是网络中含有内部和外部空穴，可以包埋不同结构(分子大小)的含磷阻燃剂，包括三苯基膦(triphenyl phosphite，TPP)、磷酸三乙酯(triethyl phosphate，TEP)、APP、磷酸氢二铵(dibasic ammonium phosphate，APb)和二乙基磷酰胺(diethyl phosphoramidate，PhEt)，如图 8.10 所示[78-79]。这些有机或无机的含磷阻燃剂进入纳米空腔，形成了热稳定的包合物结构。在基体材料燃烧温度下，NS 同时扮演了碳源和气源的角色，而含磷客分子化合物可以在原位直接生成磷酸。进一步，NS 在酸源存在下经历复杂的脱水过程，并产生水蒸气和残炭，从而保护基体高分子材料不被燃烧。在乙烯-醋酸乙烯共聚物(EVA)、聚丙烯(PP)、线型低密度聚乙烯(LLDPE)或聚酰胺 6(PA6)中加入此种环糊精纳米磷化合物均可改善其阻燃性能。

在此基础之上，Lai 通过 β-CD 与环氧树脂之间的交联反应合成了一种新的 NS。随后，他们通过在 NS 空腔中包合间苯二酚双(磷酸二苯酯) [resorcinol bis(diphenyl phosphate)，RDP] 制备了 NS-P 包合物，并将其与

MPyP 和 PER 复配，最终应用于 PP 阻燃[80]。结果显示，仅添加 3.0%(质量分数)的 NS-P 包合物即可使阻燃 PP 通过 UL-94 V0 等级测试，并且锥形燃烧量热测试结果显示 PHRR 和 THR 值显著降低(分别下降 30% 和 32%)，表现出极高的阻燃效率。

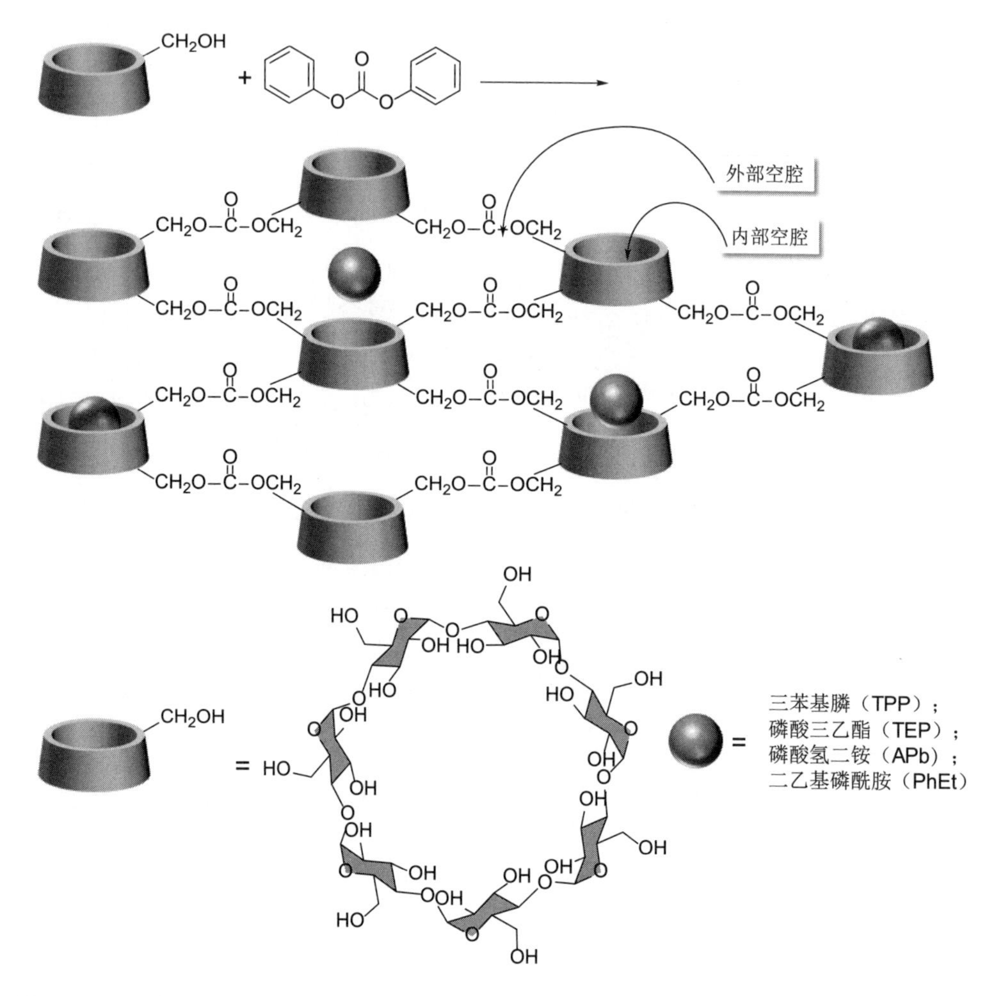

图 8.10　β-环糊精纳米海绵合成路线及其与含磷小分子阻燃剂形成的包合物结构示意图

8.3.2.3　壳聚糖及其磷化改性

甲壳素(chitin)是自然界中第二丰富的天然多糖，是含氮的 2-乙酰氨基-2-脱氧-D-葡萄糖以 β-1,4 糖苷键链接的天然大分子物质。甲壳素在动物、植物、微生物等体内均有广泛分布，主要存在于真菌和酵母的细胞壁、甲壳类动物的外壳和节肢动物的外骨骼中。壳聚糖(chitosan，CS)是甲壳素完全或部分脱乙酰化产物，是极少数在主链上有一个氨基的天然聚合物之一。CS 分子结构中含有羟基，可用作阻燃体系中的碳源，因此在阻燃方面具有一定的应用前景。CS 分子由于含有游离氨基，在酸性溶液中易成盐，呈阳离子性质，可以采用层层组装的方法制备阻燃修饰涂层(在 8.1 节和 5.3 节内容中已述及)。单一 CS 能在一定程度上提高聚合物的热稳定性，但由于其含氮量低，并不能提高材料的阻燃等级，使用受到一定限制，常与其他含磷材料共用于磷氮协同阻燃。

CS 的羟基与氨基都可进行磷酸化改性。Hu 等在磷酸化 CS 中引入金属镍离子，得到一种改性壳聚糖阻燃剂，记为 NiPCS。热失重结果表明，金属镍离子与磷酸化 CS 的复合可以有效增加阻燃 PVA 材料的残炭率，减少易燃挥发性产物的释放。残炭拉曼光谱分析进一步证明，镍离子能够有效提高阻燃 PVA/NiPCS 复合材料炭层的石墨化程度，因此该阻燃体系具有更好的阻燃性[81]。Shi 等通过将 CS 的羟基与磷酸基团进行酯化反应得到磷酸化 CS，再进一步与钴离子复合制备出磷壳聚糖钴配合物，记为 CS-P-Co，并将其应用于阻燃聚乳酸体系中[82]。当加入 4%(质量分数)的 CS-P-Co，阻燃 PLA 可通过 UL-94 V0 等级测试。在燃烧过程中，阻燃剂 CS-P-Co 使得 PLA 复合材料的无序残炭向致密的石墨化残炭转变，因此 PLA 复合材料的热稳定性和阻燃性提高，但 PLA 阻燃材料仍有持续的熔滴产生。在此基础上，Kundu 等将磷酸化 CS 的残余氨基与尼龙 66(polyamide 66，PA66)发生脱氢反应，制备了 PA66 接枝磷酸化 CS(PA66-*g*-PCS)，并进一步通过硅烷化反应引入了有机硅(PA66-*g*-PCSsolgel-APTES)。从聚合物的燃烧炭渣可以观察到纯 PA66 织物从纤维态转变为熔融态，而 PCS 接枝样品展现出收缩的烧焦织物状态，并带有微量的残炭，但隔热能力有限[83]。与前两种样品相比，硅烷化处理之后的织物，在燃烧过程中通过有机硅热解时形成的 SiO_2 无机物，进一步改善了炭层质量，阻燃织物在燃烧后表面形成了致密而完整的膨胀型残炭，极大程度上减少了热氧交换。Hu 等人对 CS 进行了化学改性，并将其作为环氧丙烯酸酯树脂(epoxy acrylate resin，EA)的阻燃剂进行了研究。他们对 CS 进行了两步化学改性：首先用五氧化二磷磷化改性 CS，然后再接枝甲基丙烯酸缩水甘油酯(glycidyl methacrylate)。两步改性提高了改性壳聚糖与EA基体树脂的相容性，同时改变了EA/改性壳聚糖复合材料的热降解机理，促进了残炭的形成，阻止了可燃挥发物的释放，复合材料的阻燃性能随着改性壳聚糖在基体中含量的增加而逐渐改善[84]。

8.4 展望

生物质材料具有来源广、价格低廉、可循环和绿色环保等优点，多年来得到了广泛的关注。生物质原料在阻燃领域的应用研究目前尚处于起步阶段，还有很多问题未得到解决，如:

① 生物质原料大多含有羟基。虽然是良好的碳源，但同时带来了热稳定性不好、环境耐受性欠佳等缺陷，无法适应大部分高分子材料的加工温度，目前仅能用于加工温度低的材料或不需要高温熔融的热固性树脂中；最终制得的阻燃材料也存在吸水性、耐水性问题，无法满足特殊领域，如电子电气的应用。

② 大部分生物质原料本身不具有阻燃性，需要与阻燃元素磷、氮、硅等结合，化学改性生物质原料的方法虽然能获得较好的阻燃效果，但工艺烦琐，需使用大量有机溶剂和甲醛等反应底物，这与使用生物质原料的初衷背道而驰。

③ 生物质原料大都与高分子材料相容性欠佳，必须进行改性才能提高材料的综合性能。使用磷、氮等阻燃元素对生物质原料进行化学改性，可以在一定程度上改善其在高分子基体中的分散效果和界面相互作用，但通常这些元素的低修饰量导致改性生物质阻燃剂并不能满足实际需求。因此在实际应用过程中，往往会添加高含量的改性生物质阻燃剂。与此同时，高含量的添加势必会影响最终高分子材料的机械性能和热性能。

④ 少数天然含磷的生物质原料，如DNA、植酸等价格昂贵，难以大量应用。

随着生物质精炼技术的不断发展，许多生物质成分的提取成为可能，促进了生物质化合物的高价值新应用和生物基材料的生产。总之，随着材料绿色化进程的推进，生物质材料将更具发展空间。依托生物质原料，采用合理有效的化学改性技术克服天然原料的缺点，同时提高阻燃效率是其走向真正应用的必要措施。行百里者半九十，生物质阻燃剂距离真正的应用还有漫长的道路要走。

由于篇幅缘故，生物质来源小分子物质的阻燃剂设计，如各类生物基平台化合物（详见美国能源部 Top Value Added Chemicals from Biomass），包括（但不限于）衣康酸（itaconic acid，或称 2-methylenebutanedioic acid）、香草醛（vanillin，或称 4-oxy-3-methoxybenzaldehyde）、环氧大豆油（epoxidized soybean oil，ESO）、异山梨醇（isosorbide，或称 1,4:3,6-dianhydro-D-glucitol）、藤黄酚（phloroglucinol）、腰果酚（cardanol）等，以及基于这些物质的改性产物在典型高分子材料中的阻燃应用，在此不再赘述。

参考文献

[1] Costes L, Laoutid F, Brohez S, et al. Bio-basedflame retardants: When nature meets fire protection [J]. Mater. Sci. Eng. R, 2017, 117: 1–25.

[2] Alongi J, Carletto R A, Di Blasio A, et al. DNA: a novel, green, natural flame retardant and suppressant for cotton [J]. J. Mater. Chem. A, 2013, 1: 4779–4785.

[3] Alongi J, Carletto R A, Di Blasio A, et al. Intrinsic intumescent-like flame retardant properties of DNA-treated cotton fabrics [J]. Carbohydrate Polym., 2013, 96: 296–304.

[4] Alongi J, Di Blasio A, Cuttica F, et al. Bulk or surface treatments of ethylene vinyl acetate copolymers with DNA: Investigation on the flame retardant properties [J]. Euro. Polym. J., 2014, 51: 112–119.

[5] Alongi J, Di Blasio A, Milnes J, et al. Thermal degradation of DNA, an all-in-one natural intumescent flame retardant [J]. Polym. Degrad. Stab., 2015, 113: 110–118.

[6] Alongi J, Milnes J, Malucelli G, et al. Thermal degradation of DNA-treated cotton fabrics under different heating conditions [J]. J. Anal. Appl. Pyrolysis, 2014, 108: 212–221.

[7] Richardson J J, Björnmalm M, Caruso F. Technology-driven layer-by-layer assembly of nanofilms [J]. Science, 2015, 348: aaa2491.

[8] Srikulkit K, Iamsamai C, Dubas S T. Development of flame retardant polyphosphoric acid coating based on the polyelectrolyte multilayers technique [J]. J. Met. Mater. Miner., 2006, 16: 41–45.

[9] Holder K M, Smith R J, Grunlan J C. A review of flame retardant nanocoatings preparedusing layer-by-layer assembly of polyelectrolytes [J]. J. Mater. Sci., 2017, 52: 12923–12959.

[10] Qiu X, Li Z, Li X, et al. Flame retardant coatings prepared using layer by layer assembly: A review [J]. Chem. Eng. J., 2018, 334: 108–122.

[11] Carosio F, Di Blasio A, Alongi J, et al. Green DNA-based flame retardant coatings assembled through Layer by Layer [J]. Polymer, 2013, 54: 5148–5153.

[12] 杨佩鑫，马晓谱，吴汉光，等．植酸及植酸盐在聚合物共混阻燃改性中的应用研究 [J]. 北京服装学院学报 (自然科学版), 2020, 40: 88–95.
[13] Kalali E N, Montes A, Wang X, et al. Effect of phytic acid–modified layered double hydroxide on flammability and mechanical properties of intumescent flame retardant polypropylene system [J]. Fire Mater. 2018, 42: 213–220.
[14] Zhang X, Cao J, Yang Y, et al. Flame-retardant, highly sensitive strain sensors enabled by renewable phytic acid-doped biotemplate synthesis and spirally structure design [J]. Chem. Eng. J., 2019. 374: 730–737.
[15] Zhou Y, Ding C, Qian X, et al. Further improvement of flame retardancy of polyaniline-deposited paper composite through using phytic acid as dopant or co-dopant [J]. Carbohydrate Polym., 2015, 115: 670–676.
[16] Costes L, Laoutid F, Brohez S, et al. Phytic acid–lignin combination: A simple and efficient route for enhancing thermal and flame retardant properties of polylactide [J]. Euro. Polym. J., 2017, 94: 270–285.
[17] Zhang T, Yan H, Shen L, et al. Chitosan/phytic acid polyelectrolyte complex: A green and renewable intumescent flame retardant system for ethylene–vinyl acetate copolymer [J]. Ind. Eng. Chem. Res., 2014, 53: 19199–19207.
[18] Sun Y, Yuan B, Shang S, et al. Surface modification of ammonium polyphosphate by supramolecular assembly for enhancing fire safety properties of polypropylene [J]. Compo. Part B: Eng., 2020, 181: 107588.
[19] Jin X, Gu X, Chen C, et al. The fire performance of polylactic acid containing a novel intumescent flame retardant and intercalated layered double hydroxides [J]. J. Mater. Sci., 2017, 52: 12235–12250.
[20] Fang F, Ran S, Fang Z, et al. Improved flame resistance and thermo-mechanical properties of epoxy resin nanocomposites from functionalized graphene oxide via self-assembly in water [J]. Compo. Part B: Eng., 2019, 165: 406–416.
[21] Wang P J, Liao D J, Hu X P, et al. Facile fabrication of biobased P-N-C-containing nano-layered hybrid: Preparation, growth mechanism and its efficient fire retardancy in epoxy [J]. Polym. Degrad. Stab., 2019, 159: 153–162.
[22] Gao Y Y, Deng C, Du Y Y, et al. A novel bio-based flame retardant for polypropylene from phytic acid [J]. Polym. Degrad. Stab., 2019, 161: 298–308.
[23] Yang W, Tawiah B, Yu C, et al. Manufacturing, mechanical and flame retardant properties of poly(lactic acid) biocomposites based on calcium magnesium phytate and carbon nanotubes [J]. Compos. Part A Appl. Sci. Manufact. 2018, 110: 227–236.
[24] Wang J, Zhan J, Mu X, et al. Manganese phytate dotted polyaniline shell enwrapped carbon nanotube: Towards the reinforcements in fire safety and mechanical property of polymer [J]. J. Colloid Interface Sci., 2018, 529: 345–356.
[25] Li Z, Zhang C, Cui L, et al. Fire retardant and thermal degradation properties of cotton fabrics based on APTES and sodium phytate through layer-by-layer assembly [J]. J. Anal. Appl. Pyrolysis, 2017, 123: 216–223.
[26] Liu Y, Wang Q, Jiang Z, et al. Effect of chitosan on the fire retardancy and thermal degradation properties of coated cotton fabrics with sodium phytate and APTES by LBL assembly [J]. J. Anal. Appl. Pyrolysis, 2018, 135: 289–298.
[27] Li P, Wang B, Liu Y, et al. Fully bio-based coating from chitosan and phytate for fire-safety and antibacterial cotton fabrics [J]. Carbohydrate Polym., 2020, 237, 116173.
[28] Liu X, Zhang Q, Peng B, et al. Flame retardant cellulosic fabrics via layer-by-layer self-assembly double coating with egg white protein and phytic acid [J]. J. Cleaner Product., 2020, 243, 118641.
[29] Nie S, Jin D, Yang J, et al. Fabrication of environmentally-benign flame retardant cotton fabrics with hydrophobicity by a facile chemical modification [J]. Cellulose, 2019, 26: 5147–5158.
[30] Ren Y, Zhang Y, Gu Y, et al. Flame retardant polyacrylonitrile fabrics prepared by organic-inorganic hybrid silica coating via sol-gel technique [J]. Prog. Org. Coatings, 2017, 112: 225–233.

[31] Li P, Wang B, Xu Y, et al. Ecofriendly flame-retardant cotton fabrics: Preparation, flame retardancy, thermal degradation properties, and mechanism [J]. ACS Sustainable Chem. Eng., 2019, 7: 19246–19256.

[32] Tao Y, Liu C, Li P, et al. A flame-retardant PET fabric coating: Flammability, anti-dripping properties, and flame-retardant mechanism [J]. Prog. Org. Coatings, 2021, 150, 105971.

[33] Liu X, Zhang Q, Cheng B, et al. Durable flame retardant cellulosic fibers modified with novel, facile and efficient phytic acid-based finishing agent [J]. Cellulose, 2018, 25: 799–811.

[34] Becker J, Wittmann C. A field of dreams: Lignin valorization into chemicals, materials, fuels, and health-care products [J]. Biotechnol. Adv., 2019, 37: 107360.

[35] Laurichesse S, Averous L. Chemical modification of lignins: Towards biobased polymers [J]. Prog. Polym. Sci., 2014, 39: 1266–1290.

[36] Hobbs C. Recent advances in bio-based flame retardant additives for synthetic polymeric materials [J]. Polymers, 2019, 11: 224.

[37] Kim J, Oh S J, Hwang H, et al. Structural features and thermal degradation properties of various lignin macromolecules obtained from poplar wood (populus albaglandulosa) [J]. Polym. Degrad. Stab., 2013, 98(9): 1671–1678.

[38] Brebu M, Tamminen T, Spiridon I. Thermal degradation of various lignins by TG-MS/FTIR and Py-GC-MS [J]. J. Anal. Appl. Pyrolysis, 2013, 104: 531–539.

[39] Li J, Li B, Zhang X, et al. The study of flame retardants on thermal degradation and charring process of manchurian ash ligninin the condensed phase [J]. Polym. Degrad. Stab., 2001, 72: 493–498.

[40] Hosoya T, Kawamoto H, Saka S. Role of methoxyl group in char formation from lignin-related compounds [J]. J. Anal. Appl. Pyrolysis, 2009, 84: 79–83.

[41] Ding H, Wang J, Wang C, et al. Synthesis of a novel phosphorus and nitrogen-containing bio-based polyols and its application in flame retardant polyurethane sealant [J]. Polym. Degrad. Stab., 2016, 124: 43–50.

[42] Yu Y, Fu S, Song P, et al. Functionalized lignin by grafting phosphorus-nitrogen improves the thermal stability and flame retardancy of polypropylene [J]. Polym. Degrad. Stab., 2012, 97: 541–546.

[43] Xing W, Yuan H, Zhang P, et al. Functionalized lignin for halogen-free flame retardant rigid polyurethane foam: Preparation, thermal stability, fire performance and mechanical properties [J]. J. Polym. Res., 2013, 20: 1–12.

[44] Prieur B, Meub M, Wittemann M, et al. Phosphorylation of lignin to flame retard acrylonitrile butadiene styrene (ABS) [J]. Polym. Degrad. Stab., 2016, 127: 32–43.

[45] Mendis G P, Weiss S G, Korey M, et al. Phosphorylated lignin as a halogen-free flame retardant additive for epoxy composites [J]. Green Mater., 2016, 4: 150–159.

[46] Matsushita Y, Hirano D, Aoki D, et al. A biobased flame-retardant resin based on lignin [J]. Adv. Sustainable Syst., 2017, 1: 1700073.

[47] Costes L, Laoutid F, Aguedo M, et al. Phosphorus and nitrogen derivatization as efficient route for improvement of lignin flame retardant action in PLA [J]. Euro. Polym. J., 2016, 84: 652–667.

[48] Zhang Y M, Zhao Q, Li L, et al. Synthesis of a lignin-based phosphorus-containing flame retardant and its application in polyurethane [J]. RSC Adv., 2018, 8: 32252–32261.

[49] Zhu H, Peng Z, Chen Y, et al. Preparation and characterization of flame retardant polyurethane foams containing phosphorus-nitrogen-functionalized lignin [J]. RSC Adv., 2014, 4: 55271–55279.

[50] Liu L, Huang G, Song P, et al. Converting industrial alkali lignin to biobased functional additives for improving fire behavior and smoke suppression of polybutylene succinate [J]. ACS Sustainable Chem. Eng., 2016, 4: 4732–4742.

[51] Liu L, Qian M, Song P, et al. Fabrication of green lignin-based flame retardants for enhancing the thermal and fire retardancy properties of polypropylene/wood composites [J]. ACS Sustainable Chem. Eng., 2016, 4: 2422–2431.

[52] Yu Y, Song P, Jin C, et al. Catalytic effects of nickel (cobalt or zinc) acetates on thermal and flammability properties of polypropylene-modified lignin composites [J]. Ind. Eng. Chem. Res., 2012,

51: 12367–12374.
[53] Broido A. Carbohydrates Lignins. New-York: Academic Press, 1976.
[54] Broido A, Nelson M A. Char yield on pyrolysis of cellulose [J]. Combust. Flame, 1975, 24: 263–268.
[55] Fox D M, Lee J, Zammarano M, et al. Char-forming behavior of nanofibrillated cellulose treated with glycidyl phenyl POSS [J]. Carbohydrate Polym., 2012, 88: 847–858.
[56] Dobele G, Rossinskaja G, Telysheva G, et al. Cellulose dehydration and depolymerization reactions during pyrolysis in the presence of phosphoric acid [J]. J. Anal. Appl. Pyrolysis, 1999, 49: 307–317.
[57] Dahiya J B, Rana S. Thermal degradation and morphological studies on cotton cellulose modified with various arylphosphorodichloridites [J]. Polym. Int., 2004, 53: 995–1002.
[58] Costes L, Laoutid F, Khelifa F, et al. Cellulose/phosphorus combinations for sustainable fire retarded polylactide [J]. Euro. Polym. J., 2016, 74: 218–228.
[59] Aoki D, Nishio Y. Phosphorylated cellulose propionate derivatives as thermoplastic flame resistant/ retardant materials influence of regioselective phosphorylation on their thermal degradation behavior [J]. Cellulose, 2010, 17: 963–976.
[60] Fox D M, Temburni S, Novy M, et al. Thermal and burning properties of poly(lactic acid) composites using cellulose-based intumescing flame retardants [J]. ACS Symp. Ser., 2012, 1118: 223–234.
[61] Hu W, Wang B, Wang X, et al. Effect of ethyl cellulose microencapsulated ammonium polyphosphate on flame retardancy, mechanical and thermal properties of flame retardant poly(butylene succinate) composites [J]. J. Therm. Anal. Calorimetry, 2014, 117: 27–38.
[62] Aggarwal P, Dollimore D. A thermal analysis investigation of partially hydrolyzed starch. Thermochim [J]. Acta, 1998, 319: 17–25.
[63] Aggarwal P, Dollimore D. The effect of chemical modification on starch studied using thermal analysis [J]. Thermochim. Acta, 1998, 324: 1–8.
[64] O'Connell C. The effects of methylparaben on the gelatinization and thermal decomposition of corn starch [J]. Thermochim. Acta, 1999, 340–341: 183–194.
[65] Šimkovic I, Jakab E. Thermogravimetry/mass spectrometry study of weakly basic starch-based ion exchanger [J]. Carbohydrate Polym., 2001, 45: 53–59.
[66] Liu X, Yu L, Xie F, et al. Kinetics and mechanism of thermal decomposition of cornstarches with different amylose/amylopectin ratios [J]. Starch/Starke, 2010, 62: 139–146.
[67] Reti C, Casetta M, Duquesne S, et al. Flammability properties of intumescent PLA including starch and lignin [J]. Polym. Adv. Technol., 2008, 19: 628–635.
[68] Wu K, Hu Y, Song L, et al. Flame retardancy and thermal degradation of intumescent flame retardant starch-based biodegradable composites [J]. Ind. Eng. Chem. Res., 2009, 48: 3150– 3157.
[69] Wang X, Hu Y, Song L, et al. Flame retardancy and thermal degradation of intumescent flame retardant poly(lactic acid)/starch biocomposites [J]. Ind. Eng. Chem. Res., 2011, 50: 713–720.
[70] Wang J, Ren Q, Zheng W, et al. Improved flame-retardant properties of poly(lactic acid) foams using starch as a natural charring agent [J]. Ind. Eng. Chem. Res., 2014, 53: 1422–1430.
[71] Sakharov A M, Sakharov P A, Lomakin S M, et al. Polymer Green Flame Retardants [J]. Amsterdam: Elsevier, 2014, 255–266.
[72] Le Bras M, Bourbigot S, Le Tallec Y, et al. Synergy in intumescence–application to β-cyclodextrin carbonisation agent in intumescent additives for fire retardant polyethylene formulations [J]. Polym. Degrad. Stab., 1997, 56: 11–21.
[73] Feng J X, Su S P, Zhu J. An intumescent flame retardant system using β-cyclodextrin as a carbon source in polylactic acid (PLA) [J]. Polym. Adv. Technol., 2011, 22: 1115–1122.
[74] Zeng S L, Xing C Y, Chen L, et al. Green flame-retardant flexible polyurethane foam based on cyclodextrin [J]. Polym. Degrad. Stab., 2020, 178: 109171.
[75] Hashidzume A, Tomatsu I, Harada A. Interaction of cyclodextrins with side chains of water soluble polymers: a simple model for biological molecular recognition and its utilization for stimuli-responsive systems [J]. Polymer, 2006, 47: 6011–6027.
[76] Wang X, Xing W, Wang B, et al. Comparative study on the effect of β-cyclodextrin and

polypseudorotaxane as carbon sources on the thermal stability and flame retardance of polylactic acid [J]. Ind. Eng. Chem. Res., 2013, 52: 3287–3294.

[77] Huang L, Gerber M, Lu J, et al. Formation of a flame retardant-cyclodextrin inclusion compound and its application as a flame retardant for poly(ethylene terephthalate) [J]. Polym. Degrad. Stab., 2001, 71: 279–284.

[78] Alongi J, Poskovic M, Frache A, et al. Novel flame retardants containing cyclodextrin nanosponges and phosphorus compounds to enhance EVA combustion properties [J]. Polym. Degrad. Stab., 2010, 95: 2093–2100.

[79] Alongi J, Poskovic M, Visakh P M, et al. Cyclodextrin nanosponges as novel green flame retardants for PP, LLDPE and PA6 [J]. Carbohydrate Polym., 2012, 88: 1387–1394.

[80] Lai X, Zeng X, Li H, et al. Synergistic effect of phosphorus-containing nanosponges on intumescent flame-retardant polypropylene [J]. J. Appl. Polym. Sci., 2012, 125: 1758–1765.

[81] Hu S, Song L, Pan H, et al. Thermal properties and combustion behaviors of chitosan based flame retardant combining phosphorus and nickel [J]. Ind. Eng. Chem. Res., 2012, 51: 3663–3669.

[82] Shi X X, Jiang S H, Hu Y, et al. Phosphorylated chitosan-cobalt complex: a novel green flame retardant for polylactic acid [J]. Polym. Adv. Technol., 2018, 29: 860–866.

[83] Kundu C K, Wang X, Hou Y, et al. Construction of flame retardant coating on polyamide 6,6 via UV grafting of phosphorylated chitosan and sol-gel process of organo-silane [J]. Carbohydrate Polym., 2018, 181: 833–840.

[84] Hu S, Song L, Pan H, et al. Thermal properties and combustion behaviors of flame retarded epoxy acrylate with a chitosan based flame retardant containing phosphorus and acrylate structure [J]. J. Anal. Appl. Pyrolysis, 2012, 97: 109–115.

索引

J

K

L

M

Y

Z

其他

族 周期
1
2
3
4
5
6
7